풍산자

필수유형

필수 유형 문제와
학교 시험 예상 문제로
**내신을 완벽하게 대비하는
문제기본서!**

중학수학 2-2

풍산자수학연구소 지음

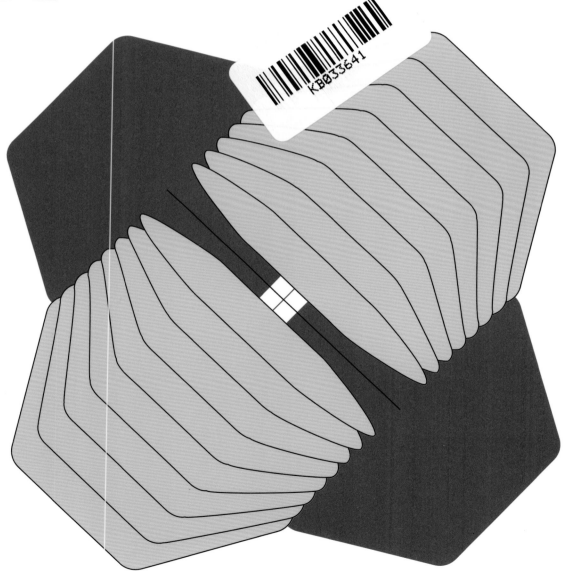

지학사

유형북 + 실전북

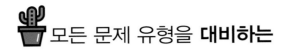 모든 문제 유형을 대비하는

풍산자
필수유형

교재 활용 로드맵

핵심 개념만을
정리하고, 개념의
이해도를 높인
개념 다지기

핵심 문제의
유형을 분석하고
체계적으로
선별 제시한
**필수유형
공략하기**

심화 문제로
학습 수준을
높일 수 있는
**심화문제
도전하기**

대표 서술
유형으로 서술형
문제 해결력을
기를 수 있는
**서술유형
집중연습**

학교 실전 기출
문제를 수록하여
실전에 대비
할 수 있는
실전 TEST

모든 유형에 대한 흐름을 파악

핵심 필수 유형들을 분석하여 엄선된 필수 문제로 모든 유형의 흐름을 파악

필수 유형 문제의 체계적 학습

'개념다지기 – 필수유형 공략하기 – 심화문제 도전하기'의 단계별 구성을 통해
체계적인 학습이 가능

학교 시험에 완벽하게 대비

유형북을 통해 필수 유형들을 익히고, 실전북을 통해 서술형 문제와
실전 테스트를 풀어 보며 학교 시험에 완벽하게 대비

수학을 쉽게 만들어 주는 자

풍산자 필수유형

중학수학 2-2

구성과 특징

» 풍쌤비법으로 모든 유형을 대비하는 문제기본서!

풍산자 필수유형으로 수학 문제 앞에서 당당하게!

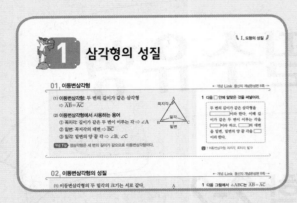

◆ 개념 다지기

- 각 중단원별로 개념을 정리하고, 예, 주의, 개념 Tip 을 추가하여 개념의 이해가 쉽습니다.
- 개념을 확인하고, 기본 문제를 풀면서 스스로 개념의 이해도를 확인할 수 있습니다.
- ➤ 개념 Link → 에서 연계된 '풍산자 개념완성'으로 부족한 개념을 보충할 수 있습니다.

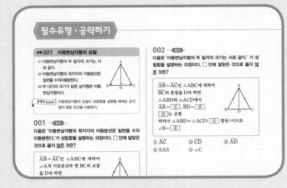

◆ 필수유형 공략하기

- 꼭 풀어보아야 할 유형들을 분석하여 선정된 유형들과 체계적으로 선별된 문제들을 제시하였습니다.
- 각 유형의 문제들은 필수, 서술형, 창의 문제로 구분하여 체계적 학습이 가능합니다.
- 각 유형별 풍쌤의 point 를 제시하여 문제 해결력을 기를 수 있습니다.

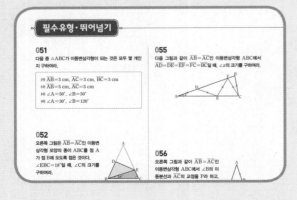

◆ 필수유형 뛰어넘기

- 각 중단원별로 심화문제를 별도로 제공하여 학습 수준에 따른 심화 학습이 가능합니다.

풍산자 필수유형에서는

유형북으로 꼭 필요한 유형의 흐름을 잡고

실전북을 통해 서술형 문제와 학교 시험에 완벽하게 대비할 수 있습니다.

실전북

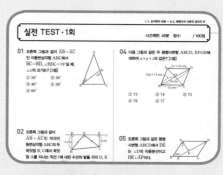

◆ 서술유형 집중연습
- 대표 서술유형과 서술유형 실전대비로
  서술형 문제 해결력을 탄탄히 기를 수 있습니다.

◆ 최종점검 TEST
- 실전 TEST를 통해 자신의 실력을 점검을
  할 수 있습니다.

정답과 해설

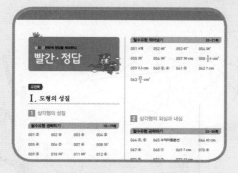

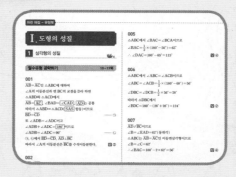

◆ 빨간 정답
- 빨리 간편하게 정답을 확인할 수 있습니다.

◆ 파란 해설
- 파란 바닷가처럼 시원하게 문제를 해결할
  수 있습니다.

이 책의 차례

I 도형의 성질

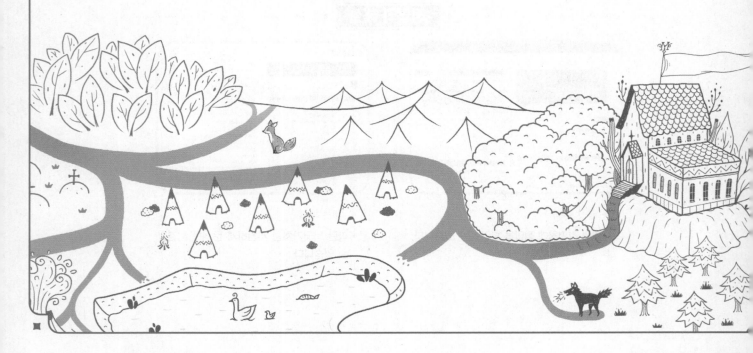

» 실전북이 책 속의 책으로 들어 있어요.

하루하루를 어떻게 보내는가에 따라
인생이 결정된다.

– 애니 딜런드 –

I ◆ 도형의 성질

1 삼각형의 성질

01 이등변삼각형

→ 개념 Link 풍산자 개념완성편 8쪽 →

(1) **이등변삼각형**: 두 변의 길이가 같은 삼각형
⇨ $\overline{AB}=\overline{AC}$

(2) **이등변삼각형에서 사용하는 용어**
① 꼭지각: 길이가 같은 두 변이 이루는 각 ⇨ ∠A
② 밑변: 꼭지각의 대변 ⇨ $\overline{BC}$
③ 밑각: 밑변의 양 끝 각 ⇨ ∠B, ∠C

개념 Tip 정삼각형은 세 변의 길이가 같으므로 이등변삼각형이다.

1 다음 ☐ 안에 알맞은 것을 써넣어라.

두 변의 길이가 같은 삼각형을 ☐☐☐☐☐이라 한다. 이때 길이가 같은 두 변이 이루는 각을 ☐☐☐이라 하고, ☐☐☐의 대변을 밑변, 밑변의 양 끝 각을 ☐☐이라 한다.

답 1 이등변삼각형, 꼭지각, 꼭지각, 밑각

02 이등변삼각형의 성질

→ 개념 Link 풍산자 개념완성편 8쪽 →

(1) 이등변삼각형의 두 밑각의 크기는 서로 같다.
⇨ ∠B=∠C

(2) 이등변삼각형의 꼭지각의 이등분선은 밑변을 수직이등분한다.
⇨ $\overline{BD}=\overline{CD}$, $\overline{AD}⊥\overline{BC}$

개념 Tip 이등변삼각형에서 다음은 모두 일치한다.
(꼭지각의 이등분선) = (밑변의 수직이등분선)
= (꼭짓점에서 밑변에 내린 수선)
= (꼭짓점과 밑변의 중점을 연결한 선분)

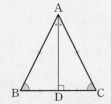

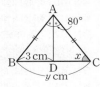

1 다음 그림에서 △ABC는 $\overline{AB}=\overline{AC}$ 인 이등변삼각형이다. ∠BAC=80°일 때, ∠x의 크기와 y의 값을 구하여라.

답 1 ∠$x=50°$, $y=6$

03 이등변삼각형이 되는 조건

→ 개념 Link 풍산자 개념완성편 10쪽 →

두 내각의 크기가 같은 삼각형은 이등변삼각형이다.
⇨ △ABC에서 ∠B=∠C이면 $\overline{AB}=\overline{AC}$이다.

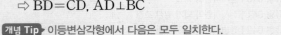

참고 폭이 일정한 종이 접기
오른쪽 그림과 같이 폭이 일정한 종이를 접을 때,
∠BAC=∠DAC(접은 각), ∠DAC=∠BCA(엇각)
∴ ∠BAC=∠BCA
따라서 △ABC는 $\overline{AB}=\overline{BC}$인 이등변삼각형이다.

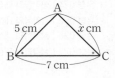

1 다음 그림에서 x의 값을 구하여라.

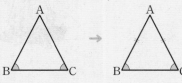

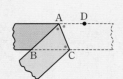

답 1 5

04 직각삼각형의 합동 조건

→ 개념 Link 풍산자 개념완성편 12쪽 →

(1) 두 직각삼각형의 빗변의 길이와 한 예각의 크기가 각각 같으면 합동이다.(RHA 합동)

⇨ ∠C=∠F=90°, $\overline{AB}=\overline{DE}$, ∠A=∠D이면 △ABC≡△DEF

(2) 두 직각삼각형의 빗변의 길이와 다른 한 변의 길이가 각각 같으면 합동이다.(RHS 합동)

⇨ ∠C=∠F=90°, $\overline{AB}=\overline{DE}$, $\overline{AC}=\overline{DF}$이면 △ABC≡△DEF

주의 오른쪽 그림과 같이 두 변의 길이가 각각 같은 두 직각삼각형이 항상 합동인 것은 아니다. 따라서 RHS 합동 조건을 이용할 때에는 일단 빗변의 길이가 같은지 반드시 확인한다.

개념 Tip RHA 합동, RHS 합동에서
R: 직각(Right angle), H: 빗변(Hypotenuse)
A: 각(Angle), S: 변(Side)
를 뜻한다.

1 다음 그림과 같은 두 직각삼각형에 대하여 물음에 답하여라.

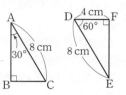

(1) 합동인 두 삼각형을 기호로 나타내고, 합동 조건을 말하여라.
(2) $\overline{BC}$의 길이를 구하여라.

답 1 (1) △ABC≡△EFD, RHA 합동
(2) 4 cm

---

05 각의 이등분선의 성질

→ 개념 Link 풍산자 개념완성편 14쪽 →

(1) 각의 이등분선 위의 한 점에서 그 각을 이루는 두 변까지의 거리는 같다.

⇨ ∠AOP=∠BOP이면 $\overline{PA}=\overline{PB}$

 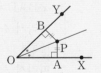

(2) 각을 이루는 두 변에서 같은 거리에 있는 점은 그 각의 이등분선 위에 있다.

⇨ $\overline{PA}=\overline{PB}$이면 ∠AOP=∠BOP

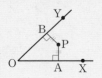 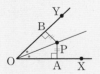

1 다음 그림에서 x의 값을 구하여라.

(1)
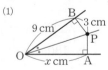

(2)
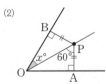

답 1 (1) 9 (2) 30

유형 001 · 이등변삼각형의 성질

(1) 이등변삼각형의 두 밑각의 크기는 서로 같다.
(2) 이등변삼각형의 꼭지각의 이등분선은 밑변을 수직이등분한다.
(3) 두 내각의 크기가 같은 삼각형은 이등변삼각형이다.

풍쌤의 point 이등변삼각형의 성질이 성립함을 설명할 때에는 삼각형의 합동 조건을 이용한다.

001 ◆필수◆

다음은 '이등변삼각형의 꼭지각의 이등분선은 밑변을 수직이등분한다.'가 성립함을 설명하는 과정이다. □ 안에 알맞은 것으로 옳지 <u>않은</u> 것은?

> $\overline{AB} = \overline{AC}$인 △ABC에 대하여
> ∠A의 이등분선과 변 BC의 교점을 D라 하면
> △ABD와 △ACD에서
> $\overline{AB} = $ ① , ∠BAD = ②
> ③ 는 공통
> 따라서 △ABD≡△ACD(④ 합동)이므로
> $\overline{BD} = \overline{CD}$ ⋯⋯ ㉠
> 또 ∠ADB=∠ADC이고
> ∠ADB+∠ADC= ⑤ 이므로
> ∠ADB=∠ADC=90° ⋯⋯ ㉡
> ㉠, ㉡에서 $\overline{BD} = \overline{CD}$, $\overline{AD} \perp \overline{BC}$
> 따라서 ∠A의 이등분선은 $\overline{BC}$를 수직이등분한다.

① $\overline{AC}$ ② ∠CDA   ③ $\overline{AD}$
④ SAS   ⑤ 180°

002 ◆필수◆

다음은 '이등변삼각형의 두 밑각의 크기는 서로 같다.'가 성립함을 설명하는 과정이다. □ 안에 알맞은 것으로 옳지 <u>않은</u> 것은?

> $\overline{AB} = \overline{AC}$인 △ABC에 대하여
> $\overline{BC}$의 중점을 D라 하면
> △ABD와 △ACD에서
> $\overline{AB} = $ ① , $\overline{BD} = $ ②
> ③ 는 공통
> 따라서 △ABD≡△ACD(④ 합동)이므로
> ∠B= ⑤

① $\overline{AC}$ ② $\overline{CD}$ ③ $\overline{AD}$
④ SAS   ⑤ ∠C

003

다음은 '두 내각의 크기가 같은 삼각형은 이등변삼각형이다.'가 성립함을 설명하는 과정이다. □ 안에 알맞은 것으로 옳지 <u>않은</u> 것은?

> ∠B=∠C인 △ABC에 대하여
> 꼭짓점 A에서 $\overline{BC}$에 내린 수선의 발을 D라 하면
> △ABD와 △ACD에서
> ∠B=∠C, ∠ADB= ①
> 삼각형의 세 내각의 크기의 합은 180°이므로
> ∠BAD= ② , ③ 는 공통
> 따라서 △ABD≡△ACD(④ 합동)이므로
> ⑤
> 따라서 △ABC는 이등변삼각형이다.

① ∠ADC   ② ∠CAD   ③ $\overline{AD}$
④ SAS   ⑤ $\overline{AB} = \overline{AC}$

유형 002 ◆ 이등변삼각형의 성질을 이용하여 각의 크기 구하기 (1)

△ABC에서 $\overline{AB}=\overline{AC}$이면
⇨ ① ∠B=∠C
② ∠A=180°−2∠B
③ ∠B=∠C=$\frac{1}{2}$(180°−∠A)

 풍쌤의 point 이등변삼각형의 두 밑각의 크기는 서로 같다. 따라서 문제에 삼각형의 두 변의 길이가 같다는 조건이 있으면 두 밑각의 크기가 같다는 것을 떠올리면 된다.

004 필수

오른쪽 그림과 같이 $\overline{AB}=\overline{AC}$인 이등변삼각형 ABC에서 $\overline{BC}=\overline{BD}$, ∠BDC=65°일 때, ∠$x$의 크기는?

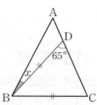

① 5° ② 10°
③ 15° ④ 20°
⑤ 25°

005

오른쪽 그림과 같이 $\overline{BA}=\overline{BC}$인 이등변삼각형 ABC에서 ∠B=50°일 때, ∠DAC의 크기는?

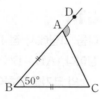

① 100° ② 105°
③ 110° ④ 115°
⑤ 120°

006

오른쪽 그림과 같이 $\overline{AB}=\overline{AC}$인 이등변삼각형 ABC에서 ∠A=68°이다. ∠B, ∠C의 이등분선의 교점을 D라 할 때, ∠BDC의 크기는?

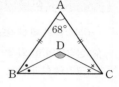

① 120° ② 124°
③ 128° ④ 132°
⑤ 136°

007

오른쪽 그림과 같이 $\overline{AB}=\overline{AC}$인 이등변삼각형 ABC에서 꼭짓점 A를 지나고 $\overline{BC}$에 평행한 직선 AD를 그었다. ∠EAD=62°일 때, ∠BAC의 크기는?

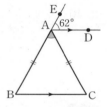

① 50° ② 52° ③ 54°
④ 56° ⑤ 58°

008 서술형

오른쪽 그림과 같은 △ABD에서 $\overline{BA}=\overline{BC}$, $\overline{DC}=\overline{DE}$, ∠ABC=80°, ∠CDE=30°일 때, ∠x의 크기를 구하여라.

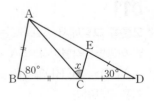

유형 003 ◆ 이등변삼각형의 성질을 이용하여 각의 크기 구하기 (2)

(1) 삼각형의 세 내각의 크기의 합은 180°이다.

(2) 삼각형의 한 외각의 크기는 그와 이웃하지 않는 두 내각의 크기의 합과 같다.

> **풍쌤의 point** 도형 문제에서 각의 크기를 구할 때에는 삼각형의 내각과 외각에 대한 성질이 자주 사용된다.

009 ◆필수◆

오른쪽 그림에서 점 D는 $\overline{AB}$의 연장선 위의 점이다. $\overline{AB}=\overline{AC}=\overline{CD}$이고 $\angle DCE=105°$일 때, $\angle x$의 크기는?

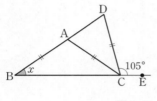

① 25°　　　② 30°　　　③ 35°
④ 40°　　　⑤ 45°

010

오른쪽 그림과 같은 △ABC에서 $\overline{AD}=\overline{BD}=\overline{CD}$이고 $\angle B=40°$일 때, $\angle x$의 크기를 구하여라.

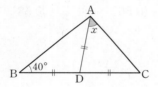

011

오른쪽 그림에서 △ABC는 $\overline{AB}=\overline{AC}$인 이등변삼각형이다. $\angle A=32°$이고 $\angle ABD=\angle CBD$일 때, $\angle BDC$의 크기를 구하여라.

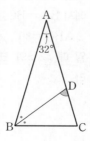

012

오른쪽 그림에서 △ABC와 △BCD는 각각 $\overline{AB}=\overline{AC}$, $\overline{BC}=\overline{CD}$인 이등변삼각형이고 $\angle ACD=\angle DCE$, $\angle A=40°$일 때, $\angle x$의 크기는?

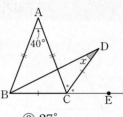

① 26°　　　② 26.5°　　　③ 27°
④ 27.5°　　　⑤ 28°

013　서술형

오른쪽 그림과 같이 $\overline{AB}=\overline{AC}$인 이등변삼각형 ABC에서 $\angle B$의 이등분선과 $\angle C$의 외각의 이등분선의 교점을 D라 하자. $\angle A=80°$일 때, $\angle x$의 크기를 구하여라.

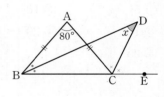

014

다음 그림에서 점 D와 E는 각각 $\overline{AB}$, $\overline{AC}$의 연장선 위의 점이다. $\overline{AB}=\overline{BC}=\overline{CD}=\overline{DE}$이고 $\angle ADE=100°$일 때, $\angle x$의 크기를 구하여라.

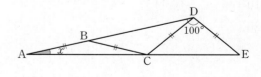

유형 004 ◆ 여러 가지 도형에서 이등변삼각형의 성질 이용하기

여러 가지 다각형에서 이등변삼각형의 성질을 이용하여 각의 크기 또는 변의 길이를 구할 수 있다.

(1) 직사각형의 한 내각의 크기는 $90°$이다.

(2) 정n각형의 한 내각의 크기는 $\dfrac{180° \times (n-2)}{n}$이다.

015 = 필수 =

오른쪽 그림과 같은 직사각형 ABCD에서 $\overline{BE}=\overline{DE}$, $\angle BDE=\angle CDE$일 때, $\angle x$의 크기는?

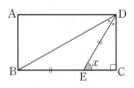

① $50°$ ② $55°$ ③ $60°$

④ $65°$ ⑤ $70°$

016

오른쪽 그림과 같은 정육각형 ABCDEF에서 $\angle ACE$의 크기를 구하여라.

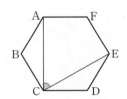

017

오른쪽 그림과 같이 $\overline{AB}=\overline{AD}$, $\overline{BC}=\overline{CD}$인 사각형 ABCD에서 두 대각선의 교점을 E라 하자. $\overline{AB}=9$ cm, $\overline{BD}=14$ cm일 때, $\overline{AD}+\overline{BE}$의 길이를 구하여라.

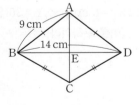

유형 005 ◆ 이등변삼각형의 꼭지각의 이등분선

△ABC에서 $\angle BAD=\angle CAD$이면

① $\overline{AD} \perp \overline{BC}$

② $\overline{BD}=\overline{CD}=\dfrac{1}{2}\overline{BC}$

풍쌤의 point   이등변삼각형에서

(1) 꼭지각의 이등분선은 밑변을 수직이등분한다.

(2) 밑변의 수직이등분선은 꼭지각을 이등분한다.

018 = 필수 =

오른쪽 그림과 같이 $\overline{AB}=\overline{AC}$인 이등변삼각형 ABC에서 $\angle A$의 이등분선과 $\overline{BC}$의 교점을 D라 하자. $\overline{BD}=6$ cm, $\angle C=48°$일 때, $x+y$의 값을 구하여라.

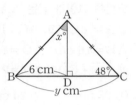

019

오른쪽 그림과 같이 $\overline{AB}=\overline{AC}$인 이등변삼각형 ABC에서 $\overline{AD}$는 $\angle A$의 이등분선이다. 다음 중 옳지 <u>않은</u> 것은?

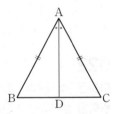

① $\overline{BD}=\overline{CD}$ ② $\angle B=\angle C$

③ $\overline{AB}=\overline{BC}$ ④ $\overline{BC} \perp \overline{AD}$

⑤ $\triangle ABD \equiv \triangle ACD$

020 서술형

오른쪽 그림과 같이 $\overline{AB}=\overline{AC}$인 이등변삼각형 ABC에서 $\angle A$의 이등분선과 $\overline{BC}$의 교점을 D라 하자. $\overline{AC}=13$, $\overline{BC}=10$, $\overline{AD}=12$이고 △APC의 넓이가 20일 때, x의 값을 구하여라.

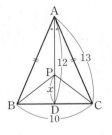

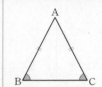

유형 006 이등변삼각형이 되는 조건

⇨ △ABC에서 ∠B=∠C이면 $\overline{AB}=\overline{AC}$

풍쌤의 point 두 내각의 크기가 같은 삼각형은 이등변삼각형이다.
따라서 문제에 삼각형의 두 내각의 크기가 같다는 조건
이 있으면 두 변의 길이가 같다는 것을 떠올리면 된다.

021 필수

오른쪽 그림과 같은 △ABC에서
∠A=∠C이고 $\overline{AC}\perp\overline{BD}$이다.
$\overline{AB}=16$ cm, $\overline{AC}=14$ cm일
때, $\overline{BC}+\overline{CD}$의 길이는?

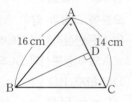

① 23 cm   ② 24 cm
③ 25 cm   ④ 26 cm
⑤ 27 cm

022

다음은 '세 내각의 크기가 같은 삼각형은 정삼각형이다'가 성
립함을 설명하는 과정이다. ☐ 안에 알맞은 것을 써넣어라.

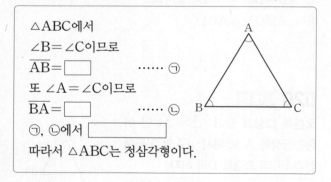

△ABC에서
∠B=∠C이므로
$\overline{AB}=$ ☐ ······ ㉠
또 ∠A=∠C이므로
$\overline{BA}=$ ☐ ······ ㉡
㉠, ㉡에서 ☐
따라서 △ABC는 정삼각형이다.

023

오른쪽 그림과 같이
∠A=80°, ∠B=50°,
$\overline{BC}=8$ cm인 △ABC에서
∠A의 이등분선과 $\overline{BC}$의 교점
을 D라 할 때, $\overline{BD}$의 길이는?

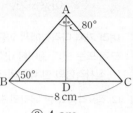

① 2 cm   ② 3 cm   ③ 4 cm
④ 5 cm   ⑤ 6 cm

024 서술형

오른쪽 그림에서 점 D와 E는
$\overline{AB}$의 연장선 위의 점이다.
∠DBC=40°, ∠DAC=80°,
∠EDC=100°, $\overline{AB}=6$ cm일
때, $\overline{CD}$의 길이를 구하여라.

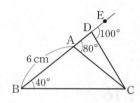

025

오른쪽 그림과 같이 $\overline{AB}=\overline{AC}$인 이등
변삼각형 ABC에서 ∠B의 이등분선과
$\overline{AC}$의 교점을 D라 하자. $\overline{AB}=9$ cm,
$\overline{BC}=6$ cm, ∠A=36°일 때, $\overline{CD}$의
길이를 구하여라.

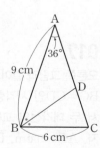

유형 007 ◆ 폭이 일정한 종이 접기

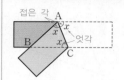

△ABC는
⇨ ∠BAC=∠BCA인
이등변삼각형

> **풍쌤의 point** 종이 접기 문제는 위의 그림처럼 접은 각이 같고, 엇각이 같음을 이용하면 된다.

026 ◀필수▶

폭이 일정한 종이를 오른쪽 그림과 같이 접을 때, 겹쳐진 부분으로 이루어진 삼각형 ABC에서 ∠x의 크기와 $\overline{BC}$의 길이를 각각 구하여라.

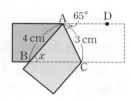

027

직사각형 모양의 종이를 오른쪽 그림과 같이 접었다.
∠BDC=65°일 때, ∠x의 크기를 구하여라.

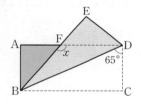

028 서술형

직사각형 모양의 종이를 오른쪽 그림과 같이 접었다.
∠QRP=56°, $\overline{PQ}$=7 cm, $\overline{PR}$=8 cm일 때, 다음 물음에 답하여라.

(1) $\overline{QR}$의 길이를 구하여라.

(2) ∠QPC의 크기를 구하여라.

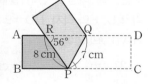

유형 008 ◆ 직각삼각형의 합동 조건

두 직각삼각형에서
① 빗변의 길이와 한 예각의 크기가 각각 같을 때 합동이다.
  ⇨ RHA 합동: 직각, 빗변, 한 예각
② 빗변의 길이와 다른 한 변의 길이가 각각 같을 때 합동이다.
  ⇨ RHS 합동: 직각, 빗변, 다른 한 변

029 ◀필수▶

다음 보기 중에서 반드시 서로 합동인 것끼리 짝 지어지지 않은 것을 모두 고르면? (정답 2개)

보기

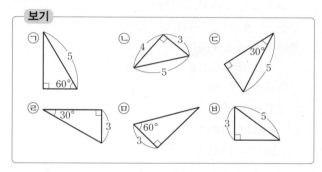

① ㉠과 ㉢   ② ㉡과 ㉺   ③ ㉢과 ㉣
④ ㉣과 ㉤   ⑤ ㉤과 ㉺

030

다음은 '빗변의 길이와 한 예각의 크기가 각각 같은 두 직각삼각형은 합동이다.'가 성립함을 설명하는 과정이다. □ 안에 알맞은 것을 써넣어라.

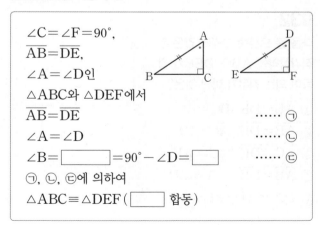

∠C=∠F=90°,
$\overline{AB}=\overline{DE}$,
∠A=∠D인
△ABC와 △DEF에서
$\overline{AB}=\overline{DE}$ ······ ㉠
∠A=∠D   ······ ㉡
∠B=□=90°−∠D=□   ······ ㉢
㉠, ㉡, ㉢에 의하여
△ABC≡△DEF(□ 합동)

031

다음은 '두 내각의 크기가 같은 삼각형은 이등변삼각형이다.'
가 성립함을 설명하는 과정이다. □ 안에 알맞은 것을 차례
로 나열한 것은?

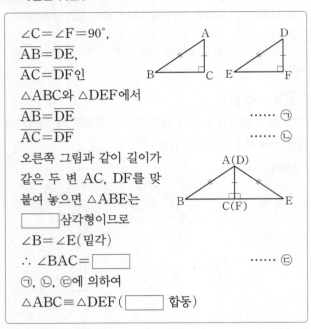

$\angle C = \angle F = 90°$,
$\overline{AB} = \overline{DE}$,
$\overline{AC} = \overline{DF}$인
$\triangle ABC$와 $\triangle DEF$에서
$\overline{AB} = \overline{DE}$ ...... ㉠
$\overline{AC} = \overline{DF}$ ...... ㉡
오른쪽 그림과 같이 길이가
같은 두 변 AC, DF를 맞
붙여 놓으면 $\triangle ABE$는
□ 삼각형이므로
$\angle B = \angle E$(밑각)
$\therefore \angle BAC =$ □ ...... ㉢
㉠, ㉡, ㉢에 의하여
$\triangle ABC \equiv \triangle DEF$(□ 합동)

① 직각, ∠EDF, SAS
② 직각, ∠EFD, ASA
③ 이등변, ∠EDF, SAS
④ 이등변, ∠EFD, SAS
⑤ 이등변, ∠EDF, ASA

032

다음 중 오른쪽 그림과 같은 두
직각삼각형 ABC, DEF가 합
동이 되는 경우가 아닌 것은?

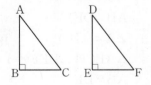

① $\overline{AB} = \overline{DE}$, $\overline{BC} = \overline{EF}$
② $\overline{AB} = \overline{DE}$, $\overline{AC} = \overline{DF}$
③ $\overline{AC} = \overline{DF}$, $\angle C = \angle F$
④ $\overline{AB} = \overline{DE}$, $\angle A = \angle D$
⑤ $\angle A = \angle D$, $\angle C = \angle F$

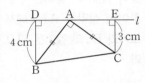

$\triangle DBA$와 $\triangle EAC$에서
① $\angle BDA = \angle AEC = 90°$
② $\overline{AB} = \overline{CA}$
③ $\angle DAB = 90° - \angle EAC$
$= \angle ECA$
$\therefore \triangle DBA \equiv \triangle EAC$(RHA 합동)

풍쌤의 point 두 직각삼각형의 빗변의 길이와 한 예각의 크기가 각
각 같으면 합동이다.(RHA 합동)

033 ─ 필수 ─

오른쪽 그림과 같이 $\overline{AB} = \overline{AC}$
인 직각이등변삼각형 ABC의
두 꼭짓점 B, C에서 꼭짓점 A
를 지나는 직선 l에 내린 수선
의 발을 각각 D, E라 하자. $\overline{BD} = 4$ cm, $\overline{CE} = 3$ cm일 때,
$\overline{DE}$의 길이는?

① 7 cm   ② 8 cm   ③ 9 cm
④ 10 cm   ⑤ 11 cm

034

오른쪽 그림과 같이
$\overline{AB} = \overline{AC}$인 직각이등변삼
각형 ABC의 두 꼭짓점 B,
C에서 꼭짓점 A를 지나는
직선 l에 내린 수선의 발을
각각 D, E라 하자. $\overline{BD} = 9$ cm, $\overline{CE} = 6$ cm일 때,
$\triangle ABD$의 넓이는?

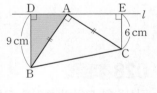

① 21 cm²   ② 24 cm²   ③ 27 cm²
④ 30 cm²   ⑤ 33 cm²

035

오른쪽 그림과 같이 선분
AB의 양 끝점 A, B에서
AB의 중점 P를 지나는 직선
l에 내린 수선의 발을 각각
C, D라 하자. $\overline{AC}=6$ cm,
$\angle PBD=40°$일 때, $x+y$의 값을 구하여라.

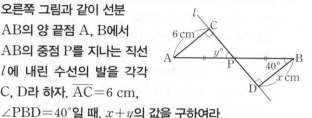

036 서술형

오른쪽 그림과 같이
$\overline{AB}=\overline{AC}$인 직각이등변삼각
형 ABC의 두 꼭짓점 B, C
에서 꼭짓점 A를 지나는 직
선 l에 내린 수선의 발을 각각
D, E라 하자. $\overline{BD}=7$ cm, $\overline{CE}=5$ cm일 때, 사각형
BCED의 넓이를 구하여라.

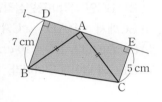

037

오른쪽 그림과 같이
$\overline{AB}=\overline{AC}$인 직각이등변삼
각형 ABC의 두 꼭짓점 B,
C에서 꼭짓점 A를 지나는
직선 l에 내린 수선의 발을
각각 D, E라 하자.
$\overline{BD}=9$ cm, $\overline{CE}=7$ cm일 때, $\triangle ABC$의 넓이를 구하여
라.

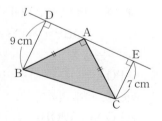

유형 010 ◆ 직각삼각형의 합동 조건의 활용 (2)

$\triangle ABD$와 $\triangle BCE$에서
① $\angle ADB=\angle BEC=90°$
② $\overline{AB}=\overline{BC}$
③ $\angle ABD=90°-\angle CBE=\angle BCE$
∴ $\triangle ABD\equiv\triangle BCE$ (RHA 합동)

풍쌤의 point 복잡한 그림에서 합동인 두 직각삼각형을 찾으려면
빗변의 길이가 같은 두 직각삼각형을 찾으면 된다.

038 필수

오른쪽 그림과 같이 $\angle B=90°$인 직
각이등변삼각형 ABC의 두 점 A,
C에서 점 B를 지나는 직선 l에 내
린 수선의 발을 각각 D, E라 하자.
$\overline{AD}=8$ cm, $\overline{CE}=5$ cm일 때,
$\overline{DE}$의 길이를 구하여라.

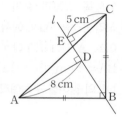

039

오른쪽 그림의 $\triangle ABC$에서 점 M은
$\overline{BC}$의 중점이고, 점 D, E는 각각
점 B, C에서 $\overline{AM}$과 그 연장선에
내린 수선의 발이다. $\overline{AM}=12$ cm,
$\overline{EM}=3$ cm, $\overline{CE}=6$ cm일 때,
$\triangle ABD$의 넓이를 구하여라.

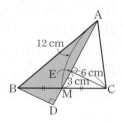

040 서술형

오른쪽 그림과 같이 정사각형
ABCD의 꼭짓점 B를 지나는 직선
과 $\overline{CD}$의 교점을 E라 하자. 두 점
A, C에서 $\overline{BE}$에 내린 수선의 발을
각각 F, G라 하면 $\overline{AF}=6$ cm,
$\overline{CG}=4$ cm이다. 이때 $\triangle AFG$의
넓이를 구하여라.

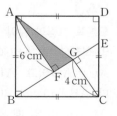

유형 011 ◆ 직각삼각형의 합동 조건의 활용 (3)

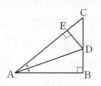

△ABD와 △AED에서
① ∠ABD＝∠AED＝90°
② $\overline{AD}$는 공통
③ $\overline{AB}＝\overline{AE}$
∴ △ABD≡△AED(RHS 합동)

풍쌤의 point 두 직각삼각형의 빗변의 길이와 다른 한 변의 길이가 각각 같으면 합동이다.(RHS 합동)

041 [필수]

오른쪽 그림과 같이 ∠C＝90°인 직각삼각형 ABC에서 $\overline{AC}＝\overline{AD}$ 이고, $\overline{AB}⊥\overline{DE}$이다. $\overline{BE}＝9$ cm, $\overline{BC}＝15$ cm일 때, $\overline{DE}$의 길이를 구하여라.

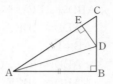

042

오른쪽 그림과 같이 ∠B＝90°인 직각삼각형 ABC에서 $\overline{AB}＝\overline{AE}$, $\overline{AC}⊥\overline{DE}$, ∠DAB＝25°일 때, ∠$x$의 크기는?

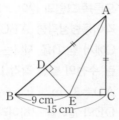

① 47°　　② 48°
③ 49°　　④ 50°
⑤ 51°

043 [서술형]

오른쪽 그림과 같이 ∠C＝90°인 직각삼각형 ABC에서 $\overline{AC}＝\overline{AD}$이고, $\overline{AB}⊥\overline{ED}$이다. $\overline{AB}＝10$ cm, $\overline{BC}＝8$ cm, $\overline{AC}＝6$ cm일 때, △BED의 둘레의 길이를 구하여라.

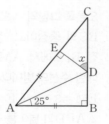

유형 012 ◆ 각의 이등분선의 성질

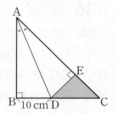

(1) 각의 이등분선 위의 한 점에서 그 각을 이루는 두 변에 이르는 거리는 같다.
⇨ ∠DAE＝∠DAB이면
　△DAE≡△DAB(RHA 합동)
　이므로 $\overline{DE}＝\overline{DB}$
(2) 각을 이루는 두 변에서 같은 거리에 있는 점은 그 각의 이등분선 위에 있다.
⇨ $\overline{DE}＝\overline{DB}$이면 △DAE≡△DAB(RHS 합동)이므로 ∠DAE＝∠DAB

044 [필수]

오른쪽 그림과 같이 ∠B＝90°이고 $\overline{AB}＝\overline{BC}$인 직각이등변삼각형 ABC에서 ∠BAD＝∠CAD이고, $\overline{AC}⊥\overline{DE}$이다. $\overline{BD}＝10$ cm일 때, △DEC의 넓이를 구하여라.

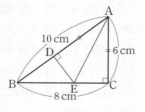

045

다음은 '각의 이등분선 위의 한 점에서 그 각을 이루는 두 변까지의 거리는 같다.'가 성립함을 설명하는 과정이다. □ 안에 알맞은 것으로 옳지 <u>않은</u> 것은?

∠XOY의 이등분선 위의 점 P에 대하여 △POA와 △POB에서
　　□① ＝∠OBP＝90° …… ㉠
　　□② 는 공통 …… ㉡
　　∠POA＝ □③ …… ㉢
㉠, ㉡, ㉢에 의하여
　△POA≡△POB(□④ 합동)
∴ □⑤ ＝$\overline{PB}$

① ∠OAP　　② $\overline{OP}$　　③ ∠POB
④ RHS　　⑤ $\overline{PA}$

파란 해설 6~7쪽

046

다음은 '각을 이루는 두 변에서 같은 거리에 있는 점은 그 각의 이등분선 위에 있다.'가 성립함을 설명하는 과정이다. □ 안에 알맞은 것을 써넣어라.

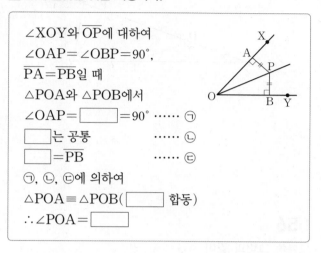

∠XOY와 $\overline{\text{OP}}$에 대하여
∠OAP=∠OBP=90°,
$\overline{\text{PA}}=\overline{\text{PB}}$일 때
△POA와 △POB에서
∠OAP=□=90° ······ ㉠
□는 공통 ······ ㉡
□=$\overline{\text{PB}}$ ······ ㉢
㉠, ㉡, ㉢에 의하여
△POA≡△POB(□ 합동)
∴∠POA=□

047

오른쪽 그림과 같이 ∠C=90°인 직각삼각형 ABC에서 ∠B의 이등분선이 $\overline{\text{AC}}$와 만나는 점을 D라 하자. $\overline{\text{AB}}\perp\overline{\text{DE}}$, $\overline{\text{AB}}=15$ cm, $\overline{\text{BC}}=9$ cm, $\overline{\text{DC}}=4.5$ cm일 때, △AED의 넓이는?

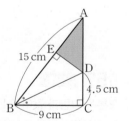

① 13 cm² ② 13.5 cm² ③ 14 cm²
④ 14.5 cm² ⑤ 15 cm²

048 서술형

오른쪽 그림과 같이 ∠B=90°인 직각삼각형 ABC에서 ∠A의 이등분선이 $\overline{\text{BC}}$와 만나는 점을 D라 하자. $\overline{\text{AC}}=12$ cm, $\overline{\text{BD}}=4$ cm일 때, △ADC의 넓이를 구하여라.

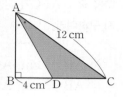

049

오른쪽 그림과 같이 ∠XOY의 이등분선 위의 한 점 P에서 두 반직선 OX, OY에 내린 수선의 발을 각각 M, N이라 할 때, 다음 중 $\overline{\text{PM}}=\overline{\text{PN}}$임을 설명하는 데 사용되는 조건이 아닌 것은?

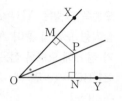

① $\overline{\text{OM}}=\overline{\text{ON}}$ ② $\overline{\text{OP}}$는 공통
③ ∠PMO=∠PNO ④ ∠POM=∠PON
⑤ △PMO≡△PNO

050

오른쪽 그림과 같이 ∠C=90°인 직각삼각형 ABC에서 $\overline{\text{AD}}$는 ∠A의 이등분선이고, 점 D에서 $\overline{\text{AB}}$에 내린 수선의 발을 E라 하자. $\overline{\text{AB}}=13$ cm, $\overline{\text{BC}}=5$ cm, $\overline{\text{CA}}=12$ cm일 때, $\overline{\text{DC}}$의 길이를 구하여라.

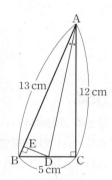

051

다음 중 △ABC가 이등변삼각형이 되는 것은 모두 몇 개인지 구하여라.

(가) $\overline{AB}=3$ cm, $\overline{AC}=3$ cm, $\overline{BC}=3$ cm
(나) $\overline{AB}=5$ cm, $\overline{AC}=5$ cm
(다) $\angle A=50°$, $\angle B=50°$
(라) $\angle A=30°$, $\angle B=120°$

052

오른쪽 그림은 $\overline{AB}=\overline{AC}$인 이등변삼각형 모양의 종이 ABC를 점 A가 점 B에 오도록 접은 것이다.
$\angle EBC=18°$일 때, $\angle C$의 크기를 구하여라.

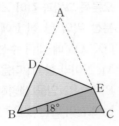

053

오른쪽 그림과 같이 $\overline{AB}=\overline{AC}$인 이등변삼각형 ABC에서 $\overline{BD}=\overline{CE}$, $\overline{BF}=\overline{CD}$이고 $\angle A=46°$일 때, $\angle x$의 크기를 구하여라.

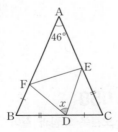

054

오른쪽 그림에서 △ABC는 $\overline{AB}=\overline{AC}$인 이등변삼각형이다. $\overline{AD}=\overline{AE}$이고 $\angle A=58°$, $\angle DBP=32°$일 때, $\angle x$의 크기를 구하여라.

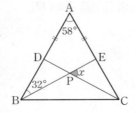

055

다음 그림과 같이 $\overline{AB}=\overline{AC}$인 이등변삼각형 ABC에서 $\overline{AD}=\overline{DE}=\overline{EF}=\overline{FC}=\overline{BC}$일 때, $\angle x$의 크기를 구하여라.

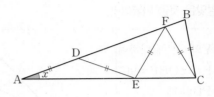

056

오른쪽 그림과 같이 $\overline{AB}=\overline{AC}$인 이등변삼각형 ABC에서 $\angle B$의 이등분선과 $\overline{AC}$의 교점을 P라 하고, $\overline{BC}$의 연장선 위에 $\overline{CP}=\overline{CQ}$가 되도록 점 Q를 잡았다. $\overline{PA}=\overline{PB}$일 때, $\angle CQP$의 크기를 구하여라.

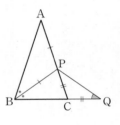

057 서술형

오른쪽 그림과 같이 $\overline{AB}=\overline{AC}$인 이등변삼각형 ABC에서 $\angle A$의 이등분선과 $\overline{BC}$의 교점을 D, 점 D에서 $\overline{AC}$에 내린 수선의 발을 E라 할 때, $\overline{BC}$의 길이를 구하여라.

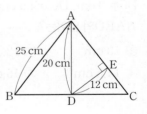

058 창의

오른쪽 그림과 같이 $\overline{AB}=\overline{AC}$인 이등변삼각형 ABC에서 점 M은 밑변 BC의 중점이고 $\overline{BC}=6$ cm, $\angle A=40°$일 때, 부채꼴 MED의 넓이를 구하여라.

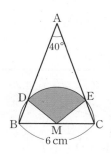

059

오른쪽 그림과 같이 $\overline{AB}=\overline{AC}$인 이등변삼각형 ABC에서 $\overline{CA}$의 연장선 위의 점 D에서 $\overline{BC}$에 내린 수선의 발을 E라 하고, $\overline{AB}$와 $\overline{DE}$의 교점을 P라 하자. $\overline{CD}=8$ cm, $\overline{BP}=3$ cm일 때, $\overline{AD}$의 길이를 구하여라.

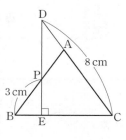

060

오른쪽 그림은 직사각형 모양의 종이를 접은 것이다. $\angle ABC=70°$, $\angle BDE=60°$일 때, 다음 중 옳지 않은 것을 모두 고르면?(정답 2개)

① $\overline{BC}=\overline{BD}$ ② $\overline{ED}=\overline{EF}$
③ $\angle BDC=35°$ ④ $\angle DEJ=120°$
⑤ $\angle DEF=65°$

061

오른쪽 그림과 같이 $\angle A=90°$이고 $\overline{AB}=\overline{AC}$인 직각이등변삼각형 ABC의 두 꼭짓점 B, C에서 점 A를 지나는 직선 l에 내린 수선의 발을 각각 D, E라 할 때, 다음 중 옳지 않은 것은?

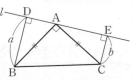

① $\overline{BD}/\!/\overline{CE}$ ② $\triangle ABD\equiv\triangle CAE$
③ $\overline{DE}=a+b$ ④ $\triangle ACE=\dfrac{1}{2}ab$
⑤ (사각형 BCED의 넓이)$=\dfrac{1}{2}ab(a+b)$

062

오른쪽 그림과 같이 $\angle B=90°$이고 $\overline{AB}=\overline{BC}$인 직각이등변삼각형 ABC의 두 꼭짓점 A, C에서 점 B를 지나는 직선 l에 내린 수선의 발을 각각 D, E라 하자. $\overline{CE}=5$ cm 이고 $\triangle ABD$의 넓이가 30 cm²일 때, $\overline{DE}$의 길이를 구하여라.

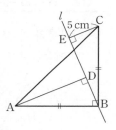

063

오른쪽 그림과 같은 직각삼각형 ABC의 변 BC 위의 점 E에서 변 AB에 내린 수선의 발을 D 라 하면 $\overline{AC}=\overline{AD}$ 이다. $\overline{AB}=15$ cm, $\overline{BC}=12$ cm, $\overline{CA}=9$ cm일 때, $\triangle BED$의 넓이를 구하여라.

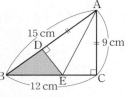

2 삼각형의 외심과 내심

01 | 삼각형의 외심

▶ 개념 Link 풍산자 개념완성편 20쪽 →

(1) **외접원과 외심**: 다각형의 모든 꼭짓점이 한 원 위에 있을 때, 이 원을 다각형의 외접원이라 하고, 외접원의 중심을 외심이라 한다.

외접원

외심
· O

(2) **삼각형의 외심**: 세 변의 수직이등분선의 교점

(3) **삼각형의 외심의 성질**: 삼각형의 외심에서 세 꼭짓점에 이르는 거리는 같다.
⇨ $\overline{OA}=\overline{OB}=\overline{OC}$ (외접원의 반지름)

개념 Tip △AOD≡△BOD, △BOE≡△COE, △COF≡△AOF(RHS 합동)

1 아래 그림에서 점 O가 △ABC의 외심일 때, 다음 중 옳은 것은 ○표, 옳지 않은 것은 ×표 하여라.

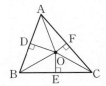

(1) $\overline{BE}=\overline{BD}$ ( )
(2) ∠OCE = ∠OCF ( )
(3) $\overline{OA}=\overline{OB}=\overline{OC}$ ( )

답 1 (1) × (2) × (3) ○

02 | 삼각형의 외심의 위치

▶ 개념 Link 풍산자 개념완성편 20쪽 →

삼각형의 외심의 위치는 삼각형의 종류에 따라 달라진다.
(1) 예각삼각형　　(2) 직각삼각형　　(3) 둔각삼각형

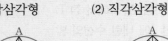

삼각형의 내부　　　빗변의 중점　　　삼각형의 외부

개념 Tip 직각삼각형의 외접원의 반지름의 길이는 $\overline{OA}=\overline{OB}=\overline{OC}=\dfrac{1}{2}×($ 빗변의 길이)

1 다음 중 삼각형에 따른 외심의 위치가 옳은 것에 ○표, 옳지 않은 것에 ×표 하여라.
(1) 예각삼각형: 삼각형의 외부 ( )
(2) 둔각삼각형: 삼각형의 내부 ( )
(3) 직각삼각형: 빗변의 중점 ( )
(4) 정삼각형: 삼각형의 내부 ( )

답 1 (1) × (2) × (3) ○ (4) ○

03 | 삼각형의 외심의 활용

▶ 개념 Link 풍산자 개념완성편 22쪽 →

점 O가 △ABC의 외심일 때
(1) ∠x + ∠y + ∠z = 90°

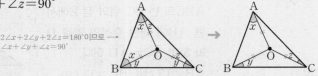

2∠x+2∠y+2∠z=180°이므로
∠x+∠y+∠z=90°

(2) ∠BOC = 2∠A

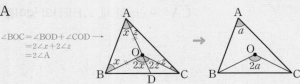

∠BOC = ∠BOD + ∠COD
= 2∠x + 2∠z
= 2∠A

개념 Tip $\overline{OA}=\overline{OB}=\overline{OC}$이므로 △OAB, △OBC, △OCA는 모두 이등변삼각형이다.

1 다음 그림에서 점 O가 △ABC의 외심일 때, ∠x의 크기를 구하여라.
(1)

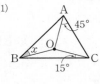

(2)

답 1 (1) 30° (2) 120°

04 원의 접선

→ 개념 Link 풍산자 개념완성편 26쪽 →

(1) **접선과 접점**: 직선 l이 원 O와 한 점 T에서 만날 때, 직선 l은 원 O에 접한다고 한다. 이때 직선 l을 원 O의 접선이라 하고, 점 T를 접점이라 한다.

(2) 원 O의 접선 l은 접점 T를 지나는 반지름 OT에 수직이다.

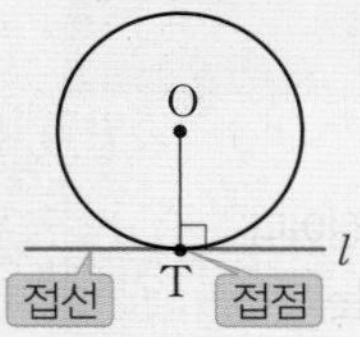

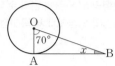

1 다음 그림에서 선분 AB는 원 O의 접선이고 점 A는 접점일 때, $\angle x$의 크기를 구하여라.

답 1 20°

---

05 삼각형의 내심

→ 개념 Link 풍산자 개념완성편 26쪽 →

(1) **내접원과 내심**: 다각형의 모든 변이 한 원에 접할 때, 이 원을 다각형의 내접원이라 하고, 내접원의 중심을 내심이라 한다.

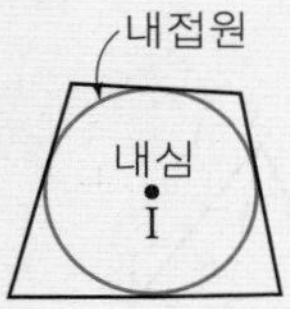

(2) **삼각형의 내심**: 세 내각의 이등분선의 교점

(3) **삼각형의 내심의 성질**
삼각형의 내심에서 세 변에 이르는 거리는 같다.
⇨ $\overline{ID}=\overline{IE}=\overline{IF}$ (내접원의 반지름)

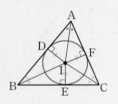

개념 Tip $\triangle AID \equiv \triangle AIF$, $\triangle BID \equiv \triangle BIE$, $\triangle CIE \equiv \triangle CIF$(RHA 합동)

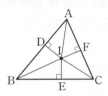

1 다음 그림에서 점 I가 △ABC의 내심일 때, 다음 중 옳은 것은 ○표, 옳지 않은 것은 ×표 하여라.

(1) $\overline{BE}=\overline{BD}$ ( )
(2) $\angle ICF=\angle IAF$ ( )
(3) $\overline{ID}=\overline{IE}=\overline{IF}$ ( )

답 1 (1) ○ (2) × (3) ○

---

06 삼각형의 내심의 활용

→ 개념 Link 풍산자 개념완성편 28쪽 →

점 I가 △ABC의 내심일 때

(1) $\angle x + \angle y + \angle z = 90°$

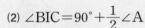
$2\angle x+2\angle y+2\angle z=180°$이므로
$\angle x+\angle y+\angle z=90°$

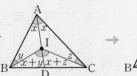 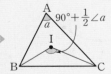

(2) $\angle BIC = 90° + \dfrac{1}{2}\angle A$

$\angle BIC = \angle BID + \angle CID$
$\quad = (\angle x + \angle y) + (\angle x + \angle z)$
$\quad = (\angle x + \angle y + \angle z) + \angle x = 90° + \dfrac{1}{2}\angle A$

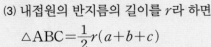 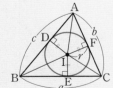

(3) 내접원의 반지름의 길이를 r라 하면
$$\triangle ABC = \frac{1}{2}r(a+b+c)$$

(4) $\overline{AD}=\overline{AF}$, $\overline{BD}=\overline{BE}$, $\overline{CE}=\overline{CF}$

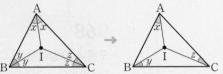

개념 Tip $\triangle ABC = \triangle ABI + \triangle BCI + \triangle CAI = \dfrac{1}{2}cr + \dfrac{1}{2}ar + \dfrac{1}{2}br = \dfrac{1}{2}r(a+b+c)$

1 다음 그림에서 점 I가 △ABC의 내심일 때, $\angle x$의 크기를 구하여라.

(1)

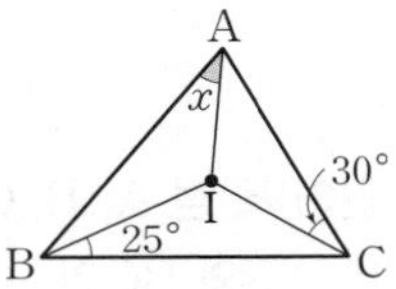

(2)

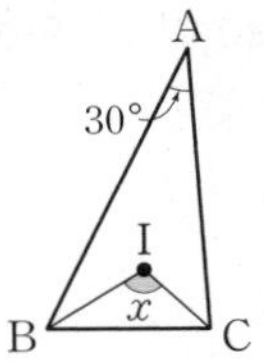

답 1 (1) 35° (2) 105°

유형 013 ◆ 삼각형의 외심

(1) 삼각형의 외심은 외접원의 중심이다.
(2) 삼각형의 외심은 세 변의 수직이등분선의 교점이다.
(3) 삼각형의 외심에서 세 꼭짓점에 이르는 거리는 같다.

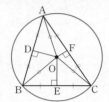

$\triangle AOD \equiv \triangle BOD$
$\Rightarrow \triangle BOE \equiv \triangle COE$
$\triangle COF \equiv \triangle AOF$

064 필수

오른쪽 그림에서 점 O는 △ABC의 외심이다. 다음 중 옳지 않은 것을 모두 고르면? (정답 2개)

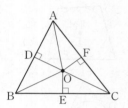

① $\overline{OA} = \overline{OB}$
② $\overline{OE} = \overline{OF}$
③ $\overline{AF} = \overline{CF}$
④ $\triangle OBE \equiv \triangle OCE$
⑤ $\triangle OAD \equiv \triangle OAF$

065

오른쪽 그림과 같이 세 점 A, B, C를 지나는 원의 중심은 $\overline{AB}$와 $\overline{BC}$의 [　　　　]의 교점이다. □ 안에 알맞은 것을 써넣어라.

066

오른쪽 그림에서 점 O는 △ABC의 외심이다. $\overline{BD} = 8\text{ cm}$, $\overline{BE} = 7\text{ cm}$, $\overline{CF} = 6\text{ cm}$일 때, △ABC의 둘레의 길이를 구하여라.

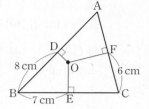

067

오른쪽 그림에서 점 O는 △ABC의 외심이고, ∠ABO=25°일 때, ∠x의 크기는?

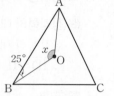

① 100°　　② 110°
③ 120°　　④ 130°
⑤ 140°

068

오른쪽 그림에서 점 O는 △ABC의 외심이다. ∠OBA=28°, ∠OCA=34°일 때, ∠A의 크기는?

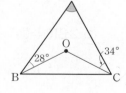

① 62°　　② 63°
③ 64°　　④ 65°
⑤ 66°

069 서술형

오른쪽 그림에서 점 O는
△ABC의 외심이다.
$\overline{AC}=10$ cm이고, △AOC의
둘레의 길이가 24 cm일 때,
△ABC의 외접원의 반지름의 길
이를 구하여라.

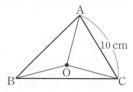

070

오른쪽 그림에서 점 O는 △ABC
의 외심이다. ∠AOB=40°,
∠BOC=50°일 때, ∠ABC의 크
기는?

① 120° ② 125°
③ 130° ④ 135°
⑤ 140°

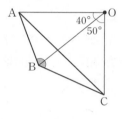

071

오른쪽 그림에서 점 O는 △ABC
의 외심이다. ∠ABC=30°,
∠ACB=40°일 때, ∠BOC의
크기는?

① 120° ② 125°
③ 130° ④ 135°
⑤ 140°

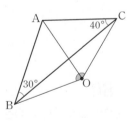

 유형 **014** ◆ 직각삼각형의 외심의 위치와 변의 길이

(외접원의 반지름의 길이)
$=($빗변의 길이$)\times\dfrac{1}{2}$
$=\overline{OA}=\overline{OB}=\overline{OC}$

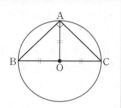

풍쌤의 **point** 직각삼각형의 외심은 빗변의 중점과 일치한다.

072 필수

오른쪽 그림과 같이 ∠B=90°
인 직각삼각형 ABC에서
$\overline{AB}=6$ cm, $\overline{BC}=8$ cm,
$\overline{CA}=10$ cm일 때, △ABC의
외접원의 넓이는?

① 9π cm² ② 16π cm² ③ 25π cm²
④ 36π cm² ⑤ 49π cm²

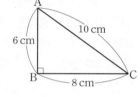

073

오른쪽 그림에서 점 O는
∠C=90°인 직각삼각형
ABC의 외심이다.
$\overline{OC}=6$ cm일 때, $\overline{AB}$의 길
이를 구하여라.

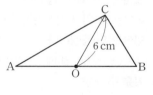

074 서술형

오른쪽 그림과 같이 ∠C=90°
인 직각삼각형 ABC에서
$\overline{AM}=\overline{BM}$, $\overline{AB}=12$ cm일
때, 다음 물음에 답하여라.

⑴ $\overline{AC}$의 길이를 구하여라.
⑵ △AMC의 둘레의 길이를 구하여라.

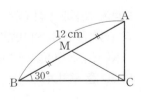

2. 삼각형의 외심과 내심 **25**

유형 015 ◆ 직각삼각형의 외심의 위치와 각의 크기

직각삼각형 ABC에서 점 O가 빗변 AB의 중점일 때
(1) $\overline{OA}=\overline{OB}=\overline{OC}$
(2) $\angle OCA=\angle A$, $\angle OCB=\angle B$
(3) $\angle BOC=2\angle A$,
$\quad\angle AOC=2\angle B$

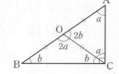

075 ◁필수▷

오른쪽 그림과 같이
$\angle A=90°$인 직각삼각형
ABC의 빗변의 중점을 O라
하자. $\angle ABC=28°$일 때,
$\angle x$의 크기는?

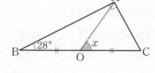

① 54°   ② 56°   ③ 58°
④ 60°   ⑤ 62°

076

오른쪽 그림에서 점 O는
$\angle C=90°$인 직각삼각형 ABC
의 빗변의 중점이다.
$\angle AOC=50°$일 때, $\angle B$의 크
기를 구하여라.

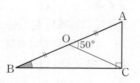

077

오른쪽 그림에서 점 O는 $\angle C=90°$인
직각삼각형 ABC의 빗변의 중점이다.
$\angle AOC:\angle BOC=5:4$일 때, $\angle A$
의 크기를 구하여라.

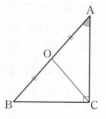

유형 016 ◆ 삼각형의 외심의 활용 (1)

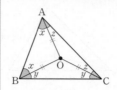

$\Rightarrow \angle x+\angle y+\angle z=90°$

> 풍쌤의 point   점 O가 외심인 삼각형 ABC에서 각의 크기를 구하려
> 면 $\overline{OA}$, $\overline{OB}$, $\overline{OC}$를 그은 후, △OAB, △OBC,
> △OCA가 모두 이등변삼각형임을 떠올리면 된다.

078 ◁필수▷

오른쪽 그림에서 점 O는 △ABC
의 외심이다. $\angle OAB=35°$,
$\angle OBC=25°$일 때, $\angle x$의 크기
는?

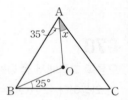

① 25°   ② 27°
③ 30°   ④ 32°
⑤ 35°

079 서술형

오른쪽 그림에서 점 O는 △ABC의
외심이다. $\angle OAC=40°$,
$\angle OCB=30°$일 때, $\angle x+\angle y$의 크
기를 구하여라.

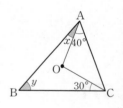

080

오른쪽 그림에서 점 O는
△ABC의 외심이다.
$\angle ABO=30°$, $\angle OBC=10°$일
때, $\angle C$의 크기를 구하여라.

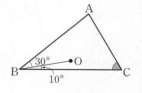

유형 **017** ◆ 삼각형의 외심의 활용 (2)

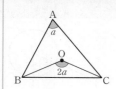

⇨ ∠BOC=2∠A

풍쌤의 **point** 점 O가 외심인 삼각형 ABC에서 ∠AOB, ∠BOC, ∠COA의 크기를 구하거나 그 값이 주어진 경우에는 위의 공식을 사용하면 된다.

081 ◀ 필수 ▶

오른쪽 그림에서 점 O는 △ABC의 외심이다. ∠ABO=30°, ∠ACO=25°일 때, ∠x+∠y의 크기를 구하여라.

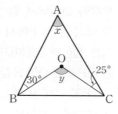

082

오른쪽 그림에서 점 O는 △ABC의 외심이다. ∠A=50°일 때, ∠x의 크기를 구하여라.

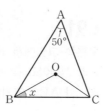

083

오른쪽 그림에서 점 O는 △ABC의 외심이다. ∠OCA=30°, ∠BOC=98°일 때, ∠x의 크기는?

① 18°   ② 19°
③ 20°   ④ 21°
⑤ 22°

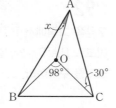

084

오른쪽 그림에서 점 O는 △ABC의 외심이다. ∠ABO=22°, ∠OAC=45° 일 때, ∠x+∠y의 크기는?

① 151°   ② 153°
③ 155°   ④ 157°
⑤ 159°

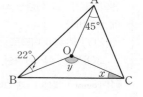

085

오른쪽 그림에서 점 O는 △ABC의 외심이다. ∠OCB=34°일 때, ∠x의 크기를 구하여라.

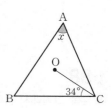

086 서술형

오른쪽 그림에서 점 O가 △ABC의 외심일 때, 다음 물음에 답하여라.

(1) ∠AOB : ∠BOC : ∠COA =3 : 2 : 4일 때, ∠ABC의 크기를 구하여라.

(2) ∠BAC : ∠CBA : ∠ACB =2 : 4 : 3일 때, ∠BOC의 크기를 구하여라.

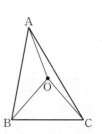

유형 018 ✦ 원의 접선과 반지름 (1)

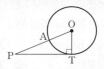

원의 접선은 그 접점을 지나는 반지름
에 수직이다.

⇨ ∠OTP＝90°이므로
△OPT는 직각삼각형

풍쌤의 point 접선이 1개 그어진 문제를 보면 반사적으로 직각삼각
형을 떠올려야 한다.

087 =필수=

오른쪽 그림에서 직선 PA는 원 O
의 접선이고 ∠OPA＝35°일 때,
∠AOP의 크기를 구하여라.

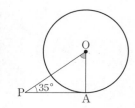

088

오른쪽 그림에서 $\overline{AC}$는 원 O의 지
름이고 $\overleftrightarrow{BC}$는 원 O의 접선이다.
∠AOB＝120°일 때, ∠OBC의 크
기는?

① 15°   ② 20°
③ 25°   ④ 30°
⑤ 35°

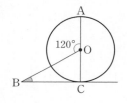

089 서술형

오른쪽 그림에서 $\overleftrightarrow{PT}$는 원 O의
접선이고 ∠OPT＝30°이다. 다
음 물음에 답하여라.

(1) ∠TOB의 크기를 구하여라.
(2) $\overarc{AT}$＝6 cm일 때, $\overarc{BT}$의 길이를 구하여라.

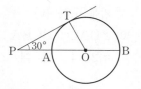

유형 019 ✦ 이등변삼각형과 접선을 이용하여 각의 크기 구하기

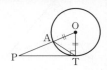

오른쪽 그림에서 $\overline{OA}＝\overline{OT}$이므로
△OAT는 이등변삼각형

풍쌤의 point 접선이 1개 그어진 문제 중 △OPT가 직각삼각형
임을 이용해서 바로 풀 수 없으면 이등변삼각형을 떠올
려야 한다.

090 =필수=

오른쪽 그림에서 점 T는 원
O 밖의 한 점 P에서 원 O에
그은 접선의 접점이고, 점 A
는 $\overline{OP}$와 원 O의 교점이다.
∠OPT＝20°일 때, ∠PAT
의 크기를 구하여라.

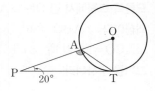

091

오른쪽 그림에서 직선 AB는 원
O의 접선이고, ∠AOP＝100°일
때, ∠PAB의 크기를 구하여라.

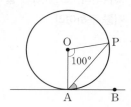

092

오른쪽 그림에서 $\overleftrightarrow{PT}$는 원 O의 접선
이고 ∠PAT＝24°일 때, ∠ P 의
크기를 구하여라.

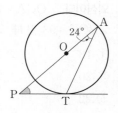

유형 020 ◆ 원의 접선과 반지름 (2)

오른쪽 그림에서 사각형 APBO의 내
각의 크기의 합은 360°이고,
∠A=∠B=90°이므로
$\angle x + \angle y = 180°$

풍쌤의 point 접선이 2개 그어진 문제를 보면 반사적으로 위의 내용
을 떠올려야 한다.

093 = 필수

오른쪽 그림에서 $\overrightarrow{PA}$, $\overrightarrow{PB}$는 원
O의 접선이고, ∠P=50°일 때,
∠x의 크기는?

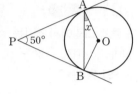

① 15° ② 20°
③ 25° ④ 30°
⑤ 35°

094

오른쪽 그림에서 $\overrightarrow{PA}$, $\overrightarrow{PB}$는
원 O의 접선이고, ∠P=40°
일 때, ∠x의 크기를 구하여
라.

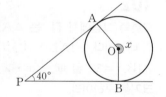

095

오른쪽 그림에서 $\overrightarrow{PA}$, $\overrightarrow{PB}$는 원 O
의 접선이다. 두 부채꼴의 넓이 S_1,
S_2에 대하여 $S_1 : S_2$를 구하여라.

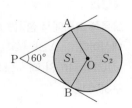

유형 021 ◆ 삼각형의 내심

(1) 삼각형의 내심은 내접원의 중심이다.
(2) 삼각형의 내심은 세 내각의 이등분선의 교점이다.
(3) 삼각형의 내심에서 세 변에 이르는 거리는 같다.

풍쌤의 point

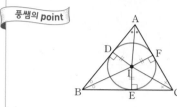

$\triangle AID \equiv \triangle AIF$
⇒ $\triangle BID \equiv \triangle BIE$
$\triangle CIE \equiv \triangle CIF$

096 = 필수

오른쪽 그림과 같은 △ABC에서
점 I는 내심이다. 다음 중 옳지 <u>않은</u>
것을 모두 고르면?(정답 2개)

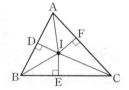

① $\overline{ID}=\overline{IE}=\overline{IF}$
② $\overline{IA}=\overline{IB}=\overline{IC}$
③ ∠IAD=∠IAF
④ ∠IBE=∠ICE
⑤ ∠CIE=∠CIF

097

다음 중 점 I가 △ABC의 내심인 것을 모두 고르면?

(정답 2개)

① 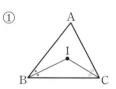 ②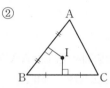

③ 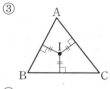 ④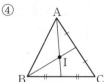

⑤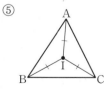

098 서술형

다음 그림에서 점 I와 점 I′이 각각 △ABC와 △DEF의 내심일 때, $x+y$의 값을 구하여라.

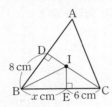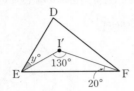

099

오른쪽 그림에서 점 I는 △ABC의 내심이다. ∠ABI=25°, ∠ACI=30°일 때, ∠x의 크기는?

① 105°　　② 110°
③ 115°　　④ 120°
⑤ 125°

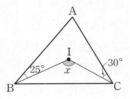

100

오른쪽 그림에서 점 I는 △ABC의 내심이다. ∠ABC=60°, ∠BCA=70°이고 $\overline{AH}\perp\overline{BC}$일 때, ∠IAH의 크기는?

① 5°　　② 8°
③ 11°　　④ 14°
⑤ 17°

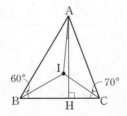

유형 022 ◆ 삼각형의 내심의 활용 (1)

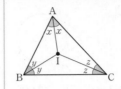

$$\Rightarrow \angle x + \angle y + \angle z = 90°$$

풍쌤의 point 점 I가 내심인 삼각형 ABC에서 각의 크기를 구하려면 $\overline{IA}$, $\overline{IB}$, $\overline{IC}$가 각각 ∠A, ∠B, ∠C를 이등분함을 떠올리면 된다.

101 ◆ 필수 ◆

오른쪽 그림에서 점 I는 △ABC의 내심이다. ∠IBC=30°, ∠C=70°일 때, ∠x의 크기는?

① 10°　　② 15°
③ 20°　　④ 25°
⑤ 30°

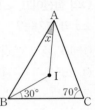

102

오른쪽 그림에서 점 I는 △ABC의 내심이다. ∠IAB=34°, ∠IBA=32°일 때, ∠x+∠y의 크기를 구하여라.

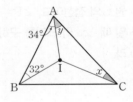

103

오른쪽 그림에서 점 I는 △ABC의 내심이다. ∠ABI=20°, ∠ICB=40°일 때, ∠x의 크기를 구하여라.

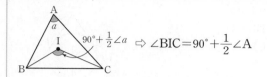

유형 **023** ◆ 삼각형의 내심의 활용 (2)

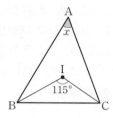

$90° + \frac{1}{2}\angle a \Rightarrow \angle BIC = 90° + \frac{1}{2}\angle A$

풍쌤의 point 점 I가 내심인 삼각형 ABC에서 ∠AIB, ∠BIC, ∠CIA의 크기를 구하거나 그 값이 주어진 경우에는 위의 공식을 이용한다.

104 필수

오른쪽 그림에서 점 I는 △ABC의 내심이다. ∠BIC=115°일 때, ∠x 의 크기는?

① 42° ② 44°

③ 46° ④ 48°

⑤ 50°

105

오른쪽 그림의 △ABC에서 점 I는 ∠A와 ∠C의 이등분선의 교점이다. ∠B=58°일 때, ∠AIC의 크기를 구하여라.

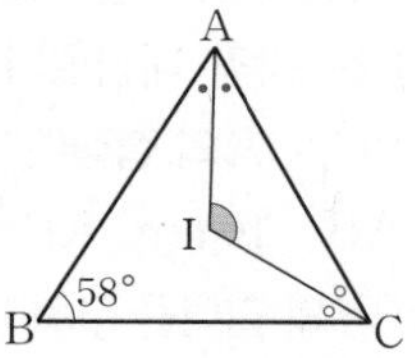

106 서술형

오른쪽 그림에서 점 I는 △ABC의 내심이다. ∠A : ∠B=1 : 2, ∠C=60° 일 때, ∠BIC의 크기를 구하여라.

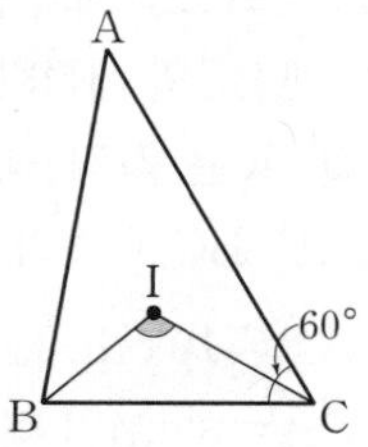

유형 **024** ◆ 삼각형의 내접원의 반지름의 길이

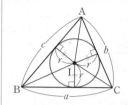

$\Rightarrow \triangle ABC = \frac{1}{2}r(a+b+c)$

풍쌤의 point (삼각형의 넓이) $= \frac{1}{2} \times$ (내접원의 반지름의 길이) $\times$ (삼각형의 둘레의 길이)

107 필수

오른쪽 그림에서 점 I는 △ABC의 내심이다. $\overline{AB}$=8 cm, $\overline{BC}$=7 cm, $\overline{CA}$=5 cm이고, △ABC의 넓이가 17cm²일 때, △ABC 의 내접원의 반지름의 길이는?

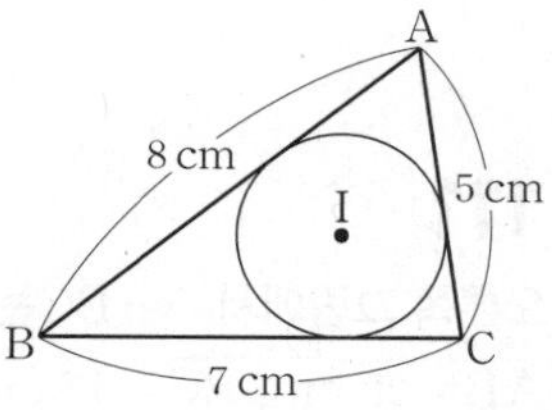

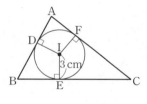

① 1.5 cm ② 1.6 cm ③ 1.7 cm

④ 1.8 cm ⑤ 1.9 cm

108

오른쪽 그림에서 점 I는 △ABC의 내심이다. 내접원의 반지름의 길이가 3 cm이고, △ABC의 넓이가 51 cm²일 때, △ABC의 둘레의 길이를 구하여라.

109

오른쪽 그림에서 점 I가 △ABC의 내심일 때, △ABC와 △IBC의 넓이의 비를 가장 간단한 자연수의 비로 나타내어라.

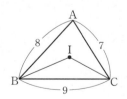

110 서술형

오른쪽 그림에서 점 I는
∠C=90°인 직각삼각형
ABC의 내심이다.
$\overline{AB}$=13 cm,
$\overline{BC}$=12 cm, $\overline{CA}$=5 cm
일 때, △ABC의 내접원의 반지름의 길이를 구하여라.

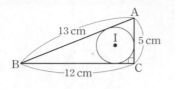

111

오른쪽 그림에서 △ABC는
$\overline{AB}$=20 cm, $\overline{BC}$=16 cm,
$\overline{CA}$=12 cm이고, ∠C=90°
인 직각삼각형이다. 점 I가
△ABC의 내심일 때, △IAB
의 넓이는?

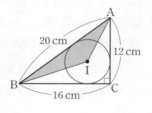

① 28 cm   ② 40 cm²   ③ 52 cm²
④ 72 cm²   ⑤ 96 cm²

112

오른쪽 그림에서 원 I는
∠B=90°인 직각삼각형
ABC의 내접원이다. 이때 색칠
한 부채꼴의 넓이를 구하여라.

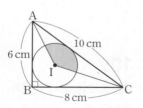

유형 025 ◆ 삼각형의 내접원과 접선의 길이

$\overline{AD}=\overline{AF}=x$
$\overline{BD}=\overline{BE}=y$
$\overline{CE}=\overline{CF}=z$

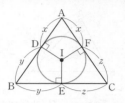

풍쌤의 point 원 밖의 한 점에서 원에 그은 두 접선의 길이는 같다.

113 필수

오른쪽 그림에서 점 I는
△ABC의 내심이고, 세 점 D,
E, F는 각각 내접원과 세 변
AB, BC, CA의 접점이다.
$\overline{AD}$=2 cm, $\overline{BD}$=5 cm, $\overline{CA}$=6 cm일 때, $\overline{BC}$의 길이
를 구하여라.

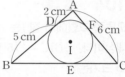

114

오른쪽 그림에서 점 I는
△ABC의 내심이고, 세 점 D, E,
F는 각각 내접원과 세 변 AB,
BC, CA의 접점이다.
$\overline{AB}$=10 cm, $\overline{AF}$=4 cm일 때,
$\overline{BE}$의 길이를 구하여라.

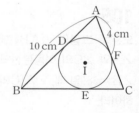

115 서술형

오른쪽 그림에서 원 I는
△ABC의 내접원이고, 세 점 P,
Q, R는 각각 내접원과 세 변
AB, BC, CA의 접점이다.
$\overline{AB}$=10 cm, $\overline{BC}$=12 cm,
$\overline{CA}$=8 cm일 때, $\overline{BP}$의 길이를 구하여라.

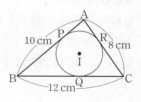

유형 026 ◆ 삼각형의 내심과 평행선

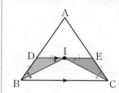

① ∠IBD=∠IBC=∠BID
이므로 $\overline{DB}=\overline{DI}$
② ∠ICE=∠ICB=∠CIE
내각의 이등분선   엇각
이므로 $\overline{EC}=\overline{EI}$

풍쌤의 point △ABC의 내심 I를 지나는 평행선이 주어질 때에는 색칠한 두 삼각형이 모두 이등변삼각형임을 이용한다.

116 ─ 필수 ─

오른쪽 그림에서 점 I는 △ABC의 내심이고, $\overline{DE}\,/\!/\,\overline{BC}$이다.
$\overline{AB}=12$ cm, $\overline{AC}=10$ cm일 때, △ADE의 둘레의 길이를 구하여라.

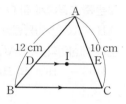

117 서술형

오른쪽 그림에서 점 I는 △ABC의 내심이고, $\overline{DE}\,/\!/\,\overline{BC}$일 때, $\overline{DB}$의 길이를 구하여라.

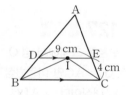

118

오른쪽 그림에서 점 I는 △ABC의 내심이고, $\overline{DE}\,/\!/\,\overline{BC}$일 때, 다음 중 옳지 않은 것을 모두 고르면?(정답 2개)

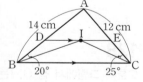

① ∠DIB=20°　　　② ∠EIC=25°
③ ∠BIC=125°　　　④ $\overline{DE}=\overline{DB}+\overline{EC}$
⑤ (△ADE의 둘레의 길이)=24(cm)

유형 027 ◆ 삼각형의 외심과 내심

삼각형의 외심과 내심의 중요 사항을 비교하면 다음과 같다.

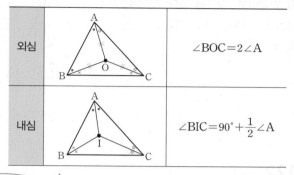

외심		∠BOC=2∠A
내심		$\angle BIC=90°+\dfrac{1}{2}\angle A$

풍쌤의 point 정삼각형의 외심과 내심은 일치하고, 이등변삼각형의 외심과 내심은 꼭지각의 이등분선 위에 위치한다.

119 ─ 필수 ─

오른쪽 그림에서 점 O, I는 각각 △ABC의 외심, 내심이다.
∠BIC=130°일 때, ∠x의 크기를 구하여라.

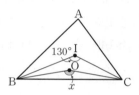

120

다음 중 옳지 않은 것은?

① 직각삼각형의 외심은 빗변의 중점에 있다.
② 삼각형의 세 내각의 이등분선의 교점은 삼각형의 내심이다.
③ 삼각형의 세 변의 수직이등분선은 반드시 한 점에서 만난다.
④ 둔각삼각형의 외심은 삼각형의 외부에 있다.
⑤ 이등변삼각형의 외심과 내심은 항상 일치한다.

121

오른쪽 그림에서 점 O는 △ABC
의 외심이고, 점 I는 △OBC의 내
심이다. ∠BIC=142° 일 때, ∠A
의 크기를 구하여라.

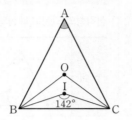

122

오른쪽 그림에서 점 O, I는 각각
∠B=90°인 직각삼각형 ABC
의 외심과 내심이다. ∠A=60°
일 때, ∠BPC의 크기는?

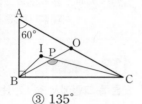

① 125°　　② 130°　　③ 135°

④ 140°　　⑤ 145°

123

오른쪽 그림에서 점 O, I는 각각
$\overline{AB}=\overline{AC}$인 이등변삼각형
ABC의 외심과 내심이다.
∠A=80°일 때, ∠x의 크기는?

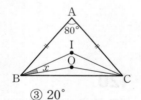

① 10°　　② 15°　　③ 20°

④ 25°　　⑤ 30°

124

오른쪽 그림과 같이 △ABC의 외
심 O와 내심 I가 일치할 때, ∠x의
크기를 구하여라.

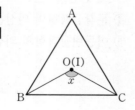

125

오른쪽 그림에서 점 I와 O는 각
각 △ABC의 내심과 외심이다.
∠BAC=80°, $\overline{AD}=\overline{CD}$일 때,
∠DEC의 크기를 구하여라.

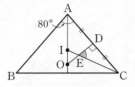

126

오른쪽 그림에서 점 O, I는 각각
$\overline{AB}=\overline{AC}$인 이등변삼각형 ABC의 외
심과 내심이다. ∠BAO=20°일 때,
∠BIC−∠BOC의 크기는?

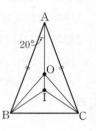

① 20°　　② 30°

③ 40°　　④ 50°

⑤ 60°

127　서술형

오른쪽 그림에서 점 O, I는 각각
$\overline{AB}=\overline{AC}$인 이등변삼각형 ABC의 외심
과 내심이다. ∠ABC=75°일 때,
∠x의 크기를 구하여라.

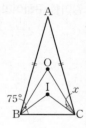

128

오른쪽 그림에서 점 O, I는 각각
△ABC의 외심과 내심이다.
∠B=30°, ∠C=80°일 때,
∠IAO의 크기를 구하여라.

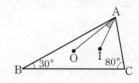

129

오른쪽 그림에서 점 O는 △ABC
의 외심이고, $\overline{AD}=4$ cm,
$\overline{OD}=3$ cm이다. △ABC의 넓이
가 52 cm²일 때, 사각형 OECF의
넓이를 구하여라.

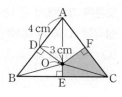

130

오른쪽 그림에서 점 O는
△ABC의 외심이다.
∠ABC=30°, ∠OBC=10°
일 때, ∠A의 크기를 구하여라.

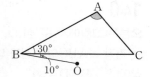

131

다음 그림과 같이 ∠C=90°인 직각삼각형 ABC에서 변
AB, 변 AC의 중점을 각각 M, N이라 하고, 꼭짓점 C에서
$\overline{AB}$에 내린 수선의 발을 D라 하자. ∠CMN=20°일 때,
∠MCD의 크기를 구하여라.

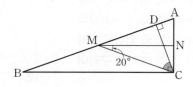

132

오른쪽 그림과 같이 직사각형 ABCD의
꼭짓점 A에서 $\overline{BC}$ 위의 한 점 E를 지나는
직선을 그어 $\overline{DC}$의 연장선과의 교점을 F
라 하자. 점 G는 $\overline{EF}$의 중점이고,
$\overline{AC}=\overline{CG}$, ∠CAD=33°일 때, ∠GFC
의 크기를 구하여라.

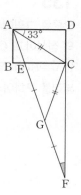

133

오른쪽 그림에서 점 O가 △ABC의
외심이면서 동시에 △ACD의 외심
일 때, ∠D의 크기를 구하여라.

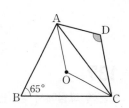

134 　서술형

오른쪽 그림에서 점 O는
△ABC의 외심이고, 점 O′은
△AOC의 외심이다.
∠B=35°일 때, ∠OO′C의
크기를 구하여라.

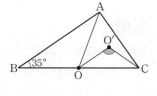

135

오른쪽 그림에서 $\overrightarrow{PA}$, $\overrightarrow{PB}$는 원 O의 접선이고, $\overline{OA}=6$ cm, $\overline{PA}=10$ cm일 때, 색칠한 부분의 넓이를 구하여라.

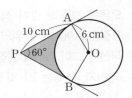

136

오른쪽 그림에서 점 I는 $\triangle ABC$의 내심이다. $\angle AIB : \angle BIC : \angle AIC = 5 : 6 : 7$일 때, $\angle ACB$의 크기를 구하여라.

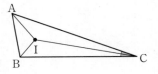

137

오른쪽 그림에서 점 I는 $\triangle ABC$의 내심이다. $\angle AEB=88°$, $\angle ADB=86°$일 때, $\angle C$의 크기를 구하여라.

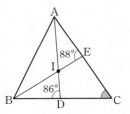

138

오른쪽 그림에서 점 P, Q는 각각 $\triangle ABC$, $\triangle ACD$의 내심이다. $\triangle ABC$와 $\triangle ACD$는 이등변삼각형이고, $\angle CQD=110°$일 때, $\angle BPC$의 크기를 구하여라.

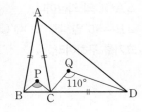

139

오른쪽 그림에서 점 I는 $\angle C=90°$인 직각삼각형 ABC의 내심이다. $\overline{AB}=18$ cm, $\overline{IQ}=3$ cm일 때, $\triangle ABC$의 넓이를 구하여라.

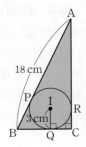

140

오른쪽 그림에서 두 점 O, I는 각각 $\triangle ABC$의 외심과 내심이다. $\angle BAD=30°$, $\angle CAE=40°$일 때, $\angle ADE$의 크기를 구하여라.

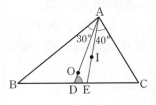

141 창의

오른쪽 그림에서 두 점 A, D를 지나는 직선 l과 두 점 B, C를 지나는 직선 m은 평행하다. $\overline{AC}$와 $\overline{BD}$의 교점을 E, $\triangle AED$의 내심을 I, $\triangle EBC$의 외심을 O라 할 때, $\angle AIE$의 크기를 구하여라.

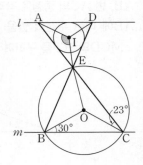

3 사각형의 성질

01 평행사변형

개념 Link 풍산자 개념완성편 36쪽

(1) **평행사변형**: 두 쌍의 대변이 각각 평행한 사각형

⇨ $\overline{AB} /\!/ \overline{DC}$, $\overline{AD} /\!/ \overline{BC}$

(2) **평행사변형의 성질**

① 두 쌍의 대변의 길이가 각각 같다. ⇨ $\overline{AB}=\overline{DC}$, $\overline{AD}=\overline{BC}$

② 두 쌍의 대각의 크기가 각각 같다. ⇨ $\angle A=\angle C$, $\angle B=\angle D$

③ 두 대각선이 서로 다른 것을 이등분한다. ⇨ $\overline{AO}=\overline{CO}$, $\overline{BO}=\overline{DO}$

 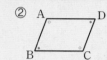 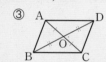

개념 Tip 평행사변형은 두 쌍의 대변이 각각 평행하므로 이웃하는 두 각의 크기의 합은 180°이다. ⇨ $\angle A+\angle B=\angle B+\angle C=\angle C+\angle D=\angle D+\angle A=180°$

1 다음 그림과 같은 평행사변형 ABCD에서 x, y의 값을 각각 구하여라.

(1)
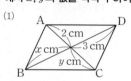

(2)
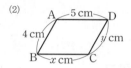

답 1 (1) $x=3$, $y=2$ (2) $x=5$, $y=4$

02 평행사변형이 되는 조건

개념 Link 풍산자 개념완성편 38쪽

다음 중 어느 한 조건을 만족시키는 사각형은 평행사변형이다.

(1) 두 쌍의 대변이 각각 평행하다.

(2) 두 쌍의 대변의 길이가 각각 같다.

(3) 두 쌍의 대각의 크기가 각각 같다.

(4) 두 대각선이 서로 다른 것을 이등분한다.

(5) 한 쌍의 대변이 평행하고, 그 길이가 같다.

1 □ABCD가 평행사변형이 되도록 □ 안에 알맞은 것을 써넣어라.

(1) $\overline{AO}=\boxed{}$, $\overline{BO}=\boxed{}$

(2) $\overline{AB} /\!/ \boxed{}$, $\overline{AB}=\boxed{}$

답 1 (1) $\overline{CO}$, $\overline{DO}$ (2) $\overline{DC}$, $\overline{DC}$

03 평행사변형과 넓이

개념 Link 풍산자 개념완성편 42쪽

(1) 평행사변형 ABCD에서

① $\triangle ABC=\triangle BCD=\triangle CDA=\triangle DAB$

② $\triangle ABO=\triangle BCO=\triangle CDO=\triangle DAO$

(2) 평행사변형 ABCD의 내부의 한 점 P에 대하여

$\triangle PAB+\triangle PCD=\triangle PDA+\triangle PBC$

$=\dfrac{1}{2}$□ABCD

개념 Tip 오른쪽 그림과 같이 점 P를 지나고 변 AB, 변 BC에 평행한 직선을 각각 그으면

$\triangle PAB+\triangle PCD=㉠+㉡+㉢+㉣$

$=\triangle PDA+\triangle PBC=\dfrac{1}{2}$□ABCD

1 다음 그림과 같은 평행사변형 ABCD에서 점 O가 두 대각선의 교점일 때, 다음을 구하여라.

(1) $\triangle AOD=9$ cm²일 때, □ABCD의 넓이

(2) □ABCD$=12$ cm²일 때, $\triangle ABO$의 넓이

답 1 (1) 36 cm² (2) 3 cm²

04 직사각형

▸ 개념 Link 풍산자 개념완성편 48쪽 ▸

(1) **직사각형**: 네 내각의 크기가 모두 같은 사각형
　　　_{↳ 두 쌍의 대각의 크기가 같으므로 평행사변형이다.}

(2) **직사각형의 성질**: 두 대각선은 길이가 같고, 서로
　　다른 것을 이등분한다.
　　⇨ $\overline{AC}=\overline{BD}$, $\overline{AO}=\overline{BO}=\overline{CO}=\overline{DO}$

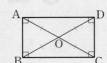

개념 Tip 평행사변형이 다음 중 어느 한 조건을 만족시키면 직사각형이 된다.
　　　　① 한 내각이 직각이다.
　　　　② 두 대각선의 길이가 같다.

1 다음 그림에서 □ABCD가 직사각형
일 때, x의 값을 구하여라.

(1)
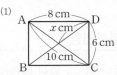

(2)
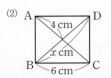

답 1 (1) 5　(2) 8

---

05 마름모

▸ 개념 Link 풍산자 개념완성편 48쪽 ▸

(1) **마름모**: 네 변의 길이가 모두 같은 사각형
　　　_{↳ 두 쌍의 대변의 길이가 같으므로 평행사변형이다.}

(2) **마름모의 성질**: 두 대각선은 서로 다른 것을
　　수직이등분한다.
　　⇨ $\overline{AO}=\overline{CO}$, $\overline{BO}=\overline{DO}$, $\overline{AC}\perp\overline{BD}$

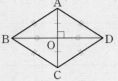

개념 Tip 평행사변형이 다음 중 어느 한 조건을 만족시키면 마름모가 된다.
　　　　① 이웃하는 두 변의 길이가 같다.
　　　　② 두 대각선이 직교한다.

1 다음 그림에서 □ABCD가 마름모일
때, x의 값을 구하여라.

(1)
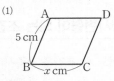

(2)
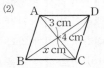

답 1 (1) 5　(2) 3

---

06 정사각형

▸ 개념 Link 풍산자 개념완성편 50쪽 ▸

(1) **정사각형**: 네 변의 길이가 모두 같고, 네 내각의 크
　　기가 모두 같은 사각형

(2) **정사각형의 성질**: 두 대각선은 길이가 같고, 서로
　　다른 것을 수직이등분한다.
　　⇨ $\overline{AC}=\overline{BD}$, $\overline{AO}=\overline{BO}=\overline{CO}=\overline{DO}$, $\overline{AC}\perp\overline{BD}$

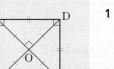

개념 Tip (1) 직사각형이 다음 중 어느 한 조건을 만족시키면 정사각형이 된다.
　　　　① 이웃하는 두 변의 길이가 같다.
　　　　② 두 대각선이 직교한다.
　　(2) 마름모가 다음 중 어느 한 조건을 만족시키면 정사각형이 된다.
　　　　① 한 내각이 직각이다.
　　　　② 두 대각선의 길이가 같다.

1 다음 그림에서 □ABCD가 정사각형
일 때, x, y의 값을 각각 구하여라.

(1)
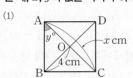

(2)
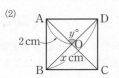

답 1 (1) $x=8$, $y=45$　(2) $x=4$, $y=90$

07 등변사다리꼴

▸개념 Link 풍산자 개념완성편 50쪽▸

(1) **등변사다리꼴**: 밑변의 양 끝 각의 크기가 같은 사다리꼴

(2) **등변사다리꼴의 성질**

① 평행하지 않은 한 쌍의 대변의 길이가 같다.

⇨ $\overline{AB} = \overline{DC}$

② 두 대각선의 길이가 같다.

⇨ $\overline{AC} = \overline{DB}$

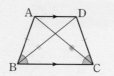

개념 Tip 등변사다리꼴이 되는 조건 ⇨ $\overline{AD} /\!/ \overline{BC}$이고 $\angle B = \angle C$

1 다음 그림에서 □ABCD가 $\overline{AD} /\!/ \overline{BC}$인 등변사다리꼴일 때, x, y의 값을 각각 구하여라.

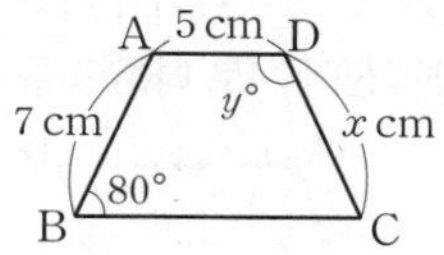

답 1 $x=7$, $y=100$

08 여러 가지 사각형 사이의 관계

▸개념 Link 풍산자 개념완성편 52쪽▸

(1) **여러 가지 사각형 사이의 관계**

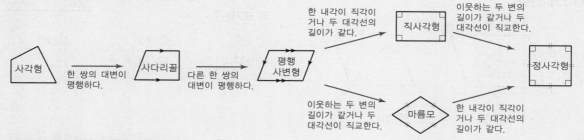

(2) **여러 가지 사각형의 대각선의 성질**

① 평행사변형: 두 대각선은 서로 다른 것을 이등분한다.

② 직사각형: 두 대각선은 길이가 같고, 서로 다른 것을 이등분한다.

③ 마름모: 두 대각선은 서로 다른 것을 수직이등분한다.

④ 정사각형: 두 대각선은 길이가 같고, 서로 다른 것을 수직이등분한다.

⑤ 등변사다리꼴: 두 대각선의 길이는 같다.

09 평행선과 넓이

▸개념 Link 풍산자 개념완성편 54쪽▸

(1) **평행선과 삼각형의 넓이**: 삼각형의 모양은 달라도 밑변의 길이와 높이가 각각 같은 삼각형의 넓이는 같다.

즉, 오른쪽 그림에서 $l /\!/ m$이면

$$\triangle ABC = \triangle ABD = \triangle ABE = \frac{1}{2}ah$$

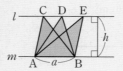

(2) **높이가 같은 삼각형의 넓이의 비**: 높이가 같은 두 삼각형의 넓이의 비는 밑변의 길이의 비와 같다.

즉, 오른쪽 그림에서

$$\triangle ABD : \triangle BCD = m : n$$

특히 점 B가 $\overline{AC}$의 중점일 때, $\triangle ABD = \triangle BCD$

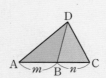

1 다음 그림에서 $\triangle ABC$의 넓이가 70 cm^2이고 $\overline{BD} : \overline{DC} = 4 : 3$일 때, $\triangle ADC$의 넓이를 구하여라.

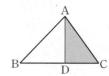

답 1 30 cm^2

유형 028 · 평행사변형의 성질

(1) 두 쌍의 대변의 길이가 각각 같다.

(2) 두 쌍의 대각의 크기가 각각 같다.

(3) 두 대각선이 서로 다른 것을 이등분한다.

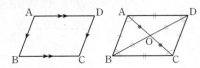

풍쌤의 **point** 평행사변형에서 이웃하는 두 각의 크기의 합은 $180°$ 이다.

142 <필수>

다음 그림과 같은 두 평행사변형 ABCD, EFGH에 대하여 $x+y+z$의 값은?

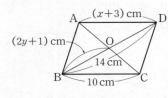 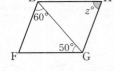

① 50 　　② 60 　　③ 70

④ 80 　　⑤ 90

143

오른쪽 그림과 같은 평행사변형 ABCD에서 $\overline{AB}=8$ cm, $\overline{AC}=10$ cm, $\overline{BD}=12$ cm일 때, △OCD의 둘레의 길이는?

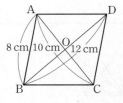

① 16 cm 　　② 17 cm

③ 18 cm 　　④ 19 cm

⑤ 20 cm

144

오른쪽 그림과 같은 평행사변형 ABCD에서 $\overline{CD}$의 길이를 구하여라.

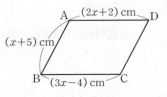

145

오른쪽 그림과 같은 평행사변형 ABCD에서 $\angle ABC=60°$, $\angle ACB=50°$일 때, $\angle y-\angle x$ 의 크기는?

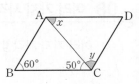

① 10° 　　② 15° 　　③ 20°

④ 25° 　　⑤ 30°

146

오른쪽 그림과 같은 평행사변형 ABCD에서 $\angle BAC=60°$, $\angle ADB=30°$일 때, $\angle x+\angle y$의 크기는?

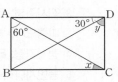

① 80° 　　② 90° 　　③ 100°

④ 110° 　　⑤ 120°

147 서술형

오른쪽 그림과 같은 평행사변형 ABCD에서 $\angle A : \angle B=3 : 2$일 때, $\angle D$의 크기를 구하여라.

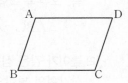

유형 **029** ◆ 평행사변형의 성질의 활용 (1)

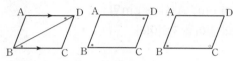

(1) 엇각의 크기는 같다. ⇨ ∠ADB＝∠CBD
(2) 대각의 크기는 같다. ⇨ ∠B＝∠D
(3) 이웃하는 두 각의 크기의 합은 180°이다.
　　⇨ ∠B＋∠C＝180°

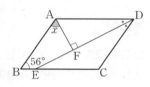

> **풍쌤의 point** 평행사변형에서 마주 보는 변의 길이와 마주 보는 각의 크기는 각각 같다.

148 ◆필수◆

오른쪽 그림과 같은 평행사변형 ABCD에서 $\overline{DE}$는 ∠D의 이등분선이고 $\overline{DE}⊥\overline{AF}$이다. ∠B＝56°일 때, ∠$x$의 크기는?

① 58°　　② 60°　　③ 62°
④ 64°　　⑤ 66°

149

오른쪽 그림과 같은 평행사변형 ABCD에서 ∠DAE＝25°, ∠BCD＝100°일 때, ∠x의 크기는?

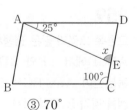

① 60°　　② 65°　　③ 70°
④ 75°　　⑤ 80°

150

오른쪽 그림과 같은 평행사변형 ABCD에서 ∠D의 이등분선이 $\overline{BC}$와 만나는 점을 E라 하자. ∠A＝140°일 때, ∠x의 크기를 구하여라.

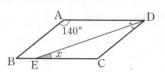

151

오른쪽 그림과 같은 평행사변형 ABCD에서 ∠A의 이등분선과 $\overline{DC}$의 연장선과의 교점을 E라 하자. ∠AEC＝68°일 때, ∠x의 크기를 구하여라.

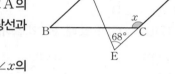

152 서술형

오른쪽 그림과 같은 평행사변형 ABCD에서 $\overline{AB}＝\overline{AE}$이고 ∠B＝68°, ∠AFD＝90°일 때, ∠x의 크기를 구하여라.

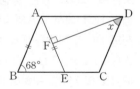

153

오른쪽 그림의 평행사변형 ABCD에서 ∠DAC의 이등분선과 $\overline{BC}$의 연장선과의 교점을 E라 하자. ∠B＝70°, ∠ACD＝50°일 때, ∠x의 크기를 구하여라.

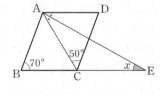

오른쪽 그림의 평행사변형 ABCD
에서 $\overline{AE}$가 ∠A의 이등분선일 때
∠BAE=∠DAE=∠BEA
↑
엇각
따라서 △ABE는 이등변삼각형이므로
$\overline{BE}=\overline{BA}=a$ ∴ $\overline{CE}=b-a$

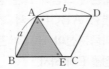

154 ⟨필수⟩

오른쪽 그림과 같은 평행사변형
ABCD에서 $\overline{AB}=5$ cm,
$\overline{AD}=7$ cm이고
∠BAE=∠DAE,
∠ADF=∠CDF일 때, $\overline{EF}$의 길이는?

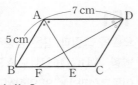

① 2 cm ② 2.5 cm ③ 3 cm
④ 3.5 cm ⑤ 4 cm

155

오른쪽 그림과 같은 평행사변
형 ABCD에서 ∠A의 이등분
선과 $\overline{BC}$의 교점을 E라 하자.
$\overline{AB}=7$ cm, $\overline{AD}=11$ cm일
때, $\overline{EC}$의 길이를 구하여라.

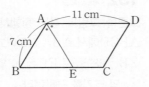

156

오른쪽 그림과 같은 평행사변형
ABCD에서 ∠C의 이등분선이
$\overline{AD}$와 만나는 점을 E, $\overline{AB}$의 연
장선과 만나는 점을 F라 하자.
$\overline{AB}=3$ cm, $\overline{BC}=5$ cm일 때,
$\overline{AF}$의 길이를 구하여라.

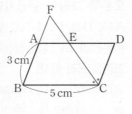

157 서술형

오른쪽 그림과 같은 평행사변형
ABCD에서 $\overline{BC}$의 중점을 E라
하고, $\overline{AE}$의 연장선이 $\overline{DC}$의 연
장선과 만나는 점을 F라 하자.
$\overline{AD}=14$ cm, $\overline{AB}=8$ cm일
때, $\overline{FD}$의 길이를 구하여라.

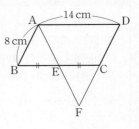

158

오른쪽 그림에서 △ABC는
$\overline{AB}=\overline{AC}$인 이등변삼각형이고,
□ADEF는 평행사변형이다.
$\overline{AC}=12$ cm일 때, □ADEF의
둘레의 길이는?

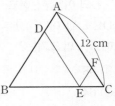

① 20 cm ② 22 cm ③ 24 cm
④ 26 cm ⑤ 28 cm

159

오른쪽 그림과 같은 평행사변형
ABCD에서 ∠B와 ∠D의 이
등분선이 $\overline{AD}$, $\overline{BC}$와 만나는
점을 각각 E, F라 하자.
$\overline{BC}=10$ cm, $\overline{CD}=6$ cm, ∠DCF=60°일 때, □BFDE
의 둘레의 길이를 구하여라.

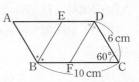

유형 031 ◆ 평행사변형의 성질 설명하기

(1) 두 쌍의 대변의 길이가 각각 같다.
(2) 두 쌍의 대각의 크기가 각각 같다.
(3) 두 대각선이 서로 다른 것을 이등분한다.

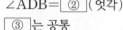 **풍쌤의 point** 평행사변형의 성질이 성립함을 설명할 때에는 삼각형의 합동 조건을 이용한다.

160 필수

다음은 '평행사변형의 두 쌍의 대변의 길이는 각각 같다.'가 성립함을 설명하는 과정이다. □ 안에 알맞은 것으로 옳지 않은 것은?

△ABD와 △CDB에서
∠ABD= ① (엇각)
∠ADB= ② (엇각)
③ 는 공통
따라서 △ABD≡△CDB(④ 합동)이므로
$\overline{AB}$= ⑤ , $\overline{AD}=\overline{BC}$

① ∠CDB   ② ∠CBD   ③ $\overline{BD}$
④ SAS   ⑤ $\overline{DC}$

161

다음은 '평행사변형의 두 쌍의 대각의 크기는 각각 같다.'가 성립함을 설명하는 과정이다. □ 안에 알맞은 것을 써넣어라.

$\overline{AB}/\!/\overline{DC}$, □ 이므로
∠A=∠BAC+∠DAC
  = □ +∠BCA
  =∠C
∠B=∠ABD+∠CBD
  =∠CDB+ □
  =∠D

162

다음은 '평행사변형의 두 대각선은 서로 다른 것을 이등분한다.'가 성립함을 설명하는 과정이다. □ 안에 알맞은 것을 써넣어라.

두 대각선의 교점을 O라 하자.
△ABO와 △CDO에서
$\overline{AB}$= □
∠OAB= □ (엇각)
∠OBA= □ (엇각)
따라서 △ABO≡△CDO(ASA 합동)이므로
$\overline{AO}=\overline{CO}$, $\overline{BO}$= □

163

오른쪽 그림과 같은 평행사변형 ABCD의 두 대각선의 교점 O를 지나는 직선이 $\overline{AD}$, $\overline{BC}$와 만나는 점을 각각 P, Q라 하면 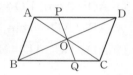 $\overline{AP}=\overline{CQ}$이다. 이것이 성립함을 설명할 때, 다음 중 사용되지 않는 것은?

① $\overline{OP}=\overline{OQ}$ ② $\overline{OA}=\overline{OC}$
③ ∠PAO=∠QCO   ④ ∠AOP=∠COQ
⑤ △AOP≡△COQ

164

오른쪽 그림과 같은 평행사변형 ABCD의 꼭짓점 A, C에서 대각선 BD에 내린 수선의 발을 각각 E, F라 하면 $\overline{AE}=\overline{CF}$이다. 이 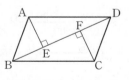 것이 성립함을 설명할 때, 다음 중 사용되지 않는 것은?

① $\overline{AB}=\overline{CD}$ ② $\overline{BE}=\overline{DF}$
③ ∠AEB=∠CFD   ④ ∠ABE=∠CDF
⑤ △ABE≡△CDF

유형 032 ◆ 평행사변형이 되는 조건

(1) 두 쌍의 대변이 각각 평행하다.
(2) 두 쌍의 대변의 길이가 각각 같다.
(3) 두 쌍의 대각의 크기가 각각 같다.
(4) 두 대각선이 서로 다른 것을 이등분한다.
(5) 한 쌍의 대변이 평행하고, 그 길이가 같다.

풍쌤의 **point** 위의 어느 한 조건을 만족시키는 사각형은 평행사변형이다.

165 ◆필수◆

다음 중 오른쪽 그림과 같은 사각형 ABCD가 평행사변형이 되기 위한 조건이 <u>아닌</u> 것은?(단, 점 O는 두 대각선의 교점이다.)

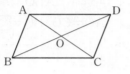

① $\overline{AB}=6$ cm, $\overline{BC}=8$ cm, $\overline{CD}=6$ cm, $\overline{DA}=8$ cm
② $\angle A=\angle C=120°$, $\angle B=\angle D=60°$
③ $\overline{AO}=3$ cm, $\overline{BO}=5$ cm, $\overline{CO}=3$ cm, $\overline{DO}=5$ cm
④ $\overline{AB}=\overline{AD}=6$ cm, $\overline{BC}=\overline{CD}=4$ cm
⑤ $\overline{AD}/\!/\overline{BC}$, $\overline{AD}=\overline{BC}=8$ cm

166

다음 사각형 ABCD 중에서 평행사변형이 <u>아닌</u> 것은?

①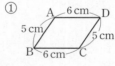
②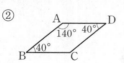
③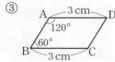
④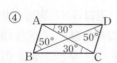
⑤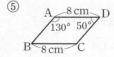

167

다음 중 오른쪽 그림과 같은 사각형 ABCD가 평행사변형이 되기 위한 조건이 <u>아닌</u> 것은?(단, 점 O는 두 대각선의 교점이다.)

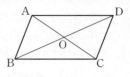

① $\overline{OA}=\overline{OC}$, $\overline{OB}=\overline{OD}$
② $\overline{AB}=\overline{DC}$, $\overline{AD}=\overline{BC}$
③ $\angle A=\angle C$, $\angle B=\angle D$
④ $\angle A+\angle B=180°$, $\angle B+\angle C=180°$
⑤ $\angle A+\angle C=180°$, $\angle B+\angle D=180°$

168

다음 중 오른쪽 그림의 사각형 ABCD가 평행사변형이 되는 것을 모두 고르면?(단, 점 O는 두 대각선의 교점이다.)(정답 2개)

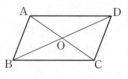

① $\overline{AB}=3$ cm, $\overline{BC}=3$ cm, $\overline{CD}=3$ cm, $\overline{AD}=3$ cm
② $\overline{OA}=6$ cm, $\overline{OB}=6$ cm, $\overline{OC}=4$ cm, $\overline{OD}=4$ cm
③ $\overline{AD}/\!/\overline{BC}$, $\overline{AD}=6$ cm, $\overline{CD}=6$ cm
④ $\angle A=70°$, $\angle B=110°$, $\angle C=70°$, $\angle D=110°$
⑤ $\angle A=110°$, $\angle B=70°$, $\overline{OA}=6$ cm, $\overline{OB}=6$ cm

169 서술형

오른쪽 그림에서 □ABCD와 □EOCD는 모두 평행사변형이고, 점 O는 $\overline{AC}$의 중점이다. $\overline{AB}=6$ cm, $\overline{BC}=9$ cm일 때, 다음 물음에 답하여라.

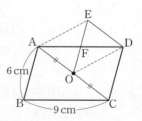

(1) □AODE가 평행사변형임을 설명하여라.
(2) $\overline{EF}+\overline{FD}$의 길이를 구하여라.

(1) 두 쌍의 대변이 각각 평행하다.

(2) 두 쌍의 대변의 길이가 각각 같다.

(3) 두 쌍의 대각의 크기가 각각 같다.

(4) 두 대각선이 서로 다른 것을 이등분한다.

(5) 한 쌍의 대변이 평행하고, 그 길이가 같다.

풍쌤의 point 어떤 사각형이 평행사변형임을 설명하려면 위 조건의
어느 하나가 성립함을 설명하면 된다.

170 ▭필수▭

다음은 평행사변형 ABCD에서
대각선 AC 위에 $\overline{AE}=\overline{CF}$가
되도록 두 점 E, F를 잡을 때,
▭BFDE가 평행사변형임을 설
명하는 과정이다. ▭ 안에 알맞은 것으로 써넣어라.
(단, 점 O는 두 대각선의 교점이다.)

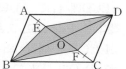

> ▭ABCD는 평행사변형이므로
>
> $\overline{OB}=$ ▭ ······ ㉠
>
> 또 $\overline{OA}=$ ▭, $\overline{AE}=\overline{CF}$이므로
>
> $\overline{OE}=$ ▭ ······ ㉡
>
> ㉠, ㉡에 의하여 두 대각선이 서로 다른 것을 ▭
> 하므로 ▭BFDE는 평행사변형이다.

171

오른쪽 그림과 같은 평행사변형
ABCD에서 두 대각선의 교점을
O라 하고, $\overline{BO}$, $\overline{DO}$의 중점을 각
각 E, F라 할 때, 다음 보기 중 옳
은 것을 모두 골라라.

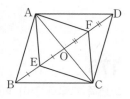

보기

ㄱ. $\overline{AE}=\overline{AF}$ ㄴ. $\overline{AE}=\overline{CF}$

ㄷ. $\overline{AF}=\overline{CE}$ ㄹ. $\angle OEA=\angle OFC$

ㅁ. $\angle OEC=\angle OFA$ ㅂ. $\angle OAE=\angle BAE$

172

다음은 평행사변형 ABCD에서
$\overline{AB}$, $\overline{CD}$ 위에 $\overline{AE}=\overline{CF}$가 되
도록 두 점 E, F를 잡을 때,
▭BFDE가 평행사변형임을 설
명하는 과정이다. ▭ 안에 알맞은 것을 써넣어라.

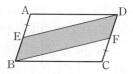

> $\overline{AB}/\!/\overline{CD}$이므로
>
> $\overline{BE}/\!/$ ▭ ······ ㉠
>
> 또, $\overline{AB}=\overline{CD}$, $\overline{AE}=\overline{CF}$이므로
>
> $\overline{BE}=$ ▭ ······ ㉡
>
> ㉠, ㉡에 의하여 한 쌍의 대변이 평행하고 그 길이가
> 같으므로 ▭BFDE는 평행사변형이다.

173

다음은 평행사변형 ABCD의 두
꼭짓점 B, D에서 대각선 AC에
내린 수선의 발을 각각 E, F라 할
때, ▭BFDE가 평행사변형임을
설명하는 과정이다. ▭ 안에 알맞은 것으로 옳지 <u>않은</u> 것은?

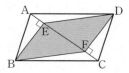

> ▭ABCD는 평행사변형이므로
>
> $\overline{AB}=\overline{CD}$
>
> $\angle BAE=\angle DCF$ (엇각)
>
> $\angle AEB=\angle CFD=90°$
>
> 즉, $\triangle AEB\equiv$ ① (② 합동)이므로
>
> $\overline{BE}=$ ③ ······ ㉠
>
> 또 $\angle BEF=\angle DFE$ (④)이므로
>
> $\overline{BE}/\!/$ ⑤ ······ ㉡
>
> ㉠, ㉡에 의하여 한 쌍의 대변이 평행하고 그 길이가
> 같으므로 ▭BFDE는 평행사변형이다.

① $\triangle CFD$ ② RHA   ③ $\overline{DF}$

④ 동위각   ⑤ $\overline{DF}$

174

다음은 평행사변형 ABCD에서
∠B와 ∠D의 이등분선이 $\overline{AD}$,
$\overline{BC}$와 만나는 점을 각각 E, F라
할 때, □BFDE가 평행사변형임
을 설명하는 과정이다. 이 설명 과정에서 사용된 평행사변형
이 되기 위한 조건은?

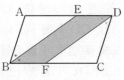

> □ABCD는 평행사변형이므로
> ∠B=∠D, 즉 $\frac{1}{2}$∠B=$\frac{1}{2}$∠D
> ∴ ∠EBF=∠EDF   ······ ㉠
> 또 ∠AEB=∠EBF (엇각)
> ∠CFD=∠EDF (엇각)
> 이므로
> ∠AEB=∠CFD
> ∴ ∠BED=∠BFD   ······ ㉡
> ㉠, ㉡에 의하여 □BFDE는 평행사변형이다.

① 두 쌍의 대변이 각각 평행하다.
② 두 쌍의 대변의 길이가 각각 같다.
③ 두 쌍의 대각의 크기가 각각 같다.
④ 두 대각선이 서로 다른 것을 이등분한다.
⑤ 한 쌍의 대변이 평행하고 그 길이가 같다.

175 서술형

오른쪽 그림과 같은 평행사변
형 ABCD에서 $\overline{AE}$, $\overline{CF}$가 각
각 ∠A, ∠C의 이등분선일 때,
□AECF의 둘레의 길이를 구
하여라.

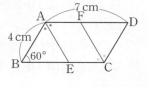

유형 034 ◆ 평행사변형과 넓이 (1)

㉠=㉡=㉢=㉣=$\frac{1}{4}$□ABCD

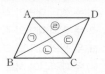

> 풍쌤의 point 평행사변형의 넓이는 한 대각선에 의해 이등분되고,
> 두 대각선에 의해 사등분된다.

176 필수

오른쪽 그림과 같이 평행사변형
ABCD에서 $\overline{BC}$, $\overline{AD}$의 중점을
각각 E, F라 하고, □ABEF,
□FECD의 대각선의 교점을
각각 P, Q라 하자. □ABCD의 넓이가 28 cm²일 때,
□EQFP의 넓이는?

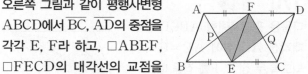

① 5 cm²   ② 6 cm²   ③ 7 cm²
④ 8 cm²   ⑤ 9 cm²

177 서술형

오른쪽 그림과 같이 평행사변형
ABCD의 두 대각선의 교점을
O라 하고, 점 O를 지나는 직선
이 $\overline{AD}$, $\overline{BC}$와 만나는 점을 각
각 E, F라 하자. □ABCD=80 cm²일 때,
△EOD+△COF의 값을 구하여라.

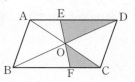

178

오른쪽 그림과 같이 평행사변형
ABCD에서 $\overline{BC}$와 $\overline{DC}$의 연장
선 위에 각각 $\overline{BC}=\overline{CE}$,
$\overline{DC}=\overline{CF}$가 되도록 두 점 E, F
를 잡는다. △AOB=20 cm²일
때, □BFED의 넓이를 구하여라.

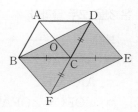

유형 035 ◆ 평행사변형과 넓이 (2)

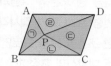

$$㉠+㉢=㉡+㉣=\frac{1}{2}□ABCD$$

풍쌤의 point — 평행사변형 ABCD에서 내부의 한 점 P와 각 꼭짓점을 연결하였을 때, 마주 보는 삼각형의 넓이의 합은 서로 같다.

179 ◆필수◆

오른쪽 그림과 같은 평행사변형 ABCD의 내부의 한 점 P에 대하여 $\triangle PDA=17\ cm^2$, $\triangle PBC=13\ cm^2$, $\triangle PCD=18\ cm^2$ 일 때, $\triangle PAB$의 넓이는?

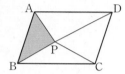

① $10\ cm^2$ ② $11\ cm^2$ ③ $12\ cm^2$
④ $13\ cm^2$ ⑤ $14\ cm^2$

180

오른쪽 그림과 같은 평행사변형 ABCD의 내부의 한 점 P에 대하여 $\triangle PAB=30\ cm^2$, $\triangle PCD=18\ cm^2$일 때, $□ABCD$의 넓이를 구하여라.

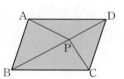

181 서술형

오른쪽 그림과 같이 $\overline{AD}=7\ cm$인 평행사변형 ABCD의 내부의 한 점 P에 대하여 $\triangle PBC=5\ cm^2$일 때, $\triangle PDA$의 넓이를 구하여라.

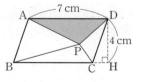

유형 036 ◆ 직사각형의 성질

(1) 직사각형은 평행사변형이다.
(2) 두 대각선은 길이가 같고, 서로 다른 것을 이등분한다.
위의 그림에서 색칠한 네 삼각형은 모두 이등변삼각형이다.

풍쌤의 point — 직사각형은 네 내각의 크기가 모두 90°인 사각형이다.

182 ◆필수◆

오른쪽 그림과 같은 직사각형 ABCD에서 $\angle ACB=28°$, $\overline{BD}=12\ cm$일 때, $x+y$의 값은?

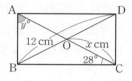

① 65   ② 66   ③ 67
④ 68   ⑤ 69

183

오른쪽 그림의 $□ABCD$가 직사각형일 때, 다음 중 옳지 않은 것은?

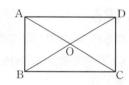

① $\angle ABC=90°$
② $\overline{OA}=\overline{OB}$
③ $\overline{OA}=\overline{OC}$
④ $\angle AOB=\angle AOD$
⑤ $\angle AOB=\angle COD$

184

오른쪽 그림과 같이 직사각형 ABCD의 대각선 BD를 접는 선으로 하여 점 C가 점 E에 오도록 접었을 때, $\overline{BA}$와 $\overline{DE}$의 연장선의 교점을 F라 하자. $\angle DBC=26°$일 때, $\angle x$의 크기를 구하여라.

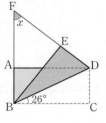

유형 037 ◆ 평행사변형이 직사각형이 되기 위한 조건

(1) 한 내각이 직각이다.
(2) 두 대각선의 길이가 같다.

풍쌤의 point 평행사변형이 위의 어느 한 조건을 만족시키면 직사각형이 된다.

185 필수

다음 중 오른쪽 그림과 같은 평행사변형 ABCD가 직사각형이 되기 위한 조건이 <u>아닌</u> 것은?(단, 점 O는 두 대각선의 교점이다.)

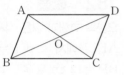

① $\overline{AC}=\overline{BD}$ ② $\overline{OA}=\overline{OD}$

③ $\angle A=90°$ ④ $\angle A=\angle B$

⑤ $\angle A=\angle C$

186

다음은 '두 대각선의 길이가 같은 평행사변형은 직사각형이다.'가 성립함을 설명하는 과정이다. ☐ 안에 알맞은 것을 써넣어라.

$\overline{AC}=\overline{BD}$인 평행사변형 ABCD에 대하여

△ABC와 △BAD에서

$\overline{AC}=\overline{BD}$

$\overline{BC}=\overline{AD}$

$\overline{AB}$는 공통

이므로 △ABC≡△BAD(☐ 합동)

∴ $\angle B=$☐

☐ABCD는 평행사변형이므로

$\angle B=$☐, $\angle A=\angle C$

∴ $\angle A=\angle B=\angle C=\angle D$

따라서 ☐ABCD는 직사각형이다.

187

다음 중 오른쪽 그림과 같은 평행사변형 ABCD가 직사각형이 되기 위한 조건을 모두 고르면?(단, 점 O는 두 대각선의 교점이다.)(정답 2개)

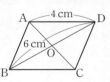

① $\overline{AC}=6\,cm$ ② $\overline{AB}=4\,cm$

③ $\overline{OB}=3\,cm$ ④ $\angle D=90°$

⑤ $\angle BOC=90°$

188

오른쪽 그림과 같은 평행사변형 ABCD에서 두 대각선의 교점을 O라 하자. $\angle OBC=\angle OCB$일 때, ☐ABCD는 어떤 사각형인가?

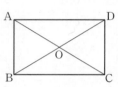

① 정사각형   ② 마름모

③ 직사각형   ④ 사다리꼴

⑤ 등변사다리꼴

189

오른쪽 그림과 같은 평행사변형 ABCD에서 $\overline{BC}$의 중점을 M이라 하자. $\overline{AM}=\overline{DM}$일 때, $\angle C$의 크기를 구하여라.

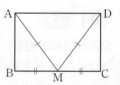

유형 **038** ◆ 마름모의 성질

(1) 마름모는 평행사변형이다.
(2) 두 대각선은 서로 다른 것을 수직이
  등분한다.
오른쪽 그림에서 색칠한 네 삼각형은 모
두 합동인 직각삼각형이다.

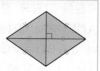

풍쌤의 point 마름모는 네 변의 길이가 모두 같은 사각형이다.

190 ◀ 필수 ▶

오른쪽 그림에서 □ABCD가
마름모일 때, $x+y$의 값은?
(단, 점 O는 두 대각선의 교점
이다.)

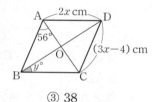

① 34   ② 36   ③ 38

④ 40   ⑤ 42

191

오른쪽 그림과 같은 마름모
ABCD에 대하여 $\angle A=110°$일
때, $\angle x$의 크기를 구하여라.

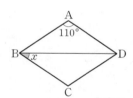

192 서술형

오른쪽 그림에서 □ABCD가 마
름모일 때, $x+y$의 값을 구하여
라.(단, 점 O는 두 대각선의 교점
이다.)

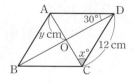

193

다음은 '마름모의 두 대각선은 수직으로 만난다.'가 성립함을
설명하는 과정이다. □ 안에 알맞은 것을 써넣어라.

두 대각선 AC와 BD가 만나
는 점을 O라 하면
△ABO와 △ADO에서
$\overline{AB}=$ □
$\overline{AO}$는 공통
$\overline{OB}=$ □
이므로 △ABO≡△ADO(□ 합동)
∴ $\angle AOB=\angle AOD$
이때 $\angle AOB+\angle AOD=$ □ 이므로
$\angle AOB=\angle AOD=$ □
∴ $\overline{AC}\perp\overline{BD}$

194

오른쪽 그림과 같은 마름모
ABCD에서 $\overline{AE}\perp\overline{BC}$,
$\angle ABO=40°$일 때, $\angle x+\angle y$의
크기를 구하여라.(단, 점 O는 두
대각선의 교점이다.)

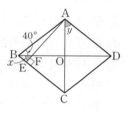

195

오른쪽 그림과 같은 직사각형
ABCD에서 $\overline{BM}$, $\overline{DN}$은 각각
$\angle ABD$, $\angle BDC$의 이등분선이다.
□MBND가 마름모일 때, $\angle x$의
크기를 구하여라.

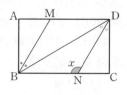

유형 039 ◆ 평행사변형이 마름모가 되기 위한 조건

(1) 이웃하는 두 변의 길이가 같다.
(2) 두 대각선이 직교한다.

풍쌤의 **point** | 평행사변형이 위의 어느 한 조건을 만족시키면 마름 모가 된다.

196 ━ 필수 ━

다음 중 오른쪽 그림과 같은 평행사변형 ABCD가 마름모가 되기 위한 조건을 모두 고르면?(단, 점 O는 두 대각선의 교점이다.)(정답 2개)

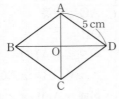

① $\overline{AB}=5$ cm
② $\overline{BC}=5$ cm
③ ∠BAD=90°
④ ∠AOB=90°
⑤ $\overline{AO}=\overline{CO}$

197

다음 중 평행사변형이 마름모가 되기 위한 조건을 모두 고르면?(정답 2개)

① 두 대각선이 직교한다.
② 두 대각선의 길이가 같다.
③ 한 내각의 크기가 직각이다.
④ 이웃하는 두 변의 길이가 같다.
⑤ 두 대각선이 서로 다른 것을 이등분한다.

198

오른쪽 그림과 같은 평행사변형 ABCD에서 점 O는 두 대각선의 교점이다. ∠BAC=58°, ∠BDC=32°일 때, □ABCD는 어떤 사각형인가?

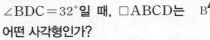

① 정사각형
② 마름모
③ 직사각형
④ 사다리꼴
⑤ 등변사다리꼴

199 서술형

오른쪽 그림과 같은 평행사변형 ABCD에서 대각선 BD를 그었더니 ∠ABD=∠CBD가 되었다. $\overline{AB}=9$ cm일 때, 다음 물음에 답하여라.

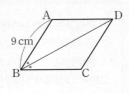

(1) 다음은 □ABCD가 마름모임을 설명하는 과정이다. □ 안에 알맞은 것을 써넣어라.

> □ABCD는 평행사변형이므로
> $\overline{AD}/\!/\overline{BC}$
> ∴ ∠ADB=□(엇각)
> 그런데 ∠ABD=∠CBD이므로
> ∠ABD=□
> 즉 △ABD는 이등변삼각형이므로
> $\overline{AB}=$□
> 따라서 평행사변형의 이웃하는 두 변의 길이가 같으므로 □ABCD는 마름모이다.

(2) □ABCD의 둘레의 길이를 구하여라.

200

다음 중 오른쪽 그림의 평행사변형 ABCD가 마름모가 되기 위한 조건이 **아닌** 것은?(단, 점 O는 두 대각선의 교점이다.)

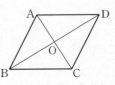

① $\overline{AB}=\overline{AD}$
② $\overline{AC}\perp\overline{BD}$
③ $\overline{AB}\perp\overline{BC}$
④ ∠DAC=∠BAC
⑤ ∠ABD=∠ADB

유형 **040** ◆ 정사각형의 성질

(1) 정사각형은 직사각형이면서 동시에 마름모이다.

(2) 두 대각선은 길이가 같고, 서로 다른 것을 수직이등분한다.

위의 그림에서 색칠한 네 삼각형은 모두 합동인 직각이등변삼각형이다.

풍쌤의 point 정사각형은 네 변의 길이가 모두 같고, 네 내각의 크기가 모두 90°인 사각형이다.

---

201 =◀필수▶=

오른쪽 그림의 정사각형 ABCD에서 대각선 BD 위에 ∠AED=65°가 되도록 점 E를 잡을 때, ∠BCE의 크기는?

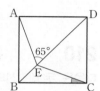

① 10°   ② 15°

③ 20°   ④ 25°

⑤ 30°

202

오른쪽 그림과 같은 정사각형 ABCD에 대한 설명으로 옳지 않은 것은?

(단, 점 O는 두 대각선의 교점이다.)

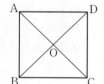

① △ABO는 직각이등변삼각형이다.

② □ABCD는 직사각형이다.

③ □ABCD는 마름모이다.

④ ∠OAD=45°

⑤ $\overline{BC}=\overline{OC}$

203

오른쪽 그림과 같이 한 대각선의 길이가 6 cm인 정사각형 ABCD의 넓이는?

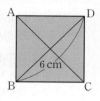

① 12 cm²   ② 18 cm²

③ 24 cm²   ④ 30 cm²

⑤ 36 cm²

---

204 [서술형]

오른쪽 그림에서 □ABCD는 정사각형이고, $\overline{BE}=\overline{CF}$, ∠AEC=115°일 때, ∠CBF의 크기를 구하여라.

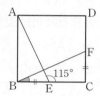

205

오른쪽 그림의 정사각형 ABCD에서 $\overline{DC}=\overline{DE}$, ∠DCE=75°일 때, ∠$x$의 크기를 구하여라.

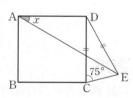

206

오른쪽 그림에서 □ABCD는 정사각형이고 △EBC는 정삼각형일 때, ∠x의 크기를 구하여라.

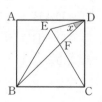

유형 041 · 정사각형이 되기 위한 조건

(1) 평행사변형이 직사각형의 성질과 마름모의 성질을 동시에 만족시키면 정사각형이 된다.

직사각형의 성질	마름모의 성질
① 한 내각이 직각이다.	① 이웃하는 두 변의 길이가 같다.
② 두 대각선의 길이가 같다.	② 두 대각선이 직교한다.

(2) 직사각형이 마름모의 성질을 만족시키거나 마름모가 직사각형의 성질을 만족시켜도 정사각형이 된다.

207 ◁필수▷

다음 중 오른쪽 그림과 같은 평행사변형 ABCD가 정사각형이 되기 위한 조건이 아닌 것은?

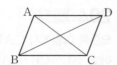

① $\angle A = 90°$, $\overline{AB} = \overline{BC}$
② $\angle B = 90°$, $\overline{AC} \perp \overline{BD}$
③ $\overline{AC} = \overline{BD}$, $\overline{AB} = \overline{AD}$
④ $\overline{AC} = \overline{BD}$, $\overline{AC} \perp \overline{BD}$
⑤ $\overline{AC} = \overline{BD}$, $\angle C = 90°$

208

다음 중 오른쪽 그림의 마름모 ABCD가 정사각형이 되기 위한 조건을 모두 고르면?(단, 점 O는 두 대각선의 교점이다.)(정답 2개)

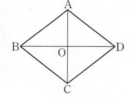

① $\angle ABD = \angle CBD$
② $\angle BAC = \angle DAC$
③ $\angle DAB = \angle ABC$
④ $\overline{AO} = \overline{BO}$
⑤ $\overline{AO} = \overline{CO}$

209

다음 중 오른쪽 그림의 직사각형 ABCD가 정사각형이 되기 위한 조건을 모두 고르면?(단, 점 O는 두 대각선의 교점이다.)(정답 2개)

① $\overline{AB} = \overline{BC}$
② $\overline{AC} = \overline{BD}$
③ $\overline{AO} = \overline{CO}$
④ $\angle AOD = \angle BOC$
⑤ $\angle AOB = \angle AOD$

210

다음은 '두 대각선의 길이가 같고, 서로 다른 것을 수직이등분하는 평행사변형은 정사각형이다.'가 성립함을 설명하는 과정이다. ☐ 안에 알맞은 것을 써넣어라.

두 대각선의 교점을 O라 하자.
$\overline{AO} = \overline{BO} = \overline{CO} = \overline{DO}$이고,
$\angle AOB = \angle BOC = \angle COD$
$= \angle DOA = \boxed{}$
이므로
$\triangle AOB \equiv \triangle BOC \equiv \triangle COD$
$\equiv \triangle DOA (\boxed{}$ 합동$)$
$\therefore \overline{AB} = \overline{BC} = \overline{CD} = \overline{DA}$
$\angle A = \angle B = \angle C = \angle D = \boxed{} + 45° = \boxed{}$
따라서 ☐ABCD는 네 변의 길이가 모두 같고, 네 내각의 크기가 모두 같으므로 정사각형이다.

211

다음 조건을 만족시키는 ☐ABCD는 어떤 사각형인지 말하여라.

$$\overline{AB} = \overline{CD},\ \overline{AB} /\!/ \overline{CD},\ \angle A = 90°,\ \overline{AC} \perp \overline{BD}$$

유형 042 ◆ 등변사다리꼴의 성질

(1) 평행하지 않은 한 쌍의 대변의 길이가 같다.

(2) 두 대각선의 길이가 같다.

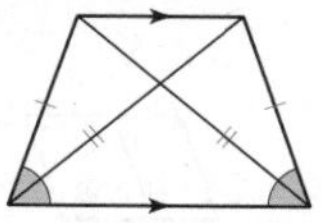

풍쌤의 point 등변사다리꼴은 밑변의 양 끝 각의 크기가 같은 사다리꼴이다.

212 ―필수―

오른쪽 그림의 □ABCD는 $\overline{AD}$∥$\overline{BC}$인 등변사다리꼴이고 점 O는 두 대각선의 교점이다. 다음 중 옳지 않은 것은?

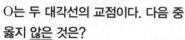

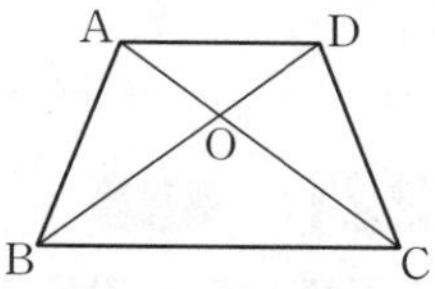

① $\overline{AB}=\overline{DC}$ ② $\overline{OB}=\overline{OC}$

③ ∠ABC=∠DCB ④ ∠ABO=∠DCO

⑤ ∠ABO=∠ADO

213

오른쪽 그림과 같이 $\overline{AD}$∥$\overline{BC}$인 등변사다리꼴 ABCD에서 점 O는 두 대각선의 교점이다. ∠AOD=104°일 때, ∠x의 크기를 구하여라.

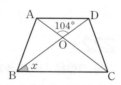

214

오른쪽 그림과 같이 $\overline{AD}$∥$\overline{BC}$인 등변사다리꼴 ABCD에서 $\overline{AB}=\overline{AD}$이고 ∠ADB=34°일 때, ∠$x$의 크기는?

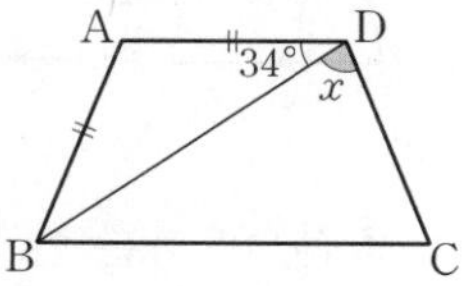

① 70° ② 72° ③ 74°

④ 76° ⑤ 78°

유형 043 ◆ 등변사다리꼴의 성질의 활용

△ABE≡△DCF
(RHA 합동)

□ABED ⇨ 평행사변형
△DEC ⇨ 이등변삼각형

215 ―필수―

오른쪽 그림과 같이 $\overline{AD}$∥$\overline{BC}$인 등변사다리꼴 ABCD의 꼭짓점 A에서 $\overline{BC}$에 내린 수선의 발을 E라 하자. $\overline{AD}=8$ cm, $\overline{BC}=12$ cm일 때, $\overline{BE}$의 길이는?

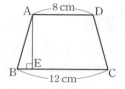

① 1 cm ② 1.5 cm ③ 2 cm

④ 2.5 cm ⑤ 3 cm

216

다음은 '등변사다리꼴에서 평행하지 않은 한 쌍의 대변의 길이는 같다.'가 성립함을 설명하는 과정이다. □ 안에 알맞은 것을 써넣어라.

$\overline{AD}$∥$\overline{BC}$, ∠B=∠C인 □ABCD에 대하여 점 D를 지나고 $\overline{AB}$와 평행한 직선이 $\overline{BC}$와 만나는 점을 E라 하면 □ABED는 [　　　]이다.

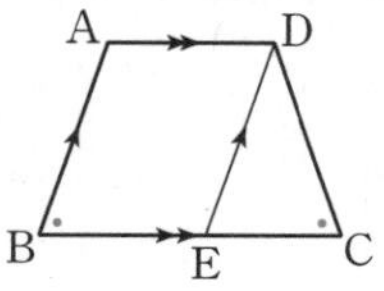

∠B=∠C　　　　‥‥‥ ㉠

∠B=[　　]（동위각）　‥‥‥ ㉡

㉠, ㉡에 의하여 [　　]=∠C이므로 △DEC는 이등변삼각형이다.

∴ [　　]=$\overline{DC}$

그런데 $\overline{AB}=\overline{DE}$이므로 $\overline{AB}=\overline{DC}$

217

오른쪽 그림과 같이 $\overline{AD}\,/\!/\,\overline{BC}$인
등변사다리꼴 ABCD에서
$\overline{DC}=7\,cm$, $\overline{AD}=5\,cm$이다.
$\overline{AB}\,/\!/\,\overline{DE}$, $\overline{AE}\,/\!/\,\overline{DC}$일 때,
$\overline{BC}$의 길이를 구하여라.

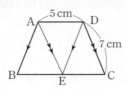

218

오른쪽 그림과 같이 $\overline{AD}\,/\!/\,\overline{BC}$인
등변사다리꼴 ABCD에서
$\overline{AB}=\overline{AD}=\overline{DC}$, $\overline{AD}=\dfrac{1}{2}\overline{BC}$일
때, ∠C의 크기를 구하여라.

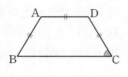

219 서술형

오른쪽 그림과 같이 $\overline{AD}\,/\!/\,\overline{BC}$인
등변사다리꼴 ABCD에서
$\overline{AB}=8\,cm$, $\overline{AD}=6\,cm$,
∠B=60°일 때, □ABCD의 둘
레의 길이를 구하여라.

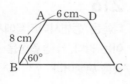

220

오른쪽 그림과 같이 $\overline{AD}\,/\!/\,\overline{BC}$인
등변사다리꼴 ABCD의 꼭짓점
D에서 $\overline{BC}$에 내린 수선의 발을
E라 하자. $\overline{AD}=6\,cm$,
$\overline{EC}=3\,cm$, ∠B=65°일 때,
$x+y$의 값을 구하여라.

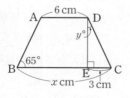

유형 044 ◆ 여러 가지 사각형 사이의 관계

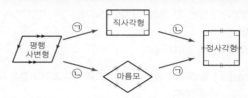

㉠ 한 내각이 직각이거나 두 대각선의 길이가 같다.

(직사각형의 성질)

㉡ 이웃하는 두 변의 길이가 같거나 두 대각선이 직교한다.

(마름모의 성질)

221 필수

오른쪽 그림과 같은 평행사변형
ABCD에 대하여 다음 중 옳지 <u>않은</u>
것은?

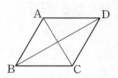

① $\overline{AC}\perp\overline{BD}$이면 마름모이다.

② $\overline{AC}=\overline{BD}$이면 직사각형이다.

③ ∠B=90°이면 직사각형이다.

④ $\overline{AB}=\overline{BC}$이면 마름모이다.

⑤ ∠A=90°, $\overline{AC}=\overline{BD}$이면 정사각형이다.

222

다음 그림은 사다리꼴에 조건이 하나씩 덧붙여져 특별한 사
각형이 되는 과정을 나타낸 것이다. 각각의 조건 ⓐ~ⓔ와
각각의 사각형 ㉠~㉣에 해당하는 사각형에 대한 설명 중 옳
지 <u>않은</u> 것은?

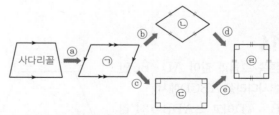

① 조건 ⓐ: 다른 한 쌍의 대변도 평행하다.

② 조건 ⓑ: 이웃하는 두 변의 길이가 같다.

③ ㉠: 사각형은 두 쌍의 대변의 길이가 같다.

④ 조건 ⓔ: 이웃하는 두 각의 크기가 같다.

⑤ ㉣: 사각형의 두 대각선은 서로 수직이다.

유형 045 ◆ 여러 가지 사각형의 대각선의 성질

(1) 평행사변형: 두 대각선은 서로 다른 것을 이등분한다.
(2) 직사각형: 두 대각선은 길이가 같고, 서로 다른 것을 이등분한다.
(3) 마름모: 두 대각선은 서로 다른 것을 수직이등분한다.
(4) 정사각형: 두 대각선은 길이가 같고, 서로 다른 것을 수직이등분한다.
(5) 등변사다리꼴: 두 대각선의 길이는 같다.

223 ◆필수◆

다음 보기 중 두 대각선이 서로 다른 것을 이등분하는 사각형을 모두 고르면?

보기
ㄱ. 등변사다리꼴 ㄴ. 평행사변형
ㄷ. 직사각형 ㄹ. 마름모
ㅁ. 정사각형 ㅂ. 사다리꼴

① ㄱ, ㄴ
② ㄱ, ㄴ, ㄷ
③ ㄷ, ㄹ, ㅁ
④ ㄴ, ㄷ, ㄹ, ㅁ
⑤ ㄱ, ㄴ, ㄷ, ㄹ, ㅁ

224

다음 중 옳지 <u>않은</u> 것을 모두 고르면?(정답 2개)

① 두 대각선의 길이가 같은 사각형은 직사각형이다.
② 두 대각선이 서로 수직인 사각형은 마름모이다.
③ 마름모의 두 대각선은 서로 다른 것을 수직이등분한다.
④ 등변사다리꼴의 두 대각선의 길이는 같다.
⑤ 두 대각선의 길이가 서로 같고, 서로 다른 것을 수직이등분하는 사각형은 정사각형이다.

유형 046 ◆ 여러 가지 사각형의 판별

(1) 평행사변형: 두 쌍의 대변이 각각 평행한 사각형
(2) 직사각형: 네 내각의 크기가 모두 90°인 사각형
(3) 마름모: 네 변의 길이가 모두 같은 사각형
(4) 정사각형: 네 변의 길이가 모두 같고, 네 내각의 크기가 모두 90°인 사각형
(5) 등변사다리꼴: 밑변의 양 끝 각의 크기가 같은 사다리꼴

225 ◆필수◆

오른쪽 그림과 같은 평행사변형 ABCD에서 ∠A, ∠B의 이등분선이 $\overline{BC}$, $\overline{AD}$와 만나는 점을 각각 E, F라 할 때, □ABEF는 어떤 사각형인가?

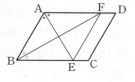

① 정사각형
② 마름모
③ 직사각형
④ 평행사변형
⑤ 등변사다리꼴

226

오른쪽 그림과 같은 평행사변형 ABCD에서 $\overline{AD}$의 중점을 M이라 하자. $\overline{BM}=\overline{CM}$일 때, □ABCD는 어떤 사각형인가?

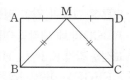

① 정사각형
② 마름모
③ 직사각형
④ 사다리꼴
⑤ 등변사다리꼴

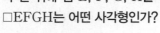
227

오른쪽 그림과 같은 정사각형 ABCD
에서 $\overline{EB}=\overline{FC}=\overline{GD}=\overline{HA}$가 되도록
각 변 위에 점 E, F, G, H를 잡을 때,
□EFGH는 어떤 사각형인가?

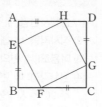

① 정사각형　　　② 마름모

③ 직사각형　　　④ 평행사변형

⑤ 등변사다리꼴

228

오른쪽 그림과 같이 평행사변형
ABCD의 꼭짓점 A에서 $\overline{BC}$, $\overline{CD}$
에 내린 수선의 발을 각각 E, F라 하
자. $\overline{AE}=\overline{AF}$일 때, □ABCD는
어떤 사각형인가?

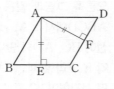

① 정사각형　　　　② 마름모

③ 직사각형　　　　④ 사다리꼴

⑤ 등변사다리꼴

229

오른쪽 그림과 같이 평행사변형
ABCD의 네 내각의 이등분선의
교점을 각각 E, F, G, H라 할 때,
□EFGH는 어떤 사각형인가?

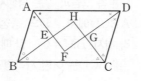

① 정사각형　　　　② 마름모

③ 직사각형　　　　④ 평행사변형

⑤ 등변사다리꼴

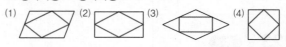
유형 047 ◆ 사각형의 각 변의 중점을 연결하여
만든 사각형 (1)

사각형의 각 변의 중점을 차례로 연결하여 만든 사각형은 각
각 다음과 같다.

(1) 평행사변형 ⇨ 평행사변형

(2) 직사각형, 등변사다리꼴 ⇨ 마름모

(3) 마름모 ⇨ 직사각형

(4) 정사각형 ⇨ 정사각형

(1)　　　(2)　　　(3)　　　(4)

230 ◁필수▷

다음 중 사각형과 그 사각형의 각 변의 중점을 연결하여 만
든 사각형이 잘못 짝 지어진 것은?

① 직사각형 – 마름모

② 마름모 – 직사각형

③ 평행사변형 – 평행사변형

④ 정사각형 – 정사각형

⑤ 등변사다리꼴 – 직사각형

231

오른쪽 그림과 같이 직사각형
ABCD의 각 변의 중점을 연결하
여 만든 사각형 PQRS의 성질이
아닌 것을 모두 고르면?(정답 2개)

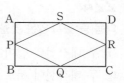

① 두 대각선의 길이가 서로 같다.

② 두 대각선이 서로 수직으로 만난다.

③ 네 변의 길이가 모두 같다.

④ 네 각이 모두 직각이다.

⑤ 두 쌍의 대변이 각각 평행하다.

유형 048 ◆ 평행선과 삼각형의 넓이

오른쪽 그림에서 $l /\!/ m$이면
$$\triangle ABC = \triangle ABD = \triangle ABE$$
$$= \frac{1}{2}ah$$

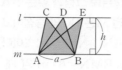

풍쌤의 point 삼각형의 모양은 달라도 밑변의 길이와 높이가 각각 같은 삼각형의 넓이는 같다.

232 ◀필수▶

오른쪽 그림과 같이 □ABCD의 꼭짓점 D를 지나고 $\overline{AC}$와 평행한 직선이 $\overline{BC}$의 연장선과 만나는 점을 E라 하자.
∠B=90°, $\overline{AB}$=8 cm, $\overline{BC}$=5 cm, $\overline{CE}$=7 cm일 때, □ABCD의 넓이를 구하여라.

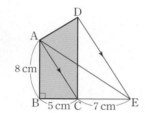

233

오른쪽 그림과 같이 □ABCD의 꼭짓점 A를 지나고 $\overline{BD}$와 평행한 직선이 $\overline{BC}$의 연장선과 만나는 점을 E라 하자.
□ABCD=30 cm²일 때, △DEC의 넓이는?

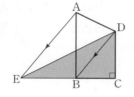

① 20 cm² ② 25 cm² ③ 30 cm²
④ 35 cm² ⑤ 40 cm²

234 서술형

오른쪽 그림에서 $\overline{AC} /\!/ \overline{DE}$이고 △ABC=40 cm², △ABE=25 cm²일 때, △ADC의 넓이를 구하여라.

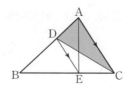

235

오른쪽 그림과 같이 $\overline{AD} /\!/ \overline{BC}$인 사다리꼴 ABCD에서 점 O는 두 대각선의 교점이다. △ABC=36 cm², △OCD=12 cm²일 때, △OBC의 넓이는?

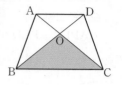

① 21 cm² ② 22 cm² ③ 23 cm²
④ 24 cm² ⑤ 25 cm²

236

오른쪽 그림과 같이 $\overline{AD} /\!/ \overline{BC}$인 사다리꼴 ABCD의 꼭짓점 D를 지나고 $\overline{AC}$와 평행한 직선이 $\overline{BC}$의 연장선과 만나는 점을 E라 할 때, 다음 중 옳지 않은 것은?(단, 점 O는 두 대각선의 교점이다.)(정답 2개)

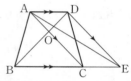

① △ABC=△DBC ② △ABC=△DCE
③ △ADC=△AEC ④ △ADO=△BCO
⑤ □ABCD=△ABE

237

오른쪽 그림과 같은 평행사변형 ABCD에서 $\overline{BD} /\!/ \overline{EF}$일 때, 다음 중 넓이가 다른 하나는?

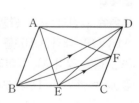

① △ABE ② △DBE
③ △DBF ④ △DAF
⑤ △AEF

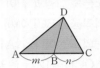

유형 049 ◆ 높이가 같은 두 삼각형의 넓이의 비

오른쪽 그림에서
$\triangle ABD : \triangle BCD = m : n$

풍쌤의 point 높이가 같은 두 삼각형의 넓이의 비는 밑변의 길이의 비와 같다.

238 =◆필수◆=

오른쪽 그림에서 $\overline{BD} : \overline{DC} = 2 : 3$ 이고, $\overline{AE} : \overline{EC} = 2 : 1$이다. $\triangle ABC = 30 \text{ cm}^2$일 때, $\triangle DCE$의 넓이는?

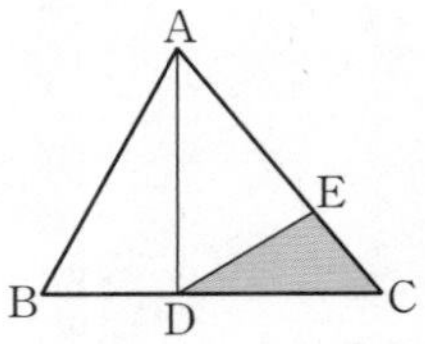

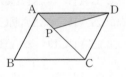

① 5 cm^2　　② 6 cm^2　　③ 7 cm^2

④ 8 cm^2　　⑤ 9 cm^2

239

오른쪽 그림과 같은 평행사변형 ABCD에서 $\overline{AP} : \overline{PC} = 1 : 2$이고, □ABCD $= 60 \text{ cm}^2$일 때, $\triangle APD$의 넓이를 구하여라.

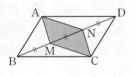

240

오른쪽 그림과 같이 평행사변형 ABCD의 대각선 BD를 삼등분하는 점을 각각 M, N이라 하자. 평행사변형 ABCD의 넓이가 24 cm^2일 때, □AMCN의 넓이는?

① 5 cm^2　　② 6 cm^2　　③ 7 cm^2

④ 8 cm^2　　⑤ 9 cm^2

241

오른쪽 그림과 같은 $\triangle ABC$에서 점 M은 $\overline{BC}$의 중점이고 $\overline{AN} : \overline{NM} = 1 : 2$이다. $\triangle BMN = 6 \text{ cm}^2$일 때, $\triangle ABC$의 넓이는?

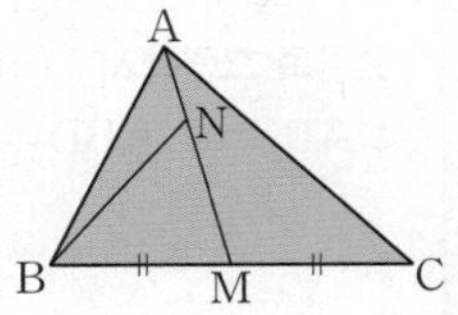

① 15 cm^2　　② 16 cm^2　　③ 17 cm^2

④ 18 cm^2　　⑤ 19 cm^2

242

오른쪽 그림과 같이 $\overline{AD} /\!/ \overline{BC}$인 사다리꼴 ABCD에서 점 O는 두 대각선의 교점이다. $\overline{AO} : \overline{OC} = 1 : 2$이다. $\triangle OAB = 18 \text{ cm}^2$일 때, $\triangle BCD$의 넓이는?

① 50 cm^2　　② 52 cm^2　　③ 54 cm^2

④ 56 cm^2　　⑤ 58 cm^2

243 서술형

오른쪽 그림과 같은 마름모 ABCD에서 $\overline{BP} : \overline{PC} = 2 : 3$이고, $\overline{AC} = 10 \text{ cm}$, $\overline{BD} = 20 \text{ cm}$일 때, $\triangle APC$의 넓이를 구하여라.

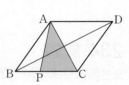

244

오른쪽 그림과 같이 $\overline{AB}=\overline{AC}$인 이등변삼각형 ABC에서 □ADEF가 평행사변형일 때, $x+y$의 값을 구하여라.

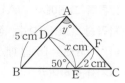

245

오른쪽 그림과 같이 $\overline{AB}=8$ cm, $\overline{AD}=10$ cm인 평행사변형 ABCD를 꼭짓점 B가 변 CD의 중점 M과 겹치도록 접었다. 접은 선 AE의 연장선과 변 DC의 연장선의 교점을 F라 할 때, $\overline{CF}$의 길이를 구하여라.

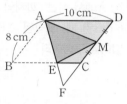

246 서술형

오른쪽 그림과 같은 평행사변형 ABCD에서 ∠B, ∠C의 이등분선이 $\overline{AD}$와 만나는 점을 각각 E, G라 하고, $\overline{BA}$의 연장선과 $\overline{CG}$의 연장선의 교점을 F라 하자. ∠AFG＝60°일 때, ∠x의 크기를 구하여라.

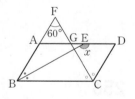

247

오른쪽 그림과 같은 평행사변형 ABCD에서 $\overline{CD}$의 중점을 E, 점 A에서 $\overline{BE}$에 내린 수선의 발을 F, $\overline{AD}$와 $\overline{BE}$의 연장선의 교점을 P라 하자. ∠DAF＝75°일 때, ∠DFP의 크기를 구하여라.

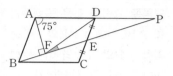

248

오른쪽 그림과 같이 $\overline{AB}=100$ cm인 평행사변형 ABCD에서 점 P는 점 A에서 점 B까지 매초 5 cm의 속력으로, 점 Q는 점 C에서 점 D까지 매초 8 cm의 속력으로 움직이고 있다. 점 P가 점 A를 출발한 지 6초 후에 점 Q가 점 C를 출발한다면 $\overline{AQ}/\!/\overline{PC}$가 되는 것은 점 Q가 출발한 지 몇 초 후인지 구하여라.

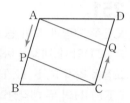

249

오른쪽 그림과 같이 $\overline{AB}=4$ cm, $\overline{BC}=7$ cm, $\overline{AC}=6$ cm인 평행사변형 ABCD에서 $\overline{BC}$ 위에 임의의 점 P를 잡고, ∠PAD의 이등분선이 $\overline{BC}$ 또는 $\overline{BC}$의 연장선과 만나는 점을 Q라 하자. 점 P가 점 B에서 점 C까지 움직일 때, 점 Q가 움직인 거리를 구하여라.

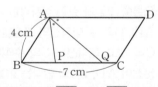

250

오른쪽 그림과 같은 평행사변형 ABCD에서 $\overline{BE}$와 $\overline{DF}$는 각각 ∠B와 ∠D의 이등분선이다. □ABCD의 넓이가 150 cm²일 때, □EBFD의 넓이를 구하여라.

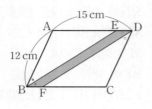

251

오른쪽 그림과 같이 평행사변형 ABCD의 네 내각의 이등분선의 교점을 각각 E, F, G, H라 하고 □EFGH의 두 대각선의 교점을 O라 하자. $\overline{EG}+\overline{FH}=24$ cm일 때, $\overline{OH}$의 길이를 구하여라.

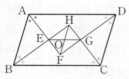

252 서술형

오른쪽 그림과 같이 직사각형 ABCD의 두 대각선의 교점을 O라 하고 대각선 AC의 수직이등분선이 $\overline{AD}$, $\overline{BC}$와 만나는 점을 각각 E, F라 하자. $\overline{AD}=6$ cm, $\overline{BF}=2$ cm일 때, □AFCE의 둘레의 길이를 구하여라.

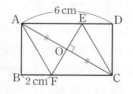

253 창의

오른쪽 그림에서 □ABCD는 직사각형, □PQRS는 정사각형이다. ∠DPS=18°일 때, ∠QBR의 크기를 구하여라.

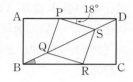

254

오른쪽 그림과 같은 오각형 ABCDE에서 $\overline{AC}/\!/\overline{BP}$, $\overline{AD}/\!/\overline{EQ}$이고, $\overline{PQ}=8$ cm, 점 A에서 직선 l까지의 거리가 6 cm일 때, 오각형 ABCDE의 넓이를 구하여라.

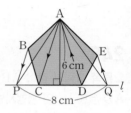

255

오른쪽 그림과 같이 평행사변형 ABCD의 한 변 DC 위에 $\overline{DF}:\overline{FC}=2:1$이 되도록 점 F를 잡자. $\overline{AF}$의 연장선과 $\overline{BC}$의 연장선의 교점을 E라 할 때, △DFE의 넓이는 □ABCD의 넓이의 몇 배인지 구하여라.

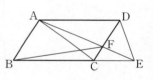

256

오른쪽 그림과 같은 평행사변형 ABCD에서 $\overline{BP}:\overline{PD}=2:1$이고 △ABP=24 cm²일 때, △BCQ의 넓이를 구하여라.

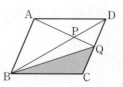

II ◆ 도형의 닮음과 피타고라스 정리

1 도형의 닮음

01 닮은 도형

→ 개념 Link 풍산자 개념완성편 64쪽 →

(1) **닮은 도형**: 한 도형을 일정한 비율로 확대 또는 축소한 것이 다른 도형과 합동일 때, 이 두 도형은 서로 닮음인 관계가 있다고 한다. 닮음인 관계가 있는 두 도형을 닮은 도형이라 하고, 기호로 $\triangle ABC \backsim \triangle DEF$와 같이 나타낸다.

대응하는 꼭짓점의 순서대로 쓴다. ◀

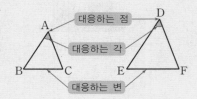

(2) **닮은 도형의 성질**

평면도형	입체도형
① 대응하는 변의 길이의 비는 일정하다.	① 대응하는 모서리의 길이의 비는 일정하다.
② 대응하는 각의 크기는 각각 같다. ─∠A=∠D, ∠B=∠E, ∠C=∠F	② 대응하는 면은 서로 닮은 도형이다.
③ 닮음비: 대응하는 변의 길이의 비 ─ AB : DE=BC : EF=AC : DF	③ 닮음비: 대응하는 모서리의 길이의 비

02 삼각형의 닮음 조건

→ 개념 Link 풍산자 개념완성편 66쪽 →

(1) 세 쌍의 대응하는 변의 길이의 비가 같다.
(SSS 닮음)

$\Rightarrow a : a' = b : b' = c : c'$

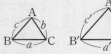

(2) 두 쌍의 대응하는 변의 길이의 비가 같고, 그 끼인각의 크기가 같다.(SAS 닮음)

$\Rightarrow a : a' = c : c'$, $\angle B = \angle B'$

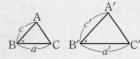

(3) 두 쌍의 대응하는 각의 크기가 각각 같다.
(AA 닮음)

$\Rightarrow \angle B = \angle B'$, $\angle C = \angle C'$

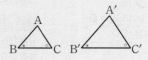

1 다음 그림에서 닮음인 삼각형을 찾아 기호로 나타내고, 닮음 조건을 말하여라.

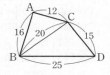

🔑 1 △ABC∽△CBD, SSS 닮음

03 직각삼각형의 닮음

→ 개념 Link 풍산자 개념완성편 68쪽 →

∠A=90°인 직각삼각형 ABC의 꼭짓점 A에서 빗변 BC에 내린 수선의 발을 H라 할 때

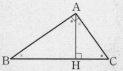

(1) $\triangle ABC \backsim \triangle HBA \backsim \triangle HAC$(AA 닮음)

(2) $\overline{BA}^2 = \overline{BH} \times \overline{BC}$, $\overline{CA}^2 = \overline{CH} \times \overline{CB}$, $\overline{HA}^2 = \overline{HB} \times \overline{HC}$

개념 Tip ① △ABC∽△HBA이므로 $\overline{BA} : \overline{BH} = \overline{BC} : \overline{BA}$ ∴ $\overline{BA}^2 = \overline{BH} \times \overline{BC}$

② △ABC∽△HAC이므로 $\overline{CA} : \overline{CH} = \overline{CB} : \overline{CA}$ ∴ $\overline{CA}^2 = \overline{CH} \times \overline{CB}$

③ △HBA∽△HAC이므로 $\overline{HA} : \overline{HC} = \overline{HB} : \overline{HA}$ ∴ $\overline{HA}^2 = \overline{HB} \times \overline{HC}$

1 다음 그림에서 x의 값을 구하여라.

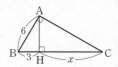

🔑 1 9

필수유형 ◆ 공략하기

유형 050 ◆ 닮은 도형

합동인 도형이 크기와 모양이 같은 도형이라
면 닮은 도형은 크기와 관계없이 모양이 같
은 도형이다. 특히 다음 도형은 항상 닮은 도
형이다.

(1) 평면도형: 원, 정다각형, 직각이등변삼각형
(2) 입체도형: 구, 정다면체

257 ▪필수▪

다음 중 옳지 <u>않은</u> 것은?

① 닮음인 두 도형은 모양이 같다.
② 합동인 두 도형은 서로 닮음이다.
③ 닮음인 두 도형에서 대응하는 각의 크기는 같다.
④ 닮음인 두 도형의 넓이는 같다.
⑤ 닮음을 기호 ∽로 나타낸다.

258

다음 보기 중 항상 닮은 도형인 것은 모두 골라라.

보기
ㄱ. 두 구   ㄴ. 두 원뿔
ㄷ. 두 직각삼각형   ㄹ. 두 정오각형
ㅁ. 두 정육면체   ㅂ. 두 마름모

259

다음 중 항상 닮은 도형이라 할 수 <u>없는</u> 것을 모두 고르면?

(정답 2개)

① 두 반원
② 반지름의 길이가 같은 두 부채꼴
③ 중심각의 크기가 같은 두 부채꼴
④ 한 내각의 크기가 같은 두 평행사변형
⑤ 이웃한 두 변의 길이의 비가 같은 두 직사각형

유형 051 ◆ 평면도형에서 닮음의 성질

(1) 대응하는 변의 길이의 비는 일정하다.
└→닮음비
(2) 대응하는 각의 크기는 각각 같다.

풍쌤의 point 닮은 도형은 확대 또는 축소하면 겹쳐지는 도형이다.

260 ▪필수▪

아래 그림에서 △ABC∽△DEF일 때, 다음 보기 중 옳은
것을 모두 고른 것은?

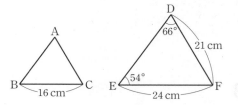

보기
ㄱ. 닮음비는 2 : 3이다.   ㄴ. $\overline{AC}$=12 cm
ㄷ. ∠A=66°   ㄹ. ∠C=60°

① ㄱ, ㄷ   ② ㄴ, ㄹ
③ ㄱ, ㄷ, ㄹ   ④ ㄴ, ㄷ, ㄹ
⑤ ㄱ, ㄴ, ㄷ, ㄹ

261

아래 그림에서 □ABCD∽□EFGH일 때, 다음 중 옳지
<u>않은</u> 것을 모두 고르면? (정답 2개)

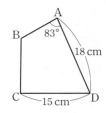

① 닮음비는 3 : 2이다.   ② $\overline{AB}$=8 cm
③ $\overline{EH}$=12 cm   ④ ∠E=83°
⑤ ∠C=67°

262

아래 그림에서 △ABC∽△DEF이고 닮음비가 3 : 4일 때,
다음 중 옳지 <u>않은</u> 것은?

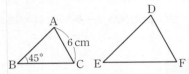

① ∠E=45°
② $\overline{BC} : \overline{EF}=3 : 4$
③ ∠A=∠D
④ $\overline{DF}=8$ cm
⑤ ∠C : ∠F=3 : 4

263

다음 그림에서 △ABC∽△DEF이고, 닮음비가 3 : 4일
때, △ABC의 둘레의 길이를 구하여라.

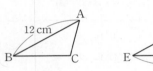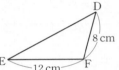

264

두 원 O와 O′의 닮음비가 4 : 5이고, 원 O의 반지름의 길이
가 8 cm일 때, 원 O′의 둘레의 길이를 구하여라.

265 서술형

다음 그림에서 □ABCD∽□EFGH일 때, ∠E의 크기와
$\overline{FG}$의 길이를 각각 구하여라.

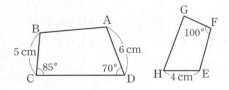

---

(1) 닮음인 두 입체도형에서 대응하는 모서리의 길이의 비는
일정하고, 대응하는 면은 닮은 도형이다. └→닮음비
(2) 두 닮은 입체도형에서 높이의 비, 밑면인 원의 반지름의
길이의 비, 밑면의 둘레의 길이의 비 등 대응하는 모든 길
이의 비는 닮음비와 같다.

266 ─필수─

아래 그림에서 두 삼각기둥은 서로 닮은 도형이다.
△ABC∽△GHI일 때, 다음 중 옳지 <u>않은</u> 것을 모두 고르
면?(정답 2개)

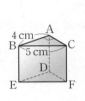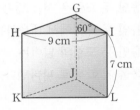

① 두 삼각기둥의 닮음비는 5 : 9이다.
② 면 ADFC에 대응하는 면은 면 GJLI이다.
③ 모서리 CF의 길이는 $\dfrac{35}{9}$ cm이다.
④ 모서리 GH의 길이는 6 cm이다.
⑤ ∠DEF의 크기는 40°이다.

267

다음 그림에서 두 직육면체는 서로 닮은 도형이다. $\overline{AB}$와 $\overline{IJ}$
가 서로 대응하는 모서리일 때, $x+y$의 값은?

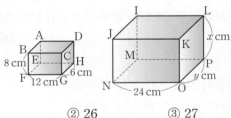

① 25
② 26
③ 27
④ 28
⑤ 29

268 서술형

아래 그림에서 두 원기둥 A, B가 서로 닮은 도형일 때, 다음을 구하여라.

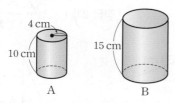

(1) 두 원기둥 A, B의 밑면의 둘레의 길이의 비
(2) 원기둥 B의 부피

269

오른쪽 그림과 같이 원뿔을 밑면에 평행한 평면으로 자를 때 생기는 단면이 반지름의 길이가 2 cm인 원일 때, 처음 원뿔의 밑면의 반지름의 길이를 구하여라.

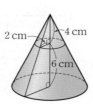

270

오른쪽 그림과 같은 원뿔 모양의 그릇에 물을 부어서 그릇의 높이의 $\frac{3}{5}$만큼 채웠을 때, 수면의 반지름의 길이와 수면의 넓이를 각각 차례로 구하여라. (단, 그릇의 두께는 생각하지 않는다.)

유형 053 ◆ 삼각형의 닮음 조건

(1) 세 쌍의 대응하는 변의 길이의 비가 같다. (SSS 닮음)
(2) 두 쌍의 대응하는 변의 길이의 비가 같고, 그 끼인각의 크기가 같다. (SAS 닮음)
(3) 두 쌍의 대응하는 각의 크기가 각각 같다. (AA 닮음)

271 ─ 필수 ─

다음 보기의 삼각형에 대하여 옳지 <u>않은</u> 것을 모두 고르면?

(정답 2개)

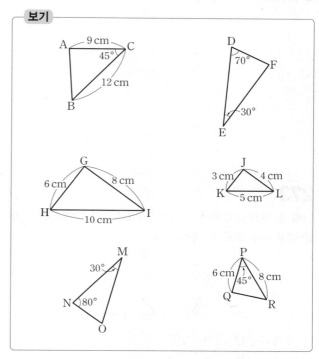

보기

① △ABC∽△PQR
② △ABC∽△QRP
③ △GHI∽△JKL
④ △DEF∽△MNO
⑤ △DEF∽△OMN

272

다음 그림에서 두 삼각형은 닮은 도형이다. 두 삼각형의 닮음비는?

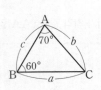

① $a:d$ ② $a:f$ ③ $b:d$
④ $b:e$ ⑤ $c:d$

273

다음 중 아래 그림에서 △ABC∽△DEF가 되는 조건이 아닌 것을 모두 고르면? (정답 2개)

① ∠A=∠D, ∠B=∠E
② ∠A=∠D, ∠B=∠F
③ $\dfrac{\overline{AB}}{\overline{DE}}=\dfrac{\overline{BC}}{\overline{EF}}$, ∠B=∠E
④ $\dfrac{\overline{AB}}{\overline{DE}}=\dfrac{\overline{AC}}{\overline{DF}}$, ∠C=∠F
⑤ $\dfrac{\overline{AB}}{\overline{DE}}=\dfrac{\overline{BC}}{\overline{EF}}=\dfrac{\overline{CA}}{\overline{FD}}$

274

다음 중 오른쪽 그림의 △ABC와 닮음인 것을 모두 고르면?

（정답 2개）

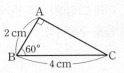

① 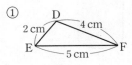 ②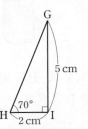

③ 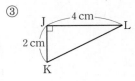 ④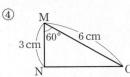

⑤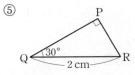

275

아래 그림에서 △ABC와 △FDE가 닮은 도형이 되려면 다음 중 어느 조건을 추가해야 하는가?

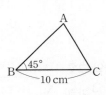 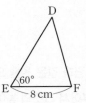

① ∠C=80˚, ∠F=55˚
② ∠A=75˚, ∠D=45˚
③ $\overline{AB}=8$ cm, $\overline{DE}=6$ cm
④ $\overline{AB}=15$ cm, $\overline{DF}=10$ cm
⑤ $\overline{AC}=16$ cm, $\overline{DF}=10$ cm

유형 054 ◆ 삼각형의 닮음을 이용하여 변의 길이 구하기 - SAS 닮음

두 쌍의 대응변의 길이의 비가 같고 그 끼인각의 크기가 같을 때 두 삼각형은 닮은 도형이다.

풍쌤의 point 한 각을 공유하거나 맞꼭지각으로 한 쌍의 각의 크기가 같은 두 삼각형이 보이면 먼저 두 쌍의 변의 길이의 비를 확인한다.

276 ═필수═

오른쪽 그림과 같은 △ABC에서 $\overline{AB}=12$ cm, $\overline{BD}=9$ cm, $\overline{DC}=7$ cm, $\overline{AD}=6$ cm일 때, $\overline{AC}$의 길이를 구하여라.

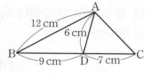

277

오른쪽 그림과 같은 △ABC에서 $\overline{BD}$의 길이를 구하여라.

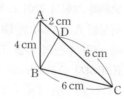

278 서술형

오른쪽 그림과 같은 △ABC에서 다음 물음에 답하여라.

(1) 닮음인 삼각형을 찾아 기호로 나타내고, 닮음 조건을 말하여라.

(2) $\overline{BC}$의 길이를 구하여라.

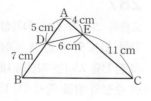

유형 055 ◆ 삼각형의 닮음을 이용하여 변의 길이 구하기 - AA 닮음

두 쌍의 대응각의 크기가 각각 같을 때 두 삼각형은 닮은 도형이다.

풍쌤의 point 두 삼각형이 한 각을 공유하거나 맞꼭지각으로 한 쌍의 각의 크기가 같을 때, 두 쌍의 변의 길이의 비를 알 수 없으면 크기가 같은 다른 한 쌍의 각을 찾는다.

279 ═필수═

오른쪽 그림과 같은 △ABC에서 ∠A=∠BCD, $\overline{BC}=6$ cm, $\overline{BD}=3$ cm일 때, $\overline{AD}$의 길이는?

① 7 cm ② 8 cm
③ 9 cm ④ 10 cm
⑤ 11 cm

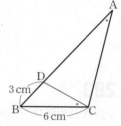

280

오른쪽 그림에서 $\overline{AB} /\!/ \overline{CD}$이고, 점 E는 $\overline{AC}$와 $\overline{BD}$의 교점이다. $\overline{AC}=18$ cm, $\overline{BE}=5$ cm, $\overline{DE}=4$ cm일 때, $\overline{CE}$의 길이를 구하여라.

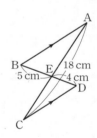

281

오른쪽 그림의 △ABC에서 ∠A=∠DEC, $\overline{AD}=6$ cm, $\overline{CD}=4$ cm, $\overline{CE}=5$ cm일 때, $\overline{BE}$의 길이는?

① 1 cm ② 1.5 cm
③ 2 cm ④ 2.5 cm
⑤ 3 cm

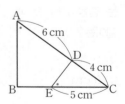

282

오른쪽 그림과 같이 평행사변형 ABCD의 변 AD 위의 점 E와 꼭짓점 B를 이은 선분이 대각선 AC와 만나는 점을 F라 하자. $\overline{AF}=6$ cm, $\overline{CF}=9$ cm, $\overline{BC}=12$ cm일 때, $\overline{AE}$의 길이를 구하여라.

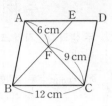

283

오른쪽 그림에서 ∠B=∠C이고 $\overline{AE}=\overline{BE}=\overline{CE}=6$ cm, $\overline{DE}=\overline{DC}=10$ cm일 때, $\overline{AB}$의 길이를 구하여라.

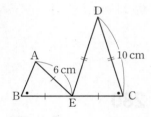

284

오른쪽 그림과 같은 평행사변형 ABCD에서 $\overline{BF}$의 연장선과 $\overline{CD}$의 연장선이 만나는 점을 E라 할 때, $\overline{AF}$의 길이는?

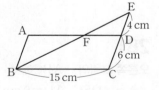

① 6 cm   ② 7 cm   ③ 8 cm

④ 9 cm   ⑤ 10 cm

유형 056 ◆ **직각삼각형의 닮음**

한 예각의 크기가 같은 두 직각삼각형은 닮은 도형이다.

풍쌤의 point 직각삼각형의 닮음에서는 일단 직각의 크기가 같으므로 다른 한 예각의 크기만 같으면 닮은 삼각형이 된다. (AA 닮음)

285 **필수**

오른쪽 그림에서 $\overline{AC}\perp\overline{BE}$, $\overline{AE}\perp\overline{BD}$, $\overline{DE}\perp\overline{BF}$일 때, 다음 중 △ABC와 닮음이 아닌 삼각형은?

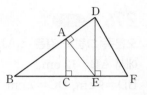

① △EBA   ② △DBE   ③ △DEA
④ △FBD   ⑤ △EAC

286

오른쪽 그림과 같이 △ABC의 꼭짓점 A, C에서 변 BC, AB에 내린 수선의 발을 각각 D, E라 하자. $\overline{AB}=8$ cm, $\overline{BC}=10$ cm, $\overline{DC}=4$ cm일 때, $\overline{BE}$의 길이를 구하여라.

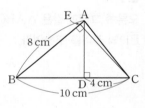

287

오른쪽 그림과 같이 직각삼각형 ABC의 두 점 A, C에서 점 B를 지나는 직선에 내린 수선의 발을 각각 D, E라 할 때, $\overline{BD}$의 길이를 구하여라.

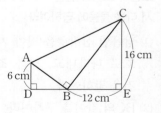

288

오른쪽 그림과 같은 직사각형 ABCD에서 $\overline{PQ}$가 대각선 $\overline{BD}$를 수직이등분하고, $\overline{PQ}$와 $\overline{BD}$가 만나는 점을 M이라 할 때, $\overline{QC}$의 길이는?

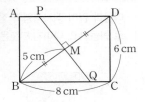

① $\dfrac{7}{4}$ cm　　② 2 cm　　③ $\dfrac{9}{4}$ cm

④ $\dfrac{5}{2}$ cm　　⑤ $\dfrac{11}{4}$ cm

289 서술형

오른쪽 그림에서 $\overline{BE}\perp\overline{AD}$, $\overline{AC}\perp\overline{BD}$, $\overline{BC}=\overline{CD}=6$ cm, $\overline{PC}=4$ cm일 때, $\overline{AP}$의 길이를 구하여라.

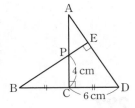

290

오른쪽 그림에서 $\overline{AC}\perp\overline{BD}$, $\overline{AB}\perp\overline{DE}$일 때, 다음 보기에서 옳은 것을 모두 골라라.

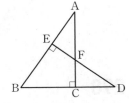

보기

ㄱ. $\triangle AEF\backsim\triangle DEB$　　ㄴ. $\overline{AF}:\overline{DB}=\overline{AE}:\overline{EB}$

ㄷ. $\triangle AEF\backsim\triangle DCF$　　ㄹ. $\overline{AE}:\overline{AC}=\overline{AF}:\overline{AB}$

ㅁ. $\angle EAF=\angle CFD$　　ㅂ. $\angle ABC=\angle AFE$

유형 057 ◆ 직각삼각형의 닮음의 활용

다음 그림과 같이 직각삼각형의 직각인 꼭짓점에서 빗변에 수선을 내리면 $\boxed{ㄱ}^2=\boxed{ㄴ}\times\boxed{ㄷ}$이 성립한다.

291 ─ 필수 ─

오른쪽 그림과 같이 $\angle A=90°$인 직각삼각형 ABC에서 $\overline{AH}\perp\overline{BC}$이고 $\overline{AB}=5$ cm, $\overline{BH}=3$ cm일 때, $\overline{AC}$의 길이는?

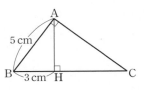

① 6 cm　　② $\dfrac{19}{3}$ cm　　③ $\dfrac{20}{3}$ cm

④ 7 cm　　⑤ $\dfrac{22}{3}$ cm

292

오른쪽 그림과 같이 $\angle A=90°$인 직각삼각형 ABC에서 $\overline{AD}\perp\overline{BC}$일 때, 다음 중 옳지 않은 것은?

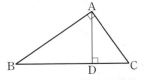

① $\triangle ABC\backsim\triangle DBA$

② $\triangle ABC\backsim\triangle DAC$

③ $\triangle DBA\backsim\triangle DAC$

④ $\overline{AC}^2=\overline{BD}\times\overline{BC}$

⑤ $\overline{AD}^2=\overline{BD}\times\overline{CD}$

293

오른쪽 그림과 같이 ∠A=90°
인 직각삼각형 ABC에서
$\overline{AD} \perp \overline{BC}$이고 $\overline{AD}$=12 cm,
$\overline{CD}$=9 cm일 때, $\overline{AC}$의 길이
는?

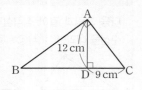

① 11 cm   ② 12 cm   ③ 13 cm

④ 14 cm   ⑤ 15 cm

294

오른쪽 그림과 같이 ∠B=90°인 직각삼
각형 ABC에서 $\overline{AC} \perp \overline{BD}$이고
$\overline{AD}$=8 cm, $\overline{CD}$=2 cm일 때, △ABC
의 넓이는?

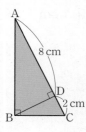

① 16 cm^2 ② 18 cm^2

③ 20 cm^2 ④ 22 cm^2

⑤ 24 cm^2

295 서술형

오른쪽 그림과 같은 직사각형
ABCD에서 $\overline{AH} \perp \overline{BD}$이고
$\overline{BC}$=5 cm, $\overline{DH}$=4 cm일 때,
$\overline{AH}$의 길이를 구하여라.

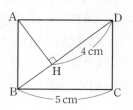

다음과 같이 직사각형과 정삼각형을 접으면 접은 부분은 서
로 합동이고, 나머지 부분은 서로 AA 닮음이다.

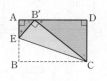

⇨ △AEB′∽△DB′C   ⇨ △BA′D∽△CEA′

296 ═ 필수 ═

오른쪽 그림과 같이 직사각형
ABCD에서 꼭짓점 C가 $\overline{AD}$
위의 점 F에 오도록 접었을
때, $\overline{BF}$의 길이를 구하여라.

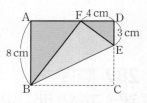

297

오른쪽 그림은 정삼각형 ABC의 꼭
짓점 A가 $\overline{BC}$ 위의 점 E에 오도록
접은 것이다. $\overline{AF}$=7 cm,
$\overline{AC}$=12 cm, $\overline{BE}$=4 cm일 때,
$\overline{AD}$의 길이를 구하여라.

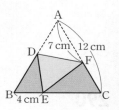

298

오른쪽 그림과 같이 정사각형
ABCD의 꼭짓점 A가 $\overline{BC}$ 위
의 점 A′에 오도록 접었을 때,
$\overline{PD′}$의 길이를 구하여라.

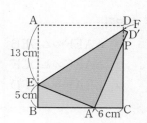

299

오른쪽 그림에서 원 A는 원 B의 중심을 지나고, 원 B는 원 C의 중심을 지날 때, 세 원 A, B, C의 닮음비를 구하여라.

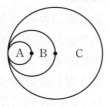

302 창의

오른쪽 그림과 같이 한 모서리의 길이가 12 cm인 정사면체 A-BCD의 모서리 BC 위의 점 E를 출발하여 모서리 AC, AD 위의 한 점 F, G를 지나 점 B에 도달하는 선의 길이가 최소가 될 때, $\overline{\text{AF}}$의 길이를 구하여라.

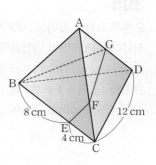

300

오른쪽 그림과 같은 직사각형 ABCD에서
□ABCD∽□DEFC
∽□AGHE가 되도록 $\overline{\text{EF}}$,
$\overline{\text{GH}}$를 그었다. $\overline{\text{AE}}+\overline{\text{EH}}$의 값을 구하여라.

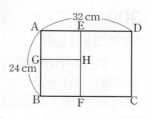

303

오른쪽 그림과 같은 △ABC에서
∠ABD = ∠BCE
= ∠CAF일 때, △DEF의 둘레의 길이를 구하여라.

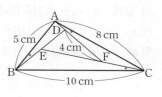

301 서술형

오른쪽 그림에서
△ABC∽△DCE이고,
점 C는 $\overline{\text{BE}}$ 위에 있다.
$\overline{\text{AB}}=8$ cm, $\overline{\text{BC}}=6$ cm,
$\overline{\text{CE}}=9$ cm일 때, 다음 물음에 답하여라.

(1) △ACF∽△EDF임을 설명하여라.
(2) $\overline{\text{DF}}$의 길이를 구하여라.

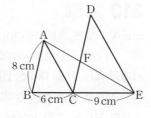

304

오른쪽 그림과 같은 직사각형 ABCD에서 $\overline{\text{AD}}=4$ cm,
$\overline{\text{AB}}=6$ cm이고, 점 M은 $\overline{\text{DC}}$의 중점이다. $\overline{\text{BC}}$의 연장선과 $\overline{\text{AM}}$의 연장선이 만나는 점을 E, $\overline{\text{AM}}$과 $\overline{\text{BD}}$의 교점을 P라 할 때, △PBE의 넓이를 구하여라.

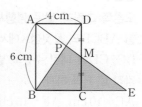

305

오른쪽 그림과 같이 △ABC에 직사각형 PQRS가 내접한다. $\overline{AE}=12$ cm, $\overline{BC}=18$ cm이 고 $\overline{PQ}:\overline{QR}=1:3$일 때, □PQRS의 넓이를 구하여라.

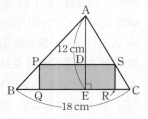

306

오른쪽 그림에서 △ABC는 한 변의 길이가 9 cm인 정삼각형이다. $\overline{BD}:\overline{DC}=1:2$, $\angle ADE=60°$ 일 때, $\overline{CE}$의 길이를 구하여라.

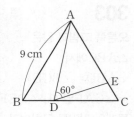

307

오른쪽 그림과 같은 평행사변형 ABCD의 꼭짓점 A에서 $\overline{BC}$, $\overline{CD}$에 내린 수선의 발을 각각 E, F라 하자. $\overline{AE}=10$ cm, $\overline{AF}=15$ cm일 때, $\overline{BE}:\overline{DF}$를 가장 간단한 자연수의 비로 나타내어라.

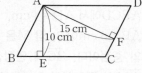

308

오른쪽 그림은 $\angle A=90°$인 직각삼각형 ABC에서 $\overline{AC}$의 연장선 위에 $\overline{AC}=\overline{CD}$가 되 도록 점 D를 잡은 것이다. $\overline{BC}$의 수직이등분선이 $\overline{AB}$, $\overline{BD}$와 만나는 점을 각각 E, F 라 할 때, $\overline{BE}$의 길이를 구하여라.

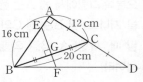

309

오른쪽 그림과 같이 $\angle A=90°$인 직각삼각형 ABC에서 $\overline{BM}=\overline{CM}$, $\overline{AD}\perp\overline{BC}$, $\overline{DH}\perp\overline{AM}$이다. $\overline{BD}=8$ cm, $\overline{CD}=2$ cm일 때, $\overline{AH}$의 길이를 구하여라.

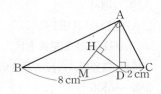

310 서술형

오른쪽 그림은 $\overline{AB}=6$ cm, $\overline{BC}=8$ cm, $\overline{BD}=10$ cm인 직사각형 ABCD를 대각선 BD를 접는 선으로 하여 접은 것이다. $\overline{AD}$와 $\overline{BE}$의 교점 P에서 $\overline{BD}$에 내린 수선의 발을 Q라 할 때, △PBD의 넓이를 구하여라.

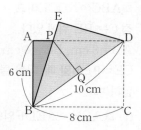

2 평행선과 선분의 길이의 비

01 삼각형에서 평행선과 선분의 길이의 비 (1)

▶개념 Link 풍산자 개념완성편 76쪽

△ABC에서 변 AB, AC 또는 그 연장선 위에 각각 점 D, E가 있을 때

(1) $\overline{BC}$∥$\overline{DE}$이면 $\overline{AB}$: $\overline{AD}$=$\overline{AC}$: $\overline{AE}$=$\overline{BC}$: $\overline{DE}$

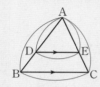 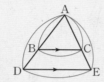

(2) $\overline{BC}$∥$\overline{DE}$이면 $\overline{AD}$: $\overline{DB}$=$\overline{AE}$: $\overline{EC}$

 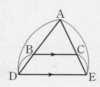

1 다음 그림에서 $\overline{BC}$∥$\overline{DE}$일 때, x의 값을 구하여라.

(1)

(2)
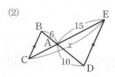

답 1 (1) $\dfrac{15}{2}$　　(2) 24

02 삼각형에서 평행선과 선분의 길이의 비 (2)

▶개념 Link 풍산자 개념완성편 78쪽

△ABC에서 변 AB, AC 또는 그 연장선 위에 각각 점 D, E가 있을 때

(1) $\overline{AB}$: $\overline{AD}$=$\overline{AC}$: $\overline{AE}$=$\overline{BC}$: $\overline{DE}$이면 $\overline{BC}$∥$\overline{DE}$

(2) $\overline{AD}$: $\overline{DB}$=$\overline{AE}$: $\overline{EC}$이면 $\overline{BC}$∥$\overline{DE}$

1 다음 그림에서 $\overline{BC}$∥$\overline{DE}$이면 ○표, $\overline{BC}$∥$\overline{DE}$가 아니면 ×표를 하여라.

답 1 ○

03 삼각형의 각의 이등분선

▶개념 Link 풍산자 개념완성편 80쪽

(1) **삼각형의 내각의 이등분선의 성질**

△ABC에서 ∠A의 이등분선이 $\overline{BC}$와 만나는 점을 D라 하면
$\overline{AB}$: $\overline{AC}$=$\overline{BD}$: $\overline{CD}$

(2) **삼각형의 외각의 이등분선의 성질**

△ABC에서 ∠A의 외각의 이등분선이 $\overline{BC}$의 연장선과 만나는 점을 D라 하면
$\overline{AB}$: $\overline{AC}$=$\overline{BD}$: $\overline{CD}$

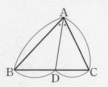

1 다음 그림과 같은 △ABC에서 $\overline{AD}$가 ∠A의 이등분선일 때, x의 값을 구하여라.

답 1 3

04 평행선 사이의 선분의 길이의 비

→ 개념 Link 풍산자 개념완성편 82쪽 →

세 개 이상의 평행선이 다른 두 직선과 만나서 생기는 선분의 길이의 비는 같다. 즉, 다음 그림에서 $l /\!/ m /\!/ n$일 때,

$$a : b = a' : b' \text{ 또는 } a : a' = b : b'$$

개념 Tip ▶ 선분의 길이의 비가 같다고 해서 세 직선이 항상 평행한 것은 아니다. 예를 들어 오른쪽 그림에서
$$\overline{AB} : \overline{BC} = \overline{A'B'} : \overline{B'C'} = 2 : 3$$
이지만 세 직선 l, m, n은 서로 평행하지 않다.

1 아래 그림에서 $l /\!/ m /\!/ n$일 때, $a : b$를 구하여라

답 1 2 : 3

---

05 사다리꼴에서 평행선과 선분의 길이의 비

→ 개념 Link 풍산자 개념완성편 84쪽 →

오른쪽 그림과 같은 사다리꼴 ABCD에서 $\overline{AD} /\!/ \overline{EF} /\!/ \overline{BC}$일 때,

$$\overline{EF} = \frac{an + bm}{m + n}$$

설명 1: $\overline{DC}$에 평행한 직선 AH를 긋는다.	설명 2: 사다리꼴의 대각선 AC를 긋는다.
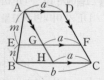	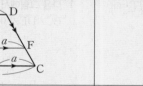
① △ABH에서 $\overline{EG}$의 길이를 구한다. ② $\overline{GF} = \overline{AD} = a$ ③ $\overline{EF} = \overline{EG} + \overline{GF}$	① △ABC에서 $\overline{EI}$의 길이를 구한다. ② △ACD에서 $\overline{IF}$의 길이를 구한다. ③ $\overline{EF} = \overline{EI} + \overline{IF}$

1 아래 그림과 같은 사다리꼴 ABCD에서 $\overline{AD} /\!/ \overline{EF} /\!/ \overline{BC}$, $\overline{AH} /\!/ \overline{DC}$일 때, 다음을 구하여라.

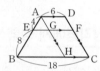

(1) $\overline{EG}$의 길이
(2) $\overline{GF}$의 길이
(3) $\overline{EF}$의 길이

답 1 (1) 4   (2) 6   (3) 10

---

06 평행선과 선분의 길이의 비의 활용

→ 개념 Link 풍산자 개념완성편 84쪽 →

오른쪽 그림과 같이 $\overline{AC}$와 $\overline{BD}$의 교점을 E라 하고 $\overline{AB} /\!/ \overline{EF} /\!/ \overline{DC}$일 때

(1) $\overline{EF} = \dfrac{ab}{a+b}$

(2) $\overline{BF} : \overline{FC} = a : b$

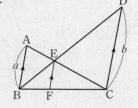

1 아래 그림에서 $\overline{AB} /\!/ \overline{EF} /\!/ \overline{DC}$일 때, 다음을 구하여라.

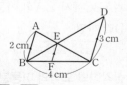

(1) $\overline{BE} : \overline{ED}$
(2) $\overline{CA} : \overline{CE}$
(3) $\overline{BF} : \overline{BC}$

답 1 (1) 2 : 3   (2) 5 : 3   (3) 2 : 5

필수유형 • 공략하기

파란 해설 34~35쪽

중요한

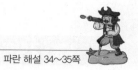

유형 059 • 삼각형에서 평행선과 선분의 길이의 비

△ABC에서 $\overline{AB}$, $\overline{AC}$ 또는 그 연장선 위에 각각 점 D, E가 있을 때 $\overline{BC} /\!/ \overline{DE}$이면

(1) $a : a' = b : b' = c : c'$ (2) $a : a' = b : b'$

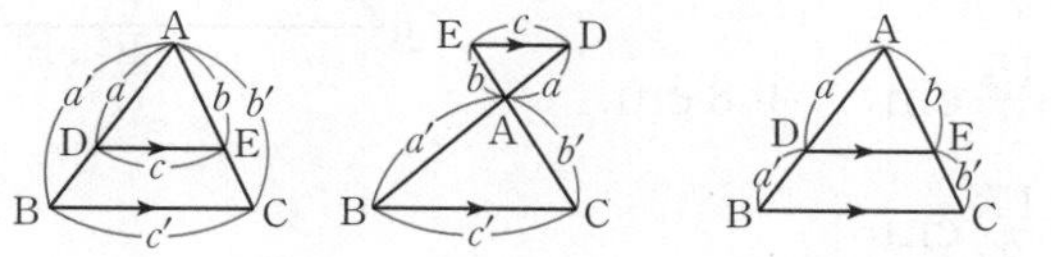

311 필수

오른쪽 그림과 같은 △ABC에서 $\overline{BC} /\!/ \overline{DE}$일 때, $x+y$의 값은?

① 25 ② 26
③ 27 ④ 28
⑤ 29

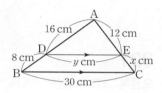

312

다음은 △ABC에서 $\overline{DE} /\!/ \overline{BC}$일 때, $\overline{AD} : \overline{DB} = \overline{AE} : \overline{EC}$임을 설명하는 과정이다. □ 안에 알맞은 것으로 옳지 않은 것은?

> 오른쪽 그림과 같이 점 E에서 $\overline{AB}$에 평행한 직선을 그어 $\overline{BC}$와 만나는 점을 F라 하자.
> △ADE와 △EFC에서
> ∠AED= ① ...... ㉠
> ∠DAE= ② ...... ㉡
> ㉠, ㉡에서 △ADE∽△EFC(③ 닮음)이므로
> $\overline{AD}$: ④ $= \overline{AD} : \overline{EF} = \overline{AE}$: ⑤
>
>

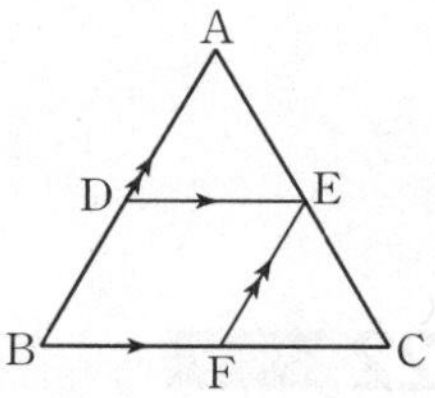

① ∠ECF ② ∠FEC ③ AA
④ $\overline{BF}$ ⑤ $\overline{EC}$

313

오른쪽 그림에서 점 A는 $\overline{CE}$와 $\overline{BD}$의 교점이고 $\overline{BC} /\!/ \overline{DE}$일 때, △ABC의 둘레의 길이는?

① 20 cm ② 22 cm
③ 24 cm ④ 26 cm
⑤ 28 cm

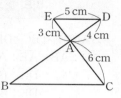

314

오른쪽 그림에서 점 A는 $\overline{CE}$와 $\overline{BD}$의 교점이고 $\overline{BC} /\!/ \overline{DE}$일 때, xy의 값은?

① 40 ② 45
③ 50 ④ 55
⑤ 60

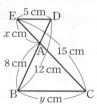

315

오른쪽 그림과 같은 △ABC에서 $\overline{BC} /\!/ \overline{DE}$일 때, $x+y$의 값을 구하여라.

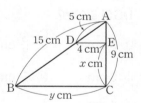

316 서술형

오른쪽 그림에서 □ABCD는 평행사변형이고 점 F는 $\overline{CD}$의 연장선 위의 점이다. $\overline{AB} = 4$ cm, $\overline{AD} = 7$ cm, $\overline{CF} = 3$ cm일 때, $\overline{BE}$의 길이를 구하여라.

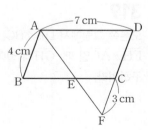

유형 **060** ◆ 삼각형에서 평행선과 선분의 길이의
비의 활용

$\triangle ABC$에서 $\overline{BC} /\!/ \overline{DE}$일 때
$\overline{AD} : \overline{AB} = \overline{AE} : \overline{AC} = \overline{AG} : \overline{AF}$
$\qquad = \overline{DG} : \overline{BF} = \overline{GE} : \overline{FC}$
$\qquad = \overline{DE} : \overline{BC}$

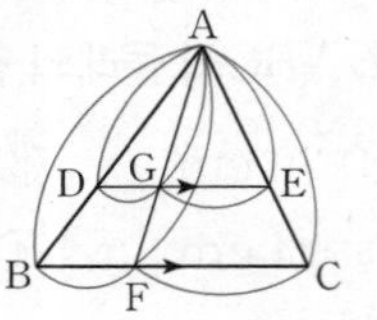

풍쌤의 **point** 평행선이 두 쌍일 때는 각각에 대하여 비례 관계를 적
용하면 된다

317 ◀필수▶

오른쪽 그림에서 $\overline{BC} /\!/ \overline{DE}$일 때,
$3xy$의 값을 구하여라.

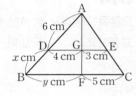

318

오른쪽 그림에서 $\overline{BC} /\!/ \overline{DE}$일 때,
$\overline{DG}$의 길이는?

① 2 cm   ② $\dfrac{5}{2}$ cm

③ 3 cm   ④ $\dfrac{7}{2}$ cm

⑤ 4 cm

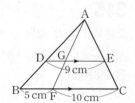

319

오른쪽 그림에서 $\overline{DE} /\!/ \overline{BC}$,
$\overline{FH} /\!/ \overline{AC}$일 때, $\overline{GH}$의 길이를
구하여라.

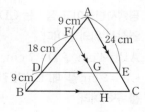

320

오른쪽 그림에서 $\overline{CB} /\!/ \overline{DE}$,
$\overline{CE} /\!/ \overline{DF}$일 때, $\overline{BE}$의 길이는?

① $\dfrac{13}{2}$ cm   ② 7 cm

③ $\dfrac{15}{2}$ cm   ④ 8 cm

⑤ $\dfrac{17}{2}$ cm

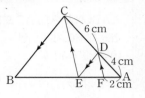

321

오른쪽 그림과 같은 $\triangle ABC$
에서 $\overline{AB}$의 연장선 위의 점을
F라 하자. $\overline{DE} /\!/ \overline{BC}$,
$\overline{BE} /\!/ \overline{FC}$이고
$\overline{AD} : \overline{DB} = 3 : 2$일 때,
$\overline{AD} : \overline{DB} : \overline{BF}$는?

① 3 : 2 : 5

② 3 : 2 : 6

③ 6 : 4 : 9

④ 9 : 6 : 8

⑤ 9 : 6 : 10

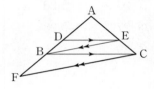

322 서술형

오른쪽 그림에서 $\overline{BC} /\!/ \overline{DE}$,
$\overline{AB} /\!/ \overline{FG}$일 때, $\overline{FG}$의 길이를 구
하여라.

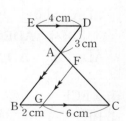

유형 061 ◆ 선분의 길이의 비를 이용하여 평행선 찾기

△ABC에서 $\overline{AB}$, $\overline{AC}$ 또는 그 연장선 위에 각각 점 D, E가 있을 때

$a : a' = b : b'$이면 $\overline{BC} /\!/ \overline{DE}$

323 《필수》

다음 중 $\overline{BC} /\!/ \overline{DE}$인 것을 모두 고르면? (정답 2개)

①
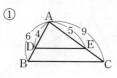

②
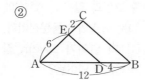

③
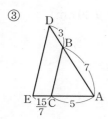

④
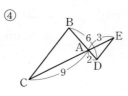

⑤
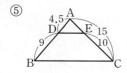

324

오른쪽 그림과 같은 △ABC에서 다음 중 옳은 것을 모두 고르면?
(정답 2개)

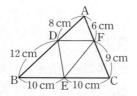

① $\overline{AB} /\!/ \overline{EF}$
② $\overline{BC} /\!/ \overline{DF}$
③ $\overline{AC} /\!/ \overline{DE}$
④ $\angle ABC = \angle ADF$
⑤ $\angle CAB = \angle CFE$

325

다음은 △ABC에서 $\overline{AB} : \overline{AD} = \overline{AC} : \overline{AE}$가 성립할 때, $\overline{BC} /\!/ \overline{DE}$임을 설명하는 과정이다. □ 안에 알맞은 것을 써넣어라.

△ABC와 △ADE에서
[(가)]는 공통
$\overline{AB} : \overline{AD} = \overline{AC} : \overline{AE}$
이므로 △ABC ∽ △ADE
([(나)] 닮음)
따라서 ∠ABC = [(다)]이므로
$\overline{BC} /\!/ \overline{DE}$

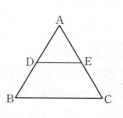

326

다음 중 $\overline{BC} /\!/ \overline{DE}$가 아닌 것은?

①
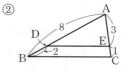

②

③
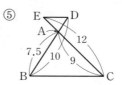

④

⑤

유형 062 ◆ 삼각형의 내각의 이등분선

△ABC에서 ∠A의 이등분선이 $\overline{BC}$와 만나는 점을 D라 하면
$\overline{AB}:\overline{AC}=\overline{BD}:\overline{CD}$

327 ◀필수▶

오른쪽 그림과 같은 △ABC에서 ∠A의 이등분선이 $\overline{BC}$와 만나는 점을 D라 하자. $\overline{AB}=8$ cm, $\overline{BC}=7$ cm, $\overline{CA}=6$ cm일 때, $\overline{CD}$의 길이는?

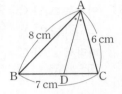

① 2 cm   ② 3 cm   ③ 4 cm
④ 5 cm   ⑤ 6 cm

328

다음은 △ABC에서 ∠A의 이등분선과 $\overline{BC}$의 교점을 D라 할 때, $\overline{AB}:\overline{AC}=\overline{BD}:\overline{CD}$임을 설명하는 과정이다. □ 안에 알맞은 것으로 옳지 않은 것은?

점 C를 지나고 $\overline{AB}$에 평행한 직선과 $\overline{AD}$의 연장선의 교점을 E라 하면
∠BAD = ① (엇각)
∠ADB = ② (맞꼭지각)
이므로
△ABD∽△ECD(③ 닮음)
∴ $\overline{AB}$: ④ $=\overline{BD}:\overline{CD}$
그런데 △CAE는 ∠CAE= ⑤ 인 이등변삼각형
이므로 $\overline{EC}=\overline{AC}$
∴ $\overline{AB}:\overline{AC}=\overline{BD}:\overline{CD}$

① ∠CED   ② ∠EDC   ③ AA
④ $\overline{DE}$ ⑤ ∠CEA

329

오른쪽 그림의 △ABC에서 $\overline{AD}$, $\overline{BE}$는 각각 ∠A, ∠B의 이등분선일 때, $x+y$의 값을 구하여라.

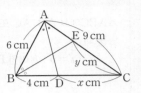

330

오른쪽 그림과 같은 △ABC에서 $\overline{AD}$는 ∠A의 이등분선이다. △ABD의 넓이가 24 cm²일 때, △ACD의 넓이는?

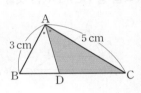

① 10 cm²   ② 20 cm²   ③ 30 cm²
④ 40 cm²   ⑤ 50 cm²

331

오른쪽 그림의 △ABC에서 ∠BAD = ∠CAD = 45°일 때, △ADC의 넓이를 구하여라.

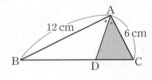

332

오른쪽 그림과 같은 △ABC에서 점 E는 $\overline{AB}$의 연장선 위의 점이다. ∠BAD = ∠CAD이고 $\overline{AD} / \!/ \overline{EC}$일 때, $3x+y$의 값을 구하여라.

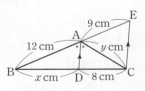

333 서술형

오른쪽 그림과 같은 △ABC에서
$\overline{AD}$는 ∠A의 이등분선이고
$\overline{AB}$∥$\overline{DE}$이다. $\overline{AB}$=10 cm,
$\overline{BC}$=11 cm, $\overline{CA}$=12 cm일
때, 다음을 구하여라.

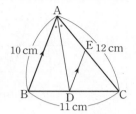

(1) $\overline{DC}$의 길이

(2) $\overline{DE}$의 길이

334

오른쪽 그림과 같은 △ABC에서
$\overline{AD}$는 ∠A의 이등분선이고
$\overline{AC}$=$\overline{AE}$=12 cm, $\overline{BE}$=4 cm,
$\overline{BD}$=8 cm일 때, $\overline{DE}$의 길이는?

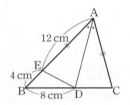

① 5 cm   ② 5.5 cm

③ 6 cm   ④ 6.5 cm

⑤ 7 cm

335

오른쪽 그림과 같은 △ABC에서
$\overline{AD}$, $\overline{BE}$는 각각 ∠A, ∠B의 이등
분선이고 $\overline{AB}$=10 cm,
$\overline{AE}$=5 cm, $\overline{EC}$=3 cm일 때,
x의 값을 구하여라.

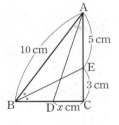

유형 063 ◆ 삼각형의 외각의 이등분선

△ABC에서 ∠A의 외각의 이등분
선이 $\overline{BC}$의 연장선과 만나는 점을
D라 하면

$$\overline{AB} : \overline{AC} = \overline{BD} : \overline{CD}$$

336 필수

오른쪽 그림과 같은 △ABC에서
점 D는 ∠A의 외각의 이등분선
과 $\overline{BC}$의 연장선의 교점일 때,
$\overline{AC}$의 길이는?

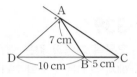

① 9 cm   ② 9.5 cm

③ 10 cm   ④ 10.5 cm

⑤ 11 cm

337

다음은 △ABC에서 ∠A의 외각의 이등분선이 $\overline{BC}$의 연장
선과 만나는 점을 D라 할 때, $\overline{AB} : \overline{AC} = \overline{BD} : \overline{CD}$임을
설명하는 과정이다. □ 안에 알맞은 것을 써넣어라.

점 C를 지나고 $\overline{AB}$에 평행
한 직선이 $\overline{AD}$와 만나는 점
을 E라 하면
△ABD∽△ECD(AA 닮음)
이므로

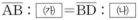

$\overline{AB} : $ (가) $ = \overline{BD} : $ (나)

그런데 (다) = ∠CEA(엇각)이므로

∠CAE = ∠CEA

즉, △ACE는 이등변삼각형이므로

(라) = $\overline{AC}$

∴ $\overline{AB} : \overline{AC} = \overline{BD} : \overline{CD}$

338

오른쪽 그림과 같은 △ABC에서 점 D는 ∠A의 외각의 이등분선과 $\overline{BC}$의 연장선의 교점일 때, $\overline{BC}$의 길이를 구하여라.

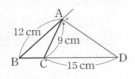

339

오른쪽 그림과 같은 △ABC에서 점 D는 ∠A의 외각의 이등분선과 $\overline{BC}$의 연장선의 교점이다. △ABD의 넓이가 36 cm²일 때, △ABC의 넓이는?

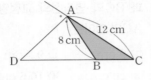

① 15 cm²　　② 16 cm²　　③ 17 cm²
④ 18 cm²　　⑤ 19 cm²

340 `서술형`

오른쪽 그림과 같은 △ABC에서 $\overline{AP}$, $\overline{AQ}$는 각각 ∠A의 내각과 외각의 이등분선이다. $\overline{AB}=6$ cm, $\overline{AC}=4$ cm, $\overline{BP}=3$ cm일 때, $\overline{CQ}$의 길이를 구하여라.(단, 점 Q는 $\overline{BC}$의 연장선 위의 점이다.)

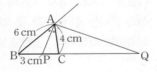

341

오른쪽 그림과 같은 △ABC에서 ∠A의 외각의 이등분선과 $\overline{BC}$의 연장선이 만나는 점을 D라 하고, ∠B의 이등분선과 $\overline{AD}$가 만나는 점을 E라 할 때, $\overline{AE} : \overline{ED}$를 가장 간단한 자연수의 비로 나타내어라.

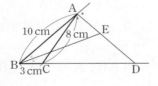

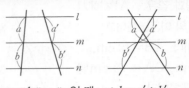

$l /\!/ m /\!/ n$일 때, $a : b = a' : b'$

342 `필수`

오른쪽 그림에서 $l /\!/ m /\!/ n$일 때, $x+y$의 값은?

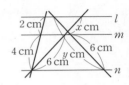

① 12　　② 13
③ 14　　④ 15
⑤ 16

343

오른쪽 그림에서 $l /\!/ m /\!/ n$일 때, $y-x$의 값은?

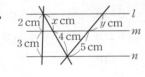

① $\dfrac{1}{2}$　　② $\dfrac{2}{3}$
③ $\dfrac{3}{4}$　　④ $\dfrac{4}{5}$
⑤ $\dfrac{5}{6}$

344

오른쪽 그림에서 $l /\!/ m /\!/ n$일 때, xy의 값은?

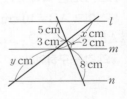

① 102　　② 108
③ 114　　④ 120
⑤ 126

345

다음은 평행한 세 직선 l, m, n이 두 직선 a, b와 만날 때, $\overline{AB} : \overline{A'B'} = \overline{BC} : \overline{B'C'}$임을 설명하는 과정이다.

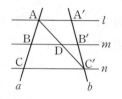

오른쪽 그림과 같이 선분 AC' 과 직선 m의 교점을 D라 하면

$\triangle ACC'$에서
$\overline{BD} \parallel \overline{CC'}$이므로
$\overline{AB} : \overline{BC} = \overline{AD} : \boxed{(가)}$ ······ ㉠

$\triangle C'A'A$에서
$\overline{DB'} \parallel \overline{AA'}$이므로
$\overline{AD} : \boxed{(가)} = \overline{A'B'} : \overline{B'C'}$ ······ ㉡

㉠, ㉡에서
$\overline{AB} : \overline{BC} = \boxed{(나)} : \overline{B'C'}$
∴ $\overline{AB} : \boxed{(나)} = \overline{BC} : \overline{B'C'}$

(가), (나)에 알맞은 것을 순서대로 적은 것은?

① $\overline{AC'}$, $\overline{A'B}$
② $\overline{AC'}$, $\overline{AC'}$
③ $\overline{DC'}$, $\overline{A'B}$
④ $\overline{DC'}$, $\overline{AC'}$
⑤ $\overline{DC'}$, $\overline{DC'}$

346

오른쪽 그림에서 $l \parallel m \parallel n \parallel p$ 일 때, $x+y$의 값은?

① 13
② $\dfrac{27}{2}$
③ 14
④ $\dfrac{29}{2}$
⑤ 15

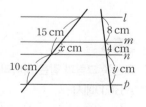

347

오른쪽 그림에서 $l \parallel m \parallel n \parallel p$일 때, $x+y$의 값은?

① 12
② $\dfrac{25}{2}$
③ 13
④ $\dfrac{27}{2}$
⑤ 14

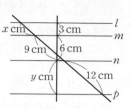

348 서술형

오른쪽 그림에서 $l \parallel m \parallel n$일 때, xy의 값을 구하여라.

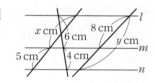

349

오른쪽 그림에서 $l \parallel m \parallel n \parallel p$일 때, $\dfrac{4xz}{y}$ 의 값을 구하여라.

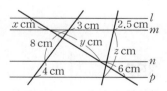

유형 065 ◆ 사다리꼴에서 평행선과 선분의 길이의 비

(1) $\overline{DC}$에 평행한 직선 AH를 긋는다.
  ① △ABH에서 $\overline{EG}$의 길이를 구한다.
  ② $\overline{GF}=\overline{AD}=a$
  ③ $\overline{EF}=\overline{EG}+\overline{GF}$

(2) 사다리꼴의 대각선 AC를 긋는다.
  ① △ABC에서 $\overline{EI}$의 길이를 구한다.
  ② △ACD에서 $\overline{IF}$의 길이를 구한다.
  ③ $\overline{EF}=\overline{EI}+\overline{IF}$

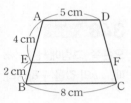

> **풍쌤의 point** 사다리꼴 ABCD에서 $\overline{EF}$의 길이를 구하는 방법은 평행선을 긋는 방법과 대각선을 긋는 방법 두 가지가 있다.

350 ═필수═

오른쪽 그림과 같은 사다리꼴 ABCD에서 $\overline{AD} /\!/ \overline{EF} /\!/ \overline{BC}$일 때, $\overline{EF}$의 길이는?

① 5.5 cm   ② 6 cm
③ 6.5 cm   ④ 7 cm
⑤ 7.5 cm

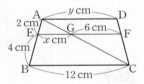

351

오른쪽 그림과 같은 사다리꼴 ABCD에서 $\overline{AD} /\!/ \overline{EF} /\!/ \overline{BC}$일 때, $x+y$의 값을 구하여라.

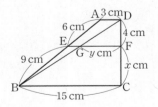

352

오른쪽 그림과 같은 사다리꼴 ABCD에서 $\overline{AD} /\!/ \overline{EF} /\!/ \overline{BC}$일 때, xy의 값을 구하여라.

353

오른쪽 그림에서 $l /\!/ m /\!/ n$일 때, x의 값은?

① 10   ② 11
③ 12   ④ 13
⑤ 14

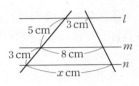

354 서술형

오른쪽 그림과 같은 사다리꼴 ABCD에서 $\overline{AD} /\!/ \overline{EF} /\!/ \overline{BC}$일 때, $\overline{AD}$의 길이를 구하여라.

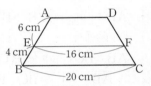

355

오른쪽 그림과 같은 사다리꼴 ABCD에서 $\overline{AD} /\!/ \overline{EF} /\!/ \overline{BC}$이고 $\overline{AE} : \overline{EB}=3 : 2$일 때, $\overline{EF}$의 길이를 구하여라.

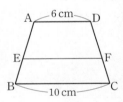

356

오른쪽 그림과 같은 사다리꼴 ABCD에서 $\overline{AB} /\!/ \overline{CD} /\!/ \overline{EF} /\!/ \overline{GH} /\!/ \overline{IJ}$, $\overline{AC}=\overline{CE}=\overline{EG}=\overline{GI}$, $\overline{AB}=6$ cm, $\overline{IJ}=12$ cm일 때, $\overline{CD}$의 길이를 구하여라.

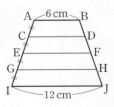

유형 066 ◆ 사다리꼴에서 평행선과 선분의 길이의 비의 활용

사다리꼴 ABCD에서 $\overline{AD}/\!\!/\overline{EF}/\!\!/\overline{BC}$일 때,

(1)

△AOD∽△COB

(2)

$\overline{MN}=\overline{EN}-\overline{EM}$
또는 $\overline{MN}=\overline{MF}-\overline{NF}$

357 필수

오른쪽 그림과 같은 사다리꼴 ABCD에서 $\overline{AD}/\!\!/\overline{EF}/\!\!/\overline{BC}$일 때, $\overline{EF}$의 길이를 구하여라.

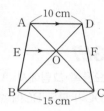

358

오른쪽 그림과 같은 사다리꼴 ABCD에서 $\overline{AD}/\!\!/\overline{PQ}/\!\!/\overline{BC}$, $\overline{AP}:\overline{PB}=1:2$이고, $\overline{PQ}=8$ cm일 때, $\overline{AD}+\overline{BC}$의 값을 구하여라.

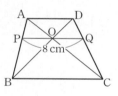

359

오른쪽 그림에서 $\overline{AD}/\!\!/\overline{BC}$, $\overline{BM}=\overline{DM}$, $\overline{AN}=\overline{CN}$이고, $\overline{NM}$의 연장선과 $\overline{AB}$의 교점을 E라 하면 $\overline{EN}/\!\!/\overline{BC}$이다. 이때 $\overline{MN}$의 길이를 구하여라.

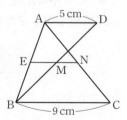

360

오른쪽 그림과 같은 사다리꼴 ABCD에서 $\overline{AD}/\!\!/\overline{EF}/\!\!/\overline{BC}$이고 $\overline{AE}:\overline{EB}=4:3$일 때, $\overline{MN}$의 길이는?

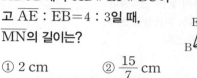

① 2 cm
② $\dfrac{15}{7}$ cm
③ $\dfrac{17}{7}$ cm
④ $\dfrac{19}{7}$ cm
⑤ 3 cm

361 서술형

오른쪽 그림과 같은 사다리꼴 ABCD에서 두 점 M, N은 각각 $\overline{AB}$, $\overline{CD}$의 중점이다. $\overline{MP}=\overline{PQ}=\overline{QN}$일 때, 다음을 구하여라.

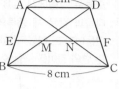

(1) $\overline{MP}$의 길이
(2) $\overline{BC}$의 길이

362

오른쪽 그림과 같은 사다리꼴 ABCD에서 $\overline{AD}/\!\!/\overline{EF}/\!\!/\overline{BC}$이고 $\overline{AE}:\overline{EB}=3:1$일 때, $\overline{BC}$의 길이는?

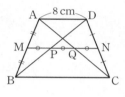

① 9 cm
② $\dfrac{38}{3}$ cm
③ 10 cm
④ $\dfrac{45}{4}$ cm
⑤ 12 cm

유형 067 ◆ 평행선과 선분의 길이의 비의 응용

오른쪽 그림에서 $\overline{AB}\,/\!/\,\overline{EF}\,/\!/\,\overline{DC}$이면 다음과 같은 세 종류의 닮은 삼각형이 만들어지고, 이를 적절히 이용하면 원하는 변의 길이를 구할 수 있다.

363 ◁필수▷

오른쪽 그림의 △ABC와 △DBC에서 $\overline{AB}\,/\!/\,\overline{EF}\,/\!/\,\overline{DC}$일 때, $\overline{EF}$의 길이를 구하여라.

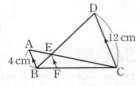

364

오른쪽 그림의 △ABC와 △DBC에서 $\overline{AB}\,/\!/\,\overline{EF}\,/\!/\,\overline{DC}$일 때, $\overline{BE} : \overline{BD}$를 가장 간단한 자연수의 비로 나타내어라.

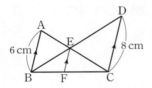

365

오른쪽 그림의 △ABC와 △DBC에서 $\overline{AB}\,/\!/\,\overline{EF}\,/\!/\,\overline{DC}$일 때, $\overline{DC}$의 길이는?

① 4 cm ② 5 cm
③ 6 cm ④ 7 cm
⑤ 8 cm

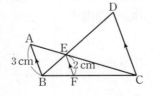

366

오른쪽 그림의 △ABC와 △ABD에서 $\overline{AD}\,/\!/\,\overline{EF}\,/\!/\,\overline{BC}$일 때, $x+2y$의 값은?

① 11 ② 12
③ 13 ④ 14
⑤ 15

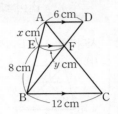

367

오른쪽 그림에서 $\overline{AB}$, $\overline{EF}$, $\overline{DC}$가 모두 $\overline{BC}$에 수직일 때, 다음 중 옳지 않은 것은?

① △ABE∽△CDE
② △ABC∽△DCB
③ △BCD∽△BFE
④ △CAB∽△CEF
⑤ $\overline{EF} = \dfrac{14}{3}$ cm

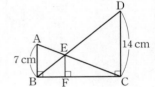

368 서술형

오른쪽 그림에서 $\overline{AB}$, $\overline{DC}$가 모두 $\overline{BC}$에 수직일 때, △EBC의 넓이를 구하여라.

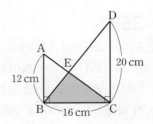

369

오른쪽 그림과 같은 △ABC에서 $\overline{BC} /\!/ \overline{DE}$, $\overline{DC} /\!/ \overline{FE}$일 때, x의 값은?

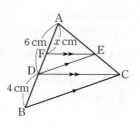

① $\dfrac{18}{5}$ ② 4

③ $\dfrac{22}{5}$ ④ $\dfrac{24}{5}$

⑤ 5

370

오른쪽 그림과 같은 △ABC에서 $\overline{AD} : \overline{DB} = \overline{AE} : \overline{EC}$이고 $\overline{AD} = 5\,cm$, $\overline{DB} = 2\,cm$이다. $\overline{AE}$와 $\overline{DE}$의 길이의 합이 15 cm일 때, △ABC의 둘레의 길이를 구하여라.

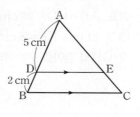

371

오른쪽 그림의 △ABC에서 $\angle DAB = \angle ACB$, $\angle DAE = \angle CAE$이고 $\overline{AB} = 12\,cm$, $\overline{BC} = 24\,cm$, $\overline{AC} = 20\,cm$일 때, $\overline{DE}$의 길이를 구하여라.

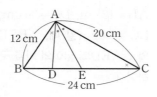

372

오른쪽 그림의 △ABC에서 $\overline{AD}$는 ∠A의 이등분선이고 $\overline{AE} : \overline{EB} = 3 : 2$일 때, $\dfrac{\triangle AEF}{\triangle ABC}$의 값을 구하여라.

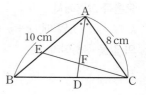

373

오른쪽 그림과 같은 △ABC에서 $\overline{DE} /\!/ \overline{BF}$이고 $\overline{AD} : \overline{BD} = 5 : 6$, $\overline{DG} : \overline{CG} = 3 : 2$일 때, △ABF와 △ADC의 넓이의 비를 가장 간단한 자연수의 비로 나타내어라.

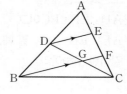

374 서술형

오른쪽 그림과 같이 △ABC의 내심을 I라 하고, $\overline{AI}$의 연장선과 $\overline{BC}$가 만나는 점을 D라 하자. $\overline{AB} = 4\,cm$, $\overline{AC} = 5\,cm$, $\overline{BC} = 6\,cm$일 때, $\overline{AI} : \overline{ID}$를 가장 간단한 자연수의 비로 나타내어라.

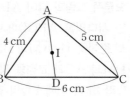

375

오른쪽 그림에서
$k /\!/ l /\!/ m /\!/ n$일 때, $x+y+z$
의 값을 구하여라.

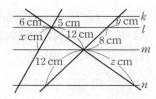

376

오른쪽 그림에서
$\overline{AD} /\!/ \overline{EF} /\!/ \overline{BC}$이고
$\overline{AE} : \overline{EB} = 2 : 1$일 때, $\overline{MN}$의
길이를 구하여라.

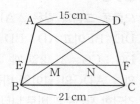

377 창의

오른쪽 그림과 같이 $\overline{AD} /\!/ \overline{BC}$
인 사다리꼴 ABCD에서 $\overline{BC}$
의 중점을 M, $\overline{AM}$과 $\overline{BD}$,
$\overline{DM}$과 $\overline{AC}$의 교점을 각각 P,
Q라 하자. 이때 $\overline{PQ}$의 길이를
구하여라.

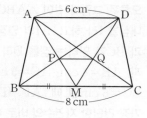

378

오른쪽 그림에서
$\overline{AD} /\!/ \overline{EF} /\!/ \overline{BC}$이고
□AEFD와 □EBCF의 둘레
의 길이가 같을 때, $\overline{EF}$의 길이
를 구하여라.

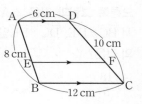

379 서술형

오른쪽 그림의 △ABC와
△DGC에서 $\overline{AB} /\!/ \overline{EF} /\!/ \overline{DC}$
이고, $\overline{AB} = \overline{CD} = 20$ cm,
$\overline{BC} = 21$ cm, $\overline{EF} = 8$ cm일
때, $\overline{GH}$의 길이를 구하여라.

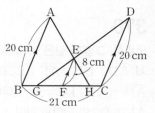

380

오른쪽 그림에서 $\overline{AB}$, $\overline{EF}$,
$\overline{DC}$가 모두 $\overline{BC}$에 수직이고
$\overline{AB} = 12$ cm, $\overline{DC} = 36$ cm,
$\overline{BC} = 24$ cm일 때, △BFE
와 △AED의 넓이의 차를 구
하여라.

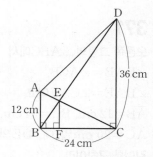

3 닮음의 활용

01 삼각형의 두 변의 중점을 연결한 선분의 성질 (1)

→ 개념 Link 풍산자 개념완성편 90쪽 →

삼각형의 두 변의 중점을 연결한 선분은 나머지 한 변과 평행하고, 그 길이는 나머지 한 변의 길이의 $\frac{1}{2}$이다.

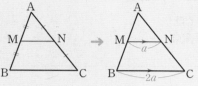

⇨ △ABC에서 $\overline{AM}=\overline{MB}$, $\overline{AN}=\overline{NC}$이면
$\overline{MN}/\!/\overline{BC}$, $\overline{MN}=\frac{1}{2}\overline{BC}$

개념 Tip $\overline{AB}:\overline{AM}=\overline{AC}:\overline{AN}$이므로 $\overline{MN}/\!/\overline{BC}$

따라서 $\overline{BC}:\overline{MN}=\overline{AB}:\overline{AM}=2:1$이므로 $\overline{MN}=\frac{1}{2}\overline{BC}$

1 다음 그림의 △ABC에서 x의 값을 구하여라.

(1)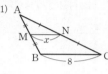

(2)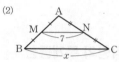

답 1 (1) 4 (2) 14

02 삼각형의 두 변의 중점을 연결한 선분의 성질 (2)

→ 개념 Link 풍산자 개념완성편 90쪽 →

삼각형의 한 변의 중점을 지나고, 다른 한 변에 평행한 직선은 나머지 한 변의 중점을 지난다.

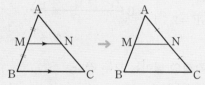

⇨ △ABC에서
$\overline{AM}=\overline{MB}$, $\overline{MN}/\!/\overline{BC}$이면
$\overline{AN}=\overline{NC}$

개념 Tip $\overline{MN}/\!/\overline{BC}$이므로
$\overline{AN}:\overline{NC}=\overline{AM}:\overline{MB}=1:1$ ∴ $\overline{AN}=\overline{NC}$

1 다음 그림의 △ABC에서 x의 값을 구하여라.

(1)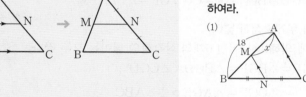

(2)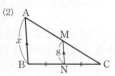

답 1 (1) 9 (2) 16

03 사다리꼴에서 삼각형의 두 변의 중점을 연결한 선분의 활용

→ 개념 Link 풍산자 개념완성편 92쪽 →

$\overline{AD}/\!/\overline{BC}$인 사다리꼴 ABCD에서 $\overline{AB}$, $\overline{DC}$의 중점을 각각 M, N이라 하면

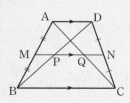

(1) $\overline{AD}/\!/\overline{MN}/\!/\overline{BC}$

(2) $\overline{MN}=\frac{1}{2}(\overline{AD}+\overline{BC})$

(3) $\overline{PQ}=\frac{1}{2}(\overline{BC}-\overline{AD})$ (단, $\overline{BC}>\overline{AD}$)

개념 Tip (2) $\overline{MN}=\overline{MP}+\overline{PN}=\frac{1}{2}\overline{AD}+\frac{1}{2}\overline{BC}=\frac{1}{2}(\overline{AD}+\overline{BC})$

(3) $\overline{PQ}=\overline{MQ}-\overline{MP}=\frac{1}{2}\overline{BC}-\frac{1}{2}\overline{AD}=\frac{1}{2}(\overline{BC}-\overline{AD})$

1 아래 그림과 같이 $\overline{AD}/\!/\overline{BC}$인 사다리꼴 ABCD에서 $\overline{AB}$, $\overline{DC}$의 중점을 각각 M, N이라 할 때, 다음 선분의 길이를 구하여라.

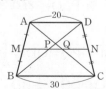

(1) $\overline{MP}$ (2) $\overline{PN}$ (3) $\overline{MN}$

답 1 (1) 10 (2) 15 (3) 25

04 삼각형의 중선과 넓이

개념 Link 풍산자 개념완성편 96쪽

(1) **삼각형의 중선**: 삼각형의 한 꼭짓점과 그 대변의 중점을 연결한 선분
　한 삼각형에는 세 개의 중선이 있다.

(2) **삼각형의 중선과 넓이**
　중선에 의해 나누어진 두 삼각형의 넓이는 같다.
　⇨ $\overline{AD}$가 △ABC의 중선이면 △ABD=△ACD

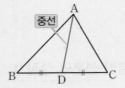
중선

개념 Tip ① 이등변삼각형은 두 중선의 길이가 같다.
② 정삼각형은 세 중선의 길이가 모두 같다.

1 다음 그림에서 $\overline{AD}$는 △ABC의 중선이다. △ABC=50 cm²일 때, △ACD의 넓이를 구하여라.

답 1 25 cm²

---

05 삼각형의 무게중심

개념 Link 풍산자 개념완성편 96, 98쪽

(1) **삼각형의 무게중심**: 삼각형의 세 중선의 교점

(2) **삼각형의 무게중심의 성질**
　삼각형의 무게중심은 세 중선의 길이를 각 꼭짓점으로부터 각각 2 : 1로 나눈다.
　⇨ $\overline{AG}:\overline{GD}=\overline{BG}:\overline{GE}=\overline{CG}:\overline{GF}=2:1$

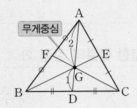
무게중심

(3) **삼각형의 무게중심과 넓이**
　세 중선에 의해 나누어진 6개의 삼각형의 넓이는 모두 같다.
　⇨ △AGF=△BGF=△BGD=△CGD
　　　=△CGE=△AGE=$\frac{1}{6}$△ABC

개념 Tip ① 이등변삼각형의 무게중심, 외심, 내심은 모두 꼭지각의 이등분선 위에 있다.
② 정삼각형의 무게중심, 외심, 내심은 모두 일치한다.

1 다음 그림에서 점 G가 △ABC의 무게중심일 때, x, y의 값을 각각 구하여라.

(1)
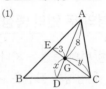

(2)
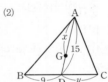

답 1 (1) $x=4, y=6$ (2) $x=10, y=9$

---

06 평행사변형에서 무게중심의 활용

개념 Link 풍산자 개념완성편 100쪽

평행사변형 ABCD에서 $\overline{BC}, \overline{CD}$의 중점을 각각 M, N이라 하면

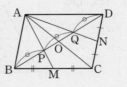

(1) 두 점 P, Q는 각각 △ABC, △ACD의 무게중심이다.

(2) $\overline{BP}=\overline{PQ}=\overline{QD}=\frac{1}{3}\overline{BD}$

(3) $\overline{PO}=\overline{QO}=\frac{1}{6}\overline{BD}$

(4) △ABP=△APQ=△AQD=$\frac{1}{3}$△ABD=$\frac{1}{6}$□ABCD

1 아래 그림과 같은 평행사변형 ABCD에서 $\overline{BC}, \overline{CD}$의 중점을 각각 M, N이라 하자. $\overline{PQ}=5$cm일 때, 다음 선분의 길이를 구하여라.

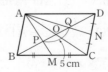

(1) $\overline{PB}$ 　　(2) $\overline{BD}$

답 1 (1) 5 cm (2) 15 cm

07 닮은 두 평면도형에서의 비

개념 Link 풍산자 개념완성편 106쪽

닮은 두 평면도형의 닮음비가 $m : n$일 때
(1) 둘레의 길이의 비 $\Rightarrow m : n$ ← 대응변의 길이의 비
(2) 넓이의 비 $\Rightarrow m^2 : n^2$

(예) 오른쪽 그림의 두 정사각형은 닮음비가 $2 : 3$
이므로
① 둘레의 길이의 비는 $2 : 3$
② 넓이의 비는 $2^2 : 3^2 = 4 : 9$

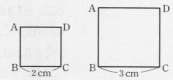

1 아래 그림의 두 정오각형 A, B에 대하여 다음을 구하여라.

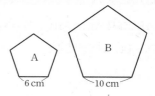

(1) 닮음비
(2) 둘레의 길이의 비
(3) 넓이의 비

답 1 (1) $3 : 5$ (2) $3 : 5$ (3) $9 : 25$

---

08 닮은 두 입체도형에서의 비

개념 Link 풍산자 개념완성편 106쪽

닮은 두 입체도형의 닮음비가 $m : n$일 때
(1) 겉넓이의 비 $\Rightarrow m^2 : n^2$ ← 대응하는 모서리의 길이의 비
(2) 부피의 비 $\Rightarrow m^3 : n^3$

(예) 오른쪽 그림의 두 정육면체는 닮음비가
$2 : 3$이므로
① 겉넓이의 비는 $2^2 : 3^2 = 4 : 9$
② 부피의 비는 $2^3 : 3^3 = 8 : 27$

개념 Tip 닮은 도형에서 길이의 비는 닮음비와 같고, 넓이의 비는 닮음비의 제곱, 부피의 비는 닮음비의 세제곱과 같다.

1 아래 그림의 두 구에 대하여 다음을 구하여라.

(1) 닮음비
(2) 겉넓이의 비
(3) 부피의 비

답 1 (1) $3 : 4$ (2) $9 : 16$ (3) $27 : 64$

---

09 닮음의 활용

개념 Link 풍산자 개념완성편 108쪽

직접 측정하기 어려운 거리나 높이 등은 도형의 닮음을 이용한 축도를 그려서 구할 수 있다.
(1) **축도**: 어떤 도형을 일정한 비율로 줄인 그림
(2) **축척**: 축도에서 실제 도형을 줄인 비율
(3) 축척, 축도에서의 길이, 실제 길이 사이의 관계
① (축척) $= \dfrac{(축도에서의 길이)}{(실제 길이)}$
② (축도에서의 길이) $=$ (실제 길이) $\times$ (축척)
③ (실제 길이) $= \dfrac{(축도에서의 길이)}{(축척)}$

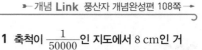

개념 Tip 지도에서의 축척은 $1 : 2000$ 또는 $\dfrac{1}{2000}$과 같이 나타내는데, 이는 지도에서의 도형과 실제 도형의 닮음비가 $1 : 2000$이라는 것을 의미한다.

1 축척이 $\dfrac{1}{50000}$인 지도에서 8 cm인 거리는 실제로 몇 km인지 구하여라.

2 축척이 $\dfrac{1}{30000}$인 지도가 있다. 실제 거리가 6 km인 두 지점의 사이의 거리는 이 지도에서 몇 cm인지 구하여라.

답 1 4 km 2 20 cm

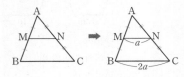

유형 068 ◆ 삼각형의 두 변의 중점을 연결한 선분의 성질 (1)

△ABC에서 $\overline{AM}=\overline{MB}$, $\overline{AN}=\overline{NC}$이면
$\overline{MN}\,/\!/\,\overline{BC}$, $\overline{MN}=\dfrac{1}{2}\overline{BC}$

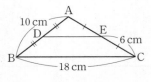

381 ◀필수▶

오른쪽 그림과 같은 △ABC에서 $\overline{AB}$, $\overline{AC}$의 중점을 각각 D, E라 하자. $\overline{AB}=10\,cm$, $\overline{BC}=18\,cm$, $\overline{EC}=6\,cm$일 때, △ADE의 둘레의 길이를 구하여라.

382

오른쪽 그림의 △ABC에서 두 점 M, N은 각각 $\overline{AB}$, $\overline{AC}$의 중점이다. $\overline{PN}=5\,cm$, $\overline{BC}=16\,cm$일 때, $\overline{MP}$의 길이를 구하여라.

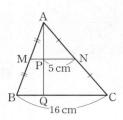

383

오른쪽 그림과 같은 △ABC에서 $\overline{BC}$, $\overline{CA}$의 중점을 각각 M, N이라 하자. $\overline{MN}=15\,cm$, ∠A=70°, ∠C=65°일 때, $x+y$의 값은?

① 65   ② 70   ③ 75
④ 80   ⑤ 85

384

오른쪽 그림과 같은 △ABC에서 두 점 M, N은 각각 $\overline{AB}$, $\overline{AC}$의 중점이고, △DBC에서 두 점 P, Q는 각각 $\overline{DB}$, $\overline{DC}$의 중점이다. $\overline{PQ}=5\,cm$, ∠DPQ=70°, ∠ABC=85°일 때, $x+y+z$의 값은?

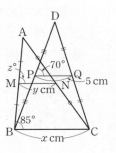

① 100   ② 105   ③ 110
④ 115   ⑤ 120

385

오른쪽 그림과 같이 $\overline{AD}\,/\!/\,\overline{BC}$인 등변사다리꼴 ABCD에서 세 점 M, N, P는 각각 $\overline{AD}$, $\overline{BC}$, $\overline{BD}$의 중점이다. $\overline{AB}=10\,cm$일 때, $\overline{PM}+\overline{PN}$의 길이는?

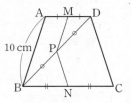

① 8 cm   ② 9 cm   ③ 10 cm
④ 11 cm   ⑤ 12 cm

386

오른쪽 그림의 △ACD와 △DBC에서 $\overline{AD}\,/\!/\,\overline{BC}$이고, $\overline{AC}$, $\overline{DC}$의 중점을 각각 M, N이라 하자. 점 P가 $\overline{DB}$와 $\overline{MN}$의 교점이고 $\overline{AD}=12\,cm$, $\overline{BC}=8\,cm$일 때, $\overline{MP}$의 길이를 구하여라.

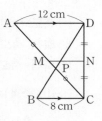

유형 069 ◆ 삼각형의 두 변의 중점을 연결한 선분의 성질 (2)

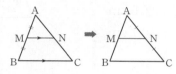

△ABC에서 $\overline{AM}=\overline{MB}$, $\overline{MN}\,/\!/\,\overline{BC}$이면 $\overline{AN}=\overline{NC}$

387 =필수=

오른쪽 그림과 같은 △ABC에서 $\overline{AM}=\overline{MB}$, $\overline{MN}\,/\!/\,\overline{BC}$이고 $\overline{AC}=8$ cm, $\overline{BC}=10$ cm일 때, $x+y$의 값은?

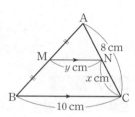

① 8   ② 9

③ 10   ④ 11

⑤ 12

388 서술형

오른쪽 그림과 같은 △ABC에서 점 D는 $\overline{AB}$의 중점이고 $\overline{DE}\,/\!/\,\overline{BC}$, $\overline{AB}\,/\!/\,\overline{EF}$이다. $\overline{AB}=10$ cm, $\overline{DE}=8$ cm일 때, $\overline{FC}$의 길이를 구하여라.

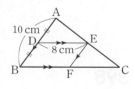

389

오른쪽 그림과 같은 △ABC에서 $\overline{BC}=\overline{CD}$이고, $\overline{DE}\,/\!/\,\overline{CF}$이다. $\overline{AG}=9$ cm, $\overline{EG}=6$ cm, $\overline{GC}=3$ cm일 때, $\overline{GD}$의 길이를 구하여라.

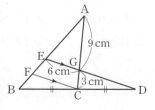

유형 070 ◆ 삼각형의 각 변의 중점을 연결하여 만든 삼각형

△ABC에서 $\overline{AB}$, $\overline{BC}$, $\overline{CA}$의 중점을 각각 D, E, F라 하면 $\overline{DE}=\dfrac{1}{2}\overline{AC}$, $\overline{EF}=\dfrac{1}{2}\overline{AB}$, $\overline{FD}=\dfrac{1}{2}\overline{BC}$이므로

(△DEF의 둘레의 길이)$=\dfrac{1}{2}\times$(△ABC의 둘레의 길이)

390 =필수=

오른쪽 그림과 같은 △ABC에서 세 점 D, E, F는 각각 $\overline{AB}$, $\overline{BC}$, $\overline{CA}$의 중점이다. $\overline{AB}=9$ cm, $\overline{BC}=14$ cm, $\overline{CA}=7$ cm일 때, △DEF의 둘레의 길이를 구하여라.

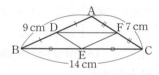

391

오른쪽 그림과 같은 △ABC에서 $\overline{AB}$, $\overline{BC}$, $\overline{CA}$의 중점을 각각 D, E, F라 할 때, 다음 중 옳지 않은 것은?

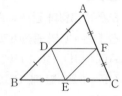

① $\overline{AB}\,/\!/\,\overline{EF}$

② $\overline{DE}=\overline{AF}$

③ △ADF≡△EFD

④ △DBE≡△EFD

⑤ ∠ADF=∠BDE

392 서술형

오른쪽 그림과 같은 △ABC에서 세 점 D, E, F가 각각 $\overline{AB}$, $\overline{BC}$, $\overline{CA}$의 중점이고 △ABC의 넓이가 32 cm²일 때, △DEF의 넓이를 구하여라.

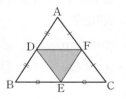

중요한
유형 **071** ◆ 삼각형의 두 변의 중점을 연결한 선분의 활용 (1)

△ABC에서 $\overline{AB}$를 삼등분하는 점을 각각 E, F라 하고, $\overline{BC}$의 중점을 D, $\overline{AD}$의 중점을 G라 하자. $\overline{EG}=a$라 하면
△AFD에서 $\overline{FD}=2a$
△BCE에서 $\overline{CE}=4a$
∴ $\overline{CG}=4a-a=3a$

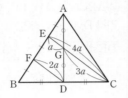

393 필수

오른쪽 그림과 같은 △ABC에서 $\overline{AE}=\overline{EF}=\overline{FB}$이고 $\overline{BD}=\overline{DC}$이다. $\overline{CG}=18$ cm일 때, $\overline{EG}$의 길이를 구하여라.

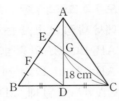

394

오른쪽 그림과 같은 △ABC에서 점 D는 $\overline{BC}$의 중점이고 $\overline{AG}=\overline{GD}$, $\overline{BE}\,/\!/\,\overline{DF}$, $\overline{DF}=8$ cm일 때, $\overline{BG}$의 길이를 구하여라.

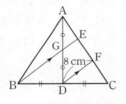

395

오른쪽 그림과 같은 △ABC에서 $\overline{AD}=\overline{DE}=\overline{EB}$, $\overline{AF}=\overline{FC}$이다. $\overline{DF}$와 $\overline{BC}$의 연장선의 교점을 G라 하면 $\overline{FG}=36$ cm일 때, $\overline{EC}$의 길이는?

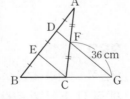

① 18 cm   ② 20 cm   ③ 22 cm
④ 24 cm   ⑤ 26 cm

396

오른쪽 그림과 같은 △ABC에서 $\overline{AE}:\overline{EC}=2:1$이고 $\overline{AD}=\overline{BD}$, $\overline{BE}=16$ cm일 때, $\overline{GE}$의 길이는?

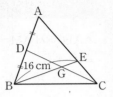

① 4 cm   ② 5 cm
③ 6 cm   ④ 7 cm
⑤ 8 cm

397 서술형

오른쪽 그림과 같은 △ABC에서 $\overline{BD}=\overline{CD}$, $\overline{BE}=2\overline{EA}$이고 $\overline{EC}=20$ cm일 때, $\overline{GC}$의 길이를 구하여라.

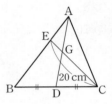

398

오른쪽 그림과 같이 $\overline{AB}=\overline{AC}=24$ cm인 이등변삼각형 ABC에서 꼭지각 A의 이등분선이 $\overline{BC}$와 만나는 점을 H, $\overline{AH}$의 중점을 M이라 하자. $\overline{BM}$의 연장선이 $\overline{AC}$와 만나는 점을 L이라 할 때, $\overline{CL}$의 길이는?

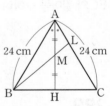

① 15 cm   ② 16 cm   ③ 17 cm
④ 18 cm   ⑤ 19 cm

유형 072 ◆ 삼각형의 두 변의 중점을 연결한 선분의 활용 (2)

오른쪽 그림에서
$\overline{AE}=\overline{EB}$, $\overline{EF}=\overline{FD}$일 때,
$\overline{EG}/\!\!/\overline{BD}$가 되도록 점 G를 잡
으면
$\triangle EFG \equiv \triangle DFC$(ASA 합동)

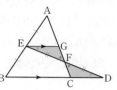

399 ◀필수▶

오른쪽 그림에서 점 E는 $\overline{AB}$의 중
점이고, $\overline{EF}=\overline{DF}$이다.
$\overline{BC}=24$ cm일 때, $\overline{CD}$의 길이는?
(단, 점 D는 $\overline{BC}$의 연장선 위의 점
이다.)

① 10 cm   ② 11 cm   ③ 12 cm

④ 13 cm   ⑤ 14 cm

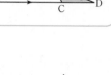

400

오른쪽 그림에서 점 E는 $\overline{AC}$의 중
점이고, $\overline{EF}=\overline{DF}$이다.
$\overline{DC}=30$ cm일 때, $\overline{DB}$의 길이는?

① 10 cm   ② 11 cm

③ 12 cm   ④ 13 cm

⑤ 14 cm

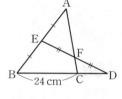

401 서술형

오른쪽 그림과 같은 △ABC에서
$\overline{AD}=\overline{DB}$, $\overline{DE}=\overline{EC}$이다.
$\overline{FC}=6$ cm일 때, $\overline{BC}$의 길이를 구
하여라.

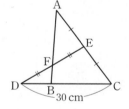

유형 073 ◆ 사각형의 각 변의 중점을 연결하여 만든 사각형 (2)

□ABCD에서 $\overline{AB}$, $\overline{BC}$, $\overline{CD}$, $\overline{DA}$
의 중점을 각각 E, F, G, H라 하면
(1) $\overline{AC}/\!\!/\overline{EF}/\!\!/\overline{HG}$,
　$\overline{EF}=\overline{HG}=\dfrac{1}{2}\overline{AC}$
(2) $\overline{BD}/\!\!/\overline{EH}/\!\!/\overline{FG}$, $\overline{EH}=\overline{FG}=\dfrac{1}{2}\overline{BD}$
(3) (□EFGH의 둘레의 길이)$=\overline{AC}+\overline{BD}$

402 ◀필수▶

오른쪽 그림과 같은 □ABCD
에 서 네 변의 중점을 각각 P, Q,
R, S라 하자. $\overline{AC}=18$ cm,
$\overline{BD}=16$ cm일 때, □PQRS의
둘레의 길이를 구하여라.

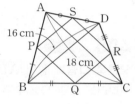

403

오른쪽 그림과 같은 직사각형
ABCD에서 네 변의 중점을 각각
P, Q, R, S라 하자.
$\overline{AC}=12$ cm일 때, □PQRS의
둘레의 길이를 구하여라.

404 서술형

오른쪽 그림과 같은 마름모
ABCD에서 네 변의 중점을
각각 P, Q, R, S라 하자.
$\overline{AC}=6$ cm, $\overline{BD}=8$ cm일 때,
□PQRS의 넓이를 구하여라.

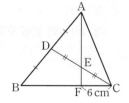

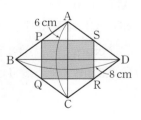

유형 074 ◆ 사다리꼴에서 삼각형의 두 변의 중점을 연결한 선분의 활용

$\overline{AD}/\!\!/\overline{BC}$인 사다리꼴 ABCD에서 $\overline{AB}$, $\overline{DC}$의 중점을 각각 M, N이라 하면

 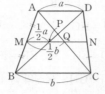

$$\Rightarrow \overline{MN}=\frac{1}{2}a+\frac{1}{2}b \qquad \Rightarrow \overline{PQ}=\frac{1}{2}b-\frac{1}{2}a$$

풍쌤의 point $\overline{MN}=\frac{1}{2}(\overline{AD}+\overline{BC})$, $\overline{PQ}=\frac{1}{2}(\overline{BC}-\overline{AD})$

---

405 필수

오른쪽 그림과 같이 $\overline{AD}/\!\!/\overline{BC}$인 사다리꼴 ABCD에서 두 점 M, N은 각각 $\overline{AB}$, $\overline{DC}$의 중점이다. $\overline{AD}=8\,\text{cm}$, $\overline{BC}=12\,\text{cm}$일 때, $\overline{PQ}$의 길이는?

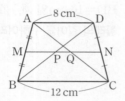

① 1 cm ② 2 cm ③ 3 cm
④ 4 cm ⑤ 5 cm

406

오른쪽 그림과 같이 $\overline{AD}/\!\!/\overline{BC}$인 사다리꼴 ABCD에서 $\overline{AB}$, $\overline{DC}$의 중점을 각각 E, F라 하자. $\overline{AD}=4\,\text{cm}$, $\overline{BC}=10\,\text{cm}$일 때, $\overline{EG}-\overline{GF}$의 길이는?

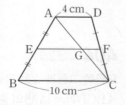

① 2 cm ② 2.5 cm ③ 3 cm
④ 3.5 cm ⑤ 4 cm

---

407 서술형

오른쪽 그림과 같이 $\overline{AD}/\!\!/\overline{BC}$인 사다리꼴 ABCD에서 두 점 M, N은 각각 $\overline{AB}$, $\overline{DC}$의 중점이다. $\overline{AD}=10\,\text{cm}$, $\overline{PQ}=3\,\text{cm}$일 때, $\overline{BC}$의 길이를 구하여라.

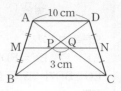

408

오른쪽 그림과 같이 $\overline{AD}/\!\!/\overline{BC}$인 사다리꼴 ABCD에서 두 점 M, N은 각각 $\overline{AB}$, $\overline{DC}$의 중점이고, $\overline{MP}=\overline{PQ}=\overline{QN}$이다. $\overline{AD}=6\,\text{cm}$일 때, $\overline{BC}$의 길이는?

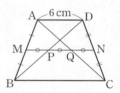

① 8 cm ② 9 cm ③ 10 cm
④ 11 cm ⑤ 12 cm

409

오른쪽 그림과 같이 $\overline{AD}/\!\!/\overline{BC}$인 사다리꼴 ABCD에서 $\overline{AB}$, $\overline{DC}$의 중점을 각각 E, F라 하고, △IEF에서 $\overline{IE}$, $\overline{IF}$의 중점을 각각 G, H라 하자. $\overline{AD}=8\,\text{cm}$, $\overline{BC}=12\,\text{cm}$일 때, $x+y$의 값을 구하여라.

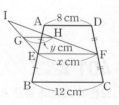

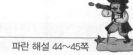

$\overline{AD}$가 △ABC의 중선일 때,
△ABD=△ACD

풍쌤의 point 삼각형의 중선은 그 삼각형의 넓이를 이등분한다.

410 ◆ 필수 ◆

오른쪽 그림과 같은 △ABC에서
두 점 D, E는 각각 $\overline{BC}$, $\overline{AD}$의 중
점이다. △ABC의 넓이가 48 cm²
일 때, △ABE의 넓이는?

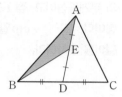

① 10 cm²　　② 12 cm²

③ 14 cm²　　④ 16 cm²

⑤ 18 cm²

411

오른쪽 그림과 같은 △ABC에서
점 D는 $\overline{BC}$의 중점이고,
$\overline{AE}=\overline{EF}=\overline{FD}$이다.
△CEF=6 cm²일 때, △ABC의
넓이는?

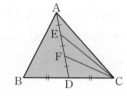

① 30 cm²　　② 32 cm²　　③ 34 cm²

④ 36 cm²　　⑤ 38 cm²

412 서술형

오른쪽 그림에서 $\overline{AD}$는 △ABC의 중
선이다. △ABD=18 cm²,
$\overline{BC}=8$ cm일 때, $\overline{AH}$의 길이를 구하
여라.

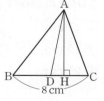

점 G가 △ABC의 무게중심일 때,
$\overline{AG}:\overline{GD}=\overline{BG}:\overline{GE}$
　　　　$=\overline{CG}:\overline{GF}$
　　　　$=2:1$

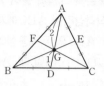

풍쌤의 point 삼각형의 무게중심은 중선을 꼭짓점으로부터 2 : 1로
나눈다.

413 ◆ 필수 ◆

오른쪽 그림에서 점 G는 △ABC의
무게중심이고, 점 G′은 △GBC의
무게중심이다. $\overline{AD}=36$ cm일 때,
$\overline{AG'}$의 길이를 구하여라.

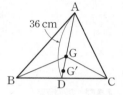

414

오른쪽 그림에서 점 G는
△ABC의 무게중심이다.
$\overline{AB}=10$ cm, $\overline{CG}=10$ cm
일 때, $x+y$의 값을 구하여
라.

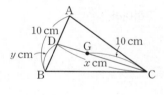

415

오른쪽 그림에서 점 G는 △ABC의
무게중심이고, 점 M은 중선 AD의
중점이다. $\overline{AD}=24$ cm일 때, $\overline{GM}$
의 길이는?

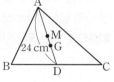

① 4 cm　　② 5 cm　　③ 6 cm

④ 7 cm　　⑤ 8 cm

416

오른쪽 그림과 같이 ∠B=90°인 직각삼각형 ABC에서 점 G는 △ABC의 무게중심이다. $\overline{GD}$=5 cm일 때, $\overline{AC}$의 길이는?

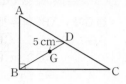

① 15 cm   ② 20 cm   ③ 25 cm

④ 30 cm   ⑤ 35 cm

417 서술형

오른쪽 그림과 같이 ∠C=90°인 직각삼각형 ABC에서 점 G는 △ABC의 무게중심이고, 점 G′은 △ABG의 무게중심이다. $\overline{AB}$=18 cm일 때, $\overline{GG'}$의 길이를 구하여라.

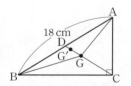

418

오른쪽 그림에서 점 G는 △ABC의 무게중심이다. $\overline{GD}$를 지름으로 하는 원 O의 넓이가 4π cm²일 때, $\overline{AG}$를 지름으로 하는 원 O′의 넓이를 구하여라.

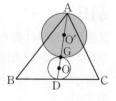

유형 077 ◆ 삼각형의 무게중심과 평행선

(1) 삼각형의 무게중심은 중선을 꼭짓점으로부터 2 : 1로 나눈다.

(2) 평행선이 그어져 있으면 삼각형의 두 변의 중점을 연결한 선분 또는 닮음비를 적절히 활용한다.

419 필수

오른쪽 그림에서 점 G는 △ABC의 무게중심이고, 점 F는 $\overline{BD}$의 중점이다. $\overline{EF}$=9 cm일 때, $\overline{AG}$의 길이를 구하여라.

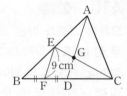

420

오른쪽 그림에서 점 G는 △ABC의 무게중심이고, $\overline{BM}$∥$\overline{DN}$이다. $\overline{GM}$=4 cm일 때, $x+y$의 값은?

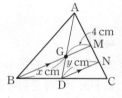

① 11   ② 12

③ 13   ④ 14

⑤ 15

421

오른쪽 그림에서 점 G는 △ABC의 무게중심이다. $\overline{AB}$=16 cm, $\overline{AD}$=12 cm, $\overline{BG}$=10 cm일 때, △GDE의 둘레의 길이는?

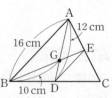

① 17 cm   ② 18 cm

③ 19 cm   ④ 20 cm

⑤ 21 cm

422

오른쪽 그림에서 점 G는 △ABC의
무게중심이고 $\overline{BF}=\overline{FD}$일 때,
$\overline{AG}:\overline{EF}$는?

① 2 : 1　　② 3 : 2

③ 4 : 3　　④ 5 : 3

⑤ 5 : 4

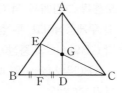

423

오른쪽 그림에서 점 G는 △ABC
의 무게중심이고, $\overline{BC}/\!/\overline{EF}$이다.
$\overline{BD}=12$ cm, $\overline{GD}=6$ cm일 때,
$x+y$의 값은?

① 16　　② 18

③ 20　　④ 22

⑤ 24

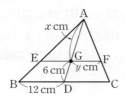

424

오른쪽 그림에서 점 G는
∠A=90°인 직각삼각형
ABC의 무게중심이고,
$\overline{DE}/\!/\overline{BC}$이다. $\overline{DG}=10$ cm
일 때, $\overline{AG}$의 길이는?

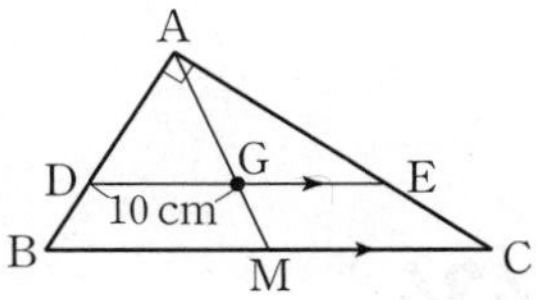

① 8 cm　　② 9 cm　　③ 10 cm

④ 11 cm　　⑤ 12 cm

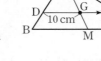

425

오른쪽 그림에서 점 G는 △ABC의
무게중심이고, 점 E는 $\overline{AD}$의 중점
이다. $\overline{GC}=4$ cm일 때, $\overline{EF}$의 길
이는?

① 3 cm　　② 3.5 cm

③ 4 cm　　④ 4.5 cm

⑤ 5 cm

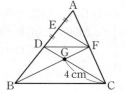

426　서술형

오른쪽 그림과 같은 △ABC에서
점 D는 $\overline{BC}$ 위의 한 점이고, 두 점
G, G′은 각각 △ABD와 △ADC
의 무게중심이다. $\overline{BC}=24$ cm일
때, $\overline{GG'}$의 길이를 구하여라.

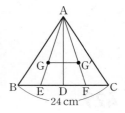

427

오른쪽 그림에서 점 G는 △ABC의
무게중심이고, $\overline{DF}/\!/\overline{BC}$이다.
$\overline{AE}=12$ cm일 때, $\overline{GF}$의 길이를
구하여라.

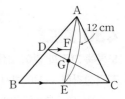

유형 **078** ◆ 삼각형의 무게중심과 넓이

점 G가 △ABC의 무게중심일 때,
△AGF=△BGF=△BGD
　　　　=△CGD=△CGE
　　　　=△AGE=$\frac{1}{6}$△ABC

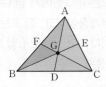

풍쌤의 point 삼각형의 무게중심을 지나는 세 중선에 의해 나누어진 6개의 삼각형의 넓이는 모두 같다.

428 =◀필수▶=

오른쪽 그림에서 점 G는 △ABC의 무게중심이다. △AGE의 넓이가 5 cm²일 때, □DCEG의 넓이는?

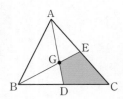

① 9 cm²　　② 10 cm²
③ 11 cm²　　④ 12 cm²
⑤ 13 cm²

429

오른쪽 그림에서 점 G는 △ABC의 무게중심이고, $\overline{GE}=\overline{CE}$이다. △ABC=48 cm²일 때, △GDE의 넓이를 구하여라.

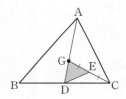

430 서술형

오른쪽 그림과 같이 ∠C=90°인 직각삼각형 ABC에서 점 G는 △ABC의 무게중심이다. $\overline{AC}$=9 cm, $\overline{BC}$=12 cm일 때, △GDC의 넓이를 구하여라.

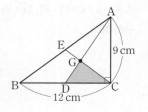

431

오른쪽 그림에서 점 G는 △ABC의 무게중심이고, 두 점 E, F는 각각 $\overline{GB}$와 $\overline{GC}$의 중점이다. △ABC=24 cm²일 때, 색칠한 부분의 넓이는?

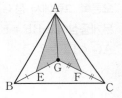

① 8 cm²　　② 9 cm²　　③ 10 cm²
④ 11 cm²　　⑤ 12 cm²

432

오른쪽 그림에서 두 점 G, G′은 각각 △ABC와 △GBC의 무게중심이다. △G′GB=4 cm²일 때, △ABC의 넓이를 구하여라.

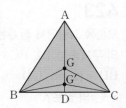

433

오른쪽 그림에서 점 G는 △ABC의 무게중심이고, $\overline{DF}/\!/\overline{BE}$이다. △ADF=15 cm²일 때, △ABC의 넓이를 구하여라.

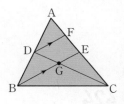

434

오른쪽 그림에서 점 G는 △ABC의 무게중심이고, $\overline{DE}/\!/\overline{BC}$이다. △ABC=36 cm²일 때, △GEF의 넓이를 구하여라.

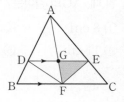

유형 079 ◆ 평행사변형에서 삼각형의 무게중심의 활용

오른쪽 그림과 같은 평행사변형 ABCD에서 두 점 P, Q는 각각 △ABC, △ACD의 무게중심이므로

$\overline{BP}:\overline{PO}=2:1$

$\overline{DQ}:\overline{QO}=2:1$

이때 $\overline{BO}=\overline{DO}$이므로 $\overline{BP}=\overline{PQ}=\overline{QD}$

435 ─ 필수 ─

오른쪽 그림과 같이 평행사변형 ABCD에서 $\overline{BC}$, $\overline{CD}$의 중점을 각각 M, N이라 하고, 대각선 BD와 $\overline{AM}$, $\overline{AN}$의 교점을 각각 P, Q라 하자. $\overline{PQ}=4$ cm일 때, $\overline{BD}$의 길이를 구하여라.

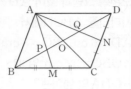

436

오른쪽 그림과 같은 평행사변형 ABCD에서 두 점 M, N은 각각 $\overline{AD}$, $\overline{BC}$의 중점이고, 두 점 P, Q는 각각 대각선 BD와 $\overline{AN}$, $\overline{MC}$의 교점이다. $\overline{BD}=48$ cm일 때, $\overline{PQ}$의 길이를 구하여라.

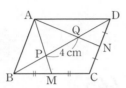

437 서술형

오른쪽 그림과 같이 평행사변형 ABCD에서 $\overline{BC}$, $\overline{CD}$의 중점을 각각 M, N이라 하고, 대각선 BD와 $\overline{AM}$, $\overline{AN}$의 교점을 각각 P, Q라 하자. $\overline{PQ}=12$ cm일 때, $\overline{MN}$의 길이를 구하여라.

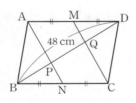

유형 080 ◆ 평행사변형에서 삼각형의 무게중심과 넓이

(1) □ABCD가 평행사변형이므로

$$\triangle ABC=\triangle ACD$$
$$=\frac{1}{2}\square ABCD$$

(2) 두 점 P, Q가 각각 △ABC, △ACD의 무게중심이므로

①＝②＝③＝⋯＝⑫

풍쌤의 point　△ABP＝△APQ＝△AQD＝$\frac{1}{3}$△ABD

$=\frac{1}{6}$□ABCD

438 ─ 필수 ─

오른쪽 그림과 같은 평행사변형 ABCD에서 점 M은 $\overline{AD}$의 중점이고, 점 P는 $\overline{AC}$와 $\overline{BM}$의 교점이다. △ABP＝4 cm²일 때, □ABCD의 넓이를 구하여라.

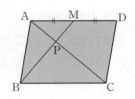

439

오른쪽 그림과 같은 평행사변형 ABCD에서 두 점 E, F는 각각 $\overline{BC}$, $\overline{CD}$의 중점이고, 두 점 P, Q는 각각 대각선 BD와 $\overline{AE}$, $\overline{AF}$의 교점이다. □ABCD＝72 cm²일 때, 색칠한 부분의 넓이를 구하여라.

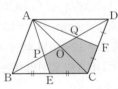

440

오른쪽 그림의 평행사변형 ABCD에서 $\overline{BC}=8$ cm, $\overline{DH}=6$ cm, $\overline{CM}=\overline{DM}$일 때, □OCMP의 넓이를 구하여라.

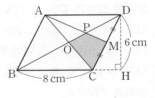

닮은 두 평면도형의 닮음비가 $m : n$일 때,
(1) 둘레의 길이의 비 ⇨ $m : n$
(2) 넓이의 비 ⇨ $m^2 : n^2$

풍쌤의 point 닮은 두 평면도형에서 둘레의 길이의 비는 닮음비와 같고, 넓이의 비는 닮음비의 제곱과 같다.

441 =필수=

오른쪽 그림과 같은 △ABC에서
∠ABD=∠C이고,
$\overline{AB}$=9 cm, $\overline{AD}$=6 cm이다.
△ABD=24 cm²일 때,
△BCD의 넓이는?

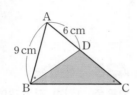

① 24 cm²　　② 26 cm²　　③ 28 cm²
④ 30 cm²　　⑤ 32 cm²

442

오른쪽 그림과 같은 직각삼각형
ABC에서 $\overline{AD} \perp \overline{BC}$이고
$\overline{AB}$=9 cm, $\overline{BC}$=15 cm,
$\overline{CA}$=12 cm일 때, △ABC와
△DBA의 넓이의 비는?

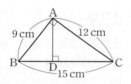

① 5 : 3　　② 5 : 4　　③ 16 : 9
④ 25 : 9　　⑤ 25 : 16

443 서술형

오른쪽 그림과 같은 △ABC에서
$\overline{DE} /\!/ \overline{BC}$이고, $\overline{AD}$=3 cm,
$\overline{DB}$=2 cm이다. △ADE의 넓
이가 18 cm²일 때, □DBCE의
넓이를 구하여라.

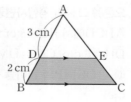

444

오른쪽 그림과 같이 $\overline{AD} /\!/ \overline{BC}$인
사다리꼴 ABCD에서
$\overline{AD}$=6 cm, $\overline{BC}$=8 cm,
△OBC=32 cm²일 때,
△ODA의 넓이는?

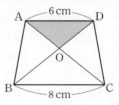

① 16 cm²　　② 18 cm²　　③ 20 cm²
④ 22 cm²　　⑤ 24 cm²

445

오른쪽 그림과 같이 정사각형
ABCD의 내부에 정사각형 EFGH
가 있다. 두 정사각형의 둘레의 길이
의 비가 3 : 1일 때, □EFGH와 색
칠한 부분의 넓이의 비는?

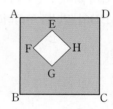

① 1 : 3　　② 1 : 5　　③ 1 : 6
④ 1 : 8　　⑤ 1 : 9

446

오른쪽 그림과 같이 원판에 반지름의
길이가 같은 원 모양의 구멍 2개를 뚫
었다. 구멍의 반지름의 길이가 원판의
반지름의 길이의 $\frac{1}{6}$일 때, 색칠한 부분
의 넓이는 구멍 2개의 넓이의 합의 몇 배인가?

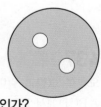

① 11배　　② 13배　　③ 15배
④ 17배　　⑤ 19배

유형 082 ◆ 닮은 두 입체도형의 겉넓이의 비

닮은 두 입체도형의 닮음비가 $m : n$일 때,
겉넓이의 비 ⇨ $m^2 : n^2$

풍쌤의 point 닮은 두 입체도형에서 겉넓이의 비는 닮음비의 제곱과 같다.

447 =필수=

유진이는 다음 그림과 같이 닮음인 정육면체 모양의 선물 상자 두 개를 마련하였다. 작은 선물 상자를 포장하는 데 $60\ cm^2$의 포장지가 들었다면 큰 선물 상자를 포장하는 데는 몇 cm^2의 포장지가 필요한지 구하여라.

(단, 포장지는 선물 상자의 겉넓이만큼 사용한다.)

448

오른쪽 그림과 같이 정사면체 ABCD의 각 모서리의 길이를 $\frac{2}{3}$배로 줄여 작은 정사면체 EBFG를 만들었다. 정사면체 ABCD의 겉넓이가 $90\ cm^2$일 때, 정사면체 EBFG의 겉넓이를 구하여라.

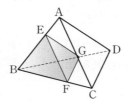

449

오른쪽 그림과 같이 크기가 같은 정육면체 모양의 두 상자 A, B가 있다. A상자에는 구슬 1개를 넣었더니 가득 찼고, B상자에는 크기가 같은 구슬 8개를 넣었더니 가득 찼다. 상자 A에 들어 있는 구슬과 상자 B에 들어 있는 구슬 전체의 겉넓이의 비를 가장 간단한 자연수로 나타내어라.

유형 083 ◆ 닮은 두 입체도형의 부피의 비

닮은 두 입체도형의 닮음비가 $m : n$일 때,
부피의 비 ⇨ $m^3 : n^3$

풍쌤의 point 닮은 두 입체도형에서 부피의 비는 닮음비의 세제곱과 같다.

450 =필수=

서로 닮음인 두 원뿔의 닮음비가 2 : 5이다. 작은 원뿔의 부피가 $32\ cm^3$일 때, 큰 원뿔의 부피는?

① $80\ cm^3$ ② $125\ cm^3$ ③ $225\ cm^3$
④ $500\ cm^3$ ⑤ $625\ cm^3$

451

다음 그림의 두 원뿔은 서로 닮음이고 높이가 각각 12 cm, 16 cm일 때, 두 원뿔의 부피의 비는?

① 2 : 3   ② 3 : 4   ③ 9 : 16
④ 16 : 25   ⑤ 27 : 64

452

닮은 두 직육면체의 겉넓이의 비가 16 : 25이고, 작은 직육면체의 부피가 $128\ cm^3$일 때, 큰 직육면체의 부피는?

① $250\ cm^3$ ② $450\ cm^3$ ③ $480\ cm^3$
④ $500\ cm^3$ ⑤ $625\ cm^3$

453

오른쪽 그림에서 두 원뿔 (가),
(나)가 서로 닮은 도형일 때,
다음 중 옳지 않은 것은?

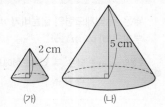

① (가), (나)의 모선의 길이
   의 비는 2 : 5이다.

② (가), (나)의 밑면의 둘레의 길이의 비는 4 : 25이다.

③ (가), (나)의 밑넓이의 비는 4 : 25이다.

④ (가), (나)의 옆넓이의 비는 4 : 25이다.

⑤ (가), (나)의 부피의 비는 8 : 125이다.

454

오른쪽 그림과 같이 작은 정사면체의 각
모서리의 길이를 $\frac{3}{2}$배로 늘려서 큰 정
사면체를 만들었다. 큰 정사면체의 부피
가 216 cm³일 때, 작은 정사면체의 부
피를 구하여라.

455 서술형

오른쪽 그림에서 두 평면 P, Q는
각각 원뿔의 밑면에 평행하고, 원
뿔의 높이인 $\overline{OH}$를 3등분한다. 처
음 원뿔의 부피가 81 cm³일 때, 평
면 Q의 아래쪽에 있는 원뿔대의 부
피를 구하여라.

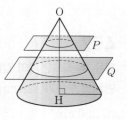

(1) 닮은 두 입체도형의 닮음비 $m : n$을 찾는다.

(2) 부피의 비는 $m^3 : n^3$임을 이용하여 답을 구한다.

456 필수

반지름의 길이가 6 cm인 쇠공을 녹여 반지름의 길이가
1 cm인 쇠공을 만들려고 한다. 이때 반지름의 길이가 1 cm
인 쇠공은 최대 몇 개까지 만들 수 있는가?

① 6개   ② 12개   ③ 36개

④ 60개   ⑤ 216개

457

오른쪽 그림과 같은 원기둥 모양의
두 통조림통 (가), (나)는 서로 닮은 도
형이고, 높이의 비는 2 : 5이다.
(가)의 부피가 24 cm³일 때, (나)의
부피는?

① 225 cm³   ② 270 cm³   ③ 300 cm³

④ 360 cm³   ⑤ 375 cm³

458

오른쪽 그림과 같은 원뿔 모양의 그릇에
일정한 속도로 물을 채우고 있다. 그릇의
전체 높이의 반을 채우는데 5분이 걸렸
다면 나머지를 가득 채우는 데 걸리는
시간을 구하여라.

유형 085 ◆ 실생활에서 닮음의 활용

지도에서 축척이 $\frac{1}{50000}$이라는 것은 지도에서의 도형과 실제 도형의 닮음비가 1 : 50000이라는 것이다.

$$(축척) = \frac{(축도에서의 길이)}{(실제 길이)}$$

풍쌤의 point (축도에서의 길이) = (실제 길이) × (축척),

$$(실제 길이) = \frac{(축도에서의 길이)}{(축척)}$$

459 ─필수─

오른쪽 그림은 강의 폭을 구하기 위해 축척이 $\frac{1}{50000}$인 축도를 그린 것이다. 실제 강의 폭은 몇 km인지 구하여라.

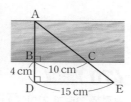

460

오른쪽 그림은 두 지점 A, C 사이의 거리를 구하기 위해 거리를 측량한 것이다. $\overline{AC} /\!/ \overline{DE}$일 때, 두 지점 A, C 사이의 거리를 축척이 $\frac{1}{1000}$인 지도에 나타내면 몇 cm가 되는지 구하여라.

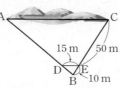

461

다음 그림에서 △A′B′C′은 나무의 높이를 구하기 위해 △ABC를 축소하여 그린 것이다. 나무의 실제 높이는?

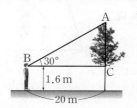 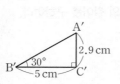

① 10.5 m   ② 11.6 m   ③ 12.4 m
④ 13.2 m   ⑤ 14.7 m

462

축척이 $\frac{1}{500000}$인 지도에서 길이가 6 cm로 그려지는 두 지점 사이의 실제 거리를 시속 40 km로 왕복하는 데 걸리는 시간은?

① 30분   ② 1시간   ③ 1시간 30분
④ 2시간   ⑤ 2시간 30분

463

실제 넓이가 20 km²인 공원이 있다. 축척이 $\frac{1}{20000}$인 지도에서 이 공원의 넓이는 몇 cm²인지 구하여라.

464

축척이 $\frac{1}{1000}$인 지도에서 오른쪽 그림과 같은 평행사변형으로 그려지는 땅이 있다. 이 땅의 실제 넓이는?

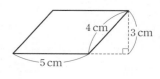

① 1.5 m²   ② 150 m²   ③ 200 m²
④ 1500 m²   ⑤ 2000 m²

465 서술형

실제 거리가 5 km인 두 지점 사이의 거리가 10 cm로 그려지는 지도가 있다. 이 지도에서 가로의 길이가 3 cm, 세로의 길이가 4 cm인 직사각형 모양의 땅의 실제 넓이는 몇 km²인지 구하여라.

466

오른쪽 그림에서 $\overline{AD} /\!/ \overline{BC}$이고, 두 점 M, N은 각각 $\overline{AC}$, $\overline{DB}$의 중점이다. $\overline{AD}=16$ cm, $\overline{BC}=6$ cm일 때, $\overline{MN}$의 길이를 구하여라.

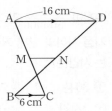

467

오른쪽 그림과 같이 ∠B=90°인 직각삼각형 ABC에서 $\overline{AB}$, $\overline{BC}$, $\overline{CA}$의 중점을 각각 D, E, F라 하고, $\overline{AF}$, $\overline{FC}$의 중점을 각각 P, Q라 하자. $\overline{AC}=24$ cm일 때, □DEQP의 둘레의 길이를 구하여라.

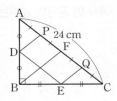

468

오른쪽 그림과 같은 △ABC에서 $\overline{AD}=\overline{DE}=\overline{EF}=\overline{FB}$이고, 두 점 H와 G는 각각 $\overline{BC}$와 $\overline{AC}$의 중점이다. $\overline{CE}=8$ cm일 때, $\overline{PQ}$의 길이를 구하여라.

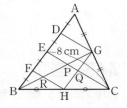

469

오른쪽 그림과 같은 △ABC에서 $\overline{AD}=\overline{CD}$이고, $\overline{BE}=\overline{EF}=\overline{FC}$이다. $\overline{BD}=30$ cm이고, $\overline{BD}$와 $\overline{AE}$, $\overline{AF}$의 교점을 각각 P, Q라 할 때, $\overline{PQ}$의 길이를 구하여라.

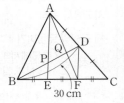

470 서술형

오른쪽 그림과 같이 $\overline{AD} /\!/ \overline{BC}$인 등변사다리꼴 ABCD에서 $\overline{AB}$, $\overline{BC}$, $\overline{CD}$, $\overline{DA}$의 중점을 각각 E, F, G, H라 하자. $\overline{AD}=8$ cm, $\overline{BC}=12$ cm, $\overline{HF}=8$ cm일 때, □EFGH의 넓이를 구하여라.

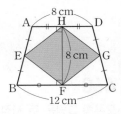

471

오른쪽 그림에서 점 G, G'은 각각 △ABC, △DBC의 무게중심이고 $\overline{AD}=9$ cm, $\overline{BC}=15$ cm일 때, $\overline{GG'}$의 길이를 구하여라.

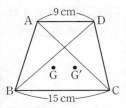

472

오른쪽 그림에서 선분 AD, BE, CF는 △ABC의 중선이다. $\overline{AD}$와 $\overline{EF}$의 교점을 H라 할 때, $\overline{AH} : \overline{HG} : \overline{GD}$를 가장 간단한 자연수의 비로 나타내어라.

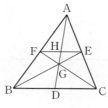

473

오른쪽 그림과 같은 직각삼각형 ABC에서 점 D는 $\overline{AB}$의 중점이고, 두 점 M, N은 $\overline{AB}$의 삼등분점이다. 점 G는 △ABC의 무게중심이고 $\overline{BC}=10$ cm, $\overline{AC}=9$ cm일 때, △MGC의 넓이를 구하여라.

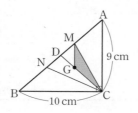

474 서술형

오른쪽 그림과 같이 ∠A=90°인 직각삼각형 ABC에서 두 점 I, G는 각각 △ABC의 내심, 무게중심이다. $\overline{AB}=4$ cm, $\overline{AC}=3$ cm일 때, △ADE의 넓이를 구하여라.

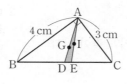

475

오른쪽 그림의 △ABC에서 $\overline{AD}=\overline{DF}=\overline{FB}$이고, $\overline{BG}=\overline{GE}=\overline{EC}$이다. □FGEH의 넓이가 6 cm²일 때, △ABC의 넓이를 구하여라.

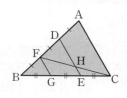

476

오른쪽 그림과 같이 큰 쇠구슬 한 개를 녹여서 같은 크기의 작은 쇠구슬 여러 개를 만들려고 한다. 작은 쇠구슬의 반지름의 길이를 큰 쇠구슬의 반지름의 길이의 $\frac{1}{3}$로 하면 만들 수 있는 작은 쇠구슬의 겉넓이를 모두 합한 값은 큰 쇠구슬의 겉넓이의 x배가 된다. 이때 x의 값을 구하여라.

477 창의

오른쪽 그림과 같이 모양과 크기가 똑같은 두 개의 원뿔로 연결된 물시계가 있다. 위의 원뿔에 가득 차 있던 물이 아래로 다 떨어지는 데는 한 시간이 걸리고, 그때마다 다시 뒤집어 놓기를 반복한다고 한다. 현재 상태가 오른쪽 그림과 같다면 물시계를 마지막으로 뒤집어 놓은 후 몇 분이 지난 것인지 구하여라.

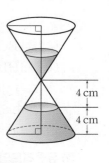

4 피타고라스 정리

01 피타고라스 정리

개념 Link 풍산자 개념완성편 116쪽

직각삼각형 ABC에서 직각을 끼고 있는 두 변의 길이를 각각 a, b, 빗변의 길이를 c라 하면

$\Rightarrow c^2 = a^2 + b^2$

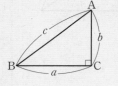

개념 Tip ① a, b, c는 변의 길이이므로 항상 양수이다.
② 직각삼각형에서 빗변은 길이가 가장 긴 변으로 직각의 대변이다.
③ 직각삼각형에서 두 변의 길이가 주어지면 피타고라스 정리를 이용하여 다른 한 변의 길이를 구할 수 있다.

1 다음 그림과 같은 직각삼각형에서 x의 값을 구하여라.

(1)

(2)

답 1 (1) 5 (2) 8

02 피타고라스 정리의 설명

개념 Link 풍산자 개념완성편 118, 120쪽

(1) 피타고라스의 방법

다음 그림과 같이 직각삼각형 ABC에서 두 변 AC, BC를 연장하여 한 변의 길이가 $a+b$인 정사각형 CDEF를 만들면

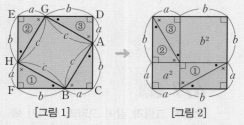

[그림 1]   [그림 2]

① △ABC≡△BHF≡△HGE≡△GAD (SAS 합동)
② □GHBA는 한 변의 길이가 c인 정사각형이다.
③ [그림 1]의 세 직각삼각형 ①, ②, ③을 옮겨 [그림 2]와 같이 나타낼 수 있다. 따라서

$$c^2 = a^2 + b^2$$

(2) 유클리드의 방법

오른쪽 그림과 같이 직각삼각형 ABC의 각 변을 한 변으로 하는 세 개의 정사각형을 그리면

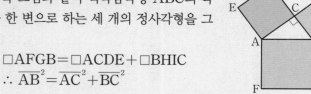

$$□AFGB = □ACDE + □BHIC$$
$$\therefore \overline{AB}^2 = \overline{AC}^2 + \overline{BC}^2$$

1 아래 그림에서 □ABCD는 정사각형이고, 4개의 직각삼각형은 모두 합동이다. 다음 물음에 답하여라.

(1) $\overline{EH}$의 길이를 구하여라.
(2) □EFGH의 넓이를 구하여라.

2 아래 그림은 직각삼각형 ABC의 각 변을 한 변으로 하는 세 개의 정사각형을 그린 것이다. 다음 물음에 답하여라.

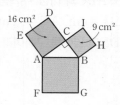

(1) □AFGB의 넓이를 구하여라.
(2) △ABC의 둘레의 길이를 구하여라.

답 1 (1) 10 cm (2) 100 cm²
2 (1) 25 cm² (2) 12 cm

→ 개념 Link 풍산자 개념완성편 122쪽 →

03. 직각삼각형이 되는 조건

세 변의 길이가 a, b, c인
△ABC에서

$$c^2 = a^2 + b^2$$

이 성립하면 △ABC는 빗변의
길이가 c인 직각삼각형이다.
⇨ 피타고라스 정리가 성립하는 삼각형은 직각삼각형이다.

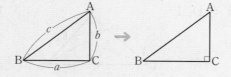

개념 Tip 직각삼각형의 세 변의 길이가 될 수 있는 세 자연수는

$(3, 4, 5)$, $(5, 12, 13)$, $(6, 8, 10)$, $(8, 15, 17)$, …

이 있다. 이와 같이 피타고라스 정리를 만족시키는 세 자연수를 피타고라스의
수라 한다.

1 세 변의 길이가 다음 보기와 같은 삼각
형 중에서 직각삼각형인 것은 ○표, 직
각삼각형이 아닌 것은 ×표를 하여라.
(1) 3, 4, 5   (   )
(2) 5, 12, 13   (   )
(3) 6, 7, 8   (   )
(4) 10, 12, 14   (   )

답 1 (1) ○ (2) ○ (3) × (4) ×

---

04. 삼각형의 변의 길이와 각의 크기 사이의 관계

→ 개념 Link 풍산자 개념완성편 126쪽 →

△ABC에서 $\overline{AB} = c$, $\overline{BC} = a$, $\overline{CA} = b$이고
c가 가장 긴 변의 길이일 때,
(1) $c^2 < a^2 + b^2$이면 ∠C < 90° ⇨ ∠C는 예각
(2) $c^2 = a^2 + b^2$이면 ∠C = 90° ⇨ ∠C는 직각
(3) $c^2 > a^2 + b^2$이면 ∠C > 90° ⇨ ∠C는 둔각

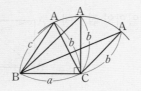

개념 Tip 세 변의 길이가 주어질 때, 삼각형의 모양을 판정하려면 가장 긴 변의 길이의 제
곱과 다른 두 변의 길이의 제곱의 합을 비교한다.

1 삼각형의 세 변의 길이가 다음과 같을
때, 예각삼각형이면 '예', 직각삼각형이
면 '직', 둔각삼각형이면 '둔'을 ( ) 안
에 써넣어라.
(1) 3 cm, 4 cm, 6 cm   (   )
(2) 4 cm, 5 cm, 6 cm   (   )
(3) 5 cm, 7 cm, 9 cm   (   )
(4) 6 cm, 8 cm, 10 cm   (   )

답 1 (1) 둔 (2) 예 (3) 둔 (4) 직

---

05. 직각삼각형의 닮음을 이용한 성질

→ 개념 Link 풍산자 개념완성편 128쪽 →

∠A = 90°인 직각삼각형 ABC에서 $\overline{AD} \perp \overline{BC}$
일 때
(1) 피타고라스 정리 ⇨ $a^2 = b^2 + c^2$
(2) 직각삼각형의 넓이 ⇨ $bc = ah$
(3) 직각삼각형의 닮음 ⇨ $c^2 = ax$, $h^2 = xy$, $b^2 = ay$

개념 Tip (3)은 다음 그림과 같이 ㉠² = ㉡ × ㉢으로 기억하면 쉽다.

1 다음 그림에서 x, y, z의 값을 각각 구
하여라.

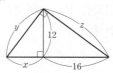

답 1 $x = 9$, $y = 15$, $z = 20$

06 피타고라스 정리를 이용한 직각삼각형의 성질

→ 개념 Link 풍산자 개념완성편 128쪽 →

$\angle A = 90°$인 직각삼각형 ABC에서 점 D, E
가 각각 $\overline{AB}$, $\overline{AC}$ 위에 있을 때
$\Rightarrow \overline{DE}^2 + \overline{BC}^2 = \overline{BE}^2 + \overline{CD}^2$

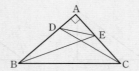

1 다음 그림에서 x^2의 값을 구하여라.

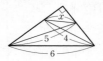

답 1 5

07 피타고라스 정리를 이용한 사각형의 성질

→ 개념 Link 풍산자 개념완성편 130쪽 →

(1) 두 대각선이 직교하는 사각형의 성질

사각형 ABCD에서 두 대각선이 직교할 때
$\Rightarrow \overline{AB}^2 + \overline{CD}^2 = \overline{AD}^2 + \overline{BC}^2$
└→ 두 대변의 길이의 제곱의 합은 같다.

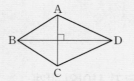

(2) 직사각형의 성질

직사각형 ABCD의 내부에 있는 임의의 점 P에
대하여
$\Rightarrow \overline{AP}^2 + \overline{CP}^2 = \overline{BP}^2 + \overline{DP}^2$

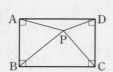

1 다음 그림에서 x^2의 값을 구하여라.

(1)

(2)

답 1 (1) 52 (2) 20

08 피타고라스 정리를 이용한 직각삼각형과 원 사이의 관계

→ 개념 Link 풍산자 개념완성편 132쪽 →

(1) 직각삼각형의 세 반원 사이의 관계

직각삼각형 ABC에서 세 변을 지름으로 하는 반
원의 넓이를 각각 S_1, S_2, S_3이라 할 때
$\Rightarrow S_3 = S_1 + S_2$

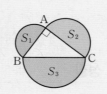

(2) 히포크라테스의 원의 넓이

직각삼각형 ABC의 세 변을 지름으로 하는 반
원에서
$\Rightarrow$ (색칠한 부분의 넓이) $= \triangle ABC = \dfrac{1}{2}bc$

개념 Tip (2) $S_1 + S_2$
$= (P + Q + \triangle ABC) - R$
$= R + \triangle ABC - R$
$= \triangle ABC$

1 다음 그림에서 색칠한 부분의 넓이를
구하여라.

(1)
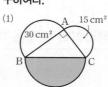

(2)
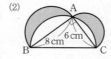

답 1 (1) 45 cm² (2) 24 cm²

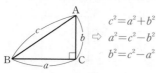

유형 086 ◆ 삼각형에서 피타고라스 정리의 이용

풍쌤의 point 직각삼각형에서 두 변의 길이가 주어지면 피타고라스 정리를 이용하여 다른 한 변의 길이를 구할 수 있다.

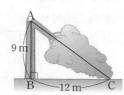

$$c^2=a^2+b^2 \\ \Rightarrow \ a^2=c^2-b^2 \\ b^2=c^2-a^2$$

478 ◆필수◆

지면에 수직으로 서 있던 나무가 오른쪽 그림과 같이 부러져 있다. 부러지기 전의 나무의 높이는?

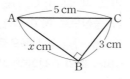

① 21 m ② 22 m

③ 23 m ④ 24 m

⑤ 25 m

479

오른쪽 직각삼각형 ABC에서 x의 값을 구하여라.

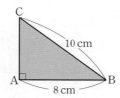

480 서술형

오른쪽 그림과 같이 ∠A=90°인 직각삼각형 ABC에서 $\overline{AB}=8$ cm, $\overline{BC}=10$ cm일 때, △ABC의 넓이를 구하여라.

유형 087 ◆ 두 직각삼각형에서 피타고라스 정리의 이용

풍쌤의 point 두 개의 직각삼각형이 주어진 문제에서는 먼저 두 변의 길이가 주어진 직각삼각형에 피타고라스 정리를 적용한 후, 다른 직각삼각형에 피타고라스 정리를 적용한다.

481 ◆필수◆

오른쪽 그림과 같은 △ABC에서 $\overline{AD} \perp \overline{BC}$이고 $\overline{AB}=20$ cm, $\overline{BC}=21$ cm, $\overline{AD}=12$ cm일 때, $\overline{AC}$의 길이는?

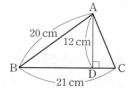

① 13 cm ② 14 cm

③ 15 cm ④ 16 cm

⑤ 17 cm

482

오른쪽 그림과 같은 직각삼각형 ABC에서 $\overline{AD}$의 길이는?

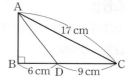

① 6 cm ② 7 cm

③ 8 cm ④ 9 cm

⑤ 10 cm

483 서술형

오른쪽 그림에서 $\overline{AD}=3$ cm, $\overline{BD}=4$ cm, $\overline{BC}=13$ cm이고 ∠BAC=∠D=90°일 때, △ABC의 넓이를 구하여라.

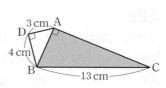

유형 **088** ◆ 사각형에서 피타고라스 정리의 이용

사각형에서는 수선을 긋거나 대각선을 그어 직각삼각형을 만든 후 피타고라스 정리를 이용한다.

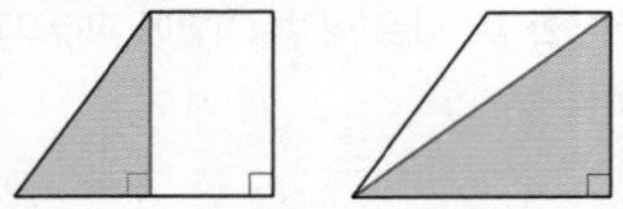

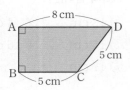

풍쌤의 **point** 보조선을 잘 긋는 것이 풀이의 열쇠이다. 즉, 두 변의 길이가 주어진 직각삼각형이 만들어지도록 보조선을 긋는다.

484 ◆ 필수

오른쪽 그림과 같이 $\overline{AD} /\!/ \overline{BC}$인 사다리꼴 ABCD의 넓이는?

① 25 cm² ② 26 cm²

③ 27 cm² ④ 28 cm²

⑤ 29 cm²

485

오른쪽 그림의 □ABCD에서 x^2의 값을 구하여라.

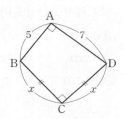

486

오른쪽 그림과 같은 □ABCD에서 ∠C = ∠ADC = 90°이고, $\overline{AB}=5$, $\overline{AD}=4$, $\overline{BC}=7$일 때, $\overline{CD}$의 길이를 구하여라.

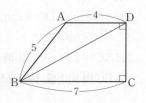

유형 **089** ◆ 피타고라스 정리의 연속 이용

직각삼각형이 연속적으로 생성되는 문제는 피타고라스 정리를 반복하여 적용하여 푼다.

 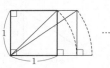

487 ◆ 필수

오른쪽 그림에서
$\overline{AB} = \overline{BC} = \overline{CD} = \overline{DE}$
$= \overline{EF} = \overline{FG} = 1$
일 때, x^2의 값을 구하여라.

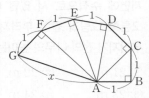

488

오른쪽 그림에서 □OAQP는 한 변의 길이가 1인 정사각형이고, 세 점 B, C, D는 점 O를 중심으로 하고 $\overline{OQ}$, $\overline{OR}$, $\overline{OS}$를 각각 반지름으로 하는 원과 x축의 교점이다. 이때 $\overline{OD}$의 길이를 구하여라.

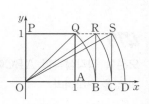

489

다음 그림에서 정사각형 AEFG의 넓이를 구하여라.

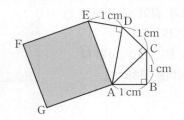

유형 090 ◆ 피타고라스 정리의 설명 (1)

다음 그림에서 직각 삼각형은 모두 합동이고, 사각형은 모두 정사각형이다.

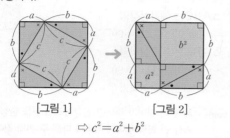

[그림 1] [그림 2]

⇨ $c^2=a^2+b^2$

490 ─ 필수 ─

오른쪽 그림은 한 변의 길이가 17인 정사각형 ABCD의 각 변 위에 $\overline{AE}=\overline{BF}=\overline{CG}=\overline{DH}=5$가 되도록 네 점 E, F, G, H를 잡은 것이다. 이때 □EFGH의 넓이를 구하여라.

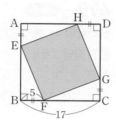

491

오른쪽 그림의 정사각형 ABCD에서 $\overline{AE}=\overline{BF}=\overline{CG}=\overline{DH}=3$이고, □EFGH의 넓이가 34일 때, □ABCD의 넓이를 구하여라.

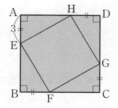

492 서술형

오른쪽 그림과 같이 정사각형 ABCD의 각 변의 중점을 연결하여 만든 사각형 EFGH의 넓이가 50일 때, □ABCD의 둘레의 길이를 구하여라.

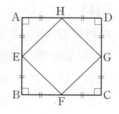

유형 091 ◆ 피타고라스 정리의 설명 (2)

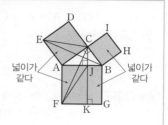

□ACDE=□AFKJ, □BHIC=□JKGB이므로
□AFGB
=□ACDE+□BHIC
∴ $\overline{AB}^2=\overline{AC}^2+\overline{BC}^2$

넓이가 같다 넓이가 같다

493 ─ 필수 ─

오른쪽 그림과 같이 ∠C=90°인 직각삼각형 ABC에서 세 변 AB, BC, CA를 각각 한 변으로 하는 정사각형을 그렸다. $\overline{AB}=10$ cm, $\overline{BC}=6$ cm일 때, △FKJ의 넓이를 구하여라.

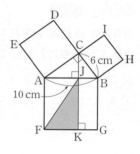

494

오른쪽 그림은 직각삼각형 ABC에서 각 변을 한 변으로 하는 정사각형을 그린 것이다. □AFGB=14 cm², □BHIC=6 cm²일 때, □ACDE의 넓이를 구하여라.

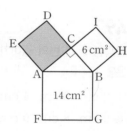

495

오른쪽 그림과 같이 ∠C=90°인 직각삼각형 ABC에서 각 변을 한 변으로 하는 정사각형을 그렸다. 다음 중 옳지 않은 것은?

① $\overline{BE}=\overline{CF}$
② △EAB≡△CAF
③ △BHI=△BJK
④ △ACE=$\frac{1}{2}$□AFKJ
⑤ △ABC=$\frac{1}{2}$□BHIC

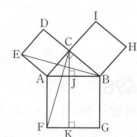

유형 **092** ◆ 직각삼각형이 되는 조건

$c^2=a^2+b^2$이면 $\triangle ABC$는 $\angle C=90°$
인 직각삼각형이다.

풍쌤의 **point** 세 변의 길이가 주어진 삼각형이 직각삼각형인지 아닌지를 판정하려면 가장 긴 변의 길이의 제곱이 다른 두 변의 길이의 제곱의 합과 같은지 알아보면 된다.

496 ═ 필수

삼각형의 세 변의 길이가 다음과 같을 때, 직각삼각형이 <u>아닌</u> 것을 모두 고르면? (정답 2개)

① 3, 4, 5 　　② 4, 5, 6 　　③ 5, 12, 13

④ 6, 8, 10 　　⑤ 8, 10, 12

497

삼각형의 세 변의 길이가 다음과 같을 때, 직각삼각형인 것은?

① 2 cm, 3 cm, 4 cm 　　② 3 cm, 5 cm, 6 cm

③ 5 cm, 8 cm, 9 cm 　　④ 6 cm, 9 cm, 12 cm

⑤ 8 cm, 15 cm, 17 cm

498

세 변의 길이가 3, 4, a인 삼각형이 직각삼각형이 되도록 하는 a의 값을 구하여라. (단, $a>4$)

유형 **093** ◆ 삼각형의 변의 길이와 각의 크기 사이의 관계

c가 가장 긴 변의 길이일 때
(1) $c^2<a^2+b^2$이면 　$\angle C<90°$
　　⇨ $\triangle ABC$는 예각삼각형
(2) $c^2=a^2+b^2$이면 　$\angle C=90°$
　　⇨ $\triangle ABC$는 직각삼각형
(3) $c^2>a^2+b^2$이면 　$\angle C>90°$
　　⇨ $\triangle ABC$는 둔각삼각형

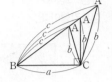

풍쌤의 **point** 세 변의 길이가 주어진 삼각형의 모양을 판정하려면 가장 긴 변의 길이의 제곱과 다른 두 변의 길이의 제곱의 합을 비교하면 된다.

499 ═ 필수

삼각형의 세 변의 길이가 다음과 같을 때, 둔각삼각형인 것은? (정답 2개)

① 2, 2, 3 　　② 2, 3, 4 　　③ 5, 6, 7

④ 8, 10, 12 　　⑤ 5, 12, 13

500

$\triangle ABC$에서 $\overline{AB}=c$, $\overline{BC}=a$, $\overline{CA}=b$일 때, 다음 중 옳지 <u>않은</u> 것은?

① $b^2<a^2+c^2$이면 $\triangle ABC$는 예각삼각형이다.

② $a^2=b^2+c^2$이면 $\triangle ABC$는 직각삼각형이다.

③ $c^2>a^2+b^2$이면 $\triangle ABC$는 둔각삼각형이다.

④ $a^2<b^2+c^2$이면 $\angle A<90°$이다.

⑤ $b^2>a^2+c^2$이면 $\angle B>90°$이다.

501

세 변의 길이가 3, 4, x인 삼각형이 예각삼각형이 되도록 하는 x의 값이 될 수 있는 것을 모두 고르면? (정답 2개)

① 2 　　　② 3 　　　③ 4

④ 5 　　　⑤ 6

직각삼각형의 닮음을 이용한 성질

직각삼각형의 직각인 꼭짓점에서 밑변에 수선을 내리면 피타
고라스 정리 이외에도 다음과 같은 성질이 성립한다.

(1) 넓이에 의한 성질: ㉠×㉡=㉢×㉣

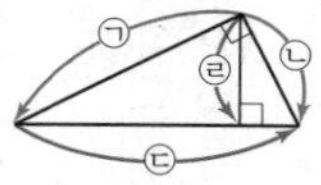

(2) 닮음에 의한 성질: ㉠²=㉡×㉢

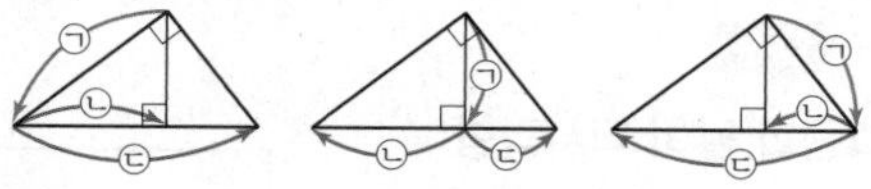

502 =필수=

오른쪽 그림과 같이 ∠B=90°인
직각삼각형 ABC에서 $\overline{BD} \perp \overline{AC}$
이고, $\overline{AB}=20$ cm,
$\overline{BC}=15$ cm일 때, $\overline{CD}$의 길이
는?

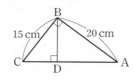

① 7 cm   ② 8 cm   ③ 9 cm

④ 10 cm   ⑤ 11 cm

503

오른쪽 그림과 같이 ∠A=90°인
직각삼각형 ABC에서 $\overline{AD} \perp \overline{BC}$
이고, $\overline{AC}=12$ cm, $\overline{DC}=9$ cm
일 때, $\overline{AB}^2$의 값을 구하여라.

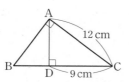

504

오른쪽 그림과 같이 ∠A=90°
인 직각삼각형 ABC에서
$\overline{AD} \perp \overline{BC}$일 때, x^2+y^2의 값을
구하여라.

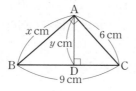

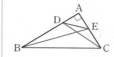

피타고라스 정리를 이용한 직각삼각형의 성질

다음 그림에서 빨간 선분의 길이의 제곱의 합은 파란 선분의
길이의 제곱의 합과 같다.

$$\Rightarrow \overline{DE}^2+\overline{BC}^2=\overline{BE}^2+\overline{CD}^2$$

505 =필수=

오른쪽 그림과 같이 ∠A=90°인
직각삼각형 ABC에서
$\overline{BE}=10$ cm, $\overline{CD}=9$ cm,
$\overline{BC}=12$ cm일 때, x^2의 값을 구
하여라.

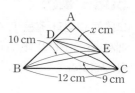

506 서술형

오른쪽 그림과 같이 $\overline{BC}=8$,
$\overline{AC}=6$인 직각삼각형 ABC에서
$\overline{BE}=9$일 때, $\overline{AD}^2-\overline{DE}^2$의 값
을 구하여라.

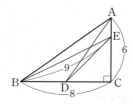

507

오른쪽 그림의 직각삼각형 ABC에서
$\overline{AB}$, $\overline{BC}$의 중점을 각각 D, E라 하
자. $\overline{AC}=4$일 때, $\overline{AE}^2+\overline{CD}^2$의 값
은?

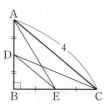

① 20   ② 22

③ 24   ④ 26

⑤ 28

유형 096 ◆ 두 대각선이 직교하는 사각형의 성질

다음 그림에서 빨간 선분의 길이의 제곱의 합은 파란 선분의
길이의 제곱의 합과 같다.

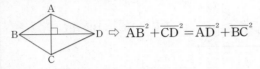

$$\overline{AB}^2 + \overline{CD}^2 = \overline{AD}^2 + \overline{BC}^2$$

508 필수

오른쪽 그림과 같은 □ABCD
에서 $\overline{AC} \perp \overline{BD}$일 때, $\overline{AD}^2$의 값
을 구하여라.

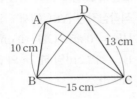

509

오른쪽 그림과 같은 □ABCD에
서 $\overline{AC} \perp \overline{BD}$이고, 점 O는 $\overline{AC}$와
$\overline{BD}$의 교점일 때, x^2의 값을 구하
여라.

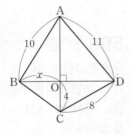

510

다음은 피타고라스 정리를 이용하여 두 대각선이 직교하는
사각형의 성질을 설명하는 과정이다. □ 안에 알맞은 것을
써넣어라.

△OAB에서
$$\overline{AB}^2 = \overline{OA}^2 + \overline{OB}^2$$
$\boxed{}$에서
$$\overline{BC}^2 = \overline{OB}^2 + \overline{OC}^2$$
△OCD에서
$$\overline{CD}^2 = \overline{OC}^2 + \boxed{}^2$$
$\boxed{}$에서 $\overline{DA}^2 = \overline{OD}^2 + \overline{OA}^2$이므로
$$\overline{AB}^2 + \overline{CD}^2 = \overline{OA}^2 + \overline{OB}^2 + \overline{OC}^2 + \overline{OD}^2$$
$$= (\overline{OB}^2 + \overline{OC}^2) + (\overline{OD}^2 + \boxed{}^2)$$
$$= \overline{BC}^2 + \boxed{}^2$$

유형 097 ◆ 피타고라스 정리를 이용한 직사각형의 성질

다음 그림에서 빨간 선분의 길이의 제곱의 합은 파란 선분의
길이의 제곱의 합과 같다.

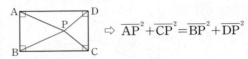

$$\overline{AP}^2 + \overline{CP}^2 = \overline{BP}^2 + \overline{DP}^2$$

511 필수

오른쪽 그림과 같이 직사각형
ABCD의 내부에 한 점 P가 있
다. $\overline{AP}=2$, $\overline{CP}=4$, $\overline{DP}=3$일
때, x^2의 값을 구하여라.

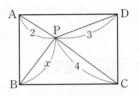

512

오른쪽 그림과 같이 직사각형
ABCD의 내부에 한 점 P가 있
다. $\overline{CP}=5$, $\overline{DP}=4$일 때,
$y^2 - x^2$의 값을 구하여라.

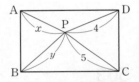

513

오른쪽 그림과 같이 직사각형
ABCD의 내부에 한 점 P가 있다.
$\overline{BP}=5$, $\overline{DP}=6$일 때,
$x^2 + y^2$의 값을 구하여라.

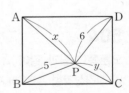

유형 098 ◆ **직각삼각형의 세 반원 사이의 관계**

∠A=90°인 직각삼각형 ABC의 세 변 AB, AC, BC를 지름으로 하는 반원의 넓이를 각각 S_1, S_2, S_3이라 할 때,

⇨ $S_3=S_1+S_2$

514 ◀필수▶

오른쪽 그림과 같이 ∠A=90°인 △ABC의 세 변을 지름으로 하는 반원의 넓이를 각각 P, Q, R라 하자. $\overline{BC}$=8 cm일 때, $P+Q+R$의 값은?

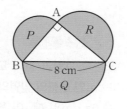

① 8π cm²   ② 16π cm²   ③ 32π cm²

④ 48π cm²   ⑤ 64π cm²

515

오른쪽 그림과 같이 ∠A=90°인 △ABC의 세 변을 지름으로 하는 반원의 넓이를 각각 P, Q, R라 하자. $P=32\pi$, $R=18\pi$일 때, $\overline{BC}$의 길이를 구하여라.

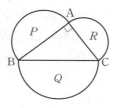

516

오른쪽 그림과 같이 ∠B=90°, $\overline{BC}$=4 cm인 △ABC의 각 변을 지름으로 하는 세 반원을 그렸다. $\overline{AB}$를 지름으로 하는 반원의 넓이가 8π cm²일 때, $\overline{AC}$를 지름으로 하는 반원의 넓이를 구하여라.

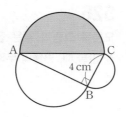

유형 099 ◆ **히포크라테스의 원의 넓이**

∠A=90°인 직각삼각형 ABC의 세 변을 지름으로 하는 세 반원에서

(색칠한 부분의 넓이)=△ABC=$\frac{1}{2}bc$

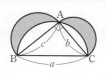

517 ◀필수▶

오른쪽 그림은 ∠C=90°인 직각삼각형 ABC의 각 변을 지름으로 하는 세 반원을 그린 것이다. $\overline{BC}$=12 cm, $\overline{AB}$=13 cm일 때, 색칠한 부분의 넓이는?

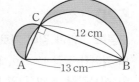

① 15 cm²   ② 20 cm²   ③ 25 cm²

④ 30 cm²   ⑤ 35 cm²

518

오른쪽 그림은 ∠A=90°인 직각삼각형 ABC의 각 변을 지름으로 하는 세 반원을 그린 것이다. $\overline{AB}$=6 cm이고, 색칠한 부분의 넓이가 24 cm²일 때, $\overline{BC}$의 길이는?

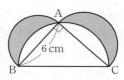

① 7 cm   ② 8 cm   ③ 9 cm

④ 10 cm   ⑤ 11 cm

519 ◀서술형▶

오른쪽 그림은 ∠A=90°인 직각삼각형 ABC의 각 변을 지름으로 하는 세 반원을 그린 것이다. $\overline{AB}$=15 cm, $\overline{BC}$=17 cm일 때, 색칠한 부분의 넓이를 구하여라.

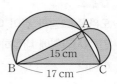

유형 **100** ◆ 직사각형의 대각선의 길이

가로, 세로의 길이가 각각 a, b인 직사각형이 대각선의 길이를 l이라 하면

$$l^2 = a^2 + b^2$$

풍쌤의 point 피타고라스 정리를 이용하면 직사각형의 대각선의 길이를 구할 수 있다.

520 =필수=

오른쪽 그림과 같이 가로, 세로의 길이가 각각 12 cm, 15 cm인 직사각형 ABCD의 대각선 BD를 한 변으로 하는 정사각형 BEFD의 둘레의 길이를 구하여라.

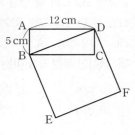

521

오른쪽 그림과 같이 가로, 세로의 길이가 각각 8 cm, 6 cm인 직사각형 ABCD의 꼭짓점 A에서 대각선 BD에 내린 수선의 발을 H라 할 때, $\overline{AH}$의 길이를 구하여라.

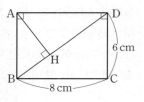

522 서술형

오른쪽 그림과 같이 대각선의 길이가 8인 정사각형에 내접하는 원의 넓이를 구하여라.

유형 **101** ◆ 원뿔의 높이와 부피

밑면의 반지름의 길이가 r, 모선의 길이가 l인 원뿔의 높이를 h, 부피를 V라 하면

(1) $h^2 = l^2 - r^2$

(2) $V = \dfrac{1}{3}\pi r^2 h$

풍쌤의 point 위의 원뿔에서 색칠한 직각삼각형에 피타고라스 정리를 적용해 본다.

523 =필수=

오른쪽 그림과 같이 모선의 길이가 5 cm인 원뿔의 밑면의 둘레의 길이가 6π cm일 때, 이 원뿔의 높이를 구하여라.

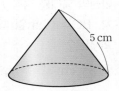

524

오른쪽 그림과 같이 $\overline{AB} = 13$ cm, $\overline{BC} = 5$ cm인 직각삼각형 ABC를 $\overline{AC}$를 축으로 하여 1회전 시킬 때 생기는 회전체의 부피는?

① 75π cm^3 ② 84π cm^3

③ 100π cm^3 ④ 300π cm^3

⑤ 400π cm^3

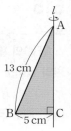

525

오른쪽 그림과 같은 전개도로 원뿔을 만들 때, 원뿔의 부피를 구하여라.

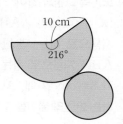

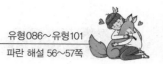

필수유형 · 뛰어넘기

유형086~유형101
파란 해설 56~57쪽

526

오른쪽 그림과 같이 $\angle A=90°$인 직각삼각형 ABC에서 $\overline{BC}$를 지름으로 하는 반원의 넓이를 구하여라.

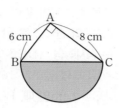

527

오른쪽 그림의 직각삼각형 ABC에서 x의 값을 구하여라.

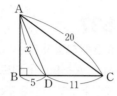

528

세 변의 길이가 각각 16 cm, 30 cm, 34 cm인 삼각형의 넓이를 구하여라.

529

오른쪽 그림과 같이 $\angle C=90°$인 직각삼각형 ABC에서 $\overline{CD}=\overline{DE}$이고, $\overline{AB}\perp\overline{DE}$이다. $\overline{AB}=10$ cm, $\overline{BC}=6$ cm일 때, $\triangle BDE$의 넓이를 구하여라.

530 서술형

오른쪽 그림과 같이 $\angle C=90°$인 $\triangle ABC$에서 $\angle BAD=\angle DAC$, $\overline{AB}=5$ cm, $\overline{AC}=3$ cm일 때, $\overline{BD}$의 길이를 구하여라.

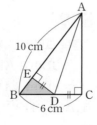

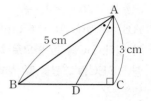

531

오른쪽 그림과 같이 넓이가 각각 4 cm^2, 36 cm^2인 두 정사각형 ABCD, ECGF를 서로 겹치지 않게 붙여 놓았다. 이때 $\overline{BF}$의 길이를 구하여라.

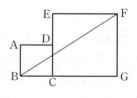

532

오른쪽 그림에서 $\overline{AB}=\overline{BC}=\overline{CD}=\overline{DE}$이고, 오각형 AEDCB의 둘레의 길이가 12 cm일 때, $\overline{AB}$의 길이를 구하여라.

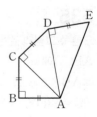

533

오른쪽 그림과 같이 ∠A＝90°, $\overline{AB}$＝8 cm, $\overline{AC}$＝6 cm인 △ABC 가 있다. $\overline{BC}$를 한 변으로 하는 정사각형 BDEC를 그렸을 때, 색칠한 부분의 넓이는?

① 46 cm²   ② 48 cm²

③ 50 cm²   ④ 52 cm²

⑤ 54 cm²

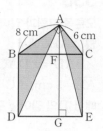

534

오른쪽 그림에서 4개의 직각삼각형 은 모두 합동이고, $\overline{AB}$＝5, $\overline{AE}$＝4일 때, □EFGH의 넓이를 구하여라.

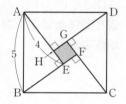

535

오른쪽 그림과 같은 사다리꼴 ABCD에서 ∠B＝∠C＝90°, △ABE≡△ECD이다. $\overline{BE}$＝3, $\overline{CE}$＝5일 때, △AED의 넓이를 구하여라.

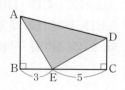

536 서술형

오른쪽 그림과 같이 직각삼각형 ABC의 변 AB를 한 변으로 하 는 정사각형 ADEB가 있다. △EBC의 넓이가 16 cm²이고, $\overline{AC}$＝2 cm일 때, $\overline{BC}$의 길이를 구하여라.

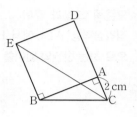

537

오른쪽 그림과 같은 △ABC에 서 ∠A＞90°가 되도록 하는 자연수 x의 개수를 구하여라.

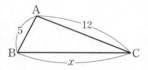

538 창의

오른쪽 그림과 같이 원에 내접하는 직사각형 ABCD의 각 변을 지름으 로 하는 반원을 그렸다. $\overline{BC}$＝4 cm, $\overline{CD}$＝6 cm일 때, 색칠 한 부분의 넓이를 구하여라.

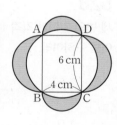

539

오른쪽 그림의 □ABCD에서 $\overline{AC}⊥\overline{BD}$이고 $\overline{AB}$＝9 cm, $\overline{BC}$＝10 cm, $\overline{CD}$＝7 cm일 때, $\overline{AO}^2+\overline{DO}^2$의 값을 구하여 라.

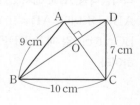

III ◆ 확률

1 경우의 수

01 사건과 경우의 수

➤ 개념 Link 풍산자 개념완성편 142쪽 →

(1) **사건**: 같은 조건 아래에서 여러 번 반복할 수 있는 실험이나 관찰에 의하여 발생하는 결과

(2) **경우의 수**: 어떤 사건이 일어나는 가짓수 → 경우의 수를 구할 때에는 사건이 일어나는 모든 경우를 중복 없이, 빠짐없이 구해야 한다.

개념 Tip ▶ 한 개의 주사위를 던진다. ⇨ 짝수의 눈이 나온다. ⇨ 짝수의 눈은 2, 4, 6 ⇨ 3
　　　　　실험, 관찰　　　　　　　　사건　　　　　　　사건이 일어나는 경우　경우의 수

1 한 개의 주사위를 던질 때, 다음을 구하여라.

(1) 홀수의 눈이 나오는 경우의 수

(2) 3 이상의 눈이 나오는 경우의 수

(3) 6의 약수의 눈이 나오는 경우의 수

답 1 (1) 3 　(2) 4 　(3) 4

02 사건 A 또는 사건 B가 일어나는 경우의 수

➤ 개념 Link 풍산자 개념완성편 142쪽 →

두 사건 A, B가 동시에 일어나지 않을 때, 사건 A가 일어나는 경우의 수가 a이고, 사건 B가 일어나는 경우의 수가 b이면

　　(사건 A 또는 사건 B가 일어나는 경우의 수)$=a+b$

개념 Tip ▶ 일반적으로 문제에 '또는', '~이거나' 등의 표현이 있으면 경우의 수를 더하여 구한다.

1 1부터 12까지의 자연수가 각각 적힌 12장의 카드 중에서 1장을 뽑을 때, 3보다 작거나 8보다 큰 수가 나오는 경우의 수를 구하여라.

답 1 6

03 사건 A와 사건 B가 동시에 일어나는 경우의 수

➤ 개념 Link 풍산자 개념완성편 144쪽 →

사건 A가 일어나는 경우의 수가 a이고, 그 각각에 대하여 사건 B가 일어나는 경우의 수가 b이면

　　(사건 A와 사건 B가 동시에 일어나는 경우의 수)$=a \times b$
　　└ '같은 시각에 일어나는 경우' 또는 '사건 A의 각각의 경우에 대하여 사건 B가 일어나는 경우'

개념 Tip ▶ 일반적으로 문제에 '그리고', '동시에' 등의 표현이 있으면 경우의 수를 곱하여 구한다.

1 각각 서로 다른 5종류의 과자와 6종류의 음료수 중에서 과자와 음료수를 각각 1개씩 선택하는 경우의 수를 구하여라.

답 1 30

04 한 줄로 세우는 경우의 수

➤ 개념 Link 풍산자 개념완성편 148쪽 →

(1) n명을 한 줄로 세우는 경우의 수는

　　$n \times (n-1) \times (n-2) \times \cdots \times 2 \times 1$

(2) n명 중에서 2명을 뽑아 한 줄로 세우는 경우의 수는

　　$n \times (n-1)$

(3) n명 중에서 3명을 뽑아 한 줄로 세우는 경우의 수는

　　$n \times (n-1) \times (n-2)$
　　　　　　　└ 2명을 뽑고 남은 $(n-2)$명 중에서 1명을 뽑는 경우의 수
　　　　└ 1명을 뽑고 남은 $(n-1)$명 중에서 1명을 뽑는 경우의 수
　　└ n명 중에서 1명을 뽑는 경우의 수

1 4명의 학생 A, B, C, D에 대하여 다음을 구하여라.

(1) 한 줄로 세우는 경우의 수

(2) 4명 중 2명을 뽑아 한 줄로 세우는 경우의 수

(3) 4명 중 3명을 뽑아 한 줄로 세우는 경우의 수

답 1 (1) 24 　(2) 12 　(3) 24

05 | 한 줄로 세울 때 이웃하여 서는 경우의 수

→ 개념 Link 풍산자 개념완성편 148쪽 →

한 줄로 세울 때 이웃하여 서는 경우의 수는 다음의 순서로 구한다.

❶ 이웃하는 것을 하나로 묶어서 한 줄로 세우는 경우의 수를 구한다.

❷ 묶음 안에서 자리를 바꾸는 경우의 수를 구한다. └→ 묶음 안에서 자리를 바꾸는 경우의 수는 묶음

❸ ❶, ❷에서 구한 경우의 수를 곱한다. 안에서 한 줄로 세우는 경우의 수와 같다.

1 A, B, C, D 네 명을 한 줄로 세울 때, A, B가 이웃하는 경우의 수를 구하여라.

답 1 12

---

06 | 정수를 만드는 경우의 수

→ 개념 Link 풍산자 개념완성편 150쪽 →

(1) **0이 포함되지 않을 때**

0이 아닌 서로 다른 한 자리의 숫자가 각각 적힌 n장의 카드에서

① 2장을 뽑아 만들 수 있는 두 자리의 정수의 개수는

  $n \times (n-1)$개

② 3장을 뽑아 만들 수 있는 세 자리의 정수의 개수는

  $n \times (n-1) \times (n-2)$개

(2) **0이 포함될 때**

0을 포함한 서로 다른 한 자리의 숫자가 각각 적힌 n장의 카드에서

① 2장을 뽑아 만들 수 있는 두 자리의 정수의 개수는

  $(n-1) \times (n-1)$개

  └─────── └→ 앞자리에 사용한 숫자를 제외하고 0을 포함한 $(n-1)$장 중에서 1장을 뽑는 경우의 수
  └→ 0을 제외한 $(n-1)$장 중에서 1장을 뽑는 경우의 수

② 3장을 뽑아 만들 수 있는 세 자리의 정수의 개수는

  $(n-1) \times (n-1) \times (n-2)$개

주의 맨 앞자리에는 0이 올 수 없음에 유의하도록 하자.

1 1, 2, 3, 4, 5가 각각 적힌 5장의 카드가 있을 때, 다음을 구하여라.
  (1) 2장을 뽑아 만들 수 있는 두 자리 정수의 개수
  (2) 3장을 뽑아 만들 수 있는 세 자리 정수의 개수

2 0, 1, 2, 3, 4가 각각 적힌 5장의 카드가 있을 때, 다음을 구하여라.
  (1) 2장을 뽑아 만들 수 있는 두 자리 정수의 개수
  (2) 3장을 뽑아 만들 수 있는 세 자리 정수의 개수

답 1 (1) 20 (2) 60
  2 (1) 16 (2) 48

---

07 | 대표를 뽑는 경우의 수

→ 개념 Link 풍산자 개념완성편 152쪽 →

(1) **자격이 다른 대표를 뽑을 때**

n명 중에서 자격이 다른 2명의 대표를 뽑는 경우의 수는

  $n \times (n-1)$ ← n명 중에서 2명을 뽑아 한 줄로 세우는 경우의 수

(2) **자격이 같은 대표를 뽑을 때**

n명 중에서 자격이 같은 2명의 대표를 뽑는 경우의 수는

  $\dfrac{n(n-1)}{2}$ ← 뽑힌 2명이 자리(자격)를 바꾸는 경우의 수

개념 Tip n명 중에서

  (1) 자격이 다른 3명의 대표를 뽑는 경우의 수는 $n \times (n-1) \times (n-2)$

  (2) 자격이 같은 3명의 대표를 뽑는 경우의 수는 $\dfrac{n \times (n-1) \times (n-2)}{3 \times 2 \times 1}$

1 5명의 학생 A, B, C, D, E에 대하여 다음을 구하여라.
  (1) 회장 1명, 부회장 1명을 뽑는 경우의 수
  (2) 대의원 2명을 뽑는 경우의 수

답 1 (1) 20 (2) 10

유형 102 ◆ 경우의 수

경우의 수는 모든 경우를 중복되지 않게, 빠짐없이 구한다.

(1) 수를 뽑는 경우의 수는 주어진 수 중에서 조건에 맞는 수를 나열하여 개수를 샌다.

(2) 두 개 이상의 주사위나 동전을 던질 때 일어날 수 있는 사건의 경우의 수는 순서쌍으로 나타내어 구한다.

풍쌤의 point 경우의 수 문제는 구체적인 경우를 모조리 나열하도록 하자.

540 ◆ 필수 ◆

흰 주사위 한 개와 검은 주사위 한 개를 동시에 던질 때, 나오는 눈의 수의 합이 6인 경우의 수는?

① 1   ② 2   ③ 3
④ 4   ⑤ 5

541

1부터 20까지의 자연수가 각각 하나씩 적힌 20장의 카드 중에서 한 장의 카드를 뽑을 때, 소수가 나오는 경우의 수는?

① 5   ② 6   ③ 7
④ 8   ⑤ 9

542

서로 다른 두 개의 주사위를 동시에 던질 때, 나오는 눈의 수의 차가 4인 경우의 수를 구하여라.

유형 103 ◆ 돈을 지불하는 경우의 수

(1) 금액이 큰 동전의 개수를 먼저 생각한다.

(2) 표를 그린다.

풍쌤의 point 돈을 지불하는 문제는 표로 나타내면 편리하다.

543 ◆ 필수 ◆

성철이는 500원, 100원, 50원짜리 동전을 각각 6개씩 가지고 있다. 이 동전을 사용하여 1000원을 지불하는 경우의 수는?

① 3   ② 4   ③ 5
④ 6   ⑤ 7

544

100원, 50원, 10원짜리 동전이 각각 5개씩 있다. 세 종류의 동전을 사용하여 400원을 지불하는 방법의 수는?

① 4   ② 5   ③ 6
④ 7   ⑤ 8

545

500원짜리 동전 2개와 100원짜리 동전 3개가 있다. 두 가지 동전을 각각 1개 이상 사용하여 지불할 수 있는 금액의 종류는 모두 몇 가지인지 구하여라.

유형 104 ◆ 사건 A 또는 사건 B가 일어나는 경우의 수

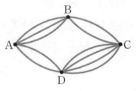

사건 A	또는	사건 B
↓		↓
a	+	b

⇨ (사건 A 또는 사건 B가 일어나는 경우의 수)$=a+b$

풍쌤의 point 두 사건 A, B가 동시에 일어나지 않을 때, A 또는 B 가 일어나는 경우의 수를 구하려면 각각의 경우의 수 를 구하여 더한다.

546 =필수=

서로 다른 두 개의 주사위를 동시에 던질 때, 나오는 눈의 수의 합이 4 또는 5가 되는 경우의 수는?

① 4 ② 7 ③ 9
④ 10 ⑤ 12

547

어느 음식점에서는 5가지 종류의 양식과 4가지 종류의 한식을 판매하고 있다. 양식 또는 한식 중에서 한 가지를 주문하는 경우의 수를 구하여라.

548

1부터 20까지의 자연수가 각각 적힌 20개의 구슬이 들어 있는 상자에서 한 개의 구슬을 꺼낼 때, 3의 배수 또는 7의 배수가 적힌 구슬이 나오는 경우의 수를 구하여라.

549 서술형

1부터 12까지의 자연수가 각각 적힌 12장의 카드가 있다. 이 카드 중에서 한 장을 뽑을 때, 소수 또는 4의 배수가 적힌 카드가 나오는 경우의 수를 구하여라.

유형 105 ◆ 사건 A, B가 동시에 일어나는 경우의 수 – 길 또는 교통 문제

동시에 일어나는 사건의 경우의 수는 곱하고, 동시에 일어나지 않는 경우의 수는 더한다.

풍쌤의 point 경우의 수 문제에서는 언제 더하고 언제 곱하는 지가 중요하다.

550 =필수=

오른쪽 그림과 같이 A 지점에서 C 지점으로 가는데 B 지점 또는 D 지점을 거쳐야 한다. A 지점에서 C 지점까지 가는 경우의 수는?

① 6 ② 8 ③ 11
④ 14 ⑤ 30

551

민수는 집에서 출발하여 서점에 들러 수학 문제집을 사고 학교로 가려고 한다. 집에서 서점까지 가는 길은 3가지, 서점에서 학교까지 가는 길은 4가지일 때, 민수가 집에서 서점에 들렀다가 학교로 가는 경우의 수는?

① 3 ② 4 ③ 7
④ 10 ⑤ 12

552 서술형

A, B, C 세 지역을 연결하는 도로가 오른쪽 그림과 같을 때, A 지역에서 C 지역까지 가는 경우의 수를 구하여라.

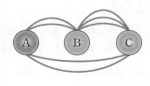

유형 106 ◆ 사건 *A*, *B*가 동시에 일어나는 경우의 수
– 게임 또는 신호 문제

(1) 동전 1개와 주사위 1개를 동시에 던질 때, 일어날 수 있는 모든 경우의 수는
⇨ $2 \times 6 = 12$

(2) 2명이 가위바위보를 할 때, 일어날 수 있는 모든 경우의 수는
⇨ $3 \times 3 = 9$

553 ◁ 필수 ▷

서로 다른 동전 3개와 주사위 1개를 동시에 던질 때, 일어날 수 있는 모든 경우의 수를 구하여라.

554

갑, 을, 병 세 사람이 가위바위보를 한 번 할 때, 일어날 수 있는 모든 경우의 수를 구하여라.

555

오른쪽 그림과 같은 3개의 전구 A, B, C를 켜거나 꺼서 신호를 만들 때, 만들 수 있는 신호의 개수는?

(단, 모두 꺼진 경우도 신호로 생각한다.)

① 4개   ② 6개   ③ 8개
④ 10개   ⑤ 12개

556

오른쪽 그림과 같이 네 개의 칸에 기호 ●, ■, ★을 각각 하나씩 써넣어 암호를 만들려고 한다. 같은 기호를 여러 번 사용해도 될 때, 만들 수 있는 암호의 개수를 구하여라.

유형 107 ◆ 사건 *A*, *B*가 동시에 일어나는 경우의 수
– 물건 선택 문제

커피 3종류와 전통차 5종류가 있는 자동판매기에서

(1) 커피 또는 전통차 중 한 잔을 선택하는 경우의 수는
⇨ $3 + 5 = 8$

(2) 커피와 전통차를 각각 한 잔씩 선택하는 경우의 수는
⇨ $3 \times 5 = 15$

풍쌤의 point   둘 중의 하나를 선택할 때는 더하고, 둘 다를 동시에 선택할 때는 곱한다.

557 ◁ 필수 ▷

4개의 자음 ㄱ, ㅅ, ㅇ, ㅎ과 3개의 모음 ㅏ, ㅜ, ㅕ가 있을 때, 자음 1개와 모음 1개를 선택하여 만들 수 있는 글자의 개수는?

① 3개   ② 4개   ③ 7개
④ 10개   ⑤ 12개

558

성민이는 4종류의 티셔츠와 6종류의 바지를 가지고 있다. 티셔츠와 바지를 각각 하나씩 선택하여 입는데 매일 다르게 입으려고 할 때, 며칠 동안 입을 수 있는가?

① 10일   ② 16일   ③ 24일
④ 30일   ⑤ 36일

559

x의 값이 1, 2, 3이고 y의 값이 5, 7, 11, 13일 때, 유리수 $\dfrac{x}{y}$의 값은 모두 몇 개인지 구하여라.

유형 108 ◆ 한 줄로 세우는 경우의 수

n명을 한 줄로 세우는 경우의 수
$\Rightarrow n \times (n-1) \times (n-2) \times \cdots \times 2 \times 1$

예 A, B, C 3명을 한 줄로 세우는 경우의 수는 오른쪽 그림과 같다.

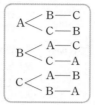

풍쌤의 point n명을 한 줄로 세우는 경우의 수를 구하려면 n부터 1씩 줄여 가면서 1까지 곱하면 된다.

560 필수

민수, 민철, 민우, 민정, 민지 다섯 명을 한 줄로 세우는 경우의 수는?

① 100   ② 120   ③ 140

④ 160   ⑤ 180

561

체육대회에 참가할 이어달리기 선수 4명을 뽑았다. 이 선수들이 달리는 순서를 정하는 경우의 수는?

① 4   ② 8   ③ 12

④ 20   ⑤ 24

562 서술형

10 이하의 소수가 각각 하나씩 적힌 카드를 모두 사용하여 비밀번호를 만들려고 한다. 가능한 비밀번호는 몇 가지인지 구하여라.

유형 109 ◆ 일부를 뽑아서 한 줄로 세우는 경우의 수

(1) n명 중 2명을 뽑아서 한 줄로 세우는 경우의 수
$\Rightarrow n \times (n-1)$

(2) n명 중 3명을 뽑아서 한 줄로 세우는 경우의 수
$\Rightarrow n \times (n-1) \times (n-2)$

풍쌤의 point n명 중 r명을 뽑아서 한 줄로 세우는 경우의 수를 구하려면 n부터 1씩 줄여 가면서 r개를 곱하면 된다.

563 필수

6권의 책 중에서 3권을 뽑아 책꽂이에 한 줄로 꽂는 경우의 수는?

① 60   ② 90   ③ 120

④ 150   ⑤ 180

564

10개의 역이 있는 어느 지하철 노선의 각 역에서 다른 역으로 갈 때에는 다른 표를 발매할 때, 지하철표의 종류는 모두 몇 가지인가?(단, 왕복표는 없다.)

① 20가지   ② 50가지   ③ 90가지

④ 120가지   ⑤ 180가지

565

복숭아, 바나나, 키위, 포도 중에서 3가지를 골라 A, B, C에게 한 가지씩 줄 때, 나누어 줄 수 있는 경우의 수를 구하여라.

유형 110 ◆ 특정한 사람의 위치를 고정하여 한 줄로 세우는 경우의 수

A, B, C, D를 한 줄로 나열할 때, A가 맨 뒤에 서는 경우의 수는 A를 제외한 B, C, D만 한 줄로 세우면 되므로

□□□A ⇨ $3 \times 2 \times 1 = 6$

풍쌤의 point 특정한 사람의 위치가 이미 정해져 있으면 그 사람을 제외한 나머지 사람만 한 줄로 세우면 된다.

566 = 필수

어느 체육대회에서 400 m 계주 선수로 정혁, 지수, 민기, 성용이가 출전하기로 했다. 지수를 마지막 주자로 할 때, 달리는 순서를 정하는 방법은 모두 몇 가지인가?

① 6가지   ② 12가지   ③ 18가지
④ 24가지   ⑤ 30가지

567

아버지, 어머니, 언니, 현주, 동생 5명의 가족이 한 줄로 설 때, 현주가 한가운데에 서는 경우의 수는?

① 4   ② 8   ③ 12
④ 24   ⑤ 36

568

갑, 을, 병, 정, 무, 기의 6명 중에서 4명을 뽑아 한 줄로 세울 때, 갑이 맨 앞에, 을이 맨 뒤에 서게 되는 경우의 수를 구하여라.

유형 111 ◆ 특정한 사람이 이웃하여 서는 경우의 수

A, B, C, D가 한 줄로 설 때, A, B가 이웃하는 경우의 수는

[A B] [C] [D] ⇨ $(3 \times 2 \times 1) \times 2 = 12$

3명을 한 줄로 세우는 경우의 수   A, B가 자리를 바꾸는 경우의 수

풍쌤의 point 특정한 몇 명이 이웃하여 서는 경우의 수를 구하려면 이웃하는 사람을 한 묶음으로 생각하여 한 줄로 세운 후, 묶음 안에서 자리를 바꾸는 경우의 수를 구하면 된다.

569 = 필수

남학생 4명과 여학생 2명을 한 줄로 세울 때, 여학생 2명이 서로 이웃하여 서는 경우의 수는?

① 60   ② 120   ③ 180
④ 240   ⑤ 300

570

A, B, C, D, E 5명이 한 줄로 설 때, A, B가 이웃하고 B가 A의 뒤에 서는 경우의 수는?

① 5   ② 10   ③ 15
④ 24   ⑤ 48

571 서술형

한국인 3명, 영국인 2명이 한 줄로 설 때, 한국인은 한국인끼리, 영국인은 영국인끼리 이웃하여 서는 경우의 수를 구하여라.

유형 112 ◆ 정수 만들기 – 0이 포함되지 않는 경우

0이 아닌 서로 다른 한 자리의 숫자가 각각 적힌 n장의 카드에서 만들 수 있는

(1) 두 자리의 정수의 개수: $n \times (n-1)$개

(2) 세 자리의 정수의 개수: $n \times (n-1) \times (n-2)$개

풍쌤의 point 정수 만들기 문제에서는 먼저 문제가 요구하는 정수의 형태부터 파악한 후 다음 조건을 생각을 한다.
0을 포함하지 않은 n개의 숫자에서 r개를 뽑아 만들 수 있는 r자리의 정수의 개수는 n개 중 r개를 뽑아서 한 줄로 세우는 경우의 수와 같다.

572 ═필수═

1, 2, 3, 4, 5가 각각 적힌 5장의 카드 중에서 2장을 뽑아 두 자리의 정수를 만들 때, 31보다 큰 수의 개수는?

① 10개   ② 11개   ③ 12개

④ 13개   ⑤ 14개

573

1부터 7까지의 자연수 중에서 서로 다른 3개의 숫자를 택하여 만들 수 있는 세 자리의 정수의 개수를 구하여라.

574

1, 2, 3, 4, 5가 각각 적힌 5장의 카드 중에서 2장을 뽑아 두 자리의 정수를 만들 때, 홀수의 개수를 구하여라.

575 서술형

1부터 6까지의 자연수가 각각 적힌 6장의 카드 중에서 2장을 뽑아 만들 수 있는 두 자리의 정수 중 12번째로 큰 수를 구하여라.

유형 113 ◆ 정수 만들기 – 0이 포함되는 경우

0을 포함한 서로 다른 한 자리 숫자가 각각 적힌 n장의 카드에서 만들 수 있는

(1) 두 자리의 정수의 개수: $(n-1) \times (n-1)$개

(2) 세 자리의 정수의 개수: $(n-1) \times (n-1) \times (n-2)$개

예 5개의 숫자 0, 1, 2, 3, 4에서 2개를 뽑아 만들 수 있는 두 자리의 정수의 개수는

$$\square\square \Rightarrow 4 \times 4 = 16(\text{개})$$

0을 제외한 숫자가   십의 첫 자리에 온 숫자를 제외
올 수 있다.   한 모든 숫자가 올 수 있다.

풍쌤의 point 맨 앞자리에 0이 올 수 없음에 유의하도록 하자.

576 ═필수═

0, 1, 2, 3, 4, 5, 6이 각각 적힌 7장의 카드 중에서 3장을 뽑아 만들 수 있는 세 자리의 정수의 개수를 구하여라.

577

0, 1, 2, 3, 4가 각각 적힌 5장의 카드 중에서 2장을 뽑아 두 자리의 정수를 만들 때, 30 미만인 수의 개수를 구하여라.

578 서술형

0부터 9까지의 숫자가 각각 적힌 10장의 카드 중에서 2장을 뽑아 두 자리의 정수를 만들 때, 짝수가 되는 경우의 수를 구하여라.

579

0, 1, 2, 3, 4, 5의 6개의 숫자 중에서 두 개를 선택하여 두 자리의 자연수를 만들려고 한다. 같은 숫자를 두 번 써도 된다면 만들 수 있는 자연수의 개수는?

① 6개   ② 12개   ③ 24개

④ 30개   ⑤ 36개

유형 114 ◆ 자격이 다른 대표 뽑기

(1) n명 중에서 자격이 다른 대표 2명을 뽑는 경우의 수
⇨ $n \times (n-1)$

(2) n명 중에서 자격이 다른 대표 3명을 뽑는 경우의 수
⇨ $n \times (n-1) \times (n-2)$

풍쌤의 point n명 중에서 자격이 다른 대표 r명을 뽑는 경우의 수는 n명 중 r명을 뽑아서 한 줄로 세우는 경우의 수와 같다.

580 ━ 필수 ━

역도 대회에 출전한 10명의 선수 중에서 금메달, 은메달, 동메달을 받는 선수가 1명씩 정해지는 경우의 수는?

① 30   ② 60   ③ 120

④ 360   ⑤ 720

581

6명의 후보 중에서 회장, 부회장, 총무를 1명씩 뽑는 경우의 수는?

① 24   ② 48   ③ 60

④ 120   ⑤ 240

582 서술형

남학생 4명, 여학생 3명이 있다. 남학생 중에서 의장 1명과 부의장 1명, 여학생 중에서 부의장 1명을 뽑는 경우의 수를 구하여라.

유형 115 ◆ 자격이 같은 대표 뽑기

(1) n명 중에서 자격이 같은 2명을 뽑는 경우의 수
⇨ $\dfrac{n(n-1)}{2}$

(2) n명 중에서 자격이 같은 3명을 뽑는 경우의 수
⇨ $\dfrac{n \times (n-1) \times (n-2)}{3 \times 2 \times 1}$

풍쌤의 point n명 중에서 자격이 같은 대표 r명을 뽑는 경우는 순서를 생각하지 않고 뽑는 것이다. 따라서 r명의 순서가 바뀌어도 같은 경우이므로 $r \times (r-1) \times \cdots \times 2 \times 1$로 나누어 주어야 한다.

583 ━ 필수 ━

어느 중학교의 학생회 선거에 출마한 후보 9명 중에서 대의원 3명을 뽑는 경우의 수를 구하여라.

584

강호를 포함한 8명의 학생 중에서 청소 당번 3명을 뽑을 때, 강호가 뽑히는 경우의 수를 구하여라.

585 서술형

남학생이 4명, 여학생이 5명인 어느 모임에서 남학생 대표 2명과 여학생 대표 3명을 뽑는 경우의 수를 구하여라.

586

10명의 친구들이 서로 한 번씩 빠짐없이 악수를 한다면 악수를 하는 총 횟수는?

① 15회   ② 30회   ③ 45회

④ 60회   ⑤ 90회

유형 116 ◆ 색칠하는 경우의 수

(1) 모두 다른 색을 칠하는 경우: 한 번 칠한 색을 다시 사용할 수 없음을 이용하여 경우의 수를 구한다.

(2) 같은 색을 여러 번 칠할 수 있으나 이웃하는 영역은 서로 다른 색을 칠하는 경우: 이웃하지 않는 영역은 칠한 색을 다시 사용할 수 있음을 이용하여 경우의 수를 구한다.

> **풍쌤의 point** 모두 다른 색을 칠하는 경우는 한 줄로 세우는 경우의 수와 같다.

587 ◀필수▶

오른쪽 그림과 같은 A, B, C의 세 부분에 빨강, 주황, 노랑, 초록, 파랑의 5가지 색을 오직 한 번씩만 사용하여 색칠하는 방법의 수를 구하여라.

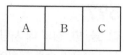

588

오른쪽 그림과 같은 A, B, C, D 네 부분에 빨강, 주황, 노랑, 초록의 4가지 색을 한 번씩만 사용하여 색칠하는 방법의 수를 구하여라.

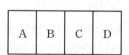

589

오른쪽 그림과 같은 A, B, C, D 네 부분에 빨강, 주황, 노랑, 초록, 파랑의 5가지 색을 칠하려고 한다. 같은 색을 여러 번 써도 좋으나 서로 이웃한 곳은 다른 색이 되도록 할 때, 칠하는 방법의 수를 구하여라.

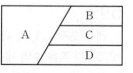

유형 117 ◆ 선분 또는 삼각형의 개수

(1) 두 점을 이은 선분의 개수

   n개 중 순서를 생각하지 않고 2개를 뽑는 경우의 수

   $$\Rightarrow \frac{n \times (n-1)}{2}$$

(2) 세 점을 이은 삼각형의 개수

   n개 중 순서를 생각하지 않고 3개를 뽑는 경우의 수

   $$\Rightarrow \frac{n \times (n-1) \times (n-2)}{3 \times 2 \times 1}$$

> **풍쌤의 point** n개 중에서 순서를 생각하지 않고 r개를 뽑는 경우를 응용하면 선분 또는 삼각형의 개수를 구할 수 있다.

590 ◀필수▶

오른쪽 그림과 같이 원 위에 있는 7개의 점 중에서 세 점을 연결하여 만들 수 있는 삼각형의 개수는?

① 18개   ② 20개

③ 35개   ④ 45개

⑤ 78개

591

오른쪽 그림과 같이 원 위에 5개의 점이 있다. 이 중 2개를 택하여 만들 수 있는 선분의 개수는?

① 5개   ② 10개

③ 15개   ④ 20개

⑤ 25개

592

오른쪽 그림과 같이 직사각형 위에 있는 8개의 점 중에서 세 점을 연결하여 만들 수 있는 삼각형의 개수를 구하여라.

593

1부터 20까지의 자연수가 각각 적힌 20장의 카드가 있다. 이 중에서 임의로 한 장을 뽑을 때, 2의 배수 또는 3의 배수가 나오는 경우의 수를 구하여라.

594

오른쪽 그림과 같은 도로망이 있다. A 지점에서 P 지점을 거쳐 B지점으로 갈 때, 최단 경로로 가는 방법의 수를 구하여라.

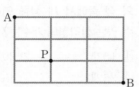

595 서술형

대현, 영아, 종희 세 사람이 가위바위보를 한 번 할 때, 다음 경우의 수를 구하여라.
(1) 세 사람 모두 같은 것을 내는 경우의 수
(2) 세 사람 모두 다른 것을 내는 경우의 수
(3) 승부가 결정되는 경우의 수

596

서로 다른 국어책 3권과 영어책 3권을 책꽂이에 한 줄로 꽂을 때, 국어책과 영어책을 번갈아 꽂는 경우의 수를 구하여라.

597

갑, 을, 병, 정의 네 사람이 한 줄로 설 때, 갑이 을보다 앞에 서는 경우의 수를 구하여라.

598 서술형

우리 가족 여섯 명이 한 줄로 서서 사진을 찍으려고 한다. 아버지, 어머니가 이웃하여 한가운데에 서서 찍는 경우의 수를 구하여라.

599

네 개의 숫자 1, 2, 3, 4를 모두 써서 만든 네 자리의 정수 중 4000보다 작은 수의 개수를 구하여라.

600

0부터 5까지의 숫자가 각각 적힌 6장의 카드가 있다. 이 중에서 두 장을 뽑아 두 자리의 정수를 만들 때, 3의 배수의 개수를 구하여라.

601

어느 축구 리그의 모든 팀이 서로 한 번씩 돌아가며 경기를 했더니 21경기가 치러졌다. 이 축구 리그는 몇 팀으로 이루어져 있는지 구하여라.

602

참외, 자두, 복숭아, 귤이 각각 1개씩 있다. 이 과일을 두 사람에게 각각 두 개씩 나누어 주는 경우의 수를 구하여라.

603 서술형

10명의 후보 중에서 회장 1명, 부회장 2명을 뽑는 경우의 수를 구하여라.

604

범수는 장미꽃 6송이를 선희, 민정, 정희 세 친구에게 나누어 주려고 한다. 세 친구 모두 적어도 한 송이씩은 꼭 받도록 할 때, 장미꽃을 나누어 주는 방법의 수를 구하여라.

605

A, B 두 개의 주사위를 동시에 던져서 나온 눈의 수를 각각 a, b라 할 때, 두 직선 $y=ax$와 $y=-x+b$의 교점의 x좌표가 2가 되는 경우의 수를 구하여라.

606 서술형 창의

어느 면접시험장에 다음과 같이 5개의 의자가 놓여 있다. 수험 번호가 각각 1, 2, 3, 4, 5번인 5명의 수험생이 무심코 의자에 앉을 때, 자신의 수험 번호가 적힌 의자에 앉는 수험생의 수가 단 두 명이 되는 경우의 수를 구하여라.

2 확률의 계산

01 확률의 뜻

▶ 개념 Link 풍산자 개념완성편 162쪽 →

같은 조건 아래에서 실험이나 관찰을 여러 번 반복할 때, 어떤 사건 A 가 일어나는 상대도수가 일정한 값에 가까워지면 이 일정한 값을 사건 A가 일어날 확률이라 한다.

$$(확률) = \frac{(사건\ A가\ 일어나는\ 경우의\ 수)}{(모든\ 경우의\ 수)}$$

개념 Tip ▶ 확률은 어떤 사건이 일어날 가능성을 수로 나타낸 것이다.

1 서로 다른 두 개의 주사위를 동시에 던질 때, 다음을 구하여라.
(1) 모든 경우의 수
(2) 두 눈의 수가 서로 같은 경우의 수
(3) 두 눈의 수가 서로 같을 확률

답 1 (1) 36 (2) 6 (3) $\frac{1}{6}$

02 확률의 성질

▶ 개념 Link 풍산자 개념완성편 164쪽 →

(1) 어떤 사건이 일어날 확률을 p라 하면 $0 \le p \le 1$이다.
　　　　　　　　　　　　　　　　　　└→ 모든 확률은 0 % 이상
　　　　　　　　　　　　　　　　　　　　100 % 이하이다.
(2) 반드시 일어나는 사건의 확률은 1이다.

(3) 절대로 일어날 수 없는 사건의 확률은 0이다.

개념 Tip ▶ 확률이 커질수록 그 사건이 일어날 가능성은 커지고, 확률이 작아질수록 그 사건이 일어날 가능성은 작아진다.

1 1, 3, 5, 7, 9의 숫자가 각각 하나씩 적힌 5장의 카드에서 1장을 뽑을 때, 다음을 구하여라.
(1) 짝수가 적힌 카드가 나올 확률
(2) 홀수가 적힌 카드가 나올 확률

답 1 (1) 0 (2) 1

03 어떤 사건이 일어나지 않을 확률

▶ 개념 Link 풍산자 개념완성편 164쪽 →

사건 A가 일어날 확률을 p라 하면
　　(사건 A가 일어나지 않을 확률) $= 1 - p$

개념 Tip ▶ ① 일반적으로 문제에 '~가 아닐 확률', '적어도 하나가 ~일 확률' 등의 표현이 있으면 어떤 사건이 일어나지 않을 확률을 이용한다.
② 사건 A가 일어날 확률을 p, 사건 A가 일어나지 않을 확률을 q라 하면 $p + q = 1$

1 사건 A가 일어날 확률이 $\frac{3}{4}$일 때, 사건 A가 일어나지 않을 확률을 구하여라.

답 1 $\frac{1}{4}$

04 사건 A 또는 사건 B가 일어날 확률

▶ 개념 Link 풍산자 개념완성편 166쪽 →

두 사건 A, B가 동시에 일어나지 않을 때, 사건 A가 일어날 확률을 p, 사건 B가 일어날 확률을 q라 하면

　(사건 A 또는 사건 B가 일어날 확률) $= p + q$ → 이것을 확률의 덧셈정리라 한다.

개념 Tip ▶ 일반적으로 문제에 '또는', '~이거나' 등의 표현이 있으면 확률의 덧셈을 이용한다.

1 1부터 10까지의 자연수가 각각 적힌 10장의 카드가 있다. 이 중에서 한 장의 카드를 뽑을 때, 5보다 작거나 8보다 큰 수가 나올 확률을 구하여라.

답 1 $\frac{3}{5}$

05 사건 A와 사건 B가 동시에 일어날 확률

개념 Link 풍산자 개념완성편 166쪽

두 사건 A, B가 서로 영향을 끼치지 않을 때, 사건 A가 일어날 확률을 p, 사건 B가 일어날 확률을 q라 하면

$$(\text{사건 } A \text{와 사건 } B \text{가 동시에 일어날 확률}) = p \times q$$ → 이것을 확률의 곱셈정리라 한다.

개념 Tip (1) 일반적으로 문제에 '그리고', '동시에' 등의 표현이 있으면 확률의 곱셈을 이용한다.
(2) 확률의 곱셈에서 '동시에'라는 것은 사건 A가 일어나는 각각의 경우에 대하여 사건 B가 일어난다는 뜻이다.

1 동전 한 개와 주사위 한 개를 동시에 던질 때, 다음을 구하여라.
(1) 동전의 앞면이 나올 확률
(2) 주사위의 3의 눈이 나올 확률
(3) 동전의 앞면과 주사위의 3의 눈이 나올 확률

답 1 (1) $\frac{1}{2}$ (2) $\frac{1}{6}$ (3) $\frac{1}{12}$

06 연속하여 뽑는 경우의 확률

개념 Link 풍산자 개념완성편 168쪽

(1) 꺼낸 것을 다시 넣고 연속하여 뽑는 확률
처음에 뽑은 것을 다시 넣으므로 처음에 뽑을 때의 확률과 나중에 뽑을 때의 확률이 같다.

(2) 꺼낸 것을 다시 넣지 않고 연속하여 뽑는 확률
처음에 뽑은 것을 다시 넣지 않으므로 처음에 뽑을 때의 확률과 나중에 뽑을 때의 확률이 다르다.

예 빨간 공 4개와 파란 공 2개가 들어 있는 주머니에서 공을 한 개씩 연속하여 두 번 꺼낼 때, 두 번 모두 파란 공이 나올 확률은

(1) 꺼낸 공을 다시 넣을 때	(2) 꺼낸 공을 다시 넣지 않을 때
$\frac{2}{6} \times \frac{2}{6} = \frac{1}{9}$	$\frac{2}{6} \times \frac{1}{5} = \frac{1}{15}$
└ 두번째 공이 파란 공일 확률 └ 첫번째 공이 파란 공일 확률	└ 두번째 공이 파란 공일 확률 └ 첫번째 공이 파란 공일 확률

개념 Tip ① 꺼낸 것을 다시 넣는지 넣지 않는지에 따라 확률이 달라진다.
② (연속하여 뽑는 경우의 확률)
　 = (처음에 뽑을 때의 확률) × (나중에 뽑을 때의 확률)

1 10개의 제비 중 3개의 당첨 제비가 들어 있는 상자가 있다. 이 상자에서 제비를 한 개씩 연속하여 두 번 뽑을 때, 두 번 모두 당첨 제비를 뽑을 확률을 다음 각 경우에 대하여 구하여라.
(1) 처음 뽑은 제비를 다시 넣을 때
(2) 처음 뽑은 제비를 다시 넣지 않을 때

답 1 (1) $\frac{9}{100}$ (2) $\frac{1}{15}$

07 도형에서의 확률

개념 Link 풍산자 개념완성편 168쪽

도형에서의 확률은 도형의 전체 넓이에서 사건에 해당하는 부분의 넓이가 차지하는 비율이다.

$$(\text{도형에서의 확률}) = \frac{(\text{사건에 해당하는 부분의 넓이})}{(\text{도형 전체의 넓이})}$$

개념 Tip 도형에서는 경우의 수가 아니라 넓이로 확률을 구한다.

1 오른쪽 그림과 같이 원을 8등분한 과녁에 화살을 쏠 때, 빨간색으로 색칠한 부분을 맞힐 확률을 구하여라. (단, 경계선에 맞히는 경우는 생각하지 않는다.)

답 1 $\frac{1}{2}$

유형 118 ◆ 확률의 뜻

사건 A가 일어난 확률을 p라 하면

$$\Rightarrow p = \frac{(사건\ A가\ 일어나는\ 경우의\ 수)}{(모든\ 경우의\ 수)}$$

풍쌤의 point 확률은 전체 경우의 수에서 해당 경우의 수가 차지하는 비율이다.

607 ◆필수◆

A, B 두 개의 주사위를 동시에 던져 A 주사위에서 나온 눈의 수를 x, B 주사위에서 나온 눈의 수를 y라 할 때, $3x+y=9$일 확률은?

① $\frac{1}{18}$ ② $\frac{1}{12}$ ③ $\frac{1}{10}$

④ $\frac{1}{5}$ ⑤ $\frac{1}{2}$

608

50원짜리 동전 1개와 100원짜리 동전 1개, 500원짜리 동전 1개를 동시에 던질 때, 앞면이 1개만 나올 확률은?

① $\frac{1}{8}$ ② $\frac{1}{4}$ ③ $\frac{3}{8}$

④ $\frac{1}{2}$ ⑤ $\frac{5}{8}$

609

주사위 한 개를 두 번 던져서 첫 번째에 나온 눈의 수를 x, 두 번째에 나온 눈의 수를 y라 할 때, $x+2y<6$일 확률을 구하여라.

유형 119 ◆ 여러 가지 확률

(1) 전체 경우의 수를 구한다.
(2) 해당 경우의 수를 구한다.
(3) 확률을 구한다.

610 ◆필수◆

A, B, C, D, E 다섯 명이 한 줄로 설 때, A는 맨 앞에, B는 맨 뒤에 서게 될 확률은?

① $\frac{1}{20}$ ② $\frac{3}{20}$ ③ $\frac{5}{20}$

④ $\frac{7}{20}$ ⑤ $\frac{9}{20}$

611

남학생 3명, 여학생 2명 중에서 대표 2명을 뽑을 때, 2명 모두 여학생일 확률을 구하여라.

612

1부터 6까지의 숫자가 각각 적힌 6장의 카드에서 2장을 뽑아 두 자리의 정수를 만들 때, 56 이상이 될 확률을 구하여라.

613 서술형

남학생 2명, 여학생 4명이 한 줄로 설 때, 남학생 2명이 서로 이웃하여 서게 될 확률을 구하여라.

파란 해설 63~64쪽

유형 120 ◆ 확률의 성질

(1) 어떤 사건이 일어날 확률을 p라 하면 $0 \le p \le 1$이다.

(2) 사건 A가 일어날 확률을 p, 사건 A가 일어나지 않을 확률을 q라 하면 $p+q=1$이다.

풍쌤의 point 확률은 음수일 수 없다!
확률은 1보다 클 수 없다!

614 ═필수═

다음 사건 중 그 확률이 1인 것을 모두 고르면?(정답 2개)

① 동전 1개를 던질 때, 앞면이 나오는 사건

② 동전 1개를 던질 때, 앞면과 뒷면이 동시에 나오는 사건

③ 주사위 1개를 던질 때, 나오는 눈의 수가 6 이하인 사건

④ 주사위 1개를 던질 때, 나오는 눈의 수가 6 이상인 사건

⑤ 흰 구슬이 5개 들어 있는 주머니에서 구슬 1개를 꺼낼 때, 흰 구슬이 나오는 사건

615

사건 A가 일어날 확률을 p, 사건 A가 일어나지 않을 확률을 q라 할 때, 다음 중 옳지 <u>않은</u> 것을 모두 고르면?

(정답 2개)

① $0 \le p \le 1$

② $p+q=1$

③ $p=q$이면 $p=\dfrac{1}{2}$이다.

④ 사건 A가 반드시 일어나는 사건이면 $p=0$이다.

⑤ 사건 A가 절대로 일어나지 않는 사건이면 $p=1$이다.

유형 121 ◆ 어떤 사건이 일어나지 않을 확률

(1) 사건 A가 일어날 확률을 p라 하면 사건 A가 일어나지 않을 확률은 $1-p$이다.

(2) 일반적으로 문제에 '~ 않을 확률', '~가 아닐 확률' 등의 표현이 있거나 사건이 일어나는 경우의 수를 구하는 것이 복잡할 때 위의 성질을 이용한다.

616 ═필수═

A 중학교 농구부와 B 중학교 농구부의 시합에서 A 중학교가 이길 확률이 $\dfrac{5}{8}$일 때, B 중학교가 이길 확률을 구하여라.

(단, 비기는 경우는 없다.)

617

A, B 두 개의 주사위를 동시에 던질 때, 서로 다른 눈이 나올 확률을 구하여라.

618

A, B, C, D 네 명이 한 줄로 설 때, A와 B가 이웃하여 서지 않을 확률을 구하여라.

619

36의 약수가 각각 하나씩 적힌 카드 중에서 한 장을 뽑아 그 카드에 적힌 수를 a라 할 때, $\dfrac{2}{a}$가 자연수가 되지 않을 확률을 구하여라.

유형 122 ◆ '적어도 ~일' 확률

(적어도 한 개는 [앞면일, 짝수일, 맞힐] 확률)
$=1-$ (모두 [뒷면일, 홀수일, 틀릴] 확률)

풍쌤의 point 일반적으로 문제에 '적어도 하나가 ~일 확률'이라는 표현이 있으면 어떤 사건이 일어나지 않을 확률을 이용하여 구한다.

620 =필수=

네 개의 동전을 동시에 던질 때, 적어도 한 개는 앞면이 나올 확률은?

① $\dfrac{1}{16}$ ② $\dfrac{5}{16}$ ③ $\dfrac{9}{16}$

④ $\dfrac{11}{16}$ ⑤ $\dfrac{15}{16}$

621

주머니 속에 검은 공 3개, 흰 공 2개가 들어 있다. 이 주머니 속에서 2개의 공을 동시에 꺼낼 때 적어도 한 개가 흰 공일 확률은?

① $\dfrac{1}{5}$ ② $\dfrac{3}{10}$ ③ $\dfrac{2}{5}$

④ $\dfrac{3}{5}$ ⑤ $\dfrac{7}{10}$

622 서술형

남학생 4명, 여학생 3명 중에서 2명의 대표를 뽑을 때, 적어도 1명은 남학생이 뽑힐 확률을 구하여라.

유형 123 ◆ 확률의 덧셈

사건 A 또는   사건 B
↓   ↓
p $+$ q

⇨ (사건 A 또는 사건 B가 일어날 확률)$=p+q$

예 한 개의 주사위를 던질 때, 1의 눈이 나올 확률은 $\dfrac{1}{6}$, 2의 눈이 나올 확률은 $\dfrac{1}{6}$이므로 1 또는 2의 눈이 나올 확률은 $\dfrac{1}{6}+\dfrac{1}{6}=\dfrac{1}{3}$

623 =필수=

서로 다른 두 개의 주사위를 동시에 던질 때, 나오는 눈의 수의 합이 3 또는 8이 될 확률은?

① $\dfrac{1}{36}$ ② $\dfrac{1}{12}$ ③ $\dfrac{5}{36}$

④ $\dfrac{7}{36}$ ⑤ $\dfrac{1}{4}$

624

주머니 속에 빨간 공 4개, 노란 공 5개, 파란 공 6개가 들어 있다. 이 주머니 속에서 1개의 공을 꺼낼 때, 빨간 공이나 파란 공이 나올 확률을 구하여라.

625 서술형

서로 다른 두 개의 주사위를 동시에 던질 때, 나오는 눈의 수의 차가 1 또는 3일 확률을 구하여라.

유형 124 ◆ 확률의 곱셈

$$\text{사건 } A \quad \underline{그리고} \quad \text{사건 } B$$
$$\downarrow \qquad\qquad \downarrow$$
$$p \qquad \times \qquad q$$

⇨ (사건 A와 사건 B가 동시에 일어날 확률)$=p \times q$

㉠ 어떤 시험에서 흥부가 합격할 확률이 $\frac{1}{5}$, 놀부가 합격할

확률이 $\frac{2}{5}$일 때, 흥부와 놀부가 동시에 합격할 확률은

$\frac{1}{5} \times \frac{2}{5} = \frac{2}{25}$

626 ◀필수▶

한 개의 주사위를 두 번 던질 때, 첫 번째는 6의 약수의 눈이 나오고, 두 번째는 소수의 눈이 나올 확률은?

① $\frac{1}{12}$ ② $\frac{1}{9}$ ③ $\frac{1}{4}$

④ $\frac{1}{3}$ ⑤ $\frac{1}{2}$

627 서술형

한 개의 주사위를 세 번 던질 때, 첫 번째는 짝수의 눈, 두 번째는 3의 배수의 눈, 세 번째는 4의 약수의 눈이 나올 확률을 구하여라.

628

어떤 시험 문제를 성진이가 맞힐 확률은 $\frac{2}{3}$, 우영이가 맞힐

확률은 $\frac{1}{2}$이다. 이 문제를 두 사람 모두 맞히지 못할 확률을 구하여라.

629

A, B 두 학생이 어떤 수학 문제를 맞힐 확률이 각각 $\frac{2}{3}$, $\frac{1}{4}$

일 때, A 학생만 이 문제를 맞힐 확률은?

① $\frac{1}{12}$ ② $\frac{1}{6}$ ③ $\frac{1}{4}$

④ $\frac{1}{3}$ ⑤ $\frac{1}{2}$

630

어느 농구 경기에서 A, B 두 팀의 현재 점수가 $79 : 80$이고, 79점을 얻은 A 팀이 자유투 2개를 던지면 경기가 종료된다고 한다. 자유투를 던질 선수의 자유투 성공률이 $80\ \%$일 때, A 팀이 이길 확률은?

(단, 자유투를 성공하면 1점을 얻는다.)

① $\frac{1}{25}$ ② $\frac{1}{5}$ ③ $\frac{2}{5}$

④ $\frac{16}{25}$ ⑤ $\frac{4}{5}$

631 서술형

도현이가 A, B 두 문제를 풀려고 한다. A 문제를 맞힐 확

률은 $\frac{1}{4}$, 두 문제를 모두 맞힐 확률은 $\frac{1}{6}$일 때, 다음을 구하

여라.

(1) B 문제를 맞힐 확률

(2) A 문제는 맞히고, B 문제는 틀릴 확률

유형 125 ◆ 확률의 곱셈의 활용
– 둘 중 적어도 하나가 ○일 확률

어떤 시험에서 흥부가 합격할 확률이 $\frac{1}{5}$, 놀부가 합격할 확률

이 $\frac{2}{5}$일 때, 적어도 한 명이 합격할 확률은

$$1-\left(\frac{4}{5}\times\frac{3}{5}\right)=1-\frac{12}{25}=\frac{13}{25}$$

└ 모두 불합격할 확률

풍쌤의 point 둘 중 적어도 하나가 ○일 확률을 구하려면 1에서
(×, ×)일 확률을 빼면 된다.

$$\underbrace{(\bigcirc,\bigcirc),(\bigcirc,\times),(\times,\bigcirc),(\times,\times)}_{\text{모든 경우}}$$

632 ═필수═
정답이 하나인 5지선다형 문제 3개가 있다. 임의로 답을 썼
을 때, 적어도 한 문제는 맞힐 확률을 구하여라.

633
A주머니에는 흰 공 2개와 검은 공 3개, B주머니에는 흰 공
4개와 검은 공 3개가 들어 있다. 각 주머니에서 공을 1개씩
꺼낼 때, 적어도 하나가 흰 공일 확률을 구하여라.

634
타율이 4할인 야구 선수가 두 번의 타석에서 적어도 한 번은
안타를 칠 확률을 구하여라.

635 서술형
민주와 민호는 소풍가는 날 분수대 앞에서 만나기로 약속하
였다. 민주와 민호가 약속 장소에 나갈 확률이 각각 $\frac{3}{4}$, $\frac{4}{5}$
일 때, 두 사람이 만나지 못할 확률을 구하여라.

유형 126 ◆ 확률의 곱셈의 활용
– 둘 중 하나만 ○일 확률

어떤 시험에서 흥부가 합격할 확률이 $\frac{1}{5}$, 놀부가 합격할 확

률이 $\frac{2}{5}$일 때, 둘 중 한 명만 합격할 확률은

$$\frac{1}{5}\times\left(1-\frac{2}{5}\right)+\left(1-\frac{1}{5}\right)\times\frac{2}{5}=\frac{1}{5}\times\frac{3}{5}+\frac{4}{5}\times\frac{2}{5}=\frac{11}{25}$$

└ 흥부만 합격할 확률 └ 놀부만 합격할 확률

풍쌤의 point 둘 중 하나만 ○일 확률은 (○, ×) 또는 (×, ○)일
확률이다.

$$\underbrace{(\bigcirc,\bigcirc),(\bigcirc,\times),(\times,\bigcirc),(\times,\times)}_{\text{모든 경우}}$$

636 ═필수═
어떤 야구 선수의 타율이 3할이라 할 때, 이 선수가 두 번의
타석에서 한 번만 안타를 칠 확률을 구하여라.

637
일기 예보에 의하면 내일 비가 올 확률은 70 %, 모레 비가
올 확률은 30 %라 한다. 내일과 모레 중 하루만 비가 올 확
률을 구하여라.

638
유진이가 학교에 지각을 할 확률이 $\frac{1}{4}$일 때, 3일 중 하루만
지각을 할 확률은?

① $\frac{3}{32}$ ② $\frac{2}{64}$ ③ $\frac{15}{64}$

④ $\frac{27}{64}$ ⑤ $\frac{2}{16}$

유형 127 ◆ 두 주머니에서 공 꺼내기

오른쪽 그림과 같은 A, B 두 주머니에서 각각 1개씩 공을 꺼낼 때, A 주머니에서는 빨간 공이 나오고, B 주머니에서는 파란 공이 나올 확률은

A   B

$$\frac{2}{3} \times \frac{3}{4} = \frac{1}{2}$$

639 ═필수═

A 주머니에는 흰 공 4개, 검은 공 2개가 들어 있고, B 주머니에는 흰 공 3개, 검은 공 2개가 들어 있다. 두 주머니에서 각각 1개씩 공을 꺼낼 때, 그중 1개는 흰 공이고, 1개는 검은 공일 확률은?

① $\frac{1}{5}$ ② $\frac{4}{15}$ ③ $\frac{2}{5}$

④ $\frac{7}{15}$ ⑤ $\frac{13}{15}$

640 서술형

A 주머니에는 흰 공 2개, 검은 공 3개가 들어 있고, B 주머니에는 흰 공 3개, 검은 공 4개가 들어 있다. 두 주머니에서 각각 1개씩 공을 꺼낼 때, 나온 두 공이 같은 색일 확률을 구하여라.

641

두 개의 주머니 A, B가 있다. A 주머니에는 흰 공 4개, 검은 공 6개가 들어 있고, B 주머니에는 흰 공 2개, 검은 공 4개가 들어 있다. 임의로 주머니 1개를 택하여 1개의 공을 꺼낼 때, 그 공이 흰 색일 확률을 구하여라.

(단, A, B 주머니를 택할 확률은 같다.)

유형 128 ◆ 꺼낸 것을 다시 넣고 연속하여 꺼내기

1부터 6까지의 자연수가 각각 적힌 6개의 공이 들어 있는 상자에서 공 1개를 꺼내어 확인하고 다시 넣은 후 1개를 더 꺼낼때, 첫 번째는 6의 약수가 나오고 두 번째는 소수가 나올 확률은 $\frac{4}{6} \times \frac{3}{6} = \frac{1}{3}$

풍쌤의 point : 꺼낸 것을 다시 넣은 후 또 한 번 꺼내는 문제는 주사위 문제 등 앞의 문제들과 같은 방법으로 생각하면 된다.

642 ═필수═

주머니 속에 1부터 10까지의 자연수가 각각 적힌 10개의 공이 들어 있다. 이 주머니에서 공 1개를 꺼내 숫자를 확인하고 다시 넣은 후 다시 1개를 꺼낼 때, 첫 번째는 2의 약수가 적힌 공이 나오고 두 번째는 4의 배수가 적힌 공이 나올 확률은?

① $\frac{1}{100}$ ② $\frac{3}{100}$ ③ $\frac{1}{25}$

④ $\frac{2}{25}$ ⑤ $\frac{8}{25}$

643

10개의 제비 중에 4개의 당첨 제비가 들어 있는 주머니가 있다. 이 주머니에서 영이가 제비 1개를 뽑아 확인하고 다시 넣은 후 철이가 1개를 뽑을 때, 영이는 당첨되고 철이는 당첨되지 않을 확률을 구하여라.

644 서술형

흰 공 4개와 검은 공 3개가 들어 있는 주머니에서 공 1개를 꺼내 확인하고 다시 넣은 후 다시 1개를 꺼낼 때, 흰 공이 적어도 한 번 나올 확률을 구하여라.

유형 129 ◆ 꺼낸 것을 다시 넣지 않고 연속하여 꺼내기

빨간 공 4개와 파란 공 2개가 들어 있는 주머니에서 공 1개를 꺼낸 후 다시 넣지 않고 1개를 꺼낼 때, 두 번 모두 파란 공이 나올 확률은

$$\frac{2}{6} \times \frac{1}{5} = \frac{1}{15}$$

└─ 두 번째에 파란 공일 확률
첫 번째에 파란 공일 확률

풍쌤의 point 꺼낸 것을 다시 넣지 않는 경우에는 나중에 꺼낼 때의 확률에 주의해야 한다.

645 ═필수═

주머니 속에 흰 공 3개, 검은 공 2개가 들어 있다. 이 주머니에서 공을 1개씩 연속하여 두 번 꺼낼 때, 같은 색의 공이 나올 확률은?(단, 꺼낸 공은 다시 넣지 않는다.)

① $\frac{1}{3}$ ② $\frac{2}{5}$ ③ $\frac{1}{2}$

④ $\frac{3}{5}$ ⑤ $\frac{2}{3}$

646

100개의 제비 중 당첨 제비가 20개 들어 있다. A, B 두 사람이 A부터 차례로 1개씩 제비를 뽑을 때, B만 당첨 제비를 뽑을 확률은? (단, 한 번 뽑은 제비는 다시 넣지 않는다.)

① $\frac{8}{99}$ ② $\frac{4}{25}$ ③ $\frac{16}{99}$

④ $\frac{6}{25}$ ⑤ $\frac{32}{99}$

647 서술형

7개의 제비 중 4개의 당첨 제비가 들어 있는 상자가 있다. 이 상자에서 제비를 1개씩 연속하여 두 번 뽑을 때, 당첨 제비가 적어도 한 번 나올 확률을 구하여라.

(단, 한 번 뽑은 제비는 다시 넣지 않는다.)

유형 130 ◆ 시험에 합격할 확률

(1) (시험에 불합격할 확률)=1−(시험에 합격할 확률)
(2) (두 사람 중 적어도 한 사람은 시험에 합격할 확률)
 =1−(두 사람 모두 시험에 불합격할 확률)

648 ═필수═

어떤 수학 문제를 영채가 맞힐 확률은 $\frac{3}{4}$, 윤수가 맞힐 확률은 $\frac{1}{3}$이라 한다. 두 사람 중 적어도 한 명은 이 문제를 맞힐 확률은?

① $\frac{1}{6}$ ② $\frac{1}{4}$ ③ $\frac{1}{3}$

④ $\frac{2}{3}$ ⑤ $\frac{5}{6}$

649

어떤 시험에서 A가 합격할 확률은 $\frac{3}{4}$, B가 합격할 확률은 $\frac{4}{5}$라 한다. A, B 중 한 명만 합격할 확률은?

① $\frac{3}{10}$ ② $\frac{7}{20}$ ③ $\frac{2}{5}$

④ $\frac{9}{20}$ ⑤ $\frac{1}{2}$

650 서술형

A, B, C 세 학생이 어느 오디션에 응시하였는데 합격할 확률이 각각 $\frac{1}{2}$, $\frac{2}{3}$, $\frac{3}{5}$이다. 이 오디션에 두 명만 합격할 확률을 구하여라.

유형 131 ◆ 명중률

(1) (A, B 두 사람 모두 명중시킬 확률)
= (A의 명중률) × (B의 명중률)
(2) (A, B 두 사람 중 적어도 한 사람은 명중시킬 확률)
= 1 − (두 사람 모두 명중시키지 못할 확률)

651 ◆필수◆

명중률이 각각 $\frac{2}{5}$, $\frac{3}{4}$인 두 양궁 선수가 화살을 한 번씩 쏘았을 때, 두 사람 모두 과녁에 명중시키지 못할 확률은?

① $\frac{3}{20}$ ② $\frac{1}{5}$ ③ $\frac{1}{4}$

④ $\frac{3}{10}$ ⑤ $\frac{7}{20}$

652

명중률이 각각 $\frac{2}{3}$, $\frac{3}{4}$, $\frac{4}{5}$인 갑, 을, 병 세 사람이 동시에 목표물을 향해 총을 1발씩 쏘았을 때, 목표물이 총에 맞을 확률을 구하여라.

653 서술형

총을 10발 쏘아 평균 6발을 명중시키는 사수가 있다. 이 사수가 목표물을 향해 총을 2발 쏘았을 때, 한 발만 명중시킬 확률을 구하여라.

654

총알을 맞으면 쓰러지는 타깃이 있다. 5발을 쏘아 평균 3발을 명중시키는 사격 선수가 2발 이하로 총을 쏘아 타깃을 쓰러뜨릴 확률을 구하여라.

유형 132 ◆ 가위바위보의 확률

세 사람이 가위바위보를 할 때,

(1) 비기는 경우 ┌ 세 사람 모두 같은 것을 낼 때
            └ 세 사람 모두 다른 것을 낼 때
(2) 승부가 결정되는 경우

655 ◆필수◆

세 사람이 가위바위보를 한 번 할 때, 비길 확률은?

① $\frac{1}{6}$ ② $\frac{1}{5}$ ③ $\frac{1}{4}$

④ $\frac{1}{3}$ ⑤ $\frac{1}{2}$

656

A, B 두 사람이 가위바위보를 두 번 할 때, 첫 번째는 A가 이기고, 두 번째는 비길 확률은?

① $\frac{1}{18}$ ② $\frac{1}{9}$ ③ $\frac{1}{6}$

④ $\frac{1}{3}$ ⑤ $\frac{1}{2}$

657 서술형

A, B, C 세 사람이 가위바위보를 할 때, 다음을 구하여라.

(1) A만 이길 확률
(2) A가 이길 확률

유형 133 ◆ 여러 번 반복해서 하는 게임의 확률

A, B 두 사람이 동전을 번갈아 던져서 앞면이 먼저 나오는 사람이 이기는 놀이를 할 때, 3회 이내에 A가 이기는 경우는 다음과 같다.

1회(A 차례)	2회(B 차례)	3회(A 차례)	확률
앞면			→ $\frac{1}{2}$
뒷면	뒷면	앞면	→ $\frac{1}{2} \times \frac{1}{2} \times \frac{1}{2}$

따라서 3회 이내에 A가 이길 확률은
$$\frac{1}{2} + \frac{1}{2} \times \frac{1}{2} \times \frac{1}{2} = \frac{1}{2} + \frac{1}{8} = \frac{5}{8}$$

풍쌤의 point 여러 번 반복해서 하는 게임에서 승리할 확률을 구하려면 승리하는 모든 경우를 나열해 본다.

658 =필수=

A, B 두 사람이 1회에는 A, 2회에는 B, 3회에는 A, 4회에는 B, …의 순서로 주사위 1개를 번갈아 던지는 놀이를 한다. 3의 배수의 눈이 먼저 나오는 사람이 이기는 것으로 할 때, 5회 이내에 B가 이길 확률을 구하여라.

659 서술형

주머니 속에 흰 공 3개, 검은 공 6개가 들어 있다. 이 주머니에서 A, B 두 사람이 1회에는 A, 2회에는 B, 3회에는 A, 4회에는 B, …의 순서로 공 1개를 번갈아 꺼내 확인하고 다시 넣을 때, 흰 공을 먼저 꺼내는 사람이 이기기로 하였다. 4회 이내에 A가 이길 확률을 구하여라.

660

A, B 두 사람이 3번 경기를 해서 먼저 2번을 이기면 승리하는 씨름 시합을 한다. 한 경기에서 A가 이길 확률이 $\frac{1}{3}$일 때, 이 씨름 시합에서 A가 승리할 확률을 구하여라.
(단, 비기는 경우는 없다.)

유형 134 ◆ 도형에서의 확률

$$(\text{도형에서의 확률}) = \frac{(\text{사건에 해당하는 부분의 넓이})}{(\text{도형 전체의 넓이})}$$

풍쌤의 point 도형에서의 확률은 전체의 넓이에서 해당하는 부분의 넓이가 차지하는 비율이다.

661 =필수=

오른쪽 그림과 같이 9개의 정사각형으로 이루어진 표적에 화살을 두 번 쏠 때, 두 번 모두 색칠한 부분에 맞힐 확률은?
(단, 화살이 표적을 벗어나거나 경계선에 맞히는 경우는 생각하지 않는다.)

① $\frac{2}{9}$ 　　② $\frac{1}{3}$ 　　③ $\frac{4}{9}$

④ $\frac{5}{9}$ 　　⑤ $\frac{2}{3}$

662 서술형

오른쪽 그림과 같이 중심이 같은 세 원으로 이루어진 과녁에 화살을 쏠 때, 색칠한 부분에 맞힐 확률을 구하여라.
(단, 화살이 과녁을 벗어나거나 경계선에 맞히는 경우는 생각하지 않는다.)

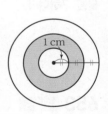

663

오른쪽 그림과 같이 8등분된 원판에 화살을 두 번 쏠 때, 두 번 모두 소수가 적힌 부분에 맞힐 확률을 구하여라.
(단, 화살이 과녁을 벗어나거나 경계선에 맞히는 경우는 생각하지 않는다.)

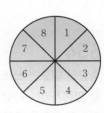

664

A, B 두 개의 주사위를 동시에 던져서 나온 눈의 수를 각각 a, b라 할 때, 좌표평면 위의 네 점 P(a, b), Q$(-a, b)$, R$(-a, -b)$, S$(a, -b)$로 이루어진 사각형 PQRS의 넓이가 48일 확률을 구하여라.

665

오른쪽 그림과 같이 밑에서부터 5번째 계단에 서 있는 학생 A가 1개의 주사위를 던져 짝수의 눈이 나오면 그 수만큼 올라가고, 홀수의 눈이 나오면 그 수만큼 내려간다고 한다.

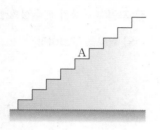

주사위를 두 번 던진 후 A가 한 계단 내려가 있을 확률을 구하여라.(단, 계단의 수는 충분히 많다.)

666 서술형

길이가 각각 2 cm, 4 cm, 5 cm, 6 cm인 4개의 막대기 중에서 3개를 택했을 때, 삼각형이 만들어질 확률을 구하여라.

667

A, B 두 개의 주사위를 동시에 던져서 나오는 눈의 수를 각각 a, b라 할 때, 방정식 $ax-b=0$의 해가 1 또는 2일 확률을 구하여라.

668

0, 1, 2, 3, 4, 5의 숫자가 각각 적힌 6장의 카드에서 2장을 뽑아 두 자리의 정수를 만들 때, 짝수가 될 확률을 구하여라.

669 서술형

다음 그림과 같이 수직선 위의 원점에 위치한 점 P를 동전 한 개를 던져서 앞면이 나오면 오른쪽으로 1만큼, 뒷면이 나오면 왼쪽으로 1만큼 움직인다. 동전을 3번 던질 때, 점 P의 위치가 -1이 될 확률을 구하여라.

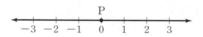

670

한 변의 길이가 1인 작은 정육면체 64개를 오른쪽 그림과 같이 쌓아서 큰 정육면체를 만들었다. 이 큰 정육면체의 겉면에 색칠을 하고 다시 흐트러뜨린 다음 작은 정육면체 한 개를 집었을 때, 적어도 한 면이 색칠된 정육면체일 확률을 구하여라.

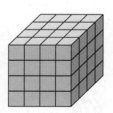

671

오른쪽 그림과 같은 전기 회로에서 두 스위치 A, B가 닫힐 확률이 각각 $\frac{2}{3}$, $\frac{3}{4}$일 때, 전구에 불이 들어올 확률을 구하여라.

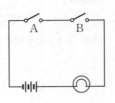

672

비가 온 다음 날 비가 올 확률은 $\frac{1}{4}$이고, 비가 오지 않은 다음 날 비가 올 확률은 $\frac{1}{5}$이라 한다. 월요일에 비가 왔을 때, 이틀 후인 수요일에도 비가 올 확률을 구하여라.

673 서술형

흰 공 3개, 검은 공 2개가 들어 있는 주머니에서 1개의 공을 꺼내 확인한 후 다시 넣고, 그 공과 같은 색의 공을 하나 더 주머니에 넣었다. 그런 다음 이 주머니에서 1개의 공을 꺼낼 때, 두 번째에 나온 공이 흰 공일 확률을 구하여라.

674

A, B 두 팀이 경기를 하는데 먼저 4승을 한 팀이 우승한다고 한다. 현재 A팀이 2승 1패로 앞서고 있고 각 팀이 한 게임에서 이길 확률은 서로 같다고 할 때, B팀이 우승할 확률을 구하여라.(단, 비기는 경우는 없다.)

675

A, B, C 세 명의 학생이 각각 흰색, 파란색, 노란색의 모자를 쓰고 있었다. 이들이 모자를 벗어 놓고 놀다가 집에 갈 시간이 되어 아무 모자나 집어 썼을 때, 적어도 한 명은 자기 모자를 쓸 확률을 구하여라.

676 서술형

두 자연수 a, b가 짝수일 확률이 각각 $\frac{4}{7}$, $\frac{3}{5}$일 때, ab가 짝수일 확률을 구하여라.

677

주머니 속에 흰 공 2개, 검은 공 4개가 들어 있다. 이 주머니에서 A, B 두 사람이 1회에는 A, 2회에는 B, 3회에는 A, 4회에는 B, …의 순서로 공을 하나씩 꺼낼 때, 흰 공을 먼저 꺼내는 사람이 이기기로 하였다. A가 이길 확률을 구하여라.
(단, 꺼낸 공은 다시 넣지 않는다.)

678 창의

오른쪽 그림과 같이 A에서 출발하여 마지막에 P, Q, R, S 중의 어느 한 곳에 도착하는 길이 있다. 각 갈림길에서 오른쪽이나 왼쪽으로 갈 확률은 모두 같을 때, A에서 출발하여 Q에 도착할 확률을 구하여라.(단, 최단 거리로 이동한다.)

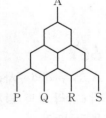

빨리 간편하게 정답을 체크한다.

빨간·정답

3 사각형의 성질

Ⅱ. 도형의 닮음과 피타고라스 정리

1 도형의 닮음

필수유형 공략하기　　　　　　63~70쪽

257 ④　　**258** ㄱ, ㄹ, ㅁ　**259** ②, ④　**260** ③

261 ②, ⑤　**262** ⑤　　　**263** 27 cm　**264** 20π cm

265 $\angle E=105°$, $\overline{FG}=\dfrac{10}{3}$ cm　　**266** ④, ⑤

267 ④　　**268** (1) 2 : 3　(2) 540π cm³　**269** 5 cm

270 6 cm, 36π cm²　　**271** ①, ④　**272** ⑤

273 ②, ④　　**274** ④, ⑤　**275** ②　　**276** 8 cm

277 3 cm

278 (1) △ADE∽△ACB, SAS 닮음　(2) 18 cm

279 ③　　**280** 8 cm　　**281** ⑤　　**282** 8 cm

283 $\dfrac{18}{5}$ cm　**284** ④　　**285** ④　　**286** $\dfrac{15}{2}$ cm

287 8 cm　　**288** ①　　**289** 5 cm

290 ㄱ, ㄷ, ㄹ, ㅂ　　**291** ③　　**292** ④

293 ⑤　　**294** ③　　**295** 3 cm　**296** 10 cm

297 $\dfrac{28}{5}$ cm　**298** $\dfrac{12}{5}$ cm

필수유형 뛰어넘기　　　　　　71~72쪽

299 1 : 2 : 4　**300** $\dfrac{49}{2}$ cm

301 (1) 풀이 참조　(2) $\dfrac{36}{5}$ cm　　**302** 6 cm

303 $\dfrac{23}{2}$ cm　**304** 16 cm²　**305** 48 cm²　**306** 2 cm

307 2 : 3　**308** $\dfrac{25}{2}$ cm　**309** $\dfrac{16}{5}$ cm　**310** $\dfrac{75}{4}$ cm²

2 평행선과 선분의 길이의 비

필수유형 공략하기　　　　　　75~84쪽

311 ②　　**312** ④　　**313** ③　　**314** ③

315 18　　**316** 4 cm　　**317** 80　　**318** ③

319 8 cm　　**320** ③　　**321** ⑤　　**322** $\dfrac{9}{2}$ cm

323 ③, ⑤　　**324** ②, ④

325 (가) $\angle A$, (나) SAS, (다) $\angle ADE$　　　**326** ④

327 ②　　**328** ④　　**329** $\dfrac{93}{8}$　　**330** ④

331 12 cm²　**332** 41　　**333** (1) 6 cm　(2) $\dfrac{60}{11}$ cm

334 ③　　**335** $\dfrac{8}{3}$　　**336** ④

337 (가) $\overline{EC}$, (나) $\overline{CD}$, (다) $\angle FAE$, (라) $\overline{EC}$　　**338** 5 cm

339 ④　　**340** 10 cm　**341** 2 : 3　**342** ①

343 ②　　**344** ⑤　　**345** ③　　**346** ①

347 ②　　**348** 100　　**349** 15　　**350** ④

351 13　　**352** 36　　**353** ②　　**354** 10 cm

355 $\dfrac{42}{5}$ cm　**356** $\dfrac{15}{2}$ cm　**357** 12 cm　**358** 18 cm

359 2 cm　　**360** ③　　**361** (1) 4 cm　(2) 16 cm

362 ⑤　　**363** 3 cm　　**364** 3 : 7　**365** ③

366 ②　　**367** ②　　**368** 60 cm²

필수유형 뛰어넘기　　　　　　85~86쪽

369 ①　　**370** 28 cm　**371** 6 cm　**372** $\dfrac{9}{35}$

373 121 : 75　**374** 3 : 2　**375** 32　　**376** 9 cm

377 $\dfrac{12}{5}$ cm　**378** 10 cm　**379** 14 cm　**380** 81 cm²

3 닮음의 활용

필수유형 공략하기   90~103쪽

381 20 cm	382 3 cm	383 ③	384 ①
385 ③	386 2 cm	387 ②	388 8 cm
389 10 cm	390 15 cm	391 ⑤	392 8 cm²
393 6 cm	394 12 cm	395 ④	396 ①
397 15 cm	398 ②	399 ③	400 ①
401 18 cm	402 34 cm	403 24 cm	404 12 cm²
405 ②	406 ③	407 16 cm	408 ⑤
409 15	410 ②	411 ④	412 9 cm
413 32 cm	414 20	415 ①	416 ④
417 2 cm	418 16π cm²	419 12 cm	420 ④
421 ①	422 ③	423 ③	424 ③
425 ①	426 8 cm	427 2 cm	428 ②
429 4 cm²	430 9 cm²	431 ①	432 36 cm²
433 120 cm²	434 4 cm²	435 12 cm	436 16 cm
437 18 cm	438 24 cm²	439 24 cm²	440 8 cm²
441 ④	442 ④	443 32 cm²	444 ②
445 ④	446 ④	447 240 cm²	448 40 cm²
449 1 : 2	450 ④	451 ⑤	452 ①
453 ②	454 64 cm³	455 57 cm³	456 ⑤
457 ⑤	458 35분	459 4 km	460 9 cm
461 ④	462 ③	463 500 cm²	464 ④
465 3 km²			

필수유형 뛰어넘기   104~105쪽

466 5 cm	467 36 cm	468 $\frac{4}{3}$ cm	469 9 cm
470 40 cm²	471 3 cm	472 3 : 1 : 2	473 5 cm²
474 $\frac{3}{7}$ cm²	475 36 cm²	476 3	477 52.5분

4 피타고라스 정리

필수유형 공략하기   109~116쪽

478 ④	479 4	480 24 cm²	481 ①
482 ⑤	483 30 cm²	484 ②	485 37
486 4	487 6	488 2	489 4 cm²
490 169	491 64	492 40	493 32 cm²
494 8 cm²	495 ⑤	496 ②, ⑤	497 ⑤
498 5	499 ①, ②	500 ①	501 ②, ③
502 ③	503 112	504 65	505 37
506 19	507 ①	508 44	509 27
510 △OBC, $\overline{\text{OD}}$, △ODA, $\overline{\text{OA}}$, $\overline{\text{AD}}$			511 11
512 9	513 61	514 ②	515 20
516 10π cm²	517 ④	518 ④	519 120 cm²
520 52 cm	521 $\frac{24}{5}$ cm	522 8π	523 4 cm
524 ③	525 96π cm³		

필수유형 뛰어넘기   117~118쪽

526 $\frac{25}{2}$π cm²	527 13	528 240 cm²
529 $\frac{8}{3}$ cm²	530 $\frac{5}{2}$ cm	531 10 cm	532 2 cm
533 ③	534 1	535 17	536 6 cm
537 3개	538 24 cm²	539 30

Ⅲ. 확률

1 경우의 수

필수유형 공략하기 122~129쪽

540 ⑤	541 ④	542 4	543 ③
544 ③	545 6가지	546 ②	547 9
548 8	549 8	550 ④	551 ⑤
552 8	553 48	554 27	555 ③
556 81개	557 ⑤	558 ③	559 12개
560 ②	561 ⑤	562 24가지	563 ③
564 ③	565 24	566 ①	567 ④
568 12	569 ④	570 ④	571 24
572 ②	573 210개	574 12개	575 45
576 180개	577 8개	578 41	579 ④
580 ⑤	581 ④	582 36	583 84
584 21	585 60	586 ③	587 60가지
588 24가지	589 180가지	590 ③	591 ②
592 54개			

필수유형 뛰어넘기 130~131쪽

593 13	594 9가지	595 (1) 3 (2) 6 (3) 18
596 72	597 12	598 48 599 18개
600 9개	601 7팀	602 6 603 360
604 10가지	605 2	606 20

2 확률의 계산

필수유형 공략하기 134~142쪽

607 ①	608 ③	609 $\frac{1}{9}$	610 ①
611 $\frac{1}{10}$	612 $\frac{1}{5}$	613 $\frac{1}{3}$	614 ③, ⑤
615 ④, ⑤	616 $\frac{3}{8}$	617 $\frac{5}{6}$	618 $\frac{1}{2}$
619 $\frac{7}{9}$	620 ⑤	621 ⑤	622 $\frac{6}{7}$
623 ④	624 $\frac{2}{3}$	625 $\frac{4}{9}$	626 ④
627 $\frac{1}{12}$	628 $\frac{1}{6}$	629 ⑤	630 ④
631 (1) $\frac{2}{3}$ (2) $\frac{1}{12}$		632 $\frac{61}{125}$	633 $\frac{26}{35}$
634 $\frac{16}{25}$	635 $\frac{2}{5}$	636 $\frac{21}{50}$	637 $\frac{29}{50}$
638 ④	639 ④	640 $\frac{18}{35}$	641 $\frac{11}{30}$
642 ③	643 $\frac{6}{25}$	644 $\frac{40}{49}$	645 ②
646 ③	647 $\frac{6}{7}$	648 ⑤	649 ②
650 $\frac{13}{30}$	651 ①	652 $\frac{59}{60}$	653 $\frac{12}{25}$
654 $\frac{21}{25}$	655 ④	656 ②	
657 (1) $\frac{1}{9}$ (2) $\frac{1}{3}$		658 $\frac{26}{81}$	659 $\frac{13}{27}$
660 $\frac{7}{27}$	661 ③	662 $\frac{1}{3}$	663 $\frac{1}{4}$

필수유형 뛰어넘기 143~144쪽

664 $\frac{1}{9}$	665 $\frac{1}{9}$	666 $\frac{3}{4}$	667 $\frac{1}{4}$
668 $\frac{13}{25}$	669 $\frac{3}{8}$	670 $\frac{7}{8}$	671 $\frac{1}{2}$
672 $\frac{17}{80}$	673 $\frac{3}{5}$	674 $\frac{5}{16}$	675 $\frac{2}{3}$
676 $\frac{29}{35}$	677 $\frac{3}{5}$	678 $\frac{3}{8}$	

◇ 서술유형 집중연습 ◇

서술형 문제는 정답을 확인하는 것보다 바른 풀이 과정을 확인하는 것이 더 중요합니다.

파란 해설 72~87쪽에서 확인해 보세요.

◇ 최종점검 TEST ◇

실전 TEST 1회　　　　　　　　40~43쪽

01 ②	02 ③	03 ⑤	04 ①
05 ②	06 ⑤	07 ⑤	08 ③
09 ②	10 ③	11 ⑤	12 ⑤
13 ③	14 ④	15 ①	16 ①, ④
17 ④	18 ③	19 ⑤	20 ④
21 $35°$	22 $2\,cm$	23 $15\,cm$	24 $14\,cm$
25 $64°$			

실전 TEST 2회　　　　　　　　44~47쪽

01 ②	02 ④	03 ④	04 ②
05 ①	06 ④	07 ⑤	08 ⑤
09 ③	10 ②	11 ③	12 ②
13 ②, ⑤	14 ⑤	15 ④	16 ④
17 ④	18 ①	19 ③	20 ①
21 $18°$	22 $30\,cm^2$	23 $15°$	24 20
25 $4\,cm$			

실전 TEST 3회　　　　　　　　48~51쪽

01 ③	02 ⑤	03 ①	04 ④
05 ④	06 ①	07 ④	08 ④
09 ②	10 ⑤	11 ①	12 ③
13 ②	14 ⑤	15 ①	16 ②
17 ③	18 ⑤	19 ①	20 ⑤
21 $7\,cm^2$	22 $9\,cm^2$	23 18개	24 $\dfrac{26}{81}$
25 3			

실전 TEST 4회　　　　　　　　52~55쪽

01 ⑤	02 ④	03 ⑤	04 ③
05 ③	06 ⑤	07 ①	08 ④
09 ⑤	10 ①	11 ②	12 ⑤
13 ⑤	14 ①	15 ③	16 ④, ⑤
17 ⑤	18 ①	19 ③	20 ①
21 $13\,cm$	22 $18\,cm$	23 48	24 $\dfrac{1}{25}$
25 $\dfrac{10}{3}\,cm$			

중학 풍산자로 개념과 문제를 꼼꼼히 풀면 성적이 지속적으로 향상됩니다

상위권으로의 도약을 위한 중학 풍산자 로드맵

원리 개념서	기초 반복 훈련서	실전 평가 테스트	실전 문제 유형서
▶ 풍산자 개념완성	▶ 풍산자 반복수학	▶ 풍산자 테스트북	▶ 풍산자 필수유형

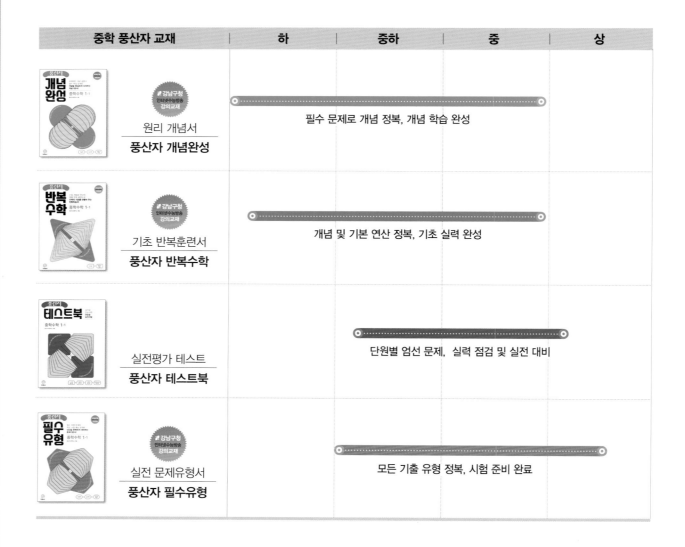

중학 풍산자 교재		하	중하	중	상
원리 개념서 **풍산자 개념완성**	강남구청 인터넷수능방송 강의교재	필수 문제로 개념 정복, 개념 학습 완성			
기초 반복훈련서 **풍산자 반복수학**	강남구청 인터넷수능방송 강의교재	개념 및 기본 연산 정복, 기초 실력 완성			
실전평가 테스트 **풍산자 테스트북**			단원별 엄선 문제, 실력 점검 및 실전 대비		
실전 문제유형서 **풍산자 필수유형**	강남구청 인터넷수능방송 강의교재		모든 기출 유형 정복, 시험 준비 완료		

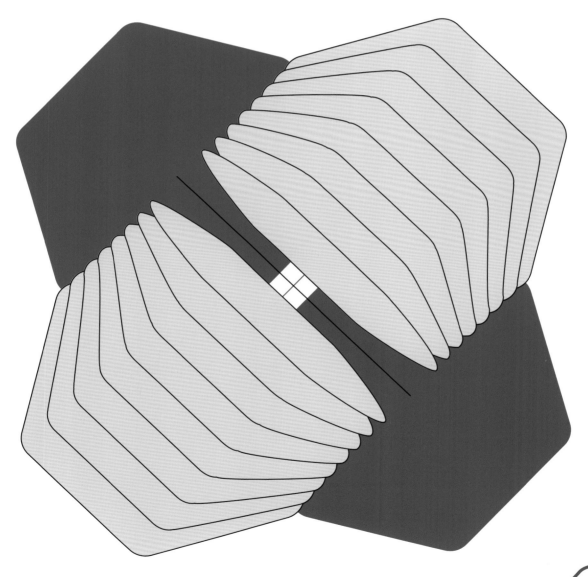

풍산자

필수유형

필수 유형 문제와
학교 시험 예상 문제로
**내신을 완벽하게 대비하는
문제기본서!**

중학수학 2-2

풍산자수학연구소 지음

실전북

풍쌤비법으로 모든 유형을 대비하는
문제기본서

풍산자 필수유형

서술유형 집중연습

중학수학 2-2

대표 서술유형

1 ◆ 이등변삼각형의 성질

→ 유형 002

예제 ▷ 오른쪽 그림에서 △ABC는 $\overline{AB}=\overline{AC}$인 이등변삼각형이고, △BDA는 $\overline{BA}=\overline{BD}$인 이등변삼각형이다. ∠ABC=70°일 때, ∠CAD의 크기를 구하여라. [7점]

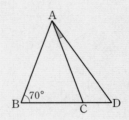

풀이 ▷

step❶ ∠BAC의 크기 구하기 [3점] ❯ △ABC는 $\overline{AB}=\overline{AC}$인 이등변삼각형이므로
∠BAC=＿＿＿＿＿＿＿

step❷ ∠BAD의 크기 구하기 [3점] ❯ △BDA는 $\overline{BA}=\overline{BD}$인 이등변삼각형이므로
∠BAD=＿＿＿＿＿＿＿

step❸ ∠CAD의 크기 구하기 [1점] ❯ ∴ ∠CAD=＿＿＿＿＿＿＿＿

유제 **1-1** → 유형 002

오른쪽 그림에서 △ABC는 $\overline{AB}=\overline{AC}$인 이등변삼각형이다. ∠A=80°이고, $\overline{BD}=\overline{BE}$, $\overline{CE}=\overline{CF}$일 때, ∠x의 크기를 구하여라.

[7점]

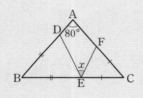

풀이

step❶ ∠B, ∠C의 크기 구하기 [2점]
△ABC는 $\overline{AB}=\overline{AC}$인 이등변삼각형이므로
∠B=＿＿＿=＿＿＿＿＿＿

step❷ ∠BED, ∠CEF의 크기 구하기 [각 2점]
△BED는 $\overline{BD}=\overline{BE}$인 이등변삼각형이므로
∠BED=＿＿＿＿＿＿
△CEF는 $\overline{CE}=\overline{CF}$인 이등변삼각형이므로
∠CEF=＿＿＿＿＿＿

step❸ ∠x의 크기 구하기 [1점]
∴ ∠x=＿＿＿＿＿＿

유제 **1-2** → 유형 001

오른쪽 그림과 같이 $\overline{AB}=\overline{AC}$인 이등변삼각형 ABC에서 ∠A의 이등분선 위의 한 점을 P라 하면 $\overline{PB}=\overline{PC}$임을 설명하여라. [6점]

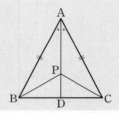

풀이

step❶ 합동인 두 삼각형 찾기 [4점]
이등변삼각형의 꼭지각의 이등분선은 밑변을
＿＿＿＿하므로
△BDP와 ＿＿＿에서
$\overline{BD}=$＿＿＿ …… ㉠
∠BDP=＿＿＿=＿＿＿ …… ㉡
＿＿＿는 공통 …… ㉢
㉠, ㉡, ㉢에 의하여
△BDP≡＿＿＿(＿＿＿합동)

step❷ $\overline{PB}=\overline{PC}$임을 설명하기 [2점]
합동인 두 삼각형의 ＿＿＿＿＿＿＿는 같으므로
$\overline{PB}=\overline{PC}$

2 ◆ 직각삼각형의 합동 조건

→ 유형 011

예제 오른쪽 그림과 같은 △ABC에서 ∠AED=∠AFD=90°이고, $\overline{DE}=\overline{DF}$이다.

∠ADF=68°일 때, ∠BAC의 크기를 구하여라. [6점]

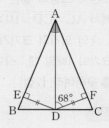

풀이

step❶ 합동인 두 직각삼각형 찾기
[2점]
> △AED와 _____에서
> ∠AED=_____=90°, ____는 공통, $\overline{DE}=$____
> ∴ △AED≡_____ (_____ 합동)

step❷ ∠EAD의 크기 구하기 [2점]
> 따라서 ∠EAD=_____=_____이므로

step❸ ∠BAC의 크기 구하기 [2점]
> ∠BAC=_____=_____

유제 2-1 → 유형 011

오른쪽 그림과 같이 △ABC의 두 꼭짓점 B, C에서 $\overline{AC}$, $\overline{AB}$에 내린 수선의 발을 각각 D, E라 하고, $\overline{BD}$, $\overline{CE}$의 교점을 F라 하자. $\overline{BD}=\overline{CE}$일 때, ∠BCE의 크기를 구하여라.

[8점]

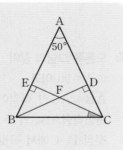

풀이

step❶ 합동인 두 직각삼각형 찾기 [3점]

△DBC와 _____에서

∠BDC=_____=90°, ____는 공통, $\overline{BD}=$____

∴ △DBC≡_____ (_____ 합동)

step❷ ∠ABC의 크기 구하기 [3점]

△DBC≡_____이므로 ∠DCB=_____

∴ ∠ACB=_____

△ABC에서

∠ABC=∠ACB=

_____

step❸ ∠BCE의 크기 구하기 [2점]

△ECB에서 ∠BCE=_____

유제 2-2 → 유형 011

오른쪽 그림과 같이 ∠B=90°인 직각삼각형 ABC에서 $\overline{BC}=\overline{EC}$이고, $\overline{AC}\perp\overline{DE}$일 때, △ADE의 넓이를 구하여라. [8점]

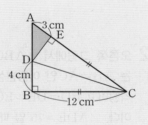

풀이

step❶ 합동인 두 직각삼각형 찾기 [3점]

△DBC와 _____에서

∠DBC=_____=90°, ____는 공통, $\overline{BC}=$____

∴ △DBC≡_____ (_____ 합동)

step❷ $\overline{DE}$의 길이 구하기 [2점]

△DBC≡_____이므로

$\overline{DE}=\overline{DB}=$__(cm)

step❸ △ADE의 넓이 구하기 [3점]

△ADE=

_____(cm²)

서술유형 실전대비

[1-4] 주어진 단계에 맞게 답안을 작성하여라.

1 오른쪽 그림과 같은 △ABC 에서 $\overline{AC}=\overline{CD}=\overline{BD}$이고 ∠A의 외각의 크기가 ∠B의 크기의 4배일 때, ∠B의 크기를 구하여라. [7점]

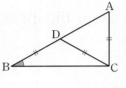

풀이

step 1: ∠DAC의 크기에 대한 식 세우기 [4점]

step 2: ∠A의 외각의 크기와 ∠B의 크기에 대한 식 세우기 [2점]

step 3: ∠B의 크기 구하기 [1점]

답 _____

2 오른쪽 그림에서 △ABC 는 $\overline{AB}=\overline{AC}$인 이등변삼각형이고 $\overline{BD}=\overline{DE}=\overline{EC}$ 이다. ∠ADE=75°일 때, 다음 물음에 답하여라.

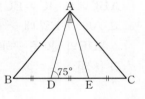

[총 6점]

(1) △ADE가 이등변삼각형임을 설명하여라. [4점]
(2) ∠DAE의 크기를 구하여라. [2점]

풀이

step 1: 합동인 두 삼각형 찾기 [2점]

step 2: △ADE가 이등변삼각형임을 알기 [2점]

step 3: ∠DAE의 크기 구하기 [2점]

답 _____

3 오른쪽 그림에서 △ABC 는 $\overline{AB}=\overline{AC}$인 이등변삼각형이고, ∠ACD=∠DCE, ∠ABD=2∠DBC이다. ∠A=72°일 때, ∠x의 크기를 구하여라. [8점]

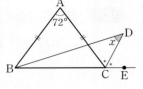

풀이

step 1: ∠ABC, ∠ACB의 크기 구하기 [각 1점]

step 2: ∠DBC의 크기 구하기 [2점]

step 3: ∠DCE의 크기 구하기 [2점]

step 4: ∠x의 크기 구하기 [2점]

답 _____

4 오른쪽 그림과 같이 ∠A=90°이고 $\overline{AB}=\overline{AC}$인 직각이등변삼각형ABC의 두 꼭짓점 B, C에서 꼭짓점 A를 지나는 직선 l에 내린 수선의 발을 각각 D, E라 하자. $\overline{BD}=7\,cm$, $\overline{CE}=3\,cm$일 때, 사각형 BCED의 넓이를 구하여라. [7점]

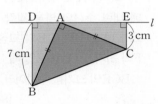

풀이

step 1: 합동인 두 직각삼각형 찾기 [2점]

step 2: $\overline{DE}$의 길이 구하기 [3점]

step 3: 사각형 BCED의 넓이 구하기 [2점]

답 _____

(5-8) 풀이 과정을 자세히 써라.

5 오른쪽 그림과 같이 $\overline{AB}=\overline{AC}$인 이등변삼각형 ABC를 점 A가 점 C와 겹치도록 접었다. $\angle ADE=56°$일 때, $\angle B$의 크기를 구하여라. [8점]

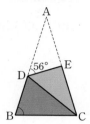

풀이

답 _____

6 오른쪽 그림의 △ABC에서 점 M은 $\overline{AC}$의 중점이고, 점 D, E는 각각 점 A, C에서 $\overline{BM}$과 그 연장선에 내린 수선의 발이다. $\overline{BM}=14$ cm, $\overline{DM}=8$ cm, $\overline{AD}=6$ cm일 때, △BCE의 넓이를 구하여라. [7점]

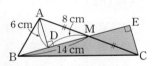

풀이

답 _____

7 오른쪽 그림과 같이 $\angle A=90°$인 직각삼각형 ABC의 꼭짓점 A에서 $\overline{BC}$에 내린 수선의 발을 D라 하자. $\angle C=40°$, $\overline{AE}=\overline{AF}$일 때, $\angle ABF$의 크기를 구하여라. [7점]

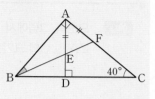

풀이

답 _____

8 오른쪽 그림과 같이 $\angle C=90°$인 직각삼각형 ABC에서 $\angle A$의 이등분선이 $\overline{BC}$와 만나는 점을 D라 하자. $\overline{AB}=10$ cm이고, △ABD의 넓이가 15 cm²일 때, $\overline{DC}$의 길이를 구하여라. [7점]

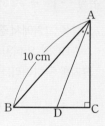

풀이

답 _____

대표 서술유형

1 ◆ 삼각형의 외심

→ 유형 016

[예제] 오른쪽 그림에서 점 O는 △ABC의 외심이고, ∠OBA=40°, ∠OBC=20°일 때, ∠A, ∠C의 크기를 각각 구하여라. [8점]

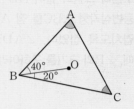

[풀이]

step❶ ∠OAB, ∠OCB의 크기 구하기 [2점]

➤ 점 O가 △ABC의 외심이므로 $\overline{OA}$, $\overline{OC}$를 그으면

∠OAB=_____=____, ∠OCB=_____=____

step❷ ∠OAC, ∠OCA의 크기 구하기 [각 2점]

➤ ∠OBA+∠OCB+∠OAC=_____

∴ ∠OAC=_____,

∠OCA=_____=____

step❸ ∠A, ∠C의 크기 구하기 [각 1점]

➤ 따라서 ∠A, ∠C의 크기는

∠A=∠OAB+_____=_____

∠C=_____=_____

유제 1-1 → 유형 017

오른쪽 그림에서 점 O가 △ABC의 외심일 때, ∠x의 크기를 구하여라. [6점]

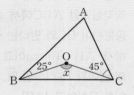

[풀이]

step❶ ∠OAB의 크기 구하기 [2점]

점 O가 △ABC의 외심이므로

∠OAB=_____=____

step❷ ∠OAC의 크기 구하기 [2점]

∠OAC=_____=____

step❸ ∠x의 크기 구하기 [2점]

∴ ∠x=____×_____=_____

유제 1-2 → 유형 015

오른쪽 그림과 같은 직각 삼각형 ABC의 꼭짓점 A에서 빗변 BC에 내린 수선의 발을 D라 하고, BC의 중점을 E라 하자. ∠B=35°일 때, ∠EAD의 크기를 구하여라. [8점]

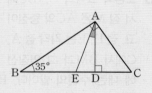

[풀이]

step❶ 점 E가 어떤 점인지 알기 [2점]

점 E는 직각삼각형의 빗변의 중점이므로 △ABC의 _____이다.

step❷ ∠EAB의 크기 구하기 [2점]

∴ ∠EAB=_____=____

step❸ ∠AED의 크기 구하기 [2점]

∠AED=_____

step❹ ∠EAD의 크기 구하기 [2점]

따라서 △AED에서 ∠EAD=_____

2 ◆ 삼각형의 내심

→ 유형 021

예제 오른쪽 그림에서 점 I는 $\overline{AC}=\overline{BC}$인 이등변삼각형 ABC의 내심이다.
$\angle IBC=25°$일 때, $\angle x$의 크기를 구하여라. [6점]

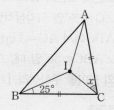

풀이

step❶ $\angle ABC$의 크기 구하기 [2점] ❯ 점 I는 △ABC의 내심이므로

$\angle ICB=\underline{}=\underline{}$, $\angle IBA=\underline{}=\underline{}$ ∴ $\angle ABC=\underline{}$

step❷ $\angle BAC$의 크기 구하기 [2점] ❯ △ABC는 $\overline{AC}=\overline{BC}$인 이등변삼각형이므로

$\angle BAC=\underline{}=\underline{}$

step❸ $\angle x$의 크기 구하기 [2점] ❯ 따라서 △ABC에서 $\underline{}+\underline{}+\underline{}\angle x=\underline{}$, $\underline{}\angle x=\underline{}$

∴ $\angle x=\underline{}$

유제 2-1 → 유형 023

오른쪽 그림에서 점 I는 $\angle A$와 $\angle B$의 이등분선의 교점이다. $\angle AIB=120°$일 때, $\angle x$의 크기를 구하여라. [6점]

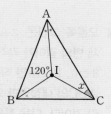

풀이

step❶ 점 I가 어떤 점인지 알기 [2점]

점 I는 $\angle A$와 $\angle B$의 이등분선의 교점이므로 △ABC의 $\underline{}$이다.

step❷ $\angle ACB$의 크기를 x를 이용하여 나타내기 [2점]

$\angle ICB=\underline{}=\underline{}$이므로

$\angle ACB=\underline{}$

step❸ $\angle x$의 크기 구하기 [2점]

$120°=\underline{}$

∴ $\angle x=\underline{}$

유제 2-2 → 유형 024

오른쪽 그림에서 점 I는 △ABC의 내심이고, 세 점 D, E, F는 각각 내접원과 세 변 AB, BC, CA의 접점이다. 이때 색칠한 부분의 넓이를 구하여라. [8점]

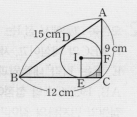

풀이

step❶ △ABC의 내접원의 반지름의 길이 구하기 [3점]

$\triangle ABC=\underline{}$ (cm^2)이므로

△ABC의 내접원의 반지름의 길이를 r cm라 하면

$\triangle ABC=\underline{}=\underline{}$

∴ $r=\underline{}$

step❷ 사각형 IECF가 어떤 사각형인지 알기 [2점]

△ABC는 $\angle C=90°$인 직각삼각형이므로

사각형 IECF는 $\underline{}$이다.

step❸ 색칠한 부분의 넓이 구하기 [3점]

∴ (색칠한 부분의 넓이)

$=\underline{}$

$=\underline{}$ (cm^2)

서술유형 실전대비

[1-4] 주어진 단계에 맞게 답안을 작성하여라.

1 오른쪽 그림과 같이
$\angle C = 90°$인 직각삼각형
ABC에서 $\overline{AC} = 4$ cm,
$\angle ABC = 30°$일 때, $\overline{AB}$
의 길이를 구하여라. [7점]

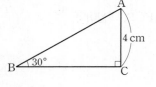

풀이

step 1: $\overline{AB}$의 중점 O에 대하여 △AOC가 어떤 삼각형인지 알기
[4점]

step 2: $\overline{AB}$의 길이 구하기 [3점]

답 _____

2 오른쪽 그림에서 점 I는
△ABC의 내심이고, 세 점 D,
E, F는 각각 내접원과 세 변
AB, BC, CA의 접점이다. 내
접원의 반지름의 길이가 3 cm
일 때, △ABC의 넓이를 구하
여라. [7점]

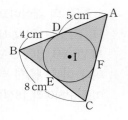

풀이

step 1: $\overline{AC}$의 길이 구하기 [3점]

step 2: △ABC의 넓이 구하기 [4점]

답 _____

3 오른쪽 그림에서 점 I는
△ABC의 내심이고, 점 I에
서 세 변 AB, BC, CA에
내린 수선의 발을 각각 D, E,
F라 할 때, 점 I는 △DEF
의 외심이 된다. 그 이유를 설명하여라. [6점]

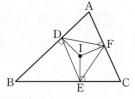

풀이

step 1: $\overline{ID}$, $\overline{IE}$, $\overline{IF}$의 길이 사이의 관계 알기 [3점]

step 2: 점 I가 △DEF의 외심임을 설명하기 [3점]

답 _____

4 오른쪽 그림은 $\angle A = 90°$이고
세 변의 길이가 각각 6 cm,
8 cm, 10 cm인 직각삼각형
ABC의 내접원과 외접원을 그
린 것이다. 다음 물음에 답하여
라. [총 8점]

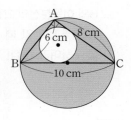

(1) 내접원의 반지름의 길이를 구하여라. [3점]
(2) 외접원의 반지름의 길이를 구하여라. [3점]
(3) 색칠한 부분의 넓이를 구하여라. [2점]

풀이

step 1: 내접원의 반지름의 길이 구하기 [3점]

step 2: 외접원의 반지름의 길이 구하기 [3점]

step 3: 색칠한 부분의 넓이 구하기 [2점]

답 _____

(5-8) 풀이 과정을 자세히 써라.

5 오른쪽 그림에서 점 I는 △ABC의 내심이고, $\overline{DE} \parallel \overline{BC}$이다. $\overline{AB}=7$ cm, $\overline{BC}=9$ cm, $\overline{CA}=5$ cm일 때, △ADE의 둘레의 길이를 구하여라. [8점]

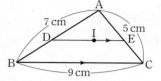

풀이

답 _____

6 오른쪽 그림에서 점 O는 △ABC의 외심이고, 점 I는 △ABO의 내심이다. ∠IBO=35°일 때, ∠C의 크기를 구하여라. [6점]

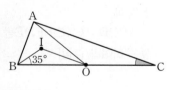

풀이

답 _____

7 오른쪽 그림에서 점 O는 △ABC의 외심이고, 점 P는 $\overline{CO}$의 연장선과 $\overline{AB}$의 교점이다. ∠OCB=42°, ∠B=76°일 때, ∠AOP의 크기를 구하여라. [8점]

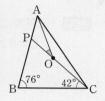

풀이

답 _____

8 오른쪽 그림에서 점 I는 직각삼각형 ABC의 내심이다. 이때 색칠한 부채꼴의 넓이를 구하여라. [8점]

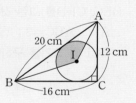

풀이

답 _____

대표 서술유형

1 ✦ 평행사변형의 성질

→ 유형 029

예제 오른쪽 그림과 같이 둘레의 길이가 28 cm인 평행사변형 ABCD에서
∠C=2∠B−30°, ∠AEC=95°일 때, $x+y$의 값을 구하여라. [9점]

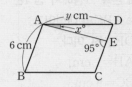

풀이

step❶ ∠B의 크기 구하기 [3점] ➡ ∠B+∠C=＿＿＿이므로

∠B+(＿＿＿＿)=＿＿, 3∠B=＿＿＿ ∴ ∠B=＿＿

step❷ x의 값 구하기 [3점] ➡ ∠D=＿＿＿=＿＿＿이므로 △ADE의 외각의 성질에 의하여

$x°+$＿＿＿$=95°$, $x°=$＿＿ ∴ $x=$＿＿

step❸ y의 값 구하기 [2점] ➡ 평행사변형 ABCD의 둘레의 길이가 28 cm이므로

＿＿＿＿＿＿＿=28, ＿＿＿=14 ∴ $y=$＿＿

step❹ $x+y$의 값 구하기 [1점] ➡ ∴ $x+y=$＿＿＿＿＿

유제 1-1 → 유형 029

오른쪽 그림은 평행사변형 ABCD에서 $\overline{BC}$, $\overline{CD}$를 각각 한 변으로 하는 정삼각형 BEC, CFD를 그린 것이다. ∠A : ∠ABC=3 : 2일 때, ∠ECF의 크기를 구하여라.
[7점]

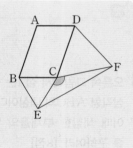

풀이

step❶ ∠BCD의 크기 구하기 [3점]

∠A : ∠ABC=3 : 2, ∠A+∠ABC=＿＿＿이므로

∠A=＿＿＿＿＿＿＿

∴ ∠BCD=＿＿＿＿＿

step❷ ∠BCE와 ∠DCF의 크기 각각 구하기 [각 1점]

한편, △BEC와 △CFD는 정삼각형이므로

∠BCE=∠DCF=＿＿＿

step❸ ∠ECF의 크기 구하기 [2점]

∴ ∠ECF=＿＿＿−(＿＿＿＿＿＿)=＿＿＿

유제 1-2 → 유형 033

오른쪽 그림의 평행사변형 ABCD에서 $\overline{BE}$, $\overline{DF}$는 각각 ∠B와 ∠D의 이등분선일 때, □ABCD=$k×$□BFDE를 만족시키는 실수 k의 값을 구하여라. [7점]

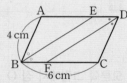

풀이

step❶ □BFDE가 어떤 사각형인지 알기 [4점]

∠ABE=∠FBE, ∠AEB=＿＿＿＿＿ (엇각)이므로

∠ABE=＿＿＿＿＿

즉, △ABE는 ＿＿＿＿＿이므로 $\overline{AE}=$＿＿ cm

∴ $\overline{ED}=\overline{AD}−$＿＿＿=＿＿＿＿ (cm)

같은 방법으로 $\overline{BF}=$＿＿ cm

따라서 $\overline{ED}$ // ＿＿＿이고 $\overline{ED}=$＿＿＿이므로 □BFDE 는 ＿＿＿＿＿이다.

step❷ k의 값 구하기 [3점]

□ABCD : □BFDE=$\overline{BC}$: ＿＿＿=＿＿＿＿＿

□ABCD=＿＿×□BFDE에서 $k=$＿＿

2 ✦ 여러 가지 사각형

→ 유형 043

예제 오른쪽 그림과 같이 $\overline{AD} /\!/ \overline{BC}$인 등변사다리꼴 ABCD에서
$\angle A = 120°$, $\overline{AD} = 5\ cm$, $\overline{CD} = 7\ cm$일 때, $\overline{BC}$의 길이를 구하여라. [6점]

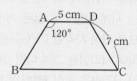

풀이

step❶ $\overline{BE}$의 길이 구하기 [2점] ➡ 오른쪽 그림과 같이 $\overline{AB} /\!/ \overline{DE}$가 되도록 $\overline{BC}$ 위에
점 E를 잡으면 □ABED는 _____이므로
$\overline{BE} =$ ____ $=$ __ cm

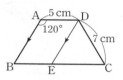

step❷ $\overline{EC}$의 길이 구하기 [3점] ➡ □ABCD는 $\overline{AD} /\!/ \overline{BC}$인 등변사다리꼴이므로
$\angle C = \angle B =$ _____
$\overline{AB} /\!/ \overline{DE}$이므로 $\angle DEC =$ ____ $=$ ____ (동위각)
따라서 △DEC는 _____이므로 $\overline{EC} =$ ____ $=$ __ cm

step❸ $\overline{BC}$의 길이 구하기 [1점] ➡ $\therefore \overline{BC} = \overline{BE} + \overline{EC} =$ _____(cm)

유제 **2-1** → 유형 040

오른쪽 그림과 같은 정사각형
ABCD에서 $\overline{CD}$의 중점을 M,
$\overline{AC}$와 $\overline{BM}$의 교점을 E라 하자.
△ECM의 넓이가 $5\ cm^2$일 때,
다음을 구하여라. [총 8점]
(1) △BCM의 넓이 [6점]
(2) □ABCD의 넓이 [2점]

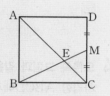

풀이

step❶ 합동인 두 삼각형 찾기 [3점]

(1) 오른쪽 그림과 같이 $\overline{BC}$의 중점
N을 잡으면 $\overline{CM} =$ ____,
____는 공통,
$\angle MCE =$ _____ $=$ ____
$\therefore$ △ECM ≡ _____

step❷ △BCM의 넓이 구하기 [3점]
$\overline{BN} = \overline{CN}$이므로 △ECM $=$ _____ $=$ _____
$\therefore$ △BCM $=$ __ × △ECM $=$ _____ (cm^2)

step❸ □ABCD의 넓이 구하기 [2점]
(2) □ABCD $=$ __ × △BCM $=$ _____ (cm^2)

유제 **2-2** → 유형 048

오른쪽 그림과 같은 사각형
ABCD에서 $\angle B = 90°$,
$\overline{AE} /\!/ \overline{DC}$, $\overline{CE} = 2\overline{BE}$일
때, △AED의 넓이를 구하
여라. [7점]

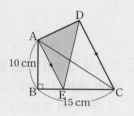

풀이

step❶ △ABC의 넓이 구하기 [2점]
$$\triangle ABC = \underline{\hspace{2cm}} = \underline{\hspace{1cm}} (cm^2)$$

step❷ △AEC의 넓이 구하기 [3점]
$\overline{BE} : \overline{CE} =$ ____이므로
△ABE : △AEC $=$ ____
$\therefore$ △AEC $=$ _____ × △ABC
$= $ _____ (cm^2)

step❸ △AED의 넓이 구하기 [2점]
$\overline{AE} /\!/ \overline{DC}$이므로 △AED $=$ _____ $=$ ____ (cm^2)

서술유형 실전대비

[1-4] 주어진 단계에 맞게 답안을 작성하여라.

1 다음 그림은 평행사변형 ABCD의 각 꼭짓점을 변을 따라 시계 방향으로 같은 거리만큼 이동시킨 점을 꼭짓점으로 하여 사각형 EFGH를 그리고, 같은 방법으로 계속하여 사각형을 그려 나간 것이다. 이와 같은 방법으로 그린 사각형은 항상 평행사변형이 됨을 설명하여라. [8점]

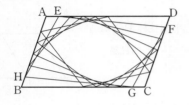

[풀이]

step 1: $\overline{HE}$와 $\overline{FG}$의 길이 사이의 관계 알기 [3점]

step 2: $\overline{GH}$와 $\overline{EF}$의 길이 사이의 관계 알기 [3점]

step 3: 주어진 방법으로 그린 사각형은 평행사변형임을 보이기 [2점]

[답] _____

2 오른쪽 그림과 같은 평행사변형 ABCD에서 점 O는 두 대각선의 교점이다. $\overline{AD}=6$ cm, $\angle OAD=56°$, $\angle OBC=34°$일 때, $x+y$의 값을 구하여라. [7점]

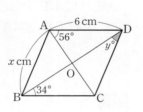

[풀이]

step 1: □ABCD가 어떤 사각형인지 알기 [2점]

step 2: x, y의 값을 각각 구하기 [각 2점]

step 3: $x+y$의 값 구하기 [1점]

[답] _____

3 오른쪽 그림에서 점 E는 $\overline{BC}$의 연장선 위의 점이다. $\overline{AC} /\!/ \overline{DE}$이고 □ABCD의 넓이가 36 cm²일 때, 다음 물음에 답하여라. [총 7점]

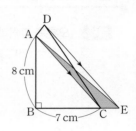

(1) △ACE의 넓이를 구하여라. [4점]

(2) $\overline{CE}$의 길이를 구하여라. [3점]

[풀이]

step 1: △ACD의 넓이 구하기 [2점]

step 2: △ACE의 넓이 구하기 [2점]

step 3: $\overline{CE}$의 길이 구하기 [3점]

[답] _____

4 오른쪽 그림과 같은 직사각형 ABCD에서 두 대각선의 교점을 O라 하자. $\overline{OA}=4x-2$, $\overline{OC}=2x+12$일 때, $\overline{BD}$의 길이를 구하여라. [7점]

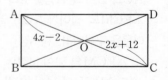

[풀이]

step 1: x의 값 구하기 [3점]

step 2: $\overline{AC}$의 길이 구하기 [2점]

step 3: $\overline{BD}$의 길이 구하기 [2점]

[답] _____

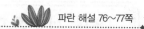

(5-8) 풀이 과정을 자세히 써라.

5 오른쪽 그림과 같은 평행사
변형 ABCD에서 점 O는
두 대각선의 교점이다.
$\overline{BC}=10$ cm,
∠OAB=62°,
∠ODC=28°일 때, $x+y$의 값을 구하여라. [6점]

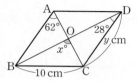

풀이

답 _____

6 오른쪽 그림과 같이 평행사변
형 ABCD에서 $\overline{AB}$, $\overline{CD}$ 위
에 각각 $\overline{AE}=\overline{BE}$,
$\overline{CF}=\overline{DF}$인 점 E, F를 잡고,
$\overline{EF}$ 위에 임의의 점 P를 잡
을 때, △AEP+△DFP의 값을 구하여라. [6점]

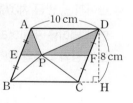

풀이

답 _____

7 오른쪽 그림과 같은 정사각형
ABCD에서 ∠PAQ=45°,
∠APQ=60°일 때, ∠AQD의
크기를 구하여라. [8점]

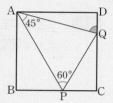

풀이

답 _____

8 오른쪽 그림과 같은 정사각형
ABCD에서 점 E는 $\overline{CD}$ 위의 점
이고, 점 F는 $\overline{AD}$, $\overline{BE}$의 연장선
의 교점이다. $\overline{BC}=8$ cm,
$\overline{EC}=6$ cm일 때, △ECF의 넓
이를 구하여라. [8점]

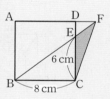

풀이

답 _____

대표 서술유형

1 ✦ 닮음의 성질

→ 유형 051

오른쪽 그림에서 □ABCD, □PQRS이고 $3\overline{DC}=2\overline{SR}$일 때, x, y, z의 값을 각각 구하여라. [8점]

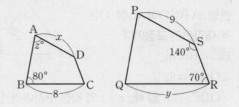

풀이

step❶ 닮음비 구하기 [2점] ➤ $3\overline{DC}=2\overline{SR}$이므로 두 도형의 닮음비는 ＿＿＿＿＿＿

step❷ x의 값 구하기 [2점] ➤ $\overline{AD}$의 대응변은 ＿＿이므로 $x :$ ＿＿ $=$ ＿＿ $:$ ＿＿ ∴ $x=$ ＿＿

step❸ y의 값 구하기 [2점] ➤ $\overline{QR}$의 대응변은 ＿＿이므로 ＿＿ $: y=$ ＿＿ $:$ ＿＿ ∴ $y=$ ＿＿

step❹ z의 값 구하기 [2점] ➤ $\angle C=$ ＿＿ $=$ ＿＿, $\angle D=$ ＿＿ $=$ ＿＿ 이므로

$\angle A=$ ＿＿＿＿＿＿＿＿＿＿ ∴ $z=$ ＿＿

유제 1-1 → 유형 052

다음 그림에서 두 삼각기둥은 서로 닮은 도형이다. △ABC∽△GHI일 때, x, y의 값을 각각 구하여라. [7점]

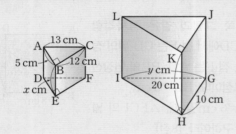

풀이

step❶ 두 삼각기둥의 닮음비 구하기 [3점]

두 삼각기둥의 닮음비는

$\overline{AB} :$ ＿＿＿ $=$ ＿＿＿＿＿

step❷ x의 값 구하기 [2점]

$\overline{BE} :$ ＿＿＿ $=1 :$ ＿＿, 즉 ＿＿＿＿＿＿이므로

$x=$ ＿＿

step❸ y의 값 구하기 [2점]

＿＿＿ $: \overline{GI}=1 :$ ＿＿, 즉 ＿＿＿＿＿＿이므로

$y=$ ＿＿

유제 1-2 → 유형 052

오른쪽 그림과 같은 원뿔 모양의 그릇에 물을 부어서 그릇의 높이의 $\frac{1}{3}$만큼 채웠을 때, 수면의 넓이를 구하여라. (단, 원뿔 모양의 그릇의 밑면은 지면과 평행하다.) [8점]

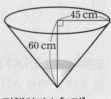

풀이

step❶ 물이 채워진 부분과 그릇의 닮음비 구하기 [3점]

물이 채워진 부분과 그릇은 닮은 원뿔이고 닮음비가

＿＿＿＿이다.

step❷ 수면의 반지름의 길이 구하기 [3점]

수면의 반지름의 길이를 r cm라 하면

$r :$ ＿＿ $=$ ＿＿＿ ∴ $r=$ ＿＿

step❸ 수면의 넓이 구하기 [2점]

따라서 수면의 넓이는 ＿＿＿＿＿＿ (cm²)

2 ◆ 삼각형의 닮음 조건

→ 유형 055

예제 오른쪽 그림과 같은 정삼각형 ABC의 변 AB 위에 $\overline{AD}:\overline{DB}=2:1$인 점 D를 잡고 ∠CDE=60°가 되도록 $\overline{AC}$ 위에 점 E를 잡을 때, $\overline{AE}:\overline{EC}$를 가장 간단한 자연수의 비로 나타내어라. [7점]

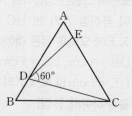

풀이

step❶ 닮음인 두 삼각형 찾기 [2점] ❯ △ADE와 _____에서
∠A=____=____, ∠AED=_____
∴ △ADE∽_____(_____ 닮음)

step❷ 닮음비 구하기 [2점] ❯ 닮음비는 _____

step❸ $\overline{AE}:\overline{EC}$ 구하기 [3점] ❯ 이때 $\overline{AE}=\dfrac{}{}\overline{BD}=\dfrac{}{}\times\dfrac{}{}\overline{AB}=\dfrac{}{}\overline{AB}$이므로

$\overline{AE}:\overline{EC}=\overline{AE}:(\overline{AC}-\underline{\quad})=\underline{\quad}\overline{AB}:\left(\overline{AB}-\underline{\quad}\overline{AB}\right)=2:7$

유제 2-1 → 유형 054

오른쪽 그림의 △ABC에서 $\overline{AB}=6$ cm, $\overline{AD}=4$ cm, $\overline{DB}=\overline{CD}=5$ cm일 때, $\overline{BC}$의 길이를 구하여라. [7점]

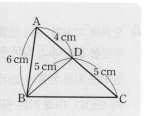

풀이

step❶ 닮음인 두 삼각형 찾기 [2점]

△ABD와 _____에서
$\overline{AB}:$ ____=_____,
$\overline{AD}:$ ____=_____,
____는 공통
∴ △ABD∽_____(_____ 닮음)

step❷ 닮음비 구하기 [2점]

닮음비는 _____

step❸ $\overline{BC}$의 길이 구하기 [3점]

이때 ____ : $\overline{BC}$ = _____이므로
$\overline{BC}=$ ____ cm

유제 2-2 → 유형 057

오른쪽 그림과 같이 ∠A=90°인 직각삼각형 ABC에서 $\overline{AH}\perp\overline{BC}$ 이고 $\overline{AC}=15$ cm, $\overline{CH}=9$ cm 일 때, △ABH의 넓이를 구하여라. [8점]

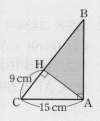

풀이

step❶ $\overline{BH}$의 길이 구하기 [3점]

$\overline{AC}^2=$ ____ × ____ 이므로
_____ ∴ $\overline{BC}=$ ____(cm)
∴ $\overline{BH}=$ _____(cm)

step❷ $\overline{AH}$의 길이 구하기 [3점]

$\overline{AH}^2=$ ____ × ____ 이므로
$\overline{AH}^2=$ _____
∴ $\overline{AH}=$ ____ cm (∵ $\overline{AH}>0$)

step❸ △ABH의 넓이 구하기 [2점]

∴ △ABH= _____(cm²)

서술유형 실전대비

(1-4) 주어진 단계에 맞게 답안을 작성하여라.

1 오른쪽 그림은 정삼각형 ABC 의 꼭짓점 A가 변 BC 위의 점 E에 오도록 접은 것이다. $\overline{DB}=8$ cm, $\overline{BE}=5$ cm, $\overline{DE}=7$ cm일 때, $\overline{CF}$의 길이 를 구하여라. [6점]

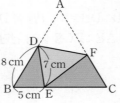

[풀이]

step 1: 닮음인 두 삼각형 찾기 [3점]

step 2: $\overline{CF}$의 길이 구하기 [3점]

[답] _____

2 오른쪽 그림에서 $\overline{BE}$ 위의 한 점 C에 대하여 $\triangle ABC \backsim \triangle DCE$ 이고, $\overline{AC}$와 $\overline{BD}$의 교점을 F라 할 때, $\overline{AF}$의 길이를 구하여라. [7점]

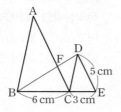

[풀이]

step 1: 닮음인 새로운 두 삼각형 찾기 [4점]

step 2: $\overline{AF}$의 길이 구하기 [3점]

[답] _____

3 오른쪽 그림과 같은 $\triangle ABC$에서 $\angle BAC = \angle ADC = 90°$ 이고, $\overline{AB}=20$ cm, $\overline{BC}=25$ cm, $\overline{CA}=15$ cm일 때, $\overline{BD}$, $\overline{CD}$, $\overline{AD}$의 길이를 각각 구하 여라. [6점]

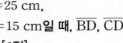

[풀이]

step 1: $\overline{BD}$의 길이 구하기 [2점]

step 2: $\overline{CD}$의 길이 구하기 [2점]

step 3: $\overline{AD}$의 길이 구하기 [2점]

[답] _____

4 오른쪽 그림과 같이 원뿔의 윗 부분을 잘랐더니, 작은 원뿔의 높이는 처음 원뿔의 높이의 $\frac{2}{5}$ 가 되었다. 이때 작은 원뿔의 밑면의 둘레의 길이를 구하 여라. [8점]

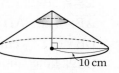

[풀이]

step 1: 두 원뿔의 닮음비 구하기 [3점]

step 2: 작은 원뿔의 밑면의 반지름의 길이 구하기 [3점]

step 3: 작은 원뿔의 밑면의 둘레의 길이 구하기 [2점]

[답] _____

(5-8) 풀이 과정을 자세히 써라.

5 오른쪽 그림과 같은 평행사변형 ABCD에서 점 F는 $\overline{CD}$의 연장선 위의 점이다. $\overline{BE} : \overline{EC} = 3 : 1$일 때, $\overline{CF}$의 길이를 구하여라. [7점]

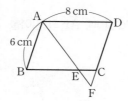

풀이

답 _____

6 오른쪽 그림에서
$\angle A = 90°$, $\overline{BM} = \overline{CM}$,
$\overline{AG} \perp \overline{BC}$, $\overline{GH} \perp \overline{AM}$
이다. $\overline{BG} = 4$ cm,
$\overline{CG} = 1$ cm일 때, $\overline{AH}$
의 길이를 구하여라. [8점]

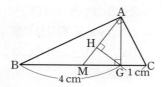

풀이

답 _____

7 오른쪽 그림과 같이 직사각형 ABCD의 $\overline{BC}$, $\overline{AD}$ 위에 각각 점 P, Q를 잡아 □APCQ가 마름모가 되도록 할 때, 이 마름모의 두 대각선 AC와 PQ의 길이의 비를 가장 간단한 자연수의 비로 나타내어라. [8점]

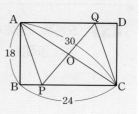

풀이

답 _____

8 오른쪽 그림과 같이 △ABC의 세 꼭짓점 A, B, C에서 $\overline{BC}$, $\overline{AC}$, $\overline{AB}$에 내린 수선의 발을 각각 D, E, F라 하자. $\overline{AB} : \overline{BC} : \overline{AC} = 4 : 5 : 6$일 때, $\overline{AD} : \overline{BE} : \overline{CF}$를 가장 간단한 자연수의 비로 나타내어라. [7점]

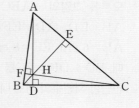

풀이

답 _____

대표 서술유형

1 ✦ 삼각형에서 평행선과 선분의 길이의 비

→ 유형 060

예제 오른쪽 그림에서 $\overline{AF}$∥$\overline{BC}$, $\overline{AB}$∥$\overline{DC}$이고, $\overline{DE}$=2$\overline{EC}$일 때, $\overline{AF}$의 길이를 구하여라. [6점]

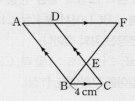

풀이 **step❶** $\overline{DF}$의 길이 구하기 [3점]
> $\overline{DF}$∥$\overline{BC}$이므로 $\overline{DF}$: $\overline{BC}$=$\overline{DE}$: _____ 에서
> $\overline{DF}$: 4= _____ ∴ $\overline{DF}$=__(cm)

step❷ $\overline{AD}$의 길이 구하기 [1점]
> 이때 □ABCD는 _____이므로
> $\overline{AD}$=__ cm

step❸ $\overline{AF}$의 길이 구하기 [2점]
> ∴ $\overline{AF}$= _____(cm)

유제 1-1 → 유형 060

오른쪽 그림의 △ABC에서 $\overline{AB}$∥$\overline{ED}$, $\overline{AD}$∥$\overline{EF}$이고 $\overline{AE}$=6 cm, $\overline{EC}$=8 cm일 때, $\overline{BD}$: $\overline{DF}$: $\overline{FC}$를 가장 간단한 자연수의 비로 나타내어라. [7점]

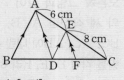

풀이

step❶ $\overline{DF}$: $\overline{FC}$ 구하기 [3점]

$\overline{AD}$∥$\overline{EF}$이므로
$\overline{DF}$: $\overline{FC}$= $\overline{AE}$: _____ = _____

step❷ $\overline{BD}$, $\overline{DF}$, $\overline{FC}$의 길이를 상수 k를 사용하여 나타내기 [2점]

상수 k에 대하여 $\overline{DF}$=3k, $\overline{FC}$= _____ 라 하면
$\overline{AB}$∥$\overline{ED}$이므로 $\overline{BD}$: $\overline{DC}$=$\overline{AE}$: _____ 에서
$\overline{BD}$: (_____)= _____ , 4$\overline{BD}$= _____
∴ $\overline{BD}$= _____

step❸ $\overline{BD}$: $\overline{DF}$: $\overline{FC}$ 구하기 [2점]

∴ $\overline{BD}$: $\overline{DF}$: $\overline{FC}$=

유제 1-2 → 유형 062

오른쪽 그림의 △ABC는 ∠A=90°인 직각삼각형이고, $\overline{AD}$는 ∠BAC의 이등분선이다. $\overline{AB}$=20 cm, $\overline{AC}$=12 cm일 때, △ACD의 넓이를 구하여라. [6점]

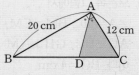

풀이

step❶ △ABD : △ACD 구하기 [2점]

$\overline{BD}$: $\overline{CD}$= _____이므로
△ABD : △ACD= _____

step❷ △ABC의 넓이 구하기 [2점]

△ABC= _____ (cm²)

step❸ △ACD의 넓이 구하기 [2점]

∴ △ACD= _____ (cm²)

2 ◆ 평행선 사이의 선분의 길이의 비

→ 유형 065

예제 오른쪽 그림에서 $l /\!/ m /\!/ n$이고, $\overline{AB}=6$ cm, $\overline{BC}=8$ cm, $\overline{AD}=7$ cm, $\overline{BE}=13$ cm, $\overline{EF}=12$ cm일 때, x, y의 값을 각각 구하여라. [6점]

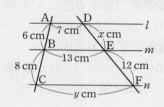

풀이

step❶ x의 값 구하기 [2점]

➲ $l /\!/ m /\!/ n$이므로 $6:8=x:$ ___ 에서 $8x=$ ___

∴ $x=$ ___

step❷ $\overline{DF}$에 평행한 보조선 긋기 [2점]

➲ 오른쪽 그림과 같이 점 A를 지나고 $\overline{DF}$에 평행한 직선을 그어 $\overline{BE}$, $\overline{CF}$와 만나는 점을 각각 P, Q라 하자.

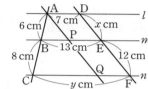

step❸ y의 값 구하기 [2점]

➲ $\overline{PE}=\overline{QF}=$ ___ cm이므로

$\triangle ACQ$에서 $6:$ ___ $=(13-$ ___ $):(y-7)$

$6y-42=$ ___ , $6y=$ ___ ∴ $y=$ ___

유제 2-1 → 유형 064

오른쪽 그림에서 $l /\!/ m /\!/ n$일 때, $y-x$의 값을 구하여라. [8점]

풀이

step❶ x의 값 구하기 [3점]

$m /\!/ n$이므로

$x:10=4:$ ___ , $8x=$ ___

∴ $x=$ ___

step❷ y의 값 구하기 [3점]

$l /\!/ m$이므로

$6:y=4:$ ___ , $4y=$ ___

∴ $y=$ ___

step❸ $y-x$의 값 구하기 [2점]

∴ $y-x=$ ___

유제 2-2 → 유형 067

오른쪽 그림에서 $\overline{AB}$, $\overline{CD}$, $\overline{EF}$, $\overline{GH}$가 모두 $\overline{BD}$에 수직일 때, $\overline{EF}$의 길이를 구하여라. [9점]

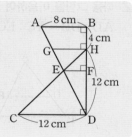

풀이

step❶ $\overline{GH}$의 길이 구하기 [3점]

$\triangle ABD$에서 $8:\overline{GH}=$ ___ $:12$

___ $\overline{GH}=$ ___ ∴ $\overline{GH}=$ ___ (cm)

step❷ $\overline{EH}:\overline{EC}$ 구하기 [2점]

$\triangle GEH \backsim \triangle DEC$(AA 닮음)이므로

$\overline{EH}:\overline{EC}=$ ___

step❸ $\overline{EF}$의 길이 구하기 [4점]

$\overline{EH}:\overline{CH}=$ ___ 이므로

$\triangle CDH$에서 $\overline{EF}:12=$ ___ , ___ $\overline{EF}=$ ___

∴ $\overline{EF}=$ ___ (cm)

서술유형 실전대비

[1-4] 주어진 단계에 맞게 답안을 작성하여라.

1 오른쪽 그림과 같은 △ABC에서 ∠B＝∠AEF이고, $\overline{DE}$∥$\overline{BC}$이다. $\overline{AB}$＝6 cm, $\overline{AC}$＝5 cm, $\overline{AE}$＝3 cm일 때, $x-y$의 값을 구하여라. [7점]

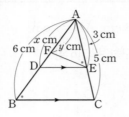

풀이

step1: x의 값 구하기 [3점]

step2: y의 값 구하기 [3점]

step3: $x-y$의 값 구하기 [1점]

답 _____

2 다음 그림을 이용하여 $\overline{BC}$∥$\overline{DE}$이면 $\overline{AD}$: $\overline{DB}$＝$\overline{AE}$: $\overline{EC}$임을 설명하여라. [6점]

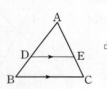 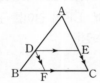

풀이

step1: 닮음인 두 삼각형 찾기 [4점]

step2: $\overline{AD}$: $\overline{DB}$＝$\overline{AE}$: $\overline{EC}$임을 보이기 [2점]

답 _____

3 오른쪽 그림과 같은 △ABC에서 점 D는 ∠A의 외각의 이등분선과 $\overline{BC}$의 연장선의 교점이다. $\overline{AD}$∥$\overline{EB}$일 때, $x+y$의 값을 구하여라. [7점]

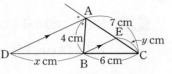

풀이

step1: x의 값 구하기 [3점]

step2: y의 값 구하기 [3점]

step3: $x+y$의 값 구하기 [1점]

답 _____

4 오른쪽 그림의 △ABD와 △CHD에서 $\overline{AB}$∥$\overline{GH}$∥$\overline{EF}$∥$\overline{CD}$일 때, $\overline{EF}$의 길이를 구하여라. [9점]

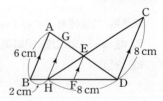

풀이

step1: $\overline{GH}$의 길이 구하기 [3점]

step2: $\overline{EH}$: $\overline{EC}$ 구하기 [2점]

step3: $\overline{EF}$의 길이 구하기 [4점]

답 _____

[5-8] **[5-8]** 풀이 과정을 자세히 써라.

5 오른쪽 그림의 △ABC에서 $\overline{DE} \parallel \overline{BC}$, $\overline{DF} \parallel \overline{BE}$일 때, $\overline{EC}$의 길이를 구하여라. [6점]

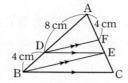

풀이

답 _____

6 오른쪽 그림과 같이 $\overline{AD} \parallel \overline{EF} \parallel \overline{BC}$인 사다리꼴 ABCD에서 $\overline{AB} \parallel \overline{DH}$일 때, $x+y$의 값을 구하여라. [7점]

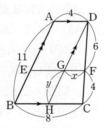

풀이

답 _____

7 오른쪽 그림에서 점 I는 △ABC의 내심이다. $\overline{EI} \parallel \overline{BC}$일 때, $\overline{EI}$의 길이를 구하여라. [9점]

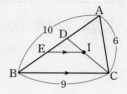

풀이

답 _____

8 오른쪽 그림에서 □ABCD는 $\overline{AD} \parallel \overline{BC}$인 사다리꼴이고, 점 O는 두 대각선의 교점이다. 점 O를 지나고 $\overline{BC}$에 평행한 직선이 사다리꼴과 만나는 점을 각각 E, F라 할 때, $\overline{EF}$의 길이를 구하여라. [9점]

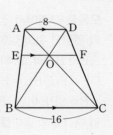

풀이

답 _____

대표 서술유형

1 ◆ 삼각형의 두 변의 중점을 연결한 선분
→ 유형 071

예제 오른쪽 그림에서 점 D는 $\overline{AB}$의 중점, 두 점 E, F는 $\overline{AC}$의 삼등분점이고, 점 G는 $\overline{BF}$ 와 $\overline{CD}$의 교점이다. $\overline{GF}=2$ cm일 때, $\overline{BG}$의 길이를 구하여라. [6점]

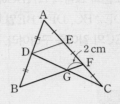

풀이

step❶ $\overline{DE}$의 길이 구하기 [2점] ❯ △ABF에서 $\overline{AD}=\overline{DB}$, _____이므로 _____

△CDE에서 $\overline{CF}=\overline{FE}$, $\overline{DE}$ // ____이므로

$\overline{DE}=$_____ (cm)

step❷ $\overline{BF}$의 길이 구하기 [2점] ❯ △ABF에서

$\overline{BF}=$_____ (cm)

step❸ $\overline{BG}$의 길이 구하기 [2점] ❯ ∴ $\overline{BG}=$_____ (cm)

유제 1-1 → 유형 071

오른쪽 그림에서 점 A는 $\overline{CD}$ 의 연장선 위의 점이고, 점 P는 $\overline{AE}$와 $\overline{BD}$의 교점이다. $\overline{DF}=\overline{FC}$, $\overline{BE}=\overline{EC}$, $\overline{AP}=3\overline{PE}$이고, $\overline{EF}=8$ cm 일 때, $\overline{BP}$의 길이를 구하여라. [6점]

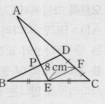

풀이

step❶ $\overline{BD}$의 길이 구하기 [2점]

△BCD에서 $\overline{BE}=\overline{EC}$, _____이므로

_____이고 $\overline{BD}=$_____ (cm)

step❷ $\overline{PD}$의 길이 구하기 [2점]

△AEF에서 $\overline{AP}:\overline{PE}=$____, $\overline{PD}$ // ____이므로

$\overline{PD}:\overline{EF}=$_____

$\overline{PD}:$ ___ $=$ ____ ∴ $\overline{PD}=$__ (cm)

step❸ $\overline{BP}$의 길이 구하기 [2점]

∴ $\overline{BP}=$_____ (cm)

유제 1-2 → 유형 074

오른쪽 그림과 같이 $\overline{AD}$ // $\overline{BC}$인 사다리꼴 ABCD에서 $\overline{AE}=\overline{EB}$, $\overline{DF}=\overline{FC}$이고, ∠AEF=∠EBC=90°이 다. $\overline{AB}=14$, $\overline{BC}=16$, $\overline{EF}=11$일 때, △ADC의 넓 이를 구하여라. [8점]

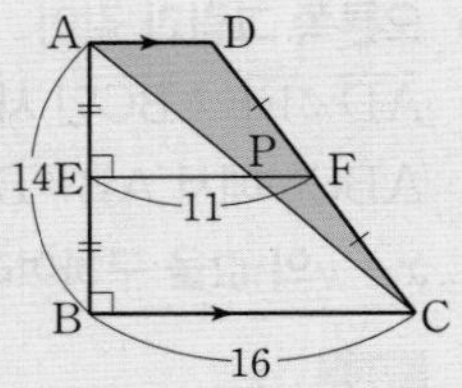

풀이

step❶ $\overline{PF}$의 길이 구하기 [3점]

△ABC에서 $\overline{EP}=$_____

∴ $\overline{PF}=$_____

step❷ $\overline{AD}$의 길이 구하기 [3점]

△ACD에서 $\overline{AD}=$_____

step❸ △ADC의 넓이 구하기 [2점]

∴ △ADC $=$_____

2 ◆ 삼각형의 무게중심

→ 유형 078

예제 오른쪽 그림과 같은 △ABC에서 두 점 D, E는 $\overline{BC}$의 삼등분점이고, 점 F는 $\overline{AD}$의 중점, 점 G는 $\overline{AE}$와 $\overline{CF}$의 교점이다. □FDEG=6 cm²일 때, △ABC의 넓이를 구하여라. [9점]

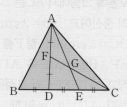

풀이

step❶ 점 G가 어떤 점인지 알기 [2점]

➡ 점 G는 △ADC의 두 중선 AE, CF의 교점이므로 △ADC의 _____이다.

step❷ △ADC의 넓이 구하기 [4점]

➡ 따라서 △GFD=△GDE=____ △ADC이므로 □FDEG=____ △ADC

∴ △ADC=_____(cm²)

step❸ △ABC의 넓이 구하기 [3점]

➡ 그런데 $\overline{BD}=\overline{DE}=\overline{EC}$이므로

△ABC=_____(cm²)

유제 2-1 → 유형 076

오른쪽 그림에서 △ABC는 직각삼각형이고, 점 G는 △ABC의 무게중심이다. 점 D, E가 각각 $\overline{AB}$, $\overline{BG}$의 중점이고 $\overline{DE}$=6일 때, $\overline{BC}$의 길이를 구하여라. [9점]

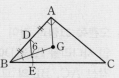

풀이

step❶ $\overline{AG}$의 길이 구하기 [2점]

△ABG에서 $\overline{AG}$=_____

step❷ $\overline{AF}$의 길이 구하기 [4점]

오른쪽 그림과 같이 $\overline{AG}$의 연장선이 $\overline{BC}$와 만나는 점을 F라 하면 $\overline{AG}:\overline{AF}$=____ 이므로 12 : $\overline{AF}$=____

____$\overline{AF}$=____   ∴ $\overline{AF}$=____

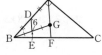

step❸ $\overline{BC}$의 길이 구하기 [3점]

이때 점 F는 △ABC의 ____이므로

$\overline{BF}=\overline{CF}$=_____   ∴ $\overline{BC}$=_____

유제 2-2 → 유형 079

오른쪽 그림에서 □ABCD는 평행사변형이고, 점 E, F는 각각 $\overline{AD}$, $\overline{BC}$의 중점이다. □EGOD의 넓이와 □OBFH의 넓이의 합이 18 cm²일 때, $\overline{FC}$의 길이를 구하여라. [9점]

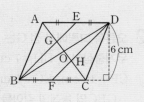

풀이

step❶ 점 G와 점 H가 어떤 점인지 알기 [2점]

점 O는 $\overline{BD}$의 중점이므로 점 G는 _____ 이고 점 H는 _____이다.

step❷ □ABCD의 넓이 구하기 [4점]

△ABD=____□EGOD, △CDB=____□OBFH이므로

□ABCD=_____

_____(cm²)

step❸ $\overline{FC}$의 길이 구하기 [3점]

$\overline{BC}$×6=____이므로 $\overline{BC}$=____(cm)

∴ $\overline{FC}$=_____(cm)

서술유형 실전대비

[1-4] 주어진 단계에 맞게 답안을 작성하여라.

1 오른쪽 그림에서 $\overline{EC}$는 △ABC
의 중선이고, $\overline{BD}=2$ cm,
$\overline{DC}=5$ cm이다. 점 F를
$\overline{EF}/\!/\overline{BC}$가 되도록 $\overline{AD}$ 위에
잡고, $\overline{AD}$와 $\overline{EC}$의 교점을 P라
하자. $\overline{AD}=6$ cm일 때, $\overline{AP}$의 길이를 구하여라. [7점]

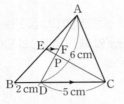

풀이

step1: $\overline{EF}$의 길이 구하기 [2점]

step2: $\overline{AF}:\overline{FP}:\overline{PD}$ 구하기 [3점]

step3: $\overline{AP}$의 길이 구하기 [2점]

 답 _____

2 오른쪽 그림에서 점 G는 △ABC의
무게중심이고, $\overline{BD}=7$ cm,
$\overline{CF}=18$ cm, $\overline{EG}=5$ cm일 때,
△GBC의 둘레의 길이를 구하여라.
[8점]

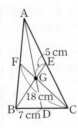

풀이

step1: $\overline{GB}$의 길이 구하기 [2점]

step2: $\overline{GC}$의 길이 구하기 [2점]

step3: $\overline{BC}$의 길이 구하기 [2점]

step4: △GBC의 둘레의 길이 구하기 [2점]

 답 _____

3 오른쪽 그림과 같은 △ABC에
서 $\overline{BD}=\overline{DE}=\overline{EF}=\overline{FC}$이고,
점 M은 $\overline{AF}$의 중점, 점 G는
$\overline{AE}$와 $\overline{DM}$의 교점이다.
△ABC$=60$ cm²일 때,
□GEFM의 넓이를 구하여라. [7점]

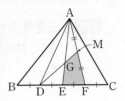

풀이

step1: △ADF의 넓이 구하기 [2점]

step2: 점 G가 어떤 점인지 알기 [2점]

step3: △GEF와 △GFM의 넓이 구하기 [각 1점]

step4: □GEFM의 넓이 구하기 [1점]

 답 _____

4 오른쪽 그림과 같이 $\overline{AD}/\!/\overline{BC}$
인 사다리꼴 ABCD에서 두 대
각선 AC, BD의 교점을 O라
하자. △ADO$=6$ cm²일 때,
사다리꼴 ABCD의 넓이를 구
하여라. [8점]

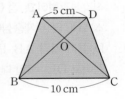

풀이

step1: △CBO의 넓이 구하기 [3점]

step2: △ABO와 △CDO의 넓이 구하기 [각 2점]

step3: □ABCD의 넓이 구하기 [1점]

답 _____

(5-8) 풀이 과정을 자세히 써라.

5 오른쪽 그림에서 점 G는 △ABC의 무게중심이다. $\overline{GE}$가 △GDC의 중선이고, △GDE＝8 cm²일 때, △ABD의 넓이를 구하여라. [7점]

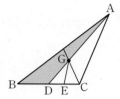

풀이

답 _____

6 오른쪽 그림에서 점 A, B, C는 각각 작은 원, 중간 원, 큰 원의 중심이다. 작은 원의 넓이가 4π일 때, 색칠한 부분의 넓이를 구하여라. [7점]

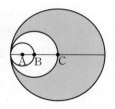

풀이

답 _____

7 오른쪽 그림에서 점 E, F는 각각 $\overline{BC}$, $\overline{AD}$의 중점이고, $\overline{AB} /\!/ \overline{EF} /\!/ \overline{CD}$일 때, $\overline{EF}$의 길이를 구하여라. [9점]

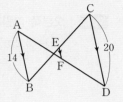

풀이

답 _____

8 오른쪽 그림과 같이 나무의 그림자 일부가 벽면에 생겼다. 나무에서 벽면까지의 거리는 20 m이고, 벽면에 생긴 나무의 그림자의 길이는 6 m이었다.

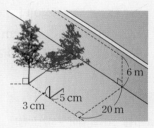

같은 시각에 나무 옆에 지면과 수직이고, 길이가 3 cm인 막대의 그림자의 길이를 재었더니 5 cm이었을 때, 나무의 높이를 구하여라. (단, 지면과 벽면은 수직이다.) [9점]

풀이

답 _____

대표 서술유형

1 ✦ 피타고라스 정리의 이용

→ 유형 087

예제 오른쪽 그림과 같은 △ABC에서 $\overline{AD}\perp\overline{BC}$이고 $\overline{AB}=20$ cm, $\overline{AC}=13$ cm, $\overline{CD}=5$ cm일 때, △ABC의 넓이를 구하여라. [8점]

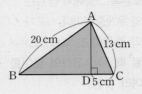

풀이

step❶ $\overline{AD}$의 길이 구하기 [3점] ❱ △ACD는 직각삼각형이므로 $\overline{AD}^2=$ _____

$\overline{AD}>0$이므로 $\overline{AD}=$ ___ cm

step❷ $\overline{BD}$의 길이 구하기 [3점] ❱ △ABD는 직각삼각형이므로 $\overline{BD}^2=$ _____

$\overline{BD}>0$이므로 $\overline{BD}=$ ___ cm

step❸ △ABC의 넓이 구하기 [2점] ❱ $\overline{BC}=$ _____ (cm)이므로 △ABC$=$ _____ (cm²)

유제 **1-1** → 유형 086

오른쪽 그림에서 △ABC는 $\angle C=90°$인 직각삼각형이고, 점 G는 △ABC의 무게중심이다. $\overline{BC}=16$ cm, $\overline{AC}=12$ cm 일 때, $\overline{CG}$의 길이를 구하여라. [7점]

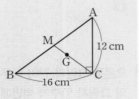

풀이

step❶ $\overline{AB}$의 길이 구하기 [3점]

△ABC에서 $\overline{AB}^2=$ _____

$\overline{AB}>0$이므로 $\overline{AB}=$ ___ cm

step❷ $\overline{CM}$의 길이 구하기 [2점]

점 M은 △ABC의 외심이므로

$\overline{CM}=\dfrac{}{}\ \overline{AB}=$ ___ cm

step❸ $\overline{CG}$의 길이 구하기 [2점]

점 G는 △ABC의 무게중심이므로

$\overline{CG}:\overline{GM}=$ __ : __

$\therefore \overline{CG}=$ ___ × ___ = ___ (cm)

유제 **1-2** → 유형 088

오른쪽 그림과 같은 □ABCD에서 $\angle B=\angle C=90°$이고 $\overline{AB}=12$ cm, $\overline{AD}=17$ cm, $\overline{DC}=4$ cm일 때, □ABCD의 넓이를 구하여라. [8점]

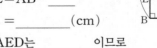

풀이

step❶ 보조선 ED를 그어 그 길이 구하기 [4점]

꼭짓점 D에서 $\overline{AB}$에 내린 수선의 발을 E라 하면

$\overline{AE}=\overline{AB}-$ ___

= _____ (cm)

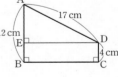

△AED는 _____이므로

$\overline{ED}^2=$ _____

$\overline{ED}>0$이므로 $\overline{ED}=$ ___ cm

step❷ $\overline{BC}$의 길이 구하기 [1점]

$\overline{BC}=\overline{ED}=$ ___ cm

step❸ $\overline{AC}$의 길이 구하기 [3점]

$\therefore$ □ABCD$=$ _____ (cm²)

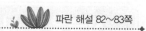
2 ◆ 피타고라스 정리를 이용한 도형의 성질

➡ 유형 096

예제 오른쪽 그림과 같이 $\overline{AC} \perp \overline{BD}$인 사각형 ABCD에 대하여 다음 물음에 답하여라.

[총 8점]

(1) $\overline{AB}^2 + \overline{CD}^2 = \overline{AD}^2 + \overline{BC}^2$이 성립함을 설명하여라. [4점]

(2) $\overline{AB}^2$의 값을 구하여라. [2점]

(3) x의 값을 구하여라. [2점]

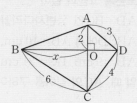

풀이

step❶ $\overline{AB}^2 + \overline{CD}^2 = \overline{AD}^2 + \overline{BC}^2$ 이 성립함을 설명하기 [4점]

➤ (1) $\overline{AB}^2 + \overline{CD}^2 = (\overline{OA}^2 + \overline{OB}^2) + $ _____

$= (\overline{OA}^2 + \overline{OD}^2) + $ _____ $=$ _____

step❷ $\overline{AB}$의 길이 구하기 [2점]

➤ (2) $\overline{AB}^2 + 4^2 = $ _____ 에서

$\overline{AB}^2 = $ ____

step❸ x의 값 구하기 [2점]

➤ (3) $\triangle ABO$에서 $x^2 = $ _____

$x > 0$이므로 $x = $ ____

유제 **2-1** ➡ 유형 096

오른쪽 그림과 같이 $\overline{AD} /\!/ \overline{BC}$인 등변사다리꼴 ABCD에서 $\overline{AC} \perp \overline{BD}$이고 $\overline{AD} = 2$, $\overline{BC} = 6$일 때, $\overline{OA}^2$의 값을 구하여라. [6점]

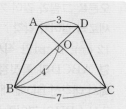

풀이

step❶ $\overline{AB}$의 길이 구하기 [3점]

사각형의 두 대각선이 서로 직교하므로

$\overline{AB}^2 + \overline{CD}^2 = \overline{AD}^2 + \overline{BC}^2$

$\overline{AB} = \overline{CD}$이므로 $\overline{AB}^2 + \overline{AB}^2 = $ _____

$2\overline{AB}^2 = $ ____, $\overline{AB}^2 = $ ____

step❷ $\overline{OA}$의 길이 구하기 [3점]

$\triangle OAB$에서

$\overline{OA}^2 = \overline{AB}^2 - \overline{OB}^2$

$= $ ____ $-$ ____ $= $ ____

유제 **2-2** ➡ 유형 095

오른쪽 그림과 같이 $\angle A = 90°$인 $\triangle ABC$에 대하여 다음 물음에 답하여라. [총 8점]

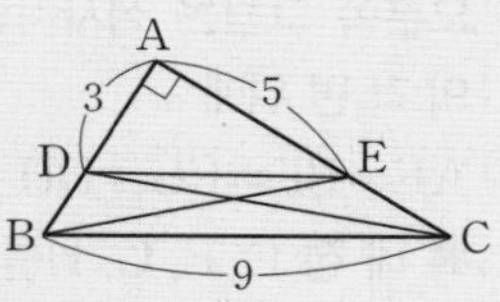

(1) $\overline{DE}^2 + \overline{BC}^2 = \overline{BE}^2 + \overline{CD}^2$이 성립함을 설명하여라.

[4점]

(2) $\overline{DE}^2$의 값을 구하여라. [2점]

(3) $\overline{BE}^2 + \overline{CD}^2$의 값을 구하여라. [2점]

풀이

step❶ $\overline{DE}^2 + \overline{BC}^2 = \overline{BE}^2 + \overline{CD}^2$이 성립함을 설명하기 [4점]

(1) $\overline{DE}^2 + \overline{BC}^2 = (\overline{AD}^2 + \overline{AE}^2) + $ _____

$= (\overline{AB}^2 + \overline{AE}^2) + $ _____

$= \overline{BE}^2 + $ ____

step❷ $\overline{DE}^2$의 값 구하기 [2점]

(2) $\triangle ADE$에서 $\overline{DE}^2 = $ _____

step❸ $\overline{BE}^2 + \overline{CD}^2$의 값 구하기 [2점]

(3) $\overline{BE}^2 + \overline{CD}^2 = $ _____

서술유형 실전대비

[1-4] 주어진 단계에 맞게 답안을 작성하여라.

1 오른쪽 그림과 같이 $\overline{AD} /\!/ \overline{BC}$인 등변사다리꼴 ABCD에서 $\overline{AB}=10$ cm, $\overline{AD}=9$ cm, $\overline{BC}=21$ cm 일 때, $\overline{AC}$의 길이를 구하여라. [7점]

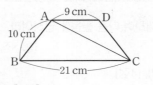

풀이

step1: $\overline{BH}$의 길이 구하기 [1점]

step2: $\overline{AH}$의 길이 구하기 [3점]

step3: $\overline{AC}$의 길이 구하기 [3점]

답 _____

2 오른쪽 그림은 정사각형 ABCD의 각 변 위에 $\overline{AE}=\overline{BF}=\overline{CG}=\overline{DH}=3$이 되도록 네 점 E, F, G, H를 잡은 것이다. □EFGH의 넓이가 25일 때, □ABCD의 넓이를 구하여라. [8점]

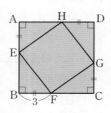

풀이

step1: □EFGH가 정사각형임을 보이기 [2점]

step2: 정사각형 ABCD의 한 변의 길이 구하기 [4점]

step3: □ABCD의 넓이 구하기 [2점]

답 _____

3 오른쪽 그림은 직각삼각형 ABC의 각 변을 한 변으로 하는 정사각형을 그린 것이다. □ABED$=25$ cm^2, □BFGC$=16$ cm^{2}일 때, △ABC의 넓이를 구하여라. [8점]

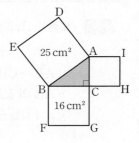

풀이

step1: □ACHI의 넓이 구하기 [3점]

step2: $\overline{AC}$, $\overline{BC}$의 길이 구하기 [각 2점]

step3: △ABC의 넓이 구하기 [1점]

답 _____

4 오른쪽 그림과 같이 가로, 세로의 길이가 각각 12 cm, 5 cm인 직사각형 ABCD의 꼭짓점 A에서 대각선 BD에 내린 수선의 발을 H라 할 때, $\overline{AH}+\overline{BH}$의 길이를 구하여라. [9점]

풀이

step1: $\overline{AH}$의 길이 구하기 [4점]

step2: $\overline{BH}$의 길이 구하기 [4점]

step3: $\overline{AH}+\overline{BH}$의 길이 구하기 [1점]

답 _____

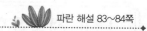
[5-8] 풀이 과정을 자세히 써라.

5 오른쪽 그림과 같이 ∠C=90°
인 직각삼각형 ABC에 외접하
는 원이 있을 때, 색칠한 부분
의 넓이를 구하여라. [7점]

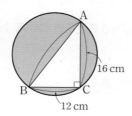

풀이

답 _____

6 오른쪽 그림은 원뿔의 전개도이다.
부채꼴의 넓이가 60π cm²이고, 밑
면인 원의 둘레의 길이가 12π cm
일 때, 이 원뿔의 높이를 구하여라.
[9점]

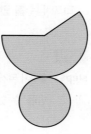

풀이

답 _____

7 오른쪽 그림과 같이
$\overline{BC}$=18 cm이고,
$\overline{AB}$=$\overline{AC}$=15 cm인 이등변
삼각형 ABC의 꼭짓점 A에서
밑변 BC에 내린 수선의 발을
D, 점 D에서 $\overline{AC}$에 내린 수선의 발을 E라 할 때,
△DCE의 넓이를 구하여라. [9점]

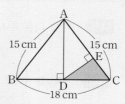

풀이

답 _____

8 오른쪽 그림은 나팔꽃 덩굴이 밑면의
지름이 12 cm인 원기둥 모양의 지지
대를 감고 올라가는 모양이다. 이때
나팔꽃 덩굴은 원기둥의 옆면을 따라
최단 거리로 올라간다고 한다.
$\overline{PQ}$=16π cm일 때, 두 지점 P, Q 사이의 나팔꽃 덩굴
의 길이를 구하여라. [8점]

풀이

답 _____

대표 서술유형

1 ◆ 경우의 수 구하기

→ 유형 104

예제 서로 다른 주사위 2개를 동시에 던질 때, 두 눈의 수의 차가 3 또는 5인 경우의 수를 구하여라. [6점]

풀이 **step❶** 두 눈의 수의 차가 3인 경우 ❯ 두 눈의 수의 차가 3인 경우는
의 수 구하기 [2점]

(1, 4), _____의 ___가지

step❷ 두 눈의 수의 차가 5인 경우 ❯ 두 눈의 수의 차가 5인 경우는 _____의 ___가지
의 수 구하기 [2점]

step❸ 두 눈의 수의 차가 3 또는 5 ❯ 따라서 구하는 경우의 수는 _____
인 경우의 수 구하기 [2점]

유제 **1-1** → 유형 104

우리 동네 풍산자 마트에 서는 고객에게 오른쪽 그림과 같이 3부터 10까지의 수가 각각 적힌 8장의

| 3 | 4 | 5 | 6 |
| 7 | 8 | 9 | 10 |

카드 중에서 한 번에 두 장을 뽑아 두 수의 합이 9 또는 11이 되면 할인권을 준다고 할 때, 할인권을 받는 경우의 수를 구하여라. [6점]

풀이

step❶ 두 수의 합이 9가 되는 경우의 수 구하기 [2점]

두 수의 합이 9가 되는 경우는
_____의 ___가지

step❷ 두 수의 합이 11이 되는 경우의 수 구하기 [2점]

두 수의 합이 11이 되는 경우는
_____의 ___가지

step❸ 두 수의 합이 9 또는 11이 되는 경우의 수 구하기 [2점]

따라서 두 수의 합이 9 또는 11이 되는 경우의 수는
_____

유제 **1-2** → 유형 112

주사위를 두 번 던져서 처음 나오는 수를 십의 자리 숫자로, 나중에 나오는 수를 일의 자리 숫자로 하는 두 자리의 정수를 만들 때, 홀수의 개수를 구하여라. [6점]

풀이

step❶ 홀수가 되기 위한 조건 파악하기 [1점]

만들 수 있는 정수 중에서 홀수는 일의 자리 숫자가
_____인 수이다

step❷ 홀수가 되는 각 경우의 수 구하기 [3점]

(ⅰ) 일의 자리 숫자가 ___인 경우
십의 자리에 올 수 있는 숫자는 ___가지

(ⅱ) 일의 자리 숫자가 ___인 경우
십의 자리에 올 수 있는 숫자는 ___가지

(ⅲ) 일의 자리 숫자가 ___인 경우
십의자리에올수있는숫자는 ___가지

step❸ 만들 수 있는 홀수의 개수 구하기 [2점]

(ⅰ), (ⅱ), (ⅲ)에서 만들 수 있는 두 자리의 정수 중 홀수의 개수는 _____(개)

2 ◆ 대표를 뽑는 경우의 수 구하기

→ 유형 115

예제 수학 시험에 ○, ×로 답하는 문제가 다섯 문제 출제되었다. 다섯 문제에 무심코 ○, ×를 표시할 때, 세 문제 이상 맞히는 경우의 수를 구하여라. [8점]

풀이

step❶ 세 문제를 맞히는 경우의 수 구하기 [2점] ❯ 다섯 문제 중 세 문제를 맞히는 경우의 수는 다섯 문제 중 _____를 생각하지 않고 세 문제를 _____ 경우와 같으므로 _____ (가지)

step❷ 네 문제를 맞히는 경우의 수 구하기 [3점] ❯ 문제를 맞히는 경우를 T, 틀리는 경우를 F라 하면 다섯 문제 중 네 문제를 맞히는 경우는
TTTTF, _____의 ___가지

step❸ 다섯 문제를 맞히는 경우의 수 구하기 [2점] ❯ 다섯 문제를 모두 맞히는 경우는 ___가지

step❹ 세 문제 이상 맞히는 경우의 수 구하기 [1점] ❯ 따라서 세 문제 이상 맞히는 경우의 수는 _____

유제 2-1 → 유형 115

윷놀이에서는 4개의 윷짝을 동시에 던져서 몇 개가 젖혀지는지에 따라 다음 그림과 같이 도, 개, 걸, 윷, 모라 한다. 도 또는 개가 나오는 경우의 수를 구하여라. [6점]

풀이

step❶ 도가 나오는 경우의 수 구하기 [2점]

윷짝이 젖혀진 경우를 ○, 엎어진 경우를 ×라 하면 도가 나오는 경우는

_____ ⇨ ___가지

step❷ 개가 나오는 경우의 수 구하기 [2점]

개가 나오는 경우의 수는 4개의 윷짝 중 _____를 생각하지 않고 _____ 경우와 같으므로

_____

step❸ 도 또는 개가 나오는 경우의 수 구하기 [2점]

따라서 도 또는 개가 나오는 경우의 수는 _____

유제 2-2 → 유형 114

남자 5명, 여자 7명 중에서 대표 1명, 남녀 부대표를 각각 1명씩 뽑는 경우의 수를 구하여라. [6점]

풀이

step❶ 대표가 남자일 때의 경우의 수 구하기 [2점]

남자 대표 1명을 뽑는 경우의 수는 ___

남자 부대표 1명을 뽑는 경우의 수는 ___

여자 부대표 1명을 뽑는 경우의 수는 ___

따라서 남자 대표 1명, 남녀 부대표를 각각 1명씩 뽑는 경우의 수는 _____

step❷ 대표가 여자일 때의 경우의 수 구하기 [2점]

여자 대표 1명을 뽑는 경우의 수는 ___

남자 부대표 1명을 뽑는 경우의 수는 ___

여자 부대표 1명을 뽑는 경우의 수는 ___

따라서 여자 대표 1명, 남녀 부대표를 각각 1명씩 뽑는 경우의 수는 _____

step❸ 답 구하기 [2점]

따라서 대표 1명, 남녀 부대표를 각각 1명씩 뽑는 경우의 수는 _____

서술유형 실전대비

[1-4] 주어진 단계에 맞게 답안을 작성하여라.

1 오른쪽 그림과 같이 A, B, C, D 네 부분에 5가지 색을 이용하여 칠하려고 한다. 같은 색을 여러 번 사용해도 좋으나 인접한 영역은 서로 다른 색으로 칠하는 방법의 수를 구하여라. [6점]

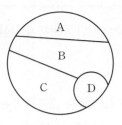

풀이

step1: A, B, C, D에 칠할 수 있는 색의 수 각각 구하기 [4점]

step2: 색을 칠하는 방법의 수 구하기 [2점]

답 _____

2 어른 3명과 어린이 4명이 있다. 7명을 한 줄로 앉힐 때, 어른과 어린이가 번갈아 앉는 경우의 수를 구하여라. [6점]

풀이

step1: 어린이 한 줄로 앉는 경우의 수 구하기 [2점]

step2: 어린이가 한 줄로 앉는 경우의 수 구하기 [2점]

step3: 어른과 어린이가 번갈아 앉는 경우의 수 구하기 [2점]

답 _____

3 A, B, C, D, E 5명을 한 줄로 세울 때, 다음을 구하여라. [총 8점]
(1) 모든 경우의 수 [2점]
(2) A와 B가 이웃하게 서는 경우의 수 [3점]
(3) A와 B가 이웃하지 않게 서는 경우의 수 [3점]

풀이

step1: (1)의 경우의 수 구하기 [2점]

step2: (2)의 경우의 수 구하기 [3점]

step3: (3)의 경우의 수 구하기 [3점]

답 _____

4 오른쪽 그림과 같이 반원의 호 위에 3개의 점이 있고, 지름 위에 4개의 점이 있다. 이 중에서 3개의 점을 연결하여 만들 수 있는 삼각형의 개수를 구하여라. [8점]

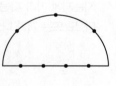

풀이

step1: 7개의 점 중에서 3개를 뽑는 경우의 수 구하기 [3점]

step2: 지름 위에 있는 4개의 점 중에서 3개를 뽑는 경우의 수 구하기 [3점]

step3: 삼각형의 개수 구하기 [2점]

답 _____

(5-8) 풀이 과정을 자세히 써라.

5 다음 그림과 같이 집, 공원, 학교를 연결하는 길이 있다. 이때 집에서 출발하여 학교까지 갔다가 다시 집으로 되돌아올 때, 공원은 단 한 번만 지나는 방법의 수를 구하여라. [8점]

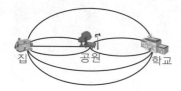

풀이

답 ＿＿＿＿＿＿＿＿＿＿＿＿＿＿＿＿＿

6 1부터 4까지의 숫자가 각각 적힌 4장의 카드에서 3장의 카드를 뽑아 세 자리의 정수를 만들 때, 작은 것부터 크기 순으로 18번째인 수를 구하여라. [8점]

풀이

답 ＿＿＿＿＿＿＿＿＿＿＿＿＿＿＿＿＿

═ 도전 창의 서술 ═

7 어느 중학교의 학생 회장 선거에 출마한 후보가 아래와 같을 때, 다음을 구하여라. [총 9점]

기호 1번 강순구(남)	기호 2번 임지윤(여)	기호 3번 이영일(남)	기호 4번 진해수(여)	기호 5번 소은정(여)

(1) 회장단 2명을 대표로 뽑는 경우의 수 [3점]
(2) 회장 1명, 부회장 1명을 뽑는 경우의 수 [3점]
(3) 남자 회장 1명, 여자 회장 1명을 뽑는 경우의 수 [3점]

풀이

답 ＿＿＿＿＿＿＿＿＿＿＿＿＿＿＿＿＿

8 0, 1, 2, 7, 8, 9의 숫자가 각각 적힌 6장의 카드에서 3장의 카드를 뽑아 세 자리의 정수를 만들 때, 9의 배수의 개수를 구하여라. [8점]

풀이

답 ＿＿＿＿＿＿＿＿＿＿＿＿＿＿＿＿＿

대표 서술유형

1 ◆ 확률의 덧셈과 곱셈
→ 유형 123

예제 월드컵 경기장에서 한국과 다른 나라의 축구 경기가 열렸다. 'KOREAN'의 각 알파벳이 적힌 깃발을 든 6명의 치어리더가 한 줄로 서서 춤을 추며 서로 자리를 바꿀 때, K 또는 A가 적힌 깃발이 맨 왼쪽에 올 확률을 구하여라. [8점]

풀이

step❶ 한 줄로 배열하는 모든 경우의 수 구하기 [2점] ❯ 6개의 알파벳을 한 줄로 배열하는 모든 경우의 수는

_____

step❷ K가 맨 왼쪽에 오는 경우의 수 구하기 [2점] ❯ K가 맨 왼쪽에 오는 경우의 수는 _____

경우의 수와 같으므로 _____

step❸ A가 맨 왼쪽에 오는 경우의 수 구하기 [2점] ❯ A가 맨 왼쪽에 오는 경우의 수는 _____

경우의 수와 같으므로 _____

step❹ 답 구하기 [2점] ❯ 따라서 구하는 확률은 _____ + _____ = _____

유제 1-1 → 유형 123

주영이네 가족 5명이 공원 벤치에 앉아 사진을 찍으려고 한다. 5명이 모두 벤치에 앉을 때, 할머니 또는 어머니가 맨 왼쪽에 앉게 될 확률을 구하여라. [8점]

풀이

step❶ 5명이 벤치에 앉는 모든 경우의 수 구하기 [2점]

5명이 벤치에 앉는 모든 경우의 수는

_____

step❷ 할머니가 맨 왼쪽에 앉는 경우의 수 구하기 [2점]

할머니가 맨 왼쪽에 앉게 되는 경우의 수는 _____

_____ 경우의 수와 같으므로 _____

step❸ 어머니가 맨 왼쪽에 앉는 경우의 수 구하기 [2점]

마찬가지 방법으로 생각하면 어머니가 맨 왼쪽에 앉게 되는 경우의 수는 _____

step❹ 답 구하기 [2점]

따라서 구하는 확률은 _____ + _____ = _____

유제 1-2 → 유형 131

총을 5발 쏘아 평균 2발을 명중시키는 사수가 있다. 이 사수가 목표물을 향해 총을 2발 쏘았을 때, 적어도 한 발은 명중시킬 확률을 구하여라. [7점]

풀이

step❶ 명중률 구하기 [1점]

총을 한 발 쏘았을 때 명중시킬 확률은 _____

step❷ 두 발 모두 명중시키지 못 할 확률 구하기 [3점]

두 발 모두 명중시키지 못할 확률은

_____

step❸ 확률 구하기 [3점]

적어도 한 발은 명중시킬 확률은

_____

2 · 뽑기에 대한 확률

→ 유형 129

예제 15개의 제비 중에 5개의 당첨 제비가 들어 있는 주머니가 있다. 이 주머니에서 A, B, C 세 사람이 차례로 한 번씩 제비를 뽑을 때, C만 당첨될 확률을 구하여라.(단, 한 번 뽑은 제비는 다시 넣지 않는다.) [7점]

풀이

step❶ C만 당첨되는 조건 알기 [2점] ➡ C만 당첨되려면 C는 당첨 제비를 뽑고 _____

step❷ A, B, C가 제비를 뽑을 때 조건에 맞는 각각의 확률 구하기 [3점] ➡ 처음 A가 뽑을 때 당첨되지 않을 확률은 ____

A가 뽑고 난 후 B가 제비를 뽑을 때 당첨되지 않을 확률은 ____

A, B가 뽑고 난 후 C가 제비를 뽑을 때 당첨될 확률은 ____

step❸ C만 당첨될 확률구하기 [2점] ➡ 따라서 C만 당첨될 확률은 _____

유제 2-1 → 유형 127

A 주머니에는 흰 공 2개, 검은 공 3개가 들어 있고, B 주머니에는 흰 공 1개, 검은 공 2개가 들어 있다. 한 개의 주사위를 던져서 짝수의 눈이 나오면 A 주머니를, 홀수의 눈이 나오면 B 주머니를 선택한 후 선택한 주머니에서 한 개의 공을 꺼낼 때, 흰 공이 나올 확률을 구하여라. [8점]

풀이

step❶ 짝수의 눈이 나온 후, A 주머니에서 흰 공을 꺼낼 확률 구하기 [3점]

짝수의 눈이 나온 후, A 주머니에서 흰 공을 꺼낼 확률은 _____

step❷ 홀수의 눈이 나온 후, B 주머니에서 흰 공을 꺼낼 확률 구하기 [3점]

홀수의 눈이 나온 후, B 주머니에서 흰 공을 꺼낼 확률은 _____

step❸ 흰 공이 나올 확률 구하기 [2점]

따라서 구하는 확률은 _____

유제 2-2 → 유형 128, 129

흰 공 4개, 검은 공 6개가 들어 있는 주머니에서 공을 1개씩 연속하여 두 번 꺼낸다. 처음 꺼낸 공을 다시 넣을 때 두 번 모두 흰 공을 꺼낼 확률을 a, 처음 꺼낸 공을 다시 넣지 않을 때 모두 흰 공을 꺼낼 확률을 b라 하자. 이때 $a+b$의 값을 구하여라. [6점]

풀이

step❶ a의 값 구하기 [2점]

처음 꺼낸 공을 다시 넣을 때 두 번 모두 흰 공을 꺼낼 확률 a는

$a=$ _____

step❷ b의 값 구하기 [2점]

처음 꺼낸 공을 다시 넣지 않을 때 두 번 모두 흰 공을 꺼낼 확률 b는

$b=$ _____

step❸ $a+b$의 값 구하기 [2점]

$\therefore a+b=$ _____

서술유형 실전대비

[1-4] 주어진 단계에 맞게 답안을 작성하여라.

1 아빠와 엄마가 각각 3개의 마트 A, B, C 중 한 곳에 갈 때, 아빠가 A 마트에 가거나 엄마가 B 마트에 갈 확률을 구하여라. [8점]

풀이

step1: 모든 경우의 수 구하기 [3점]

step2: 아빠가 A마트에 가거나 엄마가 B마트에 가는 경우의 수 구하기 [4점]

step3: 답 구하기 [1점]

답 _____

2 4개의 면에 1, 2, 3, 4의 수가 각각 적힌 정사면체 모양의 주사위가 있다. 이 주사위를 두 번 던져서 첫 번째에 바닥에 닿는 면에 적힌 수를 a, 두 번째에 바닥에 닿는 면에 적힌 수를 b라 할 때, 방정식 $ax=b$의 해가 정수가 될 확률을 구하여라. [7점]

풀이

step1: 모든 경우의 수 구하기 [1점]

step2: $ax=b$의 해가 정수가 되는 경우의 수 구하기 [5점]

step3: 구하는 확률 구하기 [1점]

답 _____

3 어느 학생이 지각한 다음날 지각할 확률은 $\frac{1}{5}$이고, 지각하지 않은 다음날 지각할 확률은 $\frac{2}{7}$라 한다. 이 학생이 화요일에 지각했을 때, 이틀 후인 목요일에는 지각하지 않을 확률을 구하여라. [8점]

풀이

step1: 수요일에 지각하고 목요일에는 지각하지 않을 확률 구하기 [3점]

step2: 수요일에 지각하지 않고 목요일에도 지각하지 않을 확률 구하기 [3점]

step3: 목요일에 지각하지 않을 확률 구하기 [2점]

답 _____

4 어느 농구 선수는 자유투를 10번 던지면 평균 8번 골을 넣는다고 한다. 이 선수가 자유투를 던질 때, 다음을 구하여라. [총 7점]

(1) 1번 던져서 골을 넣을 확률 [1점]
(2) 2번 던져서 모두 골을 넣지 못할 확률 [2점]
(3) 3번 던져서 적어도 한 골 이상 넣을 확률 [4점]

풀이

step1: (1)의 확률 구하기 [1점]

step2: (2)의 확률 구하기 [2점]

step3: (3)의 확률 구하기 [4점]

답 _____

[5-8] 풀이 과정을 자세히 써라.

5 오른쪽 그림과 같이 원 위의 바늘이 점 A를 출발하여 시계 방향으로 돌면서 인형을 가리키는 기계가 있다. 이때 바늘이 돌아가는 칸의 개수는 주사위 2개를 동시에 던질 때 나오는 눈의 수의 합과 같다. 주사위 2개를 동시에 던졌을 때, 바늘이 점 D를 가리킬 확률을 구하여라. [9점]

풀이

답 _____

6 오른쪽 그림과 같이 10등분 한 원판을 A, B 두 사람이 한 번씩 돌려서 멈춘 후 바늘이 가리키는 숫자를 읽을 때, A는 짝수가 적힌 부분이 나오고 B는 홀수가 적힌 부분이 나올 확률을 구하여라. (단, 경계선을 가리키는 경우는 생각하지 않는다.) [6점]

풀이

답 _____

7 피노키오는 3회에 한 번 꼴로 거짓말을 한다고 한다. 흰 공 3개, 검은 공 2개가 들어 있는 상자에서 1개의 공을 꺼낸 후 피노키오에게 무슨 공이 나왔는지 물었을 때, 흰 공이 나왔다고 대답할 확률을 구하여라. [10점]

풀이

답 _____

8 두 자연수 a, b가 짝수일 확률이 각각 $\dfrac{2}{3}$, $\dfrac{1}{4}$일 때, $a+b$가 홀수일 확률을 구하여라. [8점]

풀이

답 _____

풍쌤비법으로 모든 유형을 대비하는
문제기본서

풍산자 필수유형

최종점검 TEST

중학수학 **2-2**

실전 TEST · 1회

01 오른쪽 그림과 같이 $\overline{AB}=\overline{AC}$ 인 이등변삼각형 ABC에서 $\overline{BC}=\overline{BD}$, ∠BDC=70°일 때, ∠$x$의 크기는? [3점]

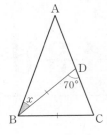

① 20°   ② 30°

③ 40°   ④ 50°

⑤ 60°

02 오른쪽 그림과 같이 $\overline{AB}=\overline{AC}$인 직각이 등변삼각형 ABC의 두 꼭짓점 B, C에서 꼭짓점 A를 지나는 직선 l에 내린 수선의 발을 각각 D, E 라 하자. $\overline{BD}=5$ cm, $\overline{CE}=4$ cm일 때, $\overline{DE}$의 길이는? [3점]

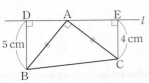

① 7 cm   ② 8 cm   ③ 9 cm

④ 10 cm   ⑤ 11 cm

03 오른쪽 그림에서 점 I는 △ABC의 내심이다. ∠BIC=113°일 때, ∠x의 크기는? [3점]

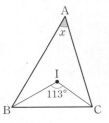

① 38°   ② 40°

③ 42°   ④ 44°

⑤ 46°

04 다음 그림과 같은 두 평행사변형 ABCD, EFGH에 대하여 $x+y+z$의 값은? [3점]

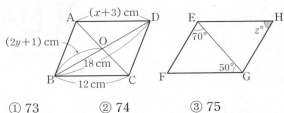

① 73   ② 74   ③ 75

④ 76   ⑤ 77

05 오른쪽 그림과 같은 평행 사변형 ABCD에서 $\overline{DE}$ 는 ∠D의 이등분선이고 $\overline{DE}\perp\overline{AF}$이다.

∠B=58°일 때, ∠x의 크기는? [3점]

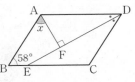

① 60°   ② 61°   ③ 62°

④ 63°   ⑤ 64°

06 오른쪽 그림과 같은 직사각형 ABCD에 대하여 다음 중 옳 지 <u>않은</u> 것은?(단, 점 O는 두 대각선의 교점이다.) [3점]

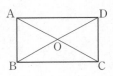

① $\overline{AC}=\overline{BD}$

② $\overline{OB}=\overline{OC}$

③ ∠B=90°

④ ∠AOB=∠COD

⑤ ∠OAB=∠OBC

07 오른쪽 그림의 □ABCD는
$\overline{AD} /\!\!/ \overline{BC}$인 등변사다리꼴이
다. 다음 중 옳지 <u>않은</u> 것은?
[3점]

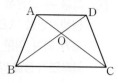

① $\overline{AB} = \overline{DC}$

② $\overline{OA} = \overline{OD}$

③ ∠ABC = ∠DCB

④ ∠ABO = ∠DCO

⑤ ∠ABO = ∠ADO

08 아래 그림에서 △ABC∽△DEF일 때, 다음 보기 중
옳은 것을 모두 고르면? [3점]

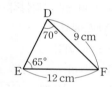

┌─ 보기 ──────────────────────────┐
│ ㄱ. 닮음비는 1 : 2이다.   ㄴ. $\overline{AC} = 3$ cm │
│ ㄷ. ∠A = 70°   ㄹ. ∠C = 45° │
└─────────────────────────────┘

① ㄱ, ㄷ   ② ㄴ, ㄹ

③ ㄱ, ㄷ, ㄹ   ④ ㄴ, ㄷ, ㄹ

⑤ ㄱ, ㄴ, ㄷ, ㄹ

09 오른쪽 그림과 같은
△ABC에서 ∠A = ∠BCD,
$\overline{BC} = 8$ cm, $\overline{BD} = 4$ cm일 때,
$\overline{AD}$의 길이는? [3점]

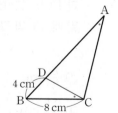

① 11 cm   ② 12 cm

③ 13 cm   ④ 14 cm

⑤ 15 cm

10 오른쪽 그림과 같은
△ABC에서
$\overline{BC} /\!\!/ \overline{DE}$일 때, $x+y$
의 값은? [3점]

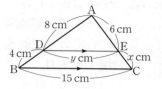

① 11   ② 12

③ 13   ④ 14

⑤ 15

11 폭이 일정한 종이를 오른
쪽 그림과 같이 접을 때,
겹쳐진 부분으로 이루어
진 삼각형 ABC에서
∠x의 크기와 $\overline{BC}$의 길
이를 각각 구한 것은? [4점]

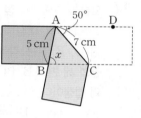

① 50°, 3 cm   ② 50°, 4 cm

③ 50°, 5 cm   ④ 80°, 4 cm

⑤ 80°, 5 cm

12 오른쪽 그림에서 점 O는
△ABC의 외심이다.
∠ABO = 35°,
∠ACO = 20°일 때,
∠x + ∠y의 크기는? [4점]

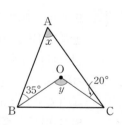

① 125°   ② 135°

③ 145°   ④ 155°

⑤ 165°

13 오른쪽 그림과 같이 ∠A=90°인 직각삼각형 ABC의 빗변의 중점을 O라 하자. ∠ABC=29°일 때, ∠x의 크기는? [4점]

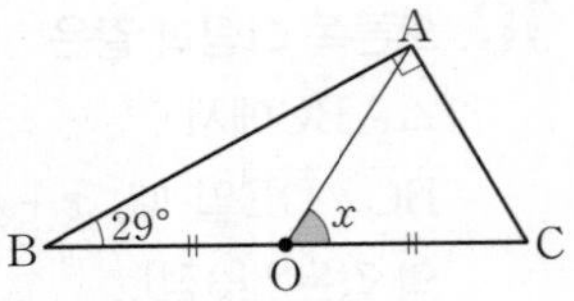

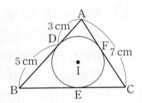

① 54°   ② 56°   ③ 58°
④ 60°   ⑤ 62°

14 오른쪽 그림에서 점 I는 △ABC의 내심이고, 세 점 D, E, F는 각각 내접원과 세 변 AB, BC, CA 의 접점이다. $\overline{AD}$=3 cm, $\overline{BD}$=5 cm, $\overline{CA}$=7 cm일 때, $\overline{BC}$의 길이는? [4점]

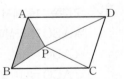

① 6 cm   ② 7 cm   ③ 8 cm
④ 9 cm   ⑤ 10 cm

15 오른쪽 그림과 같은 평행사변형 ABCD의 내부의 한 점 P에 대하여 △PAD=16 cm², △PBC=14 cm², △PCD=20 cm²일 때, △PAB 의 넓이는? [4점]

① 10 cm²   ② 11 cm²   ③ 12 cm²
④ 13 cm²   ⑤ 14 cm²

16 다음 중 오른쪽 그림과 같은 평행사변형 ABCD가 마름모가 되기 위한 조건을 모두 고르면?(정답 2개) [4점]

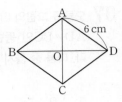

① $\overline{AB}$=6 cm
② $\overline{BC}$=6 cm
③ ∠ABC=90°
④ ∠BOC=90°
⑤ $\overline{AO}$=$\overline{CO}$

17 오른쪽 그림과 같이 ∠A=90°인 직각삼각형 ABC에서 $\overline{AH}$⊥$\overline{BC}$이고 $\overline{AB}$=15 cm, $\overline{BH}$=9 cm일 때, $\overline{AC}$의 길이는? [4점]

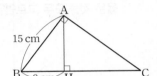

① 14 cm   ② 16 cm   ③ 18 cm
④ 20 cm   ⑤ 22 cm

18 오른쪽 그림과 같은 △ABC에서 점 D는 ∠A의 외각의 이등분선과 $\overline{BC}$의 연장선의 교점일 때, $\overline{BC}$의 길이는?

[4점]

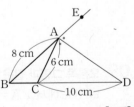

① $\dfrac{8}{3}$ cm   ② 3 cm   ③ $\dfrac{10}{3}$ cm
④ $\dfrac{11}{3}$ cm   ⑤ 4 cm

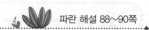

19 오른쪽 그림에서 점 I는 △ABC의 내심이다. ∠C=80°일 때, ∠x+∠y의 크기는? [5점]

① 170°　　② 180°

③ 190°　　④ 200°

⑤ 210°

20 오른쪽 그림에서 점 F 는 $\overline{BC}$ 위의 점이고 $\overline{AB} /\!/ \overline{EF} /\!/ \overline{DC}$일 때, $\overline{BF}$의 길이는? [5점]

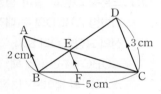

① $\frac{1}{2}$ cm　　② 1 cm　　③ $\frac{3}{2}$ cm

④ 2 cm　　⑤ $\frac{5}{2}$ cm

서술형 [21-25] 풀이 과정을 자세히 쓰고 답을 적어라.

21 오른쪽 그림과 같은 △ABC에서 ∠A=70°, $\overline{BM}=\overline{CM}$이고 점 M에서 $\overline{AB}$, $\overline{AC}$에 내린 수선의 발을 각각 D, E라 하자. $\overline{MD}=\overline{ME}$일 때, ∠x의 크기를 구하여라. [5점]

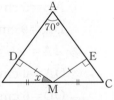

22 오른쪽 그림과 같은 평 행사변형 ABCD에서 $\overline{AB}$=5 cm, $\overline{AD}$=8 cm이고 ∠BAE=∠DAE, ∠ADF=∠CDF일 때, $\overline{EF}$의 길이를 구하여라. [5점]

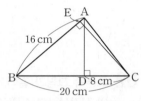

23 오른쪽 그림과 같이 △ABC의 꼭짓점 A, C 에서 변 BC, AB에 내린 수선의 발을 각각 D, E 라 하자. $\overline{AB}$=16 cm, $\overline{BC}$=20 cm, $\overline{DC}$=8 cm일 때, $\overline{BE}$의 길이를 구하 여라. [5점]

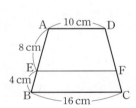

24 오른쪽 그림과 같은 사다리 꼴 ABCD에서 $\overline{AD} /\!/ \overline{EF} /\!/ \overline{BC}$일 때, $\overline{EF}$ 의 길이를 구하여라. [6점]

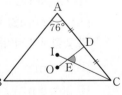

25 오른쪽 그림과 같이 $\overline{AB}=\overline{AC}$인 이등변삼각 형 ABC의 외심을 O, 내 심을 I라 하고, $\overline{AC}$의 중 점을 D, $\overline{OD}$와 $\overline{IC}$의 교 점을 E라 하자. ∠BAC=76°일 때, ∠CED의 크기 를 구하여라. [7점]

실전 TEST · 2회

시간제한: 45분   점수: / 100점

01 오른쪽 그림과 같은 △ABC에서 ∠A=∠C이고 $\overline{AC}\perp\overline{BD}$이다. $\overline{AB}=15$ cm, $\overline{AC}=16$ cm일 때, $\overline{BC}+\overline{CD}$의 값은? [3점]

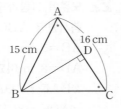

① 21 cm   ② 23 cm   ③ 25 cm

④ 27 cm   ⑤ 29 cm

02 오른쪽 그림과 같이 ∠C=90°인 직각삼각형 ABC에서 $\overline{AC}=\overline{AD}$이고, $\overline{AB}\perp\overline{DE}$이다. $\overline{BE}=8$ cm, $\overline{BC}=14$ cm일 때, $\overline{DE}$의 길이는? [3점]

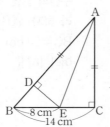

① 3 cm   ② 4 cm

③ 5 cm   ④ 6 cm

⑤ 7 cm

03 오른쪽 그림과 같이 ∠B=90°인 직각삼각형 ABC에서 $\overline{BC}=10$ cm, $\overline{CA}=12$ cm일 때, △ABC의 외접원의 넓이는? [3점]

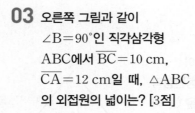

① 9π cm²   ② 16π cm²   ③ 25π cm²

④ 36π cm²   ⑤ 49π cm²

04 오른쪽 그림과 같은 직사각형 ABCD에서 ∠ACB=29°, $\overline{BD}=10$ cm일 때, $x+y$의 값은? [3점]

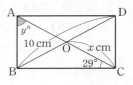

① 65   ② 66   ③ 67

④ 68   ⑤ 69

05 오른쪽 그림과 같이 평행사변형 ABCD의 두 대각선의 교점을 O라 하자. △OBC=7 cm²일 때, △ABC의 넓이는? [3점]

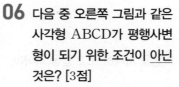

① 14 cm²   ② 13 cm²   ③ 12 cm²

④ 11 cm²   ⑤ 10 cm²

06 다음 중 오른쪽 그림과 같은 사각형 ABCD가 평행사변형이 되기 위한 조건이 아닌 것은? [3점]

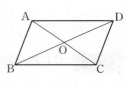

① $\overline{AB}=5$ cm, $\overline{BC}=9$ cm, $\overline{CD}=5$ cm, $\overline{DA}=9$ cm

② ∠A=∠C=110°, ∠B=∠D=70°

③ $\overline{OA}=4$ cm, $\overline{OB}=6$ cm, $\overline{OC}=4$ cm, $\overline{OD}=6$ cm

④ $\overline{AB}=\overline{AD}=7$ cm, $\overline{BC}=\overline{CD}=6$ cm

⑤ $\overline{AD}\,/\!/\,\overline{BC}$, $\overline{AD}=\overline{BC}=9$ cm

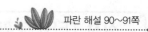
07 다음 중 사각형과 그 사각형의 각 변의 중점을 연결하여 만든 사각형이 잘못 짝지어진 것은? [3점]

① 직사각형 – 마름모
② 마름모 – 직사각형
③ 평행사변형 – 평행사변형
④ 정사각형 – 정사각형
⑤ 등변사다리꼴 – 직사각형

08 아래 그림에서 두 삼각기둥은 서로 닮은 도형이다.
△ABC∽△GHI일 때, 다음 중 옳지 않은 것은? [3점]

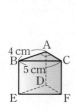
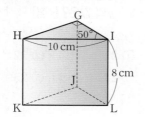

① 두 삼각기둥의 닮음비는 1 : 2이다.
② 면 ADFC에 대응하는 면은 면 GJLI이다.
③ 모서리 CF의 길이는 4 cm이다.
④ 모서리 GH의 길이는 8 cm이다.
⑤ ∠DEF의 크기는 30°이다.

09 오른쪽 그림과 같은 △ABC에서 ∠A의 이등분선이 $\overline{BC}$와 만나는 점을 D라 하자. $\overline{AB}=9$ cm, $\overline{BD}=3$ cm, $\overline{CA}=6$ cm일 때, $\overline{CD}$의 길이는? [3점]

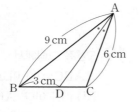

① 1 cm
② $\frac{3}{2}$ cm
③ 2 cm
④ $\frac{5}{2}$ cm
⑤ 3 cm

10 오른쪽 그림의 △ABC는 $\overline{AB}=\overline{AC}$인 이등변삼각형이다. $\overline{AD}=\overline{BD}=\overline{BC}$일 때, ∠A의 크기는? [4점]

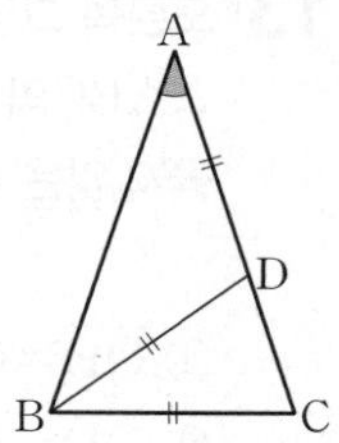

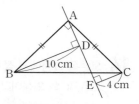

① 32°
② 36°
③ 40°
④ 44°
⑤ 48°

11 오른쪽 그림과 같이 ∠A=90°이고 $\overline{AB}=\overline{AC}$인 직각이등변삼각형 ABC의 두 점 B, C에서 점 A를 지나는 직선에 내린 수선의 발을 각각 D, E라 하자. $\overline{BD}=10$ cm, $\overline{CE}=4$ cm일 때, $\overline{DE}$의 길이는? [4점]

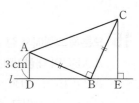

① 4 cm
② 5 cm
③ 6 cm
④ 7 cm
⑤ 8 cm

12 오른쪽 그림과 같이 ∠B=90°이고 $\overline{AB}=\overline{BC}$인 직각이등변삼각형 ABC의 꼭짓점 A, C에서 꼭짓점 B를 지나는 직선 l에 내린 수선의 발을 각각 D, E라 하자. $\overline{AD}=3$ cm, △ADB=12 cm²일 때, $\overline{DE}$의 길이는? [4점]

① 10 cm
② 11 cm
③ 12 cm
④ 13 cm
⑤ 14 cm

실전 TEST · 2회

13 오른쪽 그림에서 점 O는 △ABC의 외심이다. 다음 중 옳지 <u>않은</u> 것을 모두 고르면? (정답 2개) [4점]

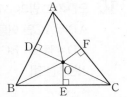

① $\overline{OB}=\overline{OC}$

② $\overline{OD}=\overline{OE}$

③ $\overline{AD}=\overline{BD}$

④ △OBE ≡ △OCE

⑤ △OAD ≡ △OAF

14 오른쪽 그림에서 점 O는 △ABC의 외심이다. ∠OAB=30°, ∠OBC=20°일 때, ∠x의 크기는? [4점]

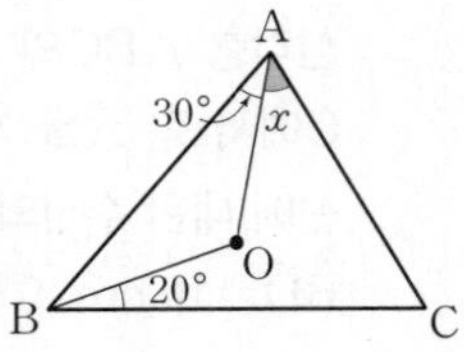

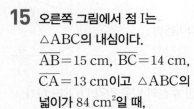

① 20° ② 25° ③ 30°

④ 35° ⑤ 40°

15 오른쪽 그림에서 점 I는 △ABC의 내심이다. $\overline{AB}=15$ cm, $\overline{BC}=14$ cm, $\overline{CA}=13$ cm이고 △ABC의 넓이가 84 cm²일 때, △ABC의 내접원의 반지름의 길이는? [4점]

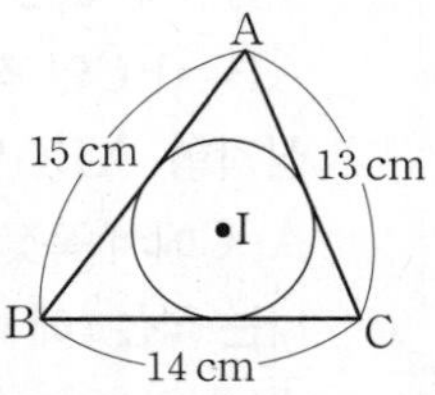

① 1 cm ② 2 cm ③ 3 cm

④ 4 cm ⑤ 5 cm

16 오른쪽 그림에서 ∠ABC=∠DAC일 때, $\overline{AC}$의 길이는? [4점]

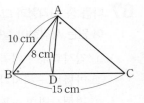

① 9 cm

② 10 cm

③ 11 cm

④ 12 cm

⑤ 13 cm

17 오른쪽 그림에서 l // m // n일 때, $x+y$의 값은? [4점]

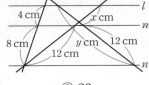

① 21 ② 22 ③ 23

④ 24 ⑤ 25

18 오른쪽 그림에서 $\overline{AB}$, $\overline{EF}$, $\overline{CD}$가 모두 $\overline{BC}$에 수직일 때, △EBC의 넓이는? [4점]

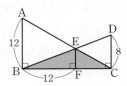

① 48 ② 49

③ 50 ④ 51

⑤ 52

19 오른쪽 그림에서 ∠ABC=90°이고, $\overline{BE}\perp\overline{AC}$, $\overline{BD}\perp\overline{EF}$이다. $\overline{AD}=\overline{CD}$일 때, $\overline{DF}$의 길이는? [5점]

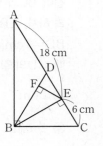

① 1 cm ② 2 cm

③ 3 cm ④ 4 cm

⑤ 5 cm

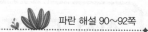

20 오른쪽 그림의 △ABC에서 $\overline{DE} /\!/ \overline{BC}$, $\overline{DF} /\!/ \overline{BE}$일 때, $\overline{FC}$의 길이는? [5점]

① 20   ② 19
③ 18   ④ 17
⑤ 16

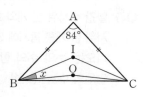

서술형 [21-25] 풀이 과정을 자세히 쓰고 답을 적어라.

21 오른쪽 그림에서 두 점 O, I는 각각 $\overline{AB}=\overline{AC}$인 이등변삼각형 ABC의 외심과 내심이다. ∠A=84°일 때, ∠x의 크기를 구하여라. [5점]

22 오른쪽 그림에서 점 I는 △ABC의 내접원의 중심이고, 내접원의 반지름의 길이는 3 cm이다. 점 I를 지나고 $\overline{BC}$에 평행한 직선이 $\overline{AB}$, $\overline{AC}$와 만나는 점을 각각 D, E라 할 때, □DBCE의 넓이를 구하여라. [5점]

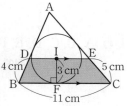

23 오른쪽 그림의 정사각형 ABCD에서 대각선 BD 위에 ∠AED=60°가 되도록 점 E를 잡을 때, ∠BCE의 크기를 구하여라. [5점]

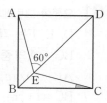

24 오른쪽 그림은 직사각형 ABCD를 $\overline{AE}$를 접는 선으로 하여 점 B가 변 CD 위에 오도록 접은 것이다. $\overline{AD}=16$, $\overline{EC}=6$, $\overline{FC}=8$일 때, $\overline{AF}$의 길이를 구하여라. [6점]

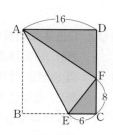

25 오른쪽 그림과 같은 △ABC에서 ∠BAD=∠EAD, ∠ABC=∠CAE 이고, $\overline{AB}=15$ cm, $\overline{BC}=18$ cm, $\overline{AC}=6$ cm일 때, $\overline{DE}$의 길이를 구하여라. [6점]

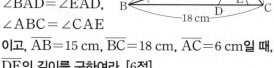

실전 TEST·3회

시간제한: 45분   점수: / 100점

01 오른쪽 그림에서 세 점 D, E, F는 각각 $\overline{AB}$, $\overline{BC}$, $\overline{CA}$의 중점이다. $\overline{AB}=10$ cm, $\overline{BC}=14$ cm, $\overline{CA}=8$ cm일 때, △DEF의 둘레의 길이는? [3점]

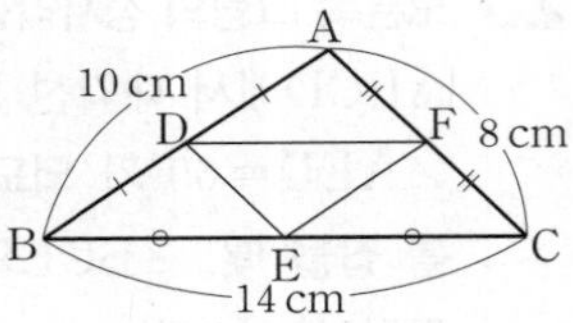

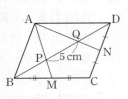

① 14 cm   ② 15 cm   ③ 16 cm

④ 17 cm   ⑤ 18 cm

02 오른쪽 그림과 같은 평행사변형 ABCD에서 $\overline{BC}$, $\overline{CD}$의 중점을 각각 M, N이라 하고, 대각선 BD와 $\overline{AM}$, $\overline{AN}$의 교점을 각각 P, Q라 하자. $\overline{PQ}=5$ cm일 때, $\overline{BD}$의 길이는? [3점]

① 11 cm   ② 12 cm   ③ 13 cm

④ 14 cm   ⑤ 15 cm

03 오른쪽 그림과 같이 벽에 기대어 세워진 막대의 길이는? [3점]

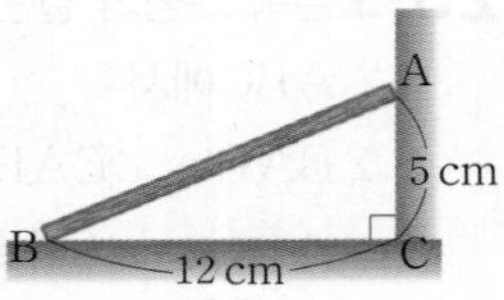

① 13 cm

② 13.5 cm

③ 14 cm

④ 14.5 cm

⑤ 15 cm

04 오른쪽 그림과 같이 직사각형 ABCD의 내부에 한 점 P가 있다. $\overline{AP}=3$, $\overline{CP}=5$, $\overline{DP}=4$일 때, $\overline{BP}^2$의 값은? [3점]

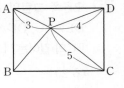

① 15   ② 16   ③ 17

④ 18   ⑤ 19

05 빨간 주사위 한 개와 초록 주사위 한 개를 동시에 던질 때, 나오는 눈의 수의 합이 5인 경우의 수는? [3점]

① 1   ② 2   ③ 3

④ 4   ⑤ 5

06 A, B, C, D, E, F 여섯 명이 한 줄로 설 때, A는 맨 앞에, B는 맨 뒤에 서게 될 확률은? [3점]

① $\dfrac{1}{30}$ ② $\dfrac{1}{15}$ ③ $\dfrac{1}{10}$

④ $\dfrac{1}{5}$ ⑤ $\dfrac{1}{3}$

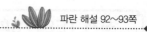

07 한 개의 주사위를 두 번 던질 때, 첫 번째는 4 이하의 눈이 나오고, 두 번째는 홀수의 눈이 나올 확률은? [3점]

① $\dfrac{1}{12}$ ② $\dfrac{1}{9}$ ③ $\dfrac{1}{4}$

④ $\dfrac{1}{3}$ ⑤ $\dfrac{1}{2}$

08 오른쪽 그림과 같은 △ABC에서 $\overline{AE}=\overline{EF}=\overline{FB}$이고, $\overline{BD}=\overline{DC}$이다. $\overline{CG}=15$ cm일 때, $\overline{EG}$의 길이는? [4점]

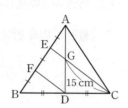

① 2 cm ② 3 cm ③ 4 cm

④ 5 cm ⑤ 6 cm

09 닮은 두 직육면체의 겉넓이의 비가 16 : 25이고, 작은 직육면체의 부피가 256 cm³일 때, 큰 직육면체의 부피는? [4점]

① 250 cm³ ② 500 cm³ ③ 750 cm³

④ 1000 cm³ ⑤ 1250 cm³

10 오른쪽 그림과 같은 사다리꼴 ABCD의 넓이는? [4점]

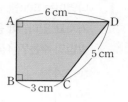

① 10 cm² ② 12 cm²

③ 14 cm² ④ 16 cm²

⑤ 18 cm²

11 오른쪽 그림은 한 변의 길이가 14인 정사각형 ABCD의 각 변 위에 $\overline{AE}=\overline{BF}=\overline{CG}=\overline{DH}=6$이 되도록 네 점 E, F, G, H를 잡은 것이다. 이때 □EFGH의 넓이는? [4점]

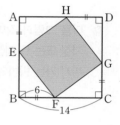

① 100 ② 121 ③ 144

④ 169 ⑤ 196

12 오른쪽 그림과 같은 □ABCD에서 $\overline{AC}\perp\overline{BD}$이고, 점 O는 $\overline{AC}$와 $\overline{BD}$의 교점일 때, $\overline{AO}^2$의 값은? [4점]

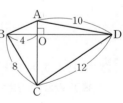

① 1 ② $\dfrac{9}{4}$ ③ 4

④ $\dfrac{25}{4}$ ⑤ 9

실전 TEST · 3회

13 나영이는 500원, 100원, 50원짜리 동전을 각각 5개씩 가지고 있다. 이 동전을 사용하여 1000원을 지불하는 방법의 수는? [4점]

① 3가지   ② 4가지   ③ 5가지
④ 6가지   ⑤ 7가지

14 다음 그림과 같이 A 지점에서 C 지점으로 가는데 B 지점 또는 D 지점을 거쳐야 한다. A 지점에서 C 지점까지 가는 방법의 수는? [4점]

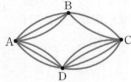

① 10가지   ② 12가지   ③ 14가지
④ 16가지   ⑤ 18가지

15 0, 1, 2, 3, 4, 5가 각각 적힌 6장의 카드 중에서 3장을 뽑아 만들 수 있는 세 자리의 정수의 개수는? [4점]

① 100개   ② 120개   ③ 140개
④ 160개   ⑤ 180개

16 A, B 두 개의 주사위를 동시에 던져서 A 주사위에서 나온 눈의 수를 x, B 주사위에서 나온 눈의 수를 y라 할 때, $2x+y=8$일 확률은? [4점]

① $\dfrac{1}{18}$ ② $\dfrac{1}{12}$ ③ $\dfrac{1}{10}$
④ $\dfrac{1}{5}$ ⑤ $\dfrac{1}{2}$

17 어떤 시험에서 A가 합격할 확률은 $\dfrac{2}{3}$, B가 합격할 확률은 $\dfrac{3}{4}$이라 한다. A, B 중 한 명만 합격할 확률은? [4점]

① $\dfrac{1}{12}$ ② $\dfrac{1}{4}$ ③ $\dfrac{5}{12}$
④ $\dfrac{7}{12}$ ⑤ $\dfrac{3}{4}$

18 주머니 속에 흰 공 4개, 검은 공 2개가 들어 있다. 이 주머니에서 공을 1개씩 연속하여 두 번 꺼낼 때, 같은 색의 공이 나올 확률은?
(단, 꺼낸 공은 다시 넣지 않는다.) [4점]

① $\dfrac{1}{5}$ ② $\dfrac{4}{15}$ ③ $\dfrac{1}{3}$
④ $\dfrac{2}{5}$ ⑤ $\dfrac{7}{15}$

19 오른쪽 그림에서 점 D는 $\overline{AB}$의 중점이고, 점 F는 $\overline{DE}$의 연장선과 $\overline{BC}$의 연장선의 교점이다. $\overline{DE}=\overline{EF}$일 때, $\overline{BC} : \overline{CF}$는? [5점]

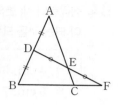

① 2 : 1   ② 3 : 2   ③ 5 : 3

④ 7 : 3   ⑤ 8 : 5

20 어느 지역의 일기 예보에서 토요일에 비가 올 확률은 40 %, 일요일에 비가 올 확률은 50 %라 한다. 토요일과 일요일 중에서 적어도 하루는 비가 올 확률은? [5점]

① $\dfrac{1}{5}$ ② $\dfrac{3}{10}$ ③ $\dfrac{2}{5}$

④ $\dfrac{1}{2}$ ⑤ $\dfrac{7}{10}$

 서술형 [21-25] 풀이 과정을 자세히 쓰고 답을 적어라.

21 오른쪽 그림과 같은 $\triangle ABC$에서 $\overline{AB}$, $\overline{BC}$, $\overline{CA}$의 중점을 각각 D, E, F라 하자. $\triangle ABC=28 \text{ cm}^2$일 때, $\triangle DEF$의 넓이를 구하여라. [4점]

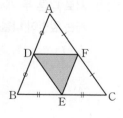

22 오른쪽 그림에서 점 G는 $\triangle ABC$의 무게중심이다. $\overline{EF} /\!/ \overline{BC}$이고, $\triangle GDF$의 넓이가 6 cm²일 때, $\triangle FDC$의 넓이를 구하여라. [5점]

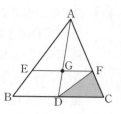

23 0, 1, 2, 3, 4의 숫자가 각각 적힌 5장의 카드에서 3장을 뽑아 만들 수 있는 세 자리 정수 중에서 홀수의 개수를 구하여라. [5점]

24 A, B 두 사람이 1회에는 A, 2회에는 B, 3회에는 A, 4회에는 B, …의 순서로 주사위 1개를 번갈아 던지는 놀이를 한다. 2의 약수의 눈이 먼저 나오는 사람이 이기는 것으로 할 때, 5회 이내에 B가 이길 확률을 구하여라. [5점]

25 오른쪽 그림에서 호 AA', BB', CC', DD'은 점 O를 중심으로 하고 $\overline{OA'}$, $\overline{OB'}$, $\overline{OC'}$, $\overline{OD'}$을 각각 반지름으로 하여 원을 그린 것이다. $\overline{OD}=6$일 때, $\overline{OA}$의 길이를 구하여라. [6점]

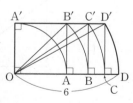

실전 TEST · 4회

시간제한: 45분   점수: / 100점

01 오른쪽 그림과 같은 □ABCD에서 네 변의 중점을 각각 P, Q, R, S라 하자. $\overline{AC}=20$ cm, $\overline{BD}=18$ cm 일 때, □PQRS의 둘레의 길이는? [3점]

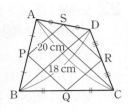

① 30 cm   ② 32 cm   ③ 34 cm
④ 36 cm   ⑤ 38 cm

02 오른쪽 그림에서 점 G는 △ABC의 무게중심이다. △AGE=6 cm^{2}일 때, □DCEG의 넓이는? [3점]

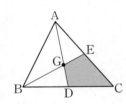

① 9 cm^2 ② 10 cm^2
③ 11 cm^2 ④ 12 cm^2
⑤ 13 cm^2

03 다음 그림과 같은 직각삼각형에서 $x+y$의 값은? [3점]

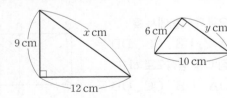

① 19   ② 20   ③ 21
④ 22   ⑤ 23

04 삼각형의 세 변의 길이가 다음가 같을 때, 직각삼각형이 되는 것을 모두 고른 것은? [3점]

> ㄱ. 4 cm, 5 cm, 6 cm
> ㄴ. 5 cm, 7 cm, 9 cm
> ㄷ. 6 cm, 8 cm, 10 cm
> ㄹ. 7 cm, 8 cm, 12 cm

① ㄱ   ② ㄴ   ③ ㄷ
④ ㄱ, ㄷ   ⑤ ㄴ, ㄹ

05 영채, 동훈, 수연, 상준 네 명을 한 줄로 세우는 경우의 수는? [3점]

① 20   ② 22   ③ 24
④ 26   ⑤ 28

06 서로 다른 두 개의 동전을 동시에 던질 때, 적어도 한 개는 앞면이 나올 확률은? [3점]

① $\frac{1}{4}$ ② $\frac{1}{3}$ ③ $\frac{1}{2}$
④ $\frac{2}{3}$ ⑤ $\frac{3}{4}$

07 오른쪽 그림과 같이 9개의 정사각
형으로 이루어진 표적에 화살을 두
번 쏠 때, 두 번 모두 색칠한 부분
에 맞힐 확률은?(단, 경계선에 맞
히는 경우는 생각하지 않는다.) [3점]

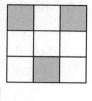

① $\dfrac{1}{9}$　　　② $\dfrac{2}{9}$　　　③ $\dfrac{1}{3}$

④ $\dfrac{4}{9}$　　　⑤ $\dfrac{5}{9}$

08 오른쪽 그림과 같은 사다리꼴
ABCD에서 두 점 M, N은
각각 $\overline{AB}$, $\overline{DC}$의 중점이다.
$\overline{AD}=6$ cm, $\overline{BC}=14$ cm일
때, $\overline{PQ}$의 길이는? [4점]

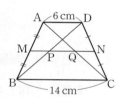

① 1 cm　　　② 2 cm　　　③ 3 cm

④ 4 cm　　　⑤ 5 cm

09 오른쪽 그림에서 점 G는
△ABC의 무게중심이고, 점
G′은 △GBC의 무게중심이
다. $\overline{AD}=18$ cm일 때, $\overline{AG'}$
의 길이는? [4점]

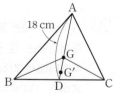

① 8 cm　　　② 10 cm　　　③ 12 cm

④ 14 cm　　　⑤ 16 cm

10 오른쪽 그림은 강의 폭을 구
하기 위해 축척이 $\dfrac{1}{25000}$인
축도를 그린 것이다. 실제 강
의 폭은 몇 km인가? [4점]

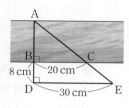

① 4 km　　　② 5 km　　　③ 6 km

④ 7 km　　　⑤ 8 km

11 오른쪽 그림과 같은 △ABC
에서 $\overline{AD}\perp\overline{BC}$이고,
$\overline{AB}=15$ cm, $\overline{BC}=14$ cm,
$\overline{AD}=12$ cm일 때, $\overline{AC}$의
길이는? [4점]

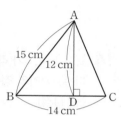

① 12 cm　　② 13 cm

③ 14 cm　　④ 15 cm

⑤ 16 cm

12 오른쪽 그림과 같은
□ABCD에서 $\overline{AC}\perp\overline{BD}$이
고, 점 O는 $\overline{AC}$와 $\overline{BD}$의 교
점일 때, x의 값은? [4점]

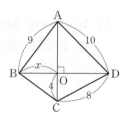

① 25　　　② 26

③ 27　　　④ 28

⑤ 29

실전 TEST · 4회

13 오른쪽 그림과 같이 ∠A=90°인 △ABC의 세 변을 지름으로 하는 반원의 넓이를 각각 P, Q, R라 하자. $\overline{BC}$=16 cm일 때, $P+Q+R$의 넓이는? [4점]

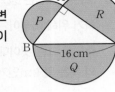

① 8π cm^2　② 16π cm^2　③ 32π cm^2
④ 48π cm^2　⑤ 64π cm^2

14 1, 2, 3, 4, 5가 각각 적힌 5장의 카드 중에서 2장을 뽑아 두 자리의 정수를 만들 때, 32보다 큰 수의 개수는? [4점]

① 10개　② 11개　③ 12개
④ 13개　⑤ 14개

15 육상 대회에 출전한 9명의 선수 중에서 금메달, 은메달, 동메달을 받는 선수가 1명씩 정해지는 경우의 수는? [4점]

① 360　② 472　③ 504
④ 608　⑤ 720

16 다음 사건 중 그 확률이 1인 것을 모두 고르면?
(정답 2개) [4점]

① 동전 1개를 던질 때, 뒷면이 나오는 사건
② 동전 1개를 던질 때, 앞면과 뒷면이 동시에 나오는 사건
③ 주사위 1개를 던질 때, 나오는 눈의 수가 1 이하인 사건
④ 주사위 1개를 던질 때, 나오는 눈의 수가 1 이상인 사건
⑤ 검은 공이 5개 들어 있는 주머니에서 공 1개를 꺼낼 때, 검은 공이 나오는 사건

17 어떤 수학 문제를 윤희가 맞힐 확률은 $\dfrac{3}{4}$, 혁재가 맞힐 확률은 $\dfrac{2}{3}$이다. 두 사람 중 적어도 한 명은 이 문제를 맞힐 확률은? [4점]

① $\dfrac{3}{4}$　② $\dfrac{5}{6}$　③ $\dfrac{7}{8}$
④ $\dfrac{2}{10}$　⑤ $\dfrac{11}{12}$

18 A 주머니에는 흰 공 3개, 검은 공 3개가 들어 있고, B 주머니에는 흰 공 3개, 검은 공 2개가 들어 있다. 두 주머니에서 각각 1개씩 공을 꺼낼 때, 그중 1개는 흰 공이고, 1개는 검은 공일 확률은? [4점]

① $\dfrac{1}{2}$　② $\dfrac{1}{3}$　③ $\dfrac{1}{4}$
④ $\dfrac{1}{5}$　⑤ $\dfrac{1}{6}$

19 오른쪽 그림과 같이 모선의 길이가 5 cm인 원뿔의 밑면의 둘레의 길이가 8π cm일 때, 이 원뿔의 높이는? [5점]

① 2 cm   ② $\dfrac{5}{2}$ cm   ③ 3 cm

④ $\dfrac{7}{2}$ cm   ⑤ 4 cm

20 오른쪽 그림과 같이 원 위에 있는 8개의 점 중에서 세 점을 연결하여 만들 수 있는 삼각형의 개수는? [5점]

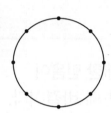

① 56개   ② 58개

③ 60개   ④ 62개

⑤ 64개

서술형 [21-25] 풀이 과정을 자세히 쓰고 답을 적어라.

21 오른쪽 그림과 같은 △ABC에서 점 E는 $\overline{AB}$의 중점이고, 점 D는 $\overline{BC}$의 연장선 위의 점이다. $\overline{EF}=\overline{DF}$이고 $\overline{BC}=26$ cm일 때, $\overline{CD}$의 길이를 구하여라. [4점]

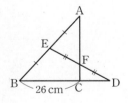

22 오른쪽 그림과 같이 $\angle B=90°$인 직각삼각형 ABC에서 $\overline{AC}\perp\overline{BD}$이고 $\overline{AC}=30$ cm, $\overline{BC}=40$ cm일 때, $\overline{AD}$의 길이를 구하여라. [5점]

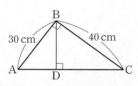

23 남학생 3명과 여학생 2명을 한 줄로 세울 때, 여학생 2명이 서로 이웃하여 서는 경우의 수를 구하여라. [5점]

24 주머니 속에 1부터 10까지의 자연수가 각각 적힌 10개의 공이 들어 있다. 이 주머니에서 공 1개를 꺼내 숫자를 확인하고 다시 넣은 후 다시 1개를 꺼낼 때, 첫 번째는 3의 약수가 적힌 공이 나오고 두 번째는 5의 배수가 적힌 공이 나올 확률을 구하여라. [5점]

25 오른쪽 그림에서 △ABC는 $\angle B=90°$인 직각삼각형이고, 점 G는 △ABC의 무게중심이다. $\overline{AB}=6$ cm, $\overline{BC}=8$ cm일 때, $\overline{BG}$의 길이를 구하여라. [6점]

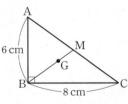

자신에 대한 믿음이
성공의 첫 번째 비결이다.

– 에머슨 –

풍쌤비법으로 모든 유형을 대비하는
문제기본서

풍산자 필수유형

◆
◆
◆

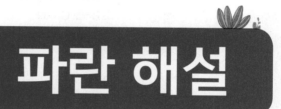

── 유형북 ──

파란 바닷가처럼
시원하게 문제를 해결해 준다.

중학수학 2-2

I. 도형의 성질

1 삼각형의 성질

필수유형 공략하기　　　　　　　10~19쪽

001

$\overline{AB}=\overline{AC}$인 △ABC에 대하여
∠A의 이등분선과 변 BC의 교점을 D라 하면
△ABD와 △ACD에서
$\overline{AB}=\boxed{\overline{AC}}$, ∠BAD=$\boxed{∠CAD}$, $\boxed{\overline{AD}}$는 공통
따라서 △ABD≡△ACD($\boxed{SAS}$ 합동)이므로
$\overline{BD}=\overline{CD}$　　　　　　　　　　　…… ㉠
또 ∠ADB=∠ADC이고
∠ADB+∠ADC=$\boxed{180°}$이므로
∠ADB=∠ADC=90°　　　　　　　…… ㉡
㉠, ㉡에서 $\overline{BD}=\overline{CD}$, $\overline{AD}\perp\overline{BC}$
따라서 ∠A의 이등분선은 $\overline{BC}$를 수직이등분한다.　**답 ②**

002

$\overline{AB}=\overline{AC}$인 △ABC에 대하여
$\overline{BC}$의 중점을 D라 하면
△ABD와 △ACD에서
$\overline{AB}=\boxed{\overline{AC}}$, $\overline{BD}=\boxed{\overline{CD}}$, $\boxed{\overline{AD}}$는 공통
따라서 △ABD≡△ACD($\boxed{SSS}$ 합동)이므로
∠B=$\boxed{∠C}$　　　　　　　　　　　　　**답 ④**

003

∠B=∠C인 △ABC에 대하여
꼭짓점 A에서 $\overline{BC}$에 내린 수선의 발을 D라 하면
△ABD와 △ACD에서
∠B=∠C, ∠ADB=$\boxed{∠ADC}$
삼각형의 세 내각의 크기의 합은 180°이므로
∠BAD=$\boxed{∠CAD}$, $\boxed{\overline{AD}}$는 공통
따라서 △ABD≡△ACD($\boxed{ASA}$ 합동)이므로
$\boxed{\overline{AB}=\overline{AC}}$
따라서 △ABC는 이등변삼각형이다.　　　**답 ④**

004

△BCD에서 $\overline{BC}=\overline{BD}$이므로
∠BCD=∠BDC=65°
∴ ∠DBC=180°−2×65°=50°
△ABC에서 $\overline{AB}=\overline{AC}$이므로
∠ABC=∠ACB=65°
∴ ∠x=∠ABC−∠DBC=65°−50°=15°　**답 ③**

005

△ABC에서 ∠BAC=∠BCA이므로
∠BAC=$\frac{1}{2}$×(180°−50°)=65°
∴ ∠DAC=180°−65°=115°　　　　　**답 ④**

006

△ABC에서 ∠ABC=∠ACB이므로
∠ABC=∠ACB=$\frac{1}{2}$×(180°−68°)=56°
∠DBC=∠DCB=$\frac{1}{2}$×56°=28°
따라서 △DBC에서
∠BDC=180°−(28°+28°)=124°　　　**답 ②**

007

$\overline{AD}\,/\!/\,\overline{BC}$이므로
∠B=∠EAD=62°(동위각)
△ABC는 $\overline{AB}=\overline{AC}$인 이등변삼각형이므로
∠B=∠C=62°
∴ ∠BAC=180°−2×62°=56°　　　　**답 ④**

008

△ABC는 이등변삼각형이므로
∠BCA=$\frac{1}{2}$×(180°−80°)=50° ————————— ❶
△CDE는 이등변삼각형이므로
∠DCE=$\frac{1}{2}$×(180°−30°)=75° ————————— ❷
∴ ∠x=180°−(50°+75°)=55° ———————————— ❸

답 55°

단계	채점 기준	배점
❶	∠BCA의 크기 구하기	40 %
❷	∠DCE의 크기 구하기	40 %
❸	∠x의 크기 구하기	20 %

009

△ABC는 이등변삼각형이므로
∠ACB=∠ABC=∠x
삼각형의 외각의 성질에 의하여
∠CAD=∠x+∠x=2∠x
△CDA는 이등변삼각형이므로
∠CDA=∠CAD=2∠x
따라서 △BCD에서
∠CBD+∠CDB=105°
∠x+2∠x=105°
3∠x=105°
∴ ∠x=35°　　　　　　　　　　　　　**답 ③**

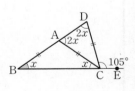

010

△ABD는 이등변삼각형이므로

$\angle DAB = \angle DBA = 40°$

삼각형의 외각의 성질에 의하여

$\angle ADC = 40° + 40° = 80°$

따라서 △ACD에서

$\angle x = \frac{1}{2} \times (180° - 80°) = 50°$

답 50°

011

△ABC는 이등변삼각형이므로

$\angle B = \angle C = \frac{1}{2} \times (180° - 32°) = 74°$

$\angle CBD = \frac{1}{2} \times 74° = 37°$

따라서 △ABD에서 외각의 성질에 의하여

$\angle BDC = 32° + 37° = 69°$

답 69°

012

△ABC는 이등변삼각형이므로

$\angle ABC = \angle ACB$

$= \frac{1}{2} \times (180° - 40°)$

$= 70°$

$\angle ACE = 180° - 70° = 110°$이므로

$\angle DCE = \frac{1}{2} \times 110° = 55°$

한편 △BCD는 이등변삼각형이므로

$\angle CBD = \angle CDB = \angle x$이고 삼각형의 외각의 성질에 의하여

$\angle x + \angle x = 55°$, $2\angle x = 55°$

$\therefore \angle x = 27.5°$

답 ④

013

△ABC는 이등변삼각형이므로

$\angle ABC = \angle ACB$

$= \frac{1}{2} \times (180° - 80°)$

$= 50°$

$\therefore \angle DBC = \frac{1}{2} \times 50° = 25°$ ——————— ❶

또 $\angle ACE = 180° - 50° = 130°$이므로

$\angle DCE = \frac{1}{2} \times 130° = 65°$ ——————— ❷

따라서 △BCD에서 외각의 성질에 의하여

$25° + \angle x = 65°$ $\therefore \angle x = 40°$ ——————— ❸

답 40°

단계	채점 기준	배점
❶	∠DBC의 크기 구하기	40 %
❷	∠DCE의 크기 구하기	40 %
❸	∠x의 크기 구하기	20 %

014

△ABC에서 $\angle BCA = \angle BAC = \angle x$이므로

$\angle CBD = \angle x + \angle x = 2\angle x$

△BCD에서 $\angle CDB = \angle CBD = 2\angle x$

△ACD에서 $\angle DCE = \angle x + 2\angle x = 3\angle x$

△CDE에서 $\angle DEC = \angle DCE = 3\angle x$

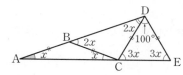

따라서 △ADE에서

$\angle x + 3\angle x + 100° = 180°$

$4\angle x = 80°$ $\therefore \angle x = 20°$

답 20°

015

$\angle BDE = \angle CDE = \angle a$라 하면

△BED는 이등변삼각형이므로

$\angle DBE = \angle a$

△BCD에서

$\angle a + 90° + 2\angle a = 180°$

$3\angle a = 90°$ $\therefore \angle a = 30°$

따라서 △BED에서

$\angle x = \angle a + \angle a = 2\angle a = 60°$

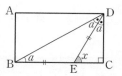

답 ③

016

정육각형의 한 내각의 크기는

$\frac{180° \times (6-2)}{6} = 120°$

△ABC에서 $\overline{BA} = \overline{BC}$이므로

$\angle BAC = \angle BCA = \frac{1}{2} \times (180° - 120°) = 30°$

△CDE에서 $\overline{DC} = \overline{DE}$이므로

$\angle DCE = \angle DEC = \frac{1}{2} \times (180° - 120°) = 30°$

$\therefore \angle ACE = \angle BCD - \angle BCA - \angle DCE$

$= 120° - 30° - 30° = 60°$

답 60°

017

△ABD에서 $\overline{AB} = \overline{AD} = 9$ cm

△ABC와 △ADC에서

$\overline{AB} = \overline{AD}$, $\overline{BC} = \overline{DC}$, $\overline{AC}$는 공통이므로

△ABC ≡ △ADC (SSS 합동)

$\therefore \angle BAC = \angle DAC$

따라서 $\overline{AC}$는 이등변삼각형 ABD의 꼭지각의 이등분선이므로

$\overline{BE} = \overline{DE} = \frac{1}{2} \times 14 = 7$ (cm)

$\therefore \overline{AD} + \overline{BE} = 9 + 7 = 16$ (cm)

답 16 cm

018

$\triangle ADB$에서 $\angle B = \angle C = 48°$, $\angle ADB = 90°$이므로

$\angle BAD = 180° - (48° + 90°) = 42°$ $\quad \therefore x = 42$

또 $\overline{BD} = \overline{CD}$이므로 $y = 6 + 6 = 12$

$\therefore x + y = 42 + 12 = 54$ **답** 54

019

③ $\triangle ABC$가 정삼각형이 아니면 $\overline{AB} \neq \overline{BC}$이다. **답** ③

020

$\overline{CD} = \dfrac{1}{2}\overline{BC} = 5$, $\angle ADC = 90°$이므로

$\triangle APC = \triangle ADC - \triangle PDC$

$\qquad = \dfrac{1}{2} \times 5 \times 12 - \dfrac{1}{2} \times 5 \times x$

$\qquad = \dfrac{5}{2}(12 - x)$ ————————————— ❶

$\dfrac{5}{2}(12 - x) = 20$이므로 $12 - x = 8$ $\quad \therefore x = 4$ —— ❷

답 4

단계	채점 기준	배점
❶	$\triangle APC$의 넓이 구하는 식 세우기	60 %
❷	x의 값 구하기	40 %

021

$\angle A = \angle C$에서 $\triangle ABC$는 이등변삼각형이므로

$\overline{BC} = \overline{BA} = 16 \text{ cm}$

$\overline{AC} \perp \overline{BD}$에서 점 D는 $\overline{AC}$의 중점이므로 $\overline{CD} = 7 \text{ cm}$

$\therefore \overline{BC} + \overline{CD} = 16 + 7 = 23(\text{cm})$ **답** ①

022

$\triangle ABC$에서 $\angle B = \angle C$이므로 $\overline{AB} = \boxed{\overline{AC}}$ $\quad$ …… ㉠

또 $\angle A = \angle C$이므로 $\overline{BA} = \boxed{\overline{BC}}$ $\quad$ …… ㉡

㉠, ㉡에서 $\boxed{\overline{AB} = \overline{BC} = \overline{CA}}$

따라서 $\triangle ABC$는 정삼각형이다.

답 $\overline{AC}$, $\overline{BC}$, $\overline{AB} = \overline{BC} = \overline{CA}$

023

$\angle C = 180° - (80° + 50°) = 50°$이므로 $\triangle ABC$는 $\overline{AB} = \overline{AC}$인 이등변삼각형이고, $\overline{AD}$는 $\angle A$의 이등분선이므로 점 D는 $\overline{BC}$의 중점이다.

$\therefore \overline{BD} = \dfrac{1}{2}\overline{BC} = 4(\text{cm})$ **답** ③

024

$\triangle ABC$에서 $40° + \angle ACB = 80°$ $\quad \therefore \angle ACB = 40°$

즉, $\triangle ABC$는 $\overline{AB} = \overline{AC}$인 이등변삼각형이다. ———— ❶

또 $\triangle CDA$에서

$\angle CDA = 180° - 100° = 80°$

즉, $\triangle CDA$는 $\overline{CA} = \overline{CD}$인 이등변삼각형이다. ——— ❷

$\therefore \overline{CD} = \overline{CA} = \overline{BA} = 6 \text{ cm}$ ————————— ❸

답 6 cm

단계	채점 기준	배점
❶	$\overline{AB} = \overline{AC}$임을 알기	40 %
❷	$\overline{CA} = \overline{CD}$임을 알기	40 %
❸	$\overline{CD}$의 길이 구하기	20 %

025

$\overline{AB} = \overline{AC}$이므로

$\angle ABC = \angle ACB = \dfrac{1}{2} \times (180° - 36°) = 72°$

$\therefore \angle ABD = \angle DBC = \dfrac{1}{2} \times 72° = 36°$

즉, $\triangle ABD$는 $\overline{AD} = \overline{BD}$인 이등변삼각형이다.

또 $\triangle ABD$에서

$\angle BDC = \angle BAD + \angle ABD = 36° + 36° = 72°$

즉, $\triangle BCD$는 $\overline{BC} = \overline{BD}$인 이등변삼각형이므로

$\overline{AD} = \overline{BD} = \overline{BC} = 6 \text{ cm}$

$\therefore \overline{CD} = \overline{AC} - \overline{AD} = 9 - 6 = 3(\text{cm})$ **답** 3 cm

026

$\angle BAC = \angle DAC = 65°$ (접은 각)

$\angle BCA = \angle DAC = 65°$ (엇각)

따라서 $\triangle ABC$는 $\angle BAC = \angle BCA$인 이등변삼각형이므로

$\angle x = 180° - 2 \times 65° = 50°$

$\overline{BC} = \overline{BA} = 4 \text{ cm}$ **답** $\angle x = 50°$, $\overline{BC} = 4 \text{ cm}$

027

$\angle FDB = 90° - 65° = 25°$이므로

$\angle DBC = \angle FDB = 25°$ (엇각)

$\angle FBD = \angle DBC = 25°$ (접은 각)

따라서 $\triangle FBD$는 이등변삼각형이므로

$\angle x = 180° - 2 \times 25° = 130°$ **답** 130°

028

(1) $\angle QPR = \angle QPC$ (접은 각), $\angle QPC = \angle PQR$ (엇각)

따라서 $\triangle PQR$에서 $\angle QPR = \angle PQR$이므로

$\overline{QR} = \overline{PR} = 8 \text{ cm}$ ————————————— ❶

(2) $\triangle PQR$에서 $\angle QPR = \angle PQR$이므로

$\angle QPR = \dfrac{1}{2} \times (180° - 56°) = 62°$

$\therefore \angle QPC = \angle QPR = 62°$ ————————— ❷

답 (1) 8 cm (2) 62°

단계	채점 기준	배점
❶	(1) $\overline{QR}$의 길이 구하기	50 %
❷	(2) $\angle QPC$의 크기 구하기	50 %

029

① ㉠과 ㉤은 빗변의 길이가 같고 $90°-30°=60°$에서 한 예각의 크기가 같으므로 RHA 합동이다.

② ㉡과 ㉥은 빗변의 길이와 다른 한 변의 길이가 각각 같으므로 RHS 합동이다.

③ ㉢과 ㉦은 반드시 합동인 것은 아니다.

④ ㉣과 ㉧은 길이가 3인 변의 양 끝 각의 크기가 각각 $90°$, $60°$로 같으므로 ASA 합동이다.

⑤ ㉪과 ㉫은 반드시 합동인 것은 아니다. **답** ③, ⑤

030

$∠C=∠F=90°$, $\overline{AB}=\overline{DE}$, $∠A=∠D$인
△ABC와 △DEF에서

$\overline{AB}=\overline{DE}$ ······ ㉠

$∠A=∠D$ ······ ㉡

$∠B=\boxed{90°-∠A}$

$=90°-∠D$

$=\boxed{∠E}$ ······ ㉢

㉠, ㉡, ㉢에 의하여

△ABC≡△DEF($\boxed{ASA}$ 합동)

답 $90°-∠A$, $∠E$, ASA

031

$∠C=∠F=90°$, $\overline{AB}=\overline{DE}$, $\overline{AC}=\overline{DF}$인
△ABC와 △DEF에서

$\overline{AB}=\overline{DE}$ ······ ㉠

$\overline{AC}=\overline{DF}$ ······ ㉡

길이가 같은 두 변 AC, DF를 맞붙여 놓으면
△ABE는 $\overline{AB}=\overline{AE}$인 $\boxed{이등변}$삼각형이므로

$∠B=∠E$(밑각)

$∴ ∠BAC=\boxed{∠EDF}$ ······ ㉢

㉠, ㉡, ㉢에 의하여

△ABC≡△DEF($\boxed{SAS}$ 합동) **답** ③

032

① SAS 합동   ② RHS 합동

③ RHA 합동   ④ ASA 합동 **답** ⑤

033

△DBA와 △EAC에서

$∠BDA=∠AEC=90°$, $\overline{AB}=\overline{CA}$

$∠DAB=90°-∠EAC=∠ECA$

따라서 △DBA≡△EAC(RHA 합동)이므로

$\overline{DA}=\overline{EC}=3$ cm, $\overline{AE}=\overline{BD}=4$ cm

$∴ \overline{DE}=\overline{DA}+\overline{AE}=3+4=7$(cm) **답** ①

034

△ABD≡△CAE(RHA 합동)이므로 $\overline{AD}=\overline{CE}=6$ cm

$∴ △ABD=\dfrac{1}{2}×6×9=27$(cm²) **답** ③

035

△APC와 △BPD에서

$∠ACP=∠BDP=90°$, $\overline{AP}=\overline{BP}$,

$∠APC=∠BPD$(맞꼭지각)

이므로 △APC≡△BPD(RHA 합동)

따라서 $\overline{BD}=\overline{AC}=6$ cm이므로 $x=6$

$∠APC=∠BPD=90°-40°=50°$ $∴ y=50$

$∴ x+y=6+50=56$ **답** 56

036

△ABD≡△CAE(RHA 합동)이므로

$\overline{DA}=\overline{EC}=5$ cm, $\overline{AE}=\overline{BD}=7$ cm ───── ❶

$∴ \overline{DE}=\overline{DA}+\overline{AE}=5+7=12$(cm) ───── ❷

따라서 사각형 BCED의 넓이는

$\dfrac{1}{2}×(7+5)×12=72$(cm²) ───── ❸

답 72 cm²

단계	채점 기준	배점
❶	$\overline{DA}$, $\overline{AE}$의 길이 구하기	50 %
❷	$\overline{DE}$의 길이 구하기	20 %
❸	사각형 BCED의 넓이 구하기	30 %

037

△ABD≡△CAE(RHA 합동)이므로

$\overline{DA}=\overline{EC}=7$ cm, $\overline{AE}=\overline{BD}=9$ cm

$∴ \overline{DE}=\overline{DA}+\overline{AE}=7+9=16$(cm)

사각형 BCED의 넓이는 $\dfrac{1}{2}×(9+7)×16=128$(cm²)

$∴ △ABC=128-2×△ABD$

$=128-2×\left(\dfrac{1}{2}×7×9\right)$

$=128-63=65$(cm²) **답** 65 cm²

038

△ABD와 △BCE에서

$∠ADB=∠BEC=90°$, $\overline{AB}=\overline{BC}$

$∠ABD=90°-∠CBE=∠BCE$

따라서 △ABD≡△BCE(RHA 합동)이므로

$\overline{BE}=\overline{AD}=8$ cm, $\overline{BD}=\overline{CE}=5$ cm

$∴ \overline{DE}=\overline{BE}-\overline{BD}=8-5=3$(cm) **답** 3 cm

039

△BDM과 △CEM에서

$∠BDM=∠CEM=90°$, $\overline{BM}=\overline{CM}$,

$∠BMD=∠CME$(맞꼭지각)

따라서 △BDM≡△CEM(RHA 합동)이므로

$\overline{BD}=\overline{CE}=6$ cm, $\overline{DM}=\overline{EM}=3$ cm

$\therefore \overline{AD}=\overline{AM}+\overline{DM}=12+3=15$(cm)

$\therefore \triangle ABD=\dfrac{1}{2}\times 6\times 15=45$(cm^2) 　　　　　답 45 cm^2

040

$\triangle ABF$와 $\triangle BCG$에서

$\angle AFB=\angle BGC=90°$, $\overline{AB}=\overline{BC}$

$\angle ABF=90°-\angle CBG=\angle BCG$

$\therefore \triangle ABF\equiv\triangle BCG$(RHA 합동) ────── ❶

$\overline{BF}=\overline{CG}=4$ cm, $\overline{BG}=\overline{AF}=6$ cm이므로 ── ❷

$\overline{FG}=\overline{BG}-\overline{BF}=6-4=2$(cm) ────── ❸

$\therefore \triangle AFG=\dfrac{1}{2}\times 6\times 2=6$(cm^2) ────── ❹

답 6 cm^2

단계	채점 기준	배점
❶	$\triangle ABF\equiv\triangle BCG$임을 알기	30 %
❷	$\overline{BF}$, $\overline{BG}$의 길이 구하기	20 %
❸	$\overline{FG}$의 길이 구하기	20 %
❹	$\triangle AFG$의 넓이 구하기	30 %

041

$\triangle ADE$와 $\triangle ACE$에서

$\angle ADE=\angle ACE=90°$, $\overline{AE}$는 공통, $\overline{AD}=\overline{AC}$

이므로 $\triangle ADE\equiv\triangle ACE$(RHS 합동)

$\therefore \overline{DE}=\overline{CE}=15-9=6$(cm) 　　　　　답 6 cm

042

$\triangle ABD\equiv\triangle AED$(RHS 합동)이므로

$\angle ADE=\angle ADB=90°-25°=65°$

$\therefore \angle x=180°-2\times\angle ADE$

$=180°-2\times 65°=50°$ 　　　　　답 ④

043

$\triangle ADE\equiv\triangle ACE$(RHS 합동)이므로 ────── ❶

$\overline{AD}=\overline{AC}=6$ cm

$\therefore \overline{BD}=10-6=4$(cm) ────── ❷

또 $\overline{DE}=\overline{CE}$이므로

$\overline{BE}+\overline{DE}=\overline{BE}+\overline{CE}=\overline{BC}=8$ cm ────── ❸

따라서 $\triangle BED$의 둘레의 길이는

$\overline{BD}+\overline{BE}+\overline{DE}=4+8=12$(cm) ────── ❹

답 12 cm

단계	채점 기준	배점
❶	$\triangle ADE\equiv\triangle ACE$임을 알기	30 %
❷	$\overline{BD}$의 길이 구하기	30 %
❸	$\overline{BE}+\overline{DE}$의 길이 구하기	30 %
❹	$\triangle BED$의 둘레의 길이 구하기	10 %

044

$\triangle ABD$와 $\triangle AED$에서

$\angle ABD=\angle AED=90°$, $\overline{AD}$는 공통, $\angle BAD=\angle EAD$

이므로 $\triangle ABD\equiv\triangle AED$(RHA 합동)

$\therefore \overline{ED}=\overline{BD}=10$ cm

$\triangle ABC$가 $\overline{AB}=\overline{BC}$인 직각이등변삼각형이므로 $\angle C=45°$

따라서 $\triangle DEC$도 직각이등변삼각형이므로

$\overline{EC}=\overline{ED}=10$ cm

$\therefore \triangle DEC=\dfrac{1}{2}\times 10\times 10=50$(cm^2) 　　　　　답 50 cm^2

045

$\angle XOA$의 이등분선 위의 점 P에 대하여

$\triangle POA$와 $\triangle POB$에서

$\boxed{\angle OAP}=\angle OBP=90°$ 　　　　…… ㉠

$\boxed{\overline{OP}}$는 공통 　　　　…… ㉡

$\angle POA=\boxed{\angle POB}$ 　　　　…… ㉢

㉠, ㉡, ㉢에 의하여

$\triangle POA\equiv\triangle POB(\boxed{RHA}$ 합동)

$\therefore \boxed{\overline{PA}}=\overline{PB}$ 　　　　　답 ④

046

$\angle XOY$와 $\overline{OP}$에 대하여

$\angle OAP=\angle OBP=90°$, $\overline{PA}=\overline{PB}$일 때

$\triangle POA$와 $\triangle POB$에서

$\angle OAP=\boxed{\angle OBP}=90°$ 　　　　…… ㉠

$\boxed{\overline{OP}}$는 공통 　　　　…… ㉡

$\boxed{\overline{PA}}=\overline{PB}$ 　　　　…… ㉢

㉠, ㉡, ㉢에 의하여

$\triangle POA\equiv\triangle POB(\boxed{RHS}$ 합동)

$\therefore \angle POA=\boxed{\angle POB}$

답 $\angle OBP$, $\overline{OP}$, $\overline{PA}$, RHS, $\angle POB$

047

$\triangle DBC\equiv\triangle DBE$(RHA 합동)이므로

$\overline{DE}=\overline{DC}=4.5$ cm, $\overline{BE}=\overline{BC}=9$ cm

$\therefore \overline{AE}=15-9=6$(cm)

$\therefore \triangle AED=\dfrac{1}{2}\times 4.5\times 6=13.5$(cm^2) 　　　　　답 ②

048

오른쪽 그림과 같이 점 D에서 $\overline{AC}$에
내린 수선의 발을 E라 하면 ────── ❶

$\triangle ABD$와 $\triangle AED$에서

$\angle ABD=\angle AED=90°$,

$\overline{AD}$는 공통,

$\angle BAD=\angle EAD$

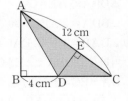

따라서 △ABD≡△AED(RHA 합동)이므로

$\overline{DE}=\overline{DB}=4$ cm ──────────❷

$\therefore \triangle ADC = \frac{1}{2} \times 12 \times 4 = 24(\text{cm}^2)$ ──────❸

답 24 cm²

단계	채점 기준	배점
❶	점 D에서 $\overline{AC}$에 수선 $\overline{DE}$ 긋기	30 %
❷	$\overline{DE}$의 길이 구하기	40 %
❸	△ADC의 넓이 구하기	30 %

049

△PMO와 △PNO에서

∠PMO=∠PNO=90°, $\overline{OP}$는 공통, ∠POM=∠PON

이므로 △PMO≡△PNO(RHA 합동)

$\therefore \overline{PM}=\overline{PN}$

따라서 ① $\overline{OM}=\overline{ON}$은 사용되는 조건이 아니다. 답 ①

050

△AED≡△ACD(RHA 합동)이므로 $\overline{DE}=\overline{DC}$

△ABC=△ABD+△ADC이므로

$\frac{1}{2} \times 5 \times 12 = \frac{1}{2} \times 13 \times \overline{DE} + \frac{1}{2} \times \overline{DC} \times 12$

$30 = \frac{25}{2}\overline{DC}$ $\therefore \overline{DC} = \frac{12}{5}(\text{cm})$ 답 $\frac{12}{5}$ cm

필수유형 뛰어넘기   20~21쪽

051

⑺ 세 변의 길이가 같으므로 정삼각형이고, 정삼각형은 이등변
   삼각형이다.

⑷ 두 변의 길이가 같으므로 이등변삼각형이다.

⑸ 두 내각의 크기가 같으므로 이등변삼각형이다.

⑹ ∠C=180°−(30°+120°)=30°이므로 ∠A=∠C
   즉, 두 내각의 크기가 같으므로 이등변삼각형이다.

따라서 이등변삼각형은 ⑺, ⑷, ⑸, ⑹로 4개이다. 답 4개

052

∠A=∠a라 하면 ∠ABE=∠a이므로

∠B=∠a+18°

△ABC는 $\overline{AB}=\overline{AC}$인 이등변삼각형이므로

∠C=∠B=∠a+18°

△ABC의 세 내각의 크기의 합은 180°이므로

∠a+(∠a+18°)+(∠a+18°)=180°

3∠a=144° $\therefore$ ∠a=48°

$\therefore$ ∠C=48°+18°=66°   답 66°

053

△ABC는 $\overline{AB}=\overline{AC}$인 이등변삼각형이므로

$\angle B = \angle C = \frac{1}{2} \times (180° - 46°) = 67°$

△BDF와 △CED에서

$\overline{BD}=\overline{CE}$, $\overline{BF}=\overline{CD}$, ∠B=∠C이므로

△BDF≡△CED(SAS 합동)

따라서 ∠BDF=∠CED이므로

∠x=180°−(∠BDF+∠CDE)

  =180°−(∠CED+∠CDE)

  =∠C=67°   답 67°

054

△ABC는 $\overline{AB}=\overline{AC}$인 이등변삼각형이므로

$\angle ABC = \angle ACB = \frac{1}{2} \times (180° - 58°) = 61°$

$\therefore$ ∠EBC=61°−32°=29°

△DBC와 △ECB에서

$\overline{DB}=\overline{EC}$, ∠DBC=∠ECB, $\overline{BC}$는 공통이므로

△DBC≡△ECB(SAS 합동)

$\therefore$ ∠DCB=∠EBC=29°

따라서 △PBC에서 ∠x=29°+29°=58°   답 58°

055

∠DEA=∠DAE=∠x

∠EFD=∠EDF=∠DAE+∠DEA=2∠x

∠FCE=∠FEC=∠EAF+∠EFA=3∠x

∠CBF=∠CFB=∠FAC+∠FCA=4∠x

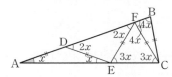

△ABC는 $\overline{AB}=\overline{AC}$인 이등변삼각형이므로

∠ACB=∠ABC=4∠x

△ABC의 세 내각의 크기의 합은 180°이므로

∠x+4∠x+4∠x=180°

9∠x=180° $\therefore$ ∠x=20°   답 20°

056

△CPQ는 $\overline{CP}=\overline{CQ}$인 이등변삼각형이므로

∠CQP=∠a라 하면 ∠CPQ=∠a

$\therefore$ ∠BCP=2∠a

△ABC는 $\overline{AB}=\overline{AC}$인 이등변삼각형이므로

∠ABC=∠BCP=2∠a

$\therefore$ ∠ABP=∠a

△ABP는 $\overline{PA}=\overline{PB}$인 이등변삼각형이므로

∠BAP=∠ABP=∠a

△ABC의 세 내각의 크기의 합은 180°이므로

$\angle a + 2\angle a + 2\angle a = 180°$ 　∴ $\angle a = 36°$

∴ $\angle CQP = 36°$　　　　　　　　　　　　　　　　답 36°

057

이등변삼각형의 꼭지각의 이등분선은 밑변을 수직이등분하므로

$\overline{BD} = \overline{CD}$, $\angle BDA = \angle CDA = 90°$ —————————— ❶

△ADC의 넓이를 생각하면

$\dfrac{1}{2} \times \overline{CD} \times \overline{AD} = \dfrac{1}{2} \times \overline{AC} \times \overline{DE}$

$\dfrac{1}{2} \times \overline{CD} \times 20 = \dfrac{1}{2} \times 25 \times 12$

∴ $\overline{CD} = 15 (cm)$ —————————————————— ❷

∴ $\overline{BC} = 2\overline{CD} = 2 \times 15 = 30 (cm)$ ————————— ❸

답 30 cm

단계	채점 기준	배점
❶	$\overline{AD}$가 $\overline{BC}$의 수직이등분선임을 알기	30 %
❷	$\overline{CD}$의 길이 구하기	60 %
❸	$\overline{BC}$의 길이 구하기	10 %

058

△ABC는 $\overline{AB} = \overline{AC}$인 이등변삼각형이므로

$\angle DBM = \angle ECM = \dfrac{1}{2} \times (180° - 40°) = 70°$

또 △MBD와 △MCE는 이등변삼각형이므로

$\angle BMD = \angle CME = 180° - 2 \times 70° = 40°$

∴ $\angle DME = 180° - 2 \times 40° = 100°$

따라서 부채꼴 MED의 넓이는

$\pi \times 3^2 \times \dfrac{100}{360} = \dfrac{5}{2}\pi (cm^2)$　　　답 $\dfrac{5}{2}\pi$ cm²

059

△ABC는 $\overline{AB} = \overline{AC}$인 이등변삼각형이므로

$\angle PBE = \angle DCE$

△BPE와 △CDE에서

$\angle BPE = 90° - \angle PBE = 90° - \angle DCE$

$= \angle CDE$ 　　　　　　…… ㉠

$\angle BPE = \angle DPA$ (맞꼭지각) 　　…… ㉡

㉠, ㉡에서 △ADP는 $\overline{AD} = \overline{AP}$인 이등변삼각형이다.

$\overline{AD} = \overline{AP} = x$ cm라 하면

$\overline{AC} = \overline{AB} = \overline{AP} + \overline{PB} = (x+3)$ cm

따라서 $\overline{CD} = \overline{AD} + \overline{AC}$이므로

$8 = x + (x+3)$, $2x = 5$ 　　∴ $x = 2.5$

∴ $\overline{AD} = 2.5$ cm　　　　　　　　　　　　답 2.5 cm

060

① △BCD에서

$\angle BCD = \angle CDH$ (엇각), $\angle CDH = \angle BDC$ (접은 각)

즉, $\angle BCD = \angle BDC$이므로 $\overline{BC} = \overline{BD}$

② △DEF에서

$\angle DEF = \angle JEF$ (접은 각), $\angle JEF = \angle DFE$ (엇각)

즉, $\angle DEF = \angle DFE$이므로 $\overline{DE} = \overline{DF}$

③ $\angle BDH = \angle ABC = 70°$ (동위각)이므로

$\angle BDC = \dfrac{1}{2}\angle BDH = \dfrac{1}{2} \times 70° = 35°$

④ $\angle DEJ = \angle EDH$ (엇각)

$= \angle BDE + \angle BDH$

$= 60° + 70° = 130°$

⑤ $\angle DEF = \dfrac{1}{2}\angle DEJ = \dfrac{1}{2} \times 130° = 65°$

따라서 옳지 않은 것은 ②, ④이다.　　　　　답 ②, ④

061

① 직선 l에 대하여 동위각이 90°로 같으므로 $\overline{BD} /\!/ \overline{CE}$

② $\angle ADB = \angle CEA = 90°$, $\overline{AB} = \overline{CA}$,

$\angle BAD = 90° - \angle CAE = \angle ACE$

∴ △ABD ≡ △CAE (RHA 합동)

③ △ABD ≡ △CAE이므로

$\overline{DE} = \overline{AD} + \overline{AE} = \overline{CE} + \overline{BD} = b + a$

④ $\overline{AE} = \overline{BD} = a$이므로 △ACE $= \dfrac{1}{2}ab$

⑤ $\overline{DE} = a + b$이므로 사각형 BCED의 넓이는

$\dfrac{1}{2} \times (a+b) \times (a+b) = \dfrac{1}{2}(a+b)^2$　　답 ⑤

062

△ABD ≡ △BCE (RHA 합동)이므로

$\overline{BD} = \overline{CE} = 5$ cm

△ABD의 넓이가 30 cm²이므로

$\dfrac{1}{2} \times \overline{BD} \times \overline{AD} = \dfrac{1}{2} \times 5 \times \overline{AD} = 30$

∴ $\overline{AD} = 12$ cm

따라서 $\overline{BE} = \overline{AD} = 12$ cm이므로

$\overline{DE} = \overline{BE} - \overline{BD} = 12 - 5 = 7 (cm)$　　　답 7 cm

063

△ADE ≡ △ACE (RHS 합동)이므로

$\overline{DE} = a$ cm라 하면 $\overline{CE} = a$ cm

△ABC = △ABE + △AEC이므로

$\dfrac{1}{2} \times 12 \times 9 = \dfrac{1}{2} \times 15 \times a + \dfrac{1}{2} \times a \times 9$

$12a = 54$ 　　∴ $a = \dfrac{9}{2}$

$\overline{AD} = \overline{AC} = 9$ cm이므로

$\overline{BD} = \overline{AB} - \overline{AD} = 15 - 9 = 6 (cm)$

∴ △BED $= \dfrac{1}{2} \times \overline{BD} \times \overline{DE}$

$= \dfrac{1}{2} \times 6 \times \dfrac{9}{2} = \dfrac{27}{2} (cm^2)$　　답 $\dfrac{27}{2}$ cm²

단계	채점 기준	배점
❶	$\overline{OA}=\overline{OC}$임을 알기	40 %
❷	외접원의 반지름의 길이 구하기	60 %

2 삼각형의 외심과 내심

필수유형 공략하기   24~34쪽

064

① 삼각형의 외심에서 세 꼭짓점에 이르는 거리는 같으므로
$\overline{OA}=\overline{OB}=\overline{OC}$
③ $\overline{OF}$는 $\overline{AC}$의 수직이등분선이므로 $\overline{AF}=\overline{CF}$
④ △OBE와 △OCE에서
$\overline{OB}=\overline{OC}$, ∠OEB=∠OEC=90°, ∠OBE=∠OCE
∴ △OBE≡△OCE(RHA 합동)
따라서 옳지 않은 것은 ②, ⑤이다.   **답** ②, ⑤
▶ **참고** ②, ⑤는 점 O가 △ABC의 내심일 때 성립하는 성질이다.

065

세 점 A, B, C를 지나는 원의 중심은 △ABC의 외심이므로
$\overline{AB}$와 $\overline{BC}$의 [수직이등분선]의 교점이다.
답 수직이등분선

066

점 O가 △ABC의 외심이므로
$\overline{AD}=\overline{BD}=8$ cm, $\overline{AF}=\overline{CF}=6$ cm, $\overline{CE}=\overline{BE}=7$ cm
따라서 △ABC의 둘레의 길이는
$\overline{AB}+\overline{BC}+\overline{CA}=2\times(8+6+7)=42$(cm)   **답** 42 cm

067

점 O가 △ABC의 외심이므로 $\overline{OA}=\overline{OB}$
따라서 △OAB는 이등변삼각형이므로
∠OAB=∠OBA=25°
∴ ∠x=180°−2×25°=130°   **답** ④

068

$\overline{OA}$를 그으면 오른쪽 그림과 같으므로
∠A=28°+34°=62°

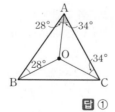

답 ①

069

점 O는 △ABC의 외심이므로 $\overline{OA}=\overline{OC}$ ──── ❶
△AOC의 둘레의 길이가 24 cm이므로
$\overline{OA}+\overline{OC}+\overline{AC}=\overline{OA}+\overline{OA}+10=24$
$2\overline{OA}=14$ ∴ $\overline{OA}=7$ cm
따라서 △ABC의 외접원의 반지름의 길이는 7 cm이다 ── ❷
답 7 cm

070

점 O가 △ABC의 외심으로
$\overline{OA}=\overline{OB}=\overline{OC}$
△OAB는 $\overline{OA}=\overline{OB}$인 이등변삼각형이므로
∠ABO=$\frac{1}{2}\times(180°-40°)=70°$
△OBC는 $\overline{OB}=\overline{OC}$인 이등변삼각형이므로
∠OBC=$\frac{1}{2}\times(180°-50°)=65°$
∴ ∠ABC=∠ABO+∠OBC
$=70°+65°=135°$ **답** ④

071

점 O가 △ABC의 외심이므로
$\overline{OA}=\overline{OB}=\overline{OC}$
△OBC에서 ∠OBC=∠OCB=∠x라 하면
△OAB에서 ∠OAB=∠OBA=∠x+30°
△OAC에서 ∠OAC=∠OCA=∠x+40°
따라서 △ABC에서
$(∠x+30°)+(∠x+40°)+30°+40°=180°$
$2∠x=40°$ ∴ ∠x=20°
따라서 △BOC에서
∠BOC=180°−2∠x=180°−40°=140°   **답** ⑤

072

직각삼각형의 외심은 빗변의 중점이므로 △ABC의 외접원의
반지름의 길이는 $\frac{1}{2}\times10=5$(cm)
따라서 △ABC의 외접원의 넓이는
$\pi\times5^2=25\pi$(cm^2)   **답** ③

073

점 O가 직각삼각형 ABC의 외심이므로
$\overline{OA}=\overline{OB}=\overline{OC}=6$ cm
∴ $\overline{AB}=\overline{OA}+\overline{OB}=6+6=12$(cm)   **답** 12 cm

074

(1) 직각삼각형 ABC에서
∠A=90°−30°=60°
점 M은 직각삼각형 ABC의
외심이므로
$\overline{MA}=\overline{MC}=6$ cm
∴ ∠MCA=∠MAC=60°
∴ ∠AMC=180°−2×60°=60°

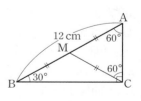

따라서 △AMC는 정삼각형이므로

$\overline{AC}=\overline{MA}=6$ cm ————————————— ❶

(2) △AMC가 정삼각형이므로 △AMC의 둘레의 길이는

$6+6+6=18$(cm) ————————————— ❷

답 (1) 6 cm (2) 18 cm

단계	채점 기준	배점
❶	(1) $\overline{AC}$의 길이 구하기	70 %
❷	(2) △AMC의 둘레의 길이 구하기	30 %

075

점 O는 직각삼각형 ABC의 외심이므로

$\overline{OA}=\overline{OB}=\overline{OC}$

즉, △ABO는 $\overline{OA}=\overline{OB}$인 이등변삼각형이므로

$\angle BAO=\angle ABO=28°$

$\therefore \angle x=\angle ABO+\angle BAO=28°+28°=56°$ 답 ②

076

점 O는 직각삼각형 ABC의 외심이므로

$\overline{OA}=\overline{OB}=\overline{OC}$

즉, △OBC는 $\overline{OB}=\overline{OC}$인 이등변삼각형이므로

$\angle B=\angle OCB$

따라서 △OBC의 외각의 성질에 의하여

$\angle B+\angle OCB=\angle B+\angle B=2\angle B=50°$

$\therefore \angle B=25°$ 답 25°

077

$\angle AOC : \angle BOC=5 : 4$이므로

$\angle AOC=180°\times\dfrac{5}{9}=100°$

이때 △AOC는 $\overline{OA}=\overline{OC}$인 이등변삼각형이므로

$\angle A=\dfrac{1}{2}\times(180°-100°)=40°$ 답 40°

078

$\overline{OC}$를 그으면 오른쪽 그림과 같으므로

$35°+25°+\angle x=90°$

$\therefore \angle x=30°$

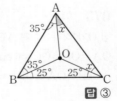

답 ③

079

$\overline{OB}$를 그으면 오른쪽 그림과 같으므로

$\angle x+30°+40°=90°$

$\therefore \angle x=20°$ ————————————— ❶

$\angle y=20°+30°=50°$ ————————————— ❷

$\therefore \angle x+\angle y=20°+50°=70°$ ————————————— ❸

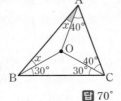

답 70°

단계	채점 기준	배점
❶	$\angle x$의 크기 구하기	50 %
❷	$\angle y$의 크기 구하기	30 %
❸	$\angle x+\angle y$의 크기 구하기	20 %

080

$\overline{OA}$, $\overline{OC}$를 그은 후

$\angle OCA=\angle x$라 하면 오른쪽 그림과 같으므로

$30°+10°+\angle x=90°$

$\therefore \angle x=50°$

$\therefore \angle C=10°+50°=60°$

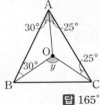

답 60°

081

$\overline{OA}$를 그으면 오른쪽 그림과 같으므로

$\angle x=30°+25°=55°$

$\angle y=2\angle x=2\times55°=110°$

$\therefore \angle x+\angle y=55°+110°$

$\qquad =165°$

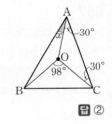

답 165°

082

$\angle BOC=2\angle A=100°$

△OBC는 이등변삼각형이므로

$\angle x=\dfrac{1}{2}\times(180°-100°)=40°$ 답 40°

083

오른쪽 그림에서

$\angle BOC=2\angle A$이므로

$98°=2\times(\angle x+30°)$

$\angle x+30°=49°$

$\therefore \angle x=19°$

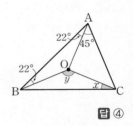

답 ②

084

오른쪽 그림에서

$\angle x+22°+45°=90°$이므로

$\angle x=23°$

$\angle y=2\times(22°+45°)=134°$

$\therefore \angle x+\angle y=23°+134°$

$\qquad =157°$

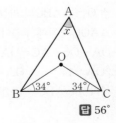

답 ④

085

$\overline{OB}$를 그으면 오른쪽 그림과 같으므로

$\angle BOC=180°-2\times34°=112°$

$\therefore \angle x=\dfrac{1}{2}\times112°=56°$

답 56°

086

(1) $\angle COA = \dfrac{4}{3+2+4} \times 360° = 160°$이므로

$\quad \angle ABC = \dfrac{1}{2} \times 160° = 80°$ ──────── ❶

(2) $\angle BAC = \dfrac{2}{2+4+3} \times 180° = 40°$이므로

$\quad \angle BOC = 2 \times 40° = 80°$ ──────── ❷

답 (1) 80° (2) 80°

단계	채점 기준	배점
❶	(1) $\angle ABC$의 크기 구하기	50 %
❷	(2) $\angle BOC$의 크기 구하기	50 %

087

직선 PA가 원 O의 접선이므로 $\angle OAP = 90°$

$\therefore \angle AOP = 90° - 35° = 55°$ **답** 55°

088

$\angle BOC = 180° - 120° = 60°$

$\triangle OBC$에서 $\angle OCB = 90°$이므로

$\angle OBC = 180° - (90° + 60°) = 30°$ **답** ④

089

(1) $\angle OTP = 90°$이므로 $\triangle OPT$에서

$\quad \angle TOB = 30° + 90° = 120°$ ──────── ❶

(2) $\angle AOT = 180° - 120° = 60°$이고,

$\quad 6 : \overarc{BT} = 60 : 120$이므로

$\quad 6 : \overarc{BT} = 1 : 2 \quad \therefore \overarc{BT} = 12(cm)$ ──────── ❷

답 (1) 120° (2) 12 cm

단계	채점 기준	배점
❶	(1) $\angle TOB$의 크기 구하기	50 %
❷	(2) $\overarc{BT}$의 길이 구하기	50 %

090

$\triangle OPT$에서 $\angle OTP = 90°$이므로

$\angle TOP = 180° - (90° + 20°) = 70°$

$\triangle OAT$는 이등변삼각형이므로

$\angle OAT = \dfrac{180° - 70°}{2} = 55°$

$\therefore \angle PAT = 180° - 55° = 125°$ **답** 125°

091

$\triangle OAP$는 이등변삼각형이므로

$\angle OAP = \dfrac{180° - 100°}{2} = 40°$

이때 $\angle OAB = 90°$이므로

$\angle PAB = 90° - 40° = 50°$ **답** 50°

092

$\overline{OT}$를 그으면 $\triangle OAT$는 이등변삼각형이므로

$\angle OTA = \angle OAT = 24°$

$\therefore \angle POT = 24° + 24° = 48°$

$\triangle OPT$에서 $\angle OTP = 90°$이므로

$\angle P = 180° - (90° + 48°) = 42°$

답 42°

093

$\angle PAO = \angle PBO = 90°$이므로 사각형 APBO에서

$\angle AOB = 360° - (90° + 50° + 90°) = 130°$

$\triangle OAB$는 이등변삼각형이므로

$\angle x = \dfrac{180° - 130°}{2} = 25°$ **답** ③

094

$\angle PAO = \angle PBO = 90°$이므로 사각형 APBO에서

$\angle AOB = 360° - (90° + 40° + 90°) = 140°$

$\therefore \angle x = 360° - 140° = 220°$ **답** 220°

095

$\angle PAO = \angle PBO = 90°$이므로 사각형 APBO에서

$\angle AOB = 360° - (90° + 60° + 90°)$
$\qquad\qquad = 120°$

따라서 넓이가 S_1, S_2인 부채꼴의 중심

각의 크기는 각각 120°, 240°이고, 부채꼴의 넓이는 중심각의

크기에 정비례하므로

$S_1 : S_2 = 120 : 240 = 1 : 2$ **답** 1 : 2

096

① 삼각형의 내심에서 세 변에 이르는 거리는 같으므로

$\quad \overline{ID} = \overline{IE} = \overline{IF}$

③ $\overline{IA}$는 $\angle A$의 이등분선이므로 $\angle IAD = \angle IAF$

⑤ $\triangle CIE \equiv \triangle CIF$이므로 $\angle CIE = \angle CIF$

따라서 옳지 않은 것은 ②, ④이다. **답** ②, ④

097

① 삼각형의 내심은 세 내각의 이등분선의 교점이다.

③ 삼각형의 내심에서 세 변에 이르는 거리는 같다. **답** ①, ③

098

$\triangle BID \equiv \triangle BIE$(RHA 합동)이므로 $x = 8$ ──────── ❶

$\triangle I'EF$에서 $\angle I'EF = \angle I'ED = y°$이므로

$y = 180 - (130 + 20) = 30$ ──────── ❷

$\therefore x + y = 8 + 30 = 38$ ──────── ❸

답 38

단계	채점 기준	배점
❶	x의 값 구하기	40 %
❷	y의 값 구하기	50 %
❸	$x+y$의 값 구하기	10 %

099

오른쪽 그림에서 △BIC의 세 내각
의 크기의 합은 $180°$이므로
$∠x=180°-(25°+30°)$
$\qquad =125°$

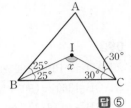

답 ⑤

100

△ABC에서 $∠BAC=180°-(60°+70°)=50°$이므로
$∠IAC=25°$
△AHC에서 $∠CAH=180°-(90°+70°)=20°$
∴ $∠IAH=∠IAC-∠CAH=25°-20°=5°$

답 ①

101

$\overline{IC}$를 그으면 오른쪽 그림과 같으므로
$∠x+30°+35°=90°$
∴ $∠x=25°$

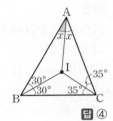

답 ④

102

오른쪽 그림에서
$34°+32°+∠x=90°$
∴ $∠x=24°$
또 $∠y=34°$이므로
$∠x+∠y=24°+34°=58°$

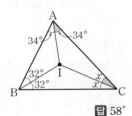

답 $58°$

103

오른쪽 그림에서 △ABC의 세 내각
의 크기의 합은 $180°$이므로
$∠x=180°-(2×20°+2×40°)$
$\qquad =60°$

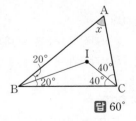

답 $60°$

104

$115°=90°+\dfrac{1}{2}∠x$에서 $\dfrac{1}{2}∠x=25°$
∴ $∠x=50°$

답 ⑤

▶다른 풀이 오른쪽 그림과 같이
$∠IBA=∠IBC=∠a$,
$∠ICA=∠ICB=∠b$
라 하면 △IBC에서
$∠a+∠b=180°-115°=65°$
따라서 △ABC에서
$∠x=180°-(2∠a+2∠b)$
$\qquad =180°-2×65°=50°$

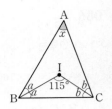

답 $50°$

105

점 I는 △ABC의 내심이므로
$∠AIC=90°+\dfrac{1}{2}∠B$
$\qquad =90°+\dfrac{1}{2}×58°=119°$

답 $119°$

106

△ABC에서 $∠A+∠B=180°-60°=120°$
이때 $∠A:∠B=1:2$이므로
$∠A=\dfrac{1}{3}×120°=40°$ ──────────── ❶
∴ $∠BIC=90°+\dfrac{1}{2}∠A$
$\qquad =90°+\dfrac{1}{2}×40°=110°$ ──────────── ❷

답 $110°$

단계	채점 기준	배점
❶	$∠A$의 크기 구하기	50 %
❷	$∠BIC$의 크기 구하기	50 %

107

△ABC의 내접원의 반지름의 길이를 r cm라 하면
$△ABC=\dfrac{1}{2}×r×(8+7+5)=17$
$10r=17$ ∴ $r=1.7$
따라서 내접원의 반지름의 길이는 1.7 cm이다.

답 ③

108

△ABC의 둘레의 길이를 x cm라 하면
$△ABC=\dfrac{1}{2}×3×x=51$ ∴ $x=34$
따라서 △ABC의 둘레의 길이는 34 cm이다.

답 34 cm

109

△ABC의 내접원의 반지름의 길이를 r라 하면
$△ABC:△IBC=\dfrac{1}{2}×r×(7+8+9):\dfrac{1}{2}×r×9$
$\qquad =24:9$
$\qquad =8:3$

답 $8:3$

110

$\triangle$ABC의 내접원의 반지름의 길이를 r cm라 하면

$\triangle ABC=\dfrac{1}{2}\times r\times(13+12+5)=15r$ ——— ❶

이때 $\triangle ABC=\dfrac{1}{2}\times12\times5=30(\text{cm}^2)$이므로 ——— ❷

$15r=30$ $\therefore r=2$

따라서 내접원의 반지름의 길이는 2 cm이다. ——— ❸

답 2 cm

단계	채점 기준	배점
❶	$\triangle$ABC의 내접원의 반지름의 길이를 이용하여 식 세우기	40 %
❷	$\triangle$ABC의 넓이 구하기	30 %
❸	$\triangle$ABC의 내접원의 길이 구하기	30 %

111

$\triangle$ABC의 내접원의 반지름의 길이를 r cm라 하면

$\triangle ABC=\dfrac{1}{2}\times r\times(20+16+12)=24r$

이때 $\triangle ABC=\dfrac{1}{2}\times16\times12=96(\text{cm}^2)$이므로

$24r=96$ $\therefore r=4$

$\therefore \triangle IAB=\dfrac{1}{2}\times20\times4=40(\text{cm}^2)$ 답 ②

112

$\triangle$ABC의 내접원의 반지름의 길이를 r cm라 하면

$\triangle ABC=\dfrac{1}{2}\times r\times(6+8+10)=12r$

이때 $\triangle ABC=\dfrac{1}{2}\times6\times8=24(\text{cm}^2)$이므로

$12r=24$ $\therefore r=2$

$\angle AIC=90^\circ+\dfrac{1}{2}\angle B=90^\circ+45^\circ=135^\circ$

따라서 구하는 넓이는

$\pi\times2^2\times\dfrac{135}{360}=\dfrac{3}{2}\pi(\text{cm}^2)$ 답 $\dfrac{3}{2}\pi$ cm²

113

$\overline{BE}=\overline{BD}=5$ cm, $\overline{AF}=\overline{AD}=2$ cm이므로

$\overline{CE}=\overline{CF}=\overline{AC}-\overline{AF}=6-2=4(\text{cm})$

$\therefore \overline{BC}=\overline{BE}+\overline{CE}=5+4=9(\text{cm})$ 답 9 cm

114

$\overline{AD}=\overline{AF}=4$ cm이므로

$\overline{BE}=\overline{BD}=\overline{AB}-\overline{AD}=10-4=6(\text{cm})$ 답 6 cm

115

$\overline{BP}=\overline{BQ}=x$ cm라 하면

$\overline{AR}=\overline{AP}=(10-x)$ cm, $\overline{CR}=\overline{CQ}=(12-x)$ cm

$\overline{AC}=\overline{AR}+\overline{CR}$이므로 $8=(10-x)+(12-x)$ ——— ❶

$2x=14$ $\therefore x=7$

$\therefore \overline{BP}=7$ cm ——— ❷

답 7 cm

단계	채점 기준	배점
❶	$\overline{BP}$의 길이에 대한 식 세우기	70 %
❷	$\overline{BP}$의 길이 구하기	30 %

116

점 I가 $\triangle$ABC의 내심이므로

$\angle IBD=\angle IBC$, $\angle ICE=\angle ICB$

이때 $\overline{DE}\parallel\overline{BC}$이므로

$\angle IBC=\angle BID$(엇각),

$\angle ICB=\angle CIE$(엇각)

$\therefore \angle IBD=\angle BID$, $\angle ICE=\angle CIE$

즉, $\triangle$DBI, $\triangle$ECI는 각각 $\overline{DB}=\overline{DI}$, $\overline{EC}=\overline{EI}$인 이등변삼각형이다.

따라서 $\triangle$ADE의 둘레의 길이는

$\overline{AD}+\overline{DE}+\overline{AE}=\overline{AD}+(\overline{DI}+\overline{EI})+\overline{AE}$

$=\overline{AD}+(\overline{DB}+\overline{EC})+\overline{AE}$

$=\overline{AB}+\overline{AC}$

$=12+10=22(\text{cm})$ 답 22 cm

117

$\triangle$ECI는 이등변삼각형이므로

$\overline{EI}=\overline{EC}=4$ cm ——— ❶

$\therefore \overline{DI}=\overline{DE}-\overline{EI}=9-4=5(\text{cm})$ ——— ❷

이때 $\triangle$DBI도 이등변삼각형이므로

$\overline{DB}=\overline{DI}=5$ cm ——— ❸

답 5 cm

단계	채점 기준	배점
❶	$\overline{EI}$의 길이 구하기	40 %
❷	$\overline{DI}$의 길이 구하기	20 %
❸	$\overline{DB}$의 길이 구하기	40 %

118

① $\angle DIB=\angle DBI=20^\circ$

② $\angle EIC=\angle ECI=25^\circ$

③ $\angle BIC=180^\circ-(20^\circ+25^\circ)=135^\circ$

④ $\overline{DE}=\overline{DI}+\overline{EI}=\overline{DB}+\overline{EC}$

⑤ ($\triangle$ADE의 둘레의 길이)$=\overline{AD}+\overline{DE}+\overline{AE}$

$=\overline{AD}+(\overline{DB}+\overline{EC})+\overline{AE}$

$=\overline{AB}+\overline{AC}$

$=14+12=26(\text{cm})$

따라서 옳지 않은 것은 ③, ⑤이다.

답 ③, ⑤

119

점 I가 △ABC의 내심이므로

$130° = 90° + \dfrac{1}{2}\angle A$ $\therefore \angle A = 80°$

점 O가 △ABC의 외심이므로

$\angle x = 2\angle A = 2 \times 80° = 160°$ **답** 160°

120

⑤ 정삼각형의 내심과 외심은 항상 일치하지만 이등변삼각형의 외심과 내심은 항상 일치하지는 않는다.

따라서 옳지 않은 것은 ⑤이다.   **답** ⑤

121

점 I가 △OBC의 내심이므로

$\angle BIC = 90° + \dfrac{1}{2}\angle BOC$

$142° = 90° + \dfrac{1}{2}\angle BOC$ $\therefore \angle BOC = 104°$

점 O가 △ABC의 외심이므로

$\angle BOC = 2\angle A$, $104° = 2\angle A$

$\therefore \angle A = 52°$ **답** 52°

122

직각삼각형 ABC에서 $\angle C = 90° - 60° = 30°$

점 I가 △ABC의 내심이므로

$\angle ICA = \angle ICB = \dfrac{1}{2}\angle C = \dfrac{1}{2} \times 30° = 15°$

점 O가 △ABC의 외심이므로

$\angle OBC = \angle OCB = 30°$

따라서 △PBC에서

$\angle BPC = 180° - (30° + 15°) = 135°$ **답** ③

123

점 O가 △ABC의 외심이므로

$\angle BOC = 2\angle A = 2 \times 80° = 160°$

△OBC가 이등변삼각형이므로

$\angle OBC = \angle OCB = \dfrac{1}{2} \times (180° - 160°) = 10°$

△ABC가 이등변삼각형이므로

$\angle B = \angle C = \dfrac{1}{2} \times (180° - 80°) = 50°$

점 I가 △ABC의 내심이므로

$\angle IBC = \angle IBA = \dfrac{1}{2}\angle B$

$\quad = \dfrac{1}{2} \times 50° = 25°$

$\therefore \angle x = \angle IBC - \angle OBC = 25° - 10° = 15°$ **답** ②

124

외심과 내심이 일치하므로 △ABC는 정삼각형이다.

$\therefore \angle x = 2\angle A = 2 \times 60° = 120°$ **답** 120°

125

내심과 외심이 같은 선분 위에 있으므로 △ABC는 $\overline{AB} = \overline{AC}$ 인 이등변삼각형이다.

$\therefore \angle ACB = \dfrac{1}{2} \times (180° - 80°) = 50°$

이때 점 I는 △ABC의 내심이므로

$\angle ACI = \dfrac{1}{2}\angle ACB = \dfrac{1}{2} \times 50° = 25°$

따라서 △CDE에서

$\angle DEC = 90° - \angle ACI = 90° - 25° = 65°$ **답** 65°

126

이등변삼각형의 외심과 내심은 꼭지각의 이등분선 위에 있으므로

$\angle A = 2 \times 20° = 40°$

점 O가 △ABC의 외심이므로

$\angle BOC = 2\angle A = 2 \times 40° = 80°$

점 I가 △ABC의 내심이므로

$\angle BIC = 90° + \dfrac{1}{2}\angle A = 90° + \dfrac{1}{2} \times 40° = 110°$

$\therefore \angle BIC - \angle BOC = 110° - 80° = 30°$ **답** ②

127

△ABC가 이등변삼각형이므로

$\angle A = 180° - 2 \times 75° = 30°$

점 O가 △ABC의 외심이므로

$\angle BOC = 2\angle A = 2 \times 30° = 60°$

△OBC가 이등변삼각형이므로

$\angle OCB = \angle OBC = \dfrac{1}{2} \times (180° - 60°) = 60°$ ──── ❶

점 I가 △ABC의 내심이므로

$\angle ICB = \angle ICA = \dfrac{1}{2}\angle ABC$

$\quad = \dfrac{1}{2} \times 75° = 37.5°$ ──── ❷

$\therefore \angle x = \angle OCB - \angle ICB = 60° - 37.5° = 22.5°$ ──── ❸

답 22.5°

단계	채점 기준	배점
❶	∠OCB의 크기 구하기	40 %
❷	∠ICB의 크기 구하기	40 %
❸	∠x의 크기 구하기	20 %

128

△ABC에서 $\angle A = 180° - (30° + 80°) = 70°$

점 I가 △ABC의 내심이므로

$\angle IAB = \angle IAC = \dfrac{1}{2}\angle A$

$\quad = \dfrac{1}{2} \times 70° = 35°$

점 O가 △ABC의 외심이므로

$\angle AOB = 2\angle C = 2 \times 80° = 160°$

따라서 △ABO에서

$\angle OAB = \angle OBA = \dfrac{1}{2} \times (180° - 160°) = 10°$

$\therefore \angle IAO = \angle IAB - \angle OAB$
$= 35° - 10° = 25°$

답 25°

필수유형 뛰어넘기   35~36쪽

129

점 O가 △ABC의 외심이므로

$\triangle AOD \equiv \triangle BOD,\ \triangle BOE \equiv \triangle COE,\ \triangle COF \equiv \triangle AOF$

$\triangle AOD = \triangle BOD = \dfrac{1}{2} \times 4 \times 3 = 6 (cm^2)$이므로

$\triangle BOE = \triangle COE = a\ cm^2,\ \triangle COF = \triangle AOF = b\ cm^2$이라 하면

$\triangle ABC = 2 \times (6 + a + b) = 52$ $\therefore a + b = 20$

따라서 사각형 OECF의 넓이는

$a + b = 20 (cm^2)$

답 $20\ cm^2$

130

점 O가 △ABC의 외심이므로

$\overline{OA} = \overline{OB} = \overline{OC}$

△OAB가 이등변삼각형이므로

$\angle OAB = \angle OBA$
$= 30° + 10° = 40°$

$\therefore \angle BOA = 180° - 2 \times 40° = 100°$ …… ㉠

△OBC가 이등변삼각형이므로

$\angle OCB = \angle OBC = 10°$

$\therefore \angle BOC = 180° - 2 \times 10° = 160°$ …… ㉡

㉠, ㉡에서 $\angle AOC = 160° - 100° = 60°$

따라서 △OAC가 이등변삼각형이므로

$\angle OAC = \angle OCA = \dfrac{1}{2} \times (180° - 60°) = 60°$

$\therefore \angle A = \angle OAB + \angle OAC$
$= 40° + 60° = 100°$

답 100°

131

점 M은 △ABC의 외심이므로

$\overline{MA} = \overline{MC}$

즉, △MAC가 이등변삼각형이므로

$\angle AMN = \angle CMN = 20°$

$\therefore \angle CMA = 40°$

따라서 △MCD에서

$\angle MCD = 180° - (90° + 40°) = 50°$

답 50°

132

점 G는 △EFC의 외심이므로 $\overline{GF} = \overline{GC}$

즉, △GFC가 이등변삼각형이므로

$\angle GFC = \angle GCF = \angle x$라 하면 $\angle AGC = 2\angle x$

한편 △ACG는 $\overline{AC} = \overline{CG}$인 이등변삼각형이므로

$\angle GAC = \angle AGC = 2\angle x$

또 $\angle ACE = \angle CAD = 33°$(엇각)이므로

$\angle ACF = 33° + 90° = 123°$

따라서 △AFC에서

$2\angle x + \angle x + 123° = 180°$ $\therefore \angle x = 19°$

답 19°

133

점 O가 △ABC의 외심이므로

$\angle AOC = 2\angle B = 2 \times 65° = 130°$

점 O가 △ACD의 외심이므로

$\overline{OA} = \overline{OC} = \overline{OD}$

즉, △OAD와 △OCD가 이등변삼각형이므로

$\angle OAD = \angle ODA = \angle x,\ \angle OCD = \angle ODC = \angle y$라 하면

사각형 AOCD에서

$2\angle x + 2\angle y + 130° = 360°,\ 2(\angle x + \angle y) = 230°$

$\therefore \angle D = \angle x + \angle y = 115°$

답 115°

134

△ABC의 외심이 변 BC 위에 있으므로

$\angle BAC = 90°,\ \overline{OA} = \overline{OB} = \overline{OC}$ ——❶

△OAB는 이등변삼각형이므로

$\angle OAB = \angle OBA = 35°$

$\therefore \angle OAC = \angle BAC - \angle OAB$
$= 90° - 35° = 55°$ ——❷

점 O′이 △AOC의 외심이므로

$\angle OO'C = 2\angle OAC = 2 \times 55° = 110°$ ——❸

답 110°

단계	채점 기준	배점
❶	$\angle BAC = 90°,\ \overline{OA} = \overline{OB} = \overline{OC}$임을 알기	20 %
❷	$\angle OAC$의 크기 구하기	40 %
❸	$\angle OO'C$의 크기 구하기	40 %

135

$\angle PAO = \angle PBO = 90°$이므로 사각형 APBO에서

$\angle AOB = 360° - (90° + 60° + 90°) = 120°$ ——❶

따라서 색칠한 부분의 넓이는

(사각형 APBO의 넓이) − (부채꼴 OAB의 넓이)

$= 2\triangle APO -$ (부채꼴 OAB의 넓이)

$= 2 \times \left(\dfrac{1}{2} \times 10 \times 6 \right) - \pi \times 6^2 \times \dfrac{120}{360}$

$= 60 - 12\pi (cm^2)$ ——❷

답 $(60 - 12\pi)\ cm^2$

136

∠AIB : ∠BIC : ∠AIC=5 : 6 : 7이므로

$\angle AIB=360° \times \dfrac{5}{18}=100°$

따라서 $100°=90°+\dfrac{1}{2}\angle ACB$이므로

∠ACB=20°　　　　　　　　　　　　답 20°

137

점 I가 △ABC의 내심이므로

∠IAB=∠IAC=∠x,

∠IBA=∠IBC=∠y

라 하면 △ABE에서

$2\angle x+\angle y+88°=180°$ ······ ㉠

△ABD에서

$\angle x+2\angle y+86°=180°$ ······ ㉡

㉠, ㉡을 연립하여 풀면 ∠x=30°, ∠y=32°

따라서 △ABC에서

∠A+∠B+∠C=60°+64°+∠C=180°

∴ ∠C=56°　　　　　　　　　　　　답 56°

138

점 Q가 △ACD의 내심이므로

$110°=90°+\dfrac{1}{2}\angle CAD$　　∴ ∠CAD=40°

△ACD가 이등변삼각형이므로

∠CDA=∠CAD=40°

∠ACB=80°이고 △ABC가 이등변삼각형이므로

∠ABC=∠ACB=80°

∴ ∠BAC=180°−2×80°=20°

따라서 점 P가 △ABC의 내심이므로

$\angle BPC=90°+\dfrac{1}{2}\angle BAC=100°$　　　답 100°

139

$\overline{AP}=\overline{AR}$, $\overline{BP}=\overline{BQ}$이므로

$\overline{AB}+\overline{BC}+\overline{CA}$

$=\overline{AB}+(\overline{BQ}+\overline{QC})+(\overline{AR}+\overline{RC})$

$=\overline{AB}+(\overline{BP}+3)+(\overline{AP}+3)$

$=2\overline{AB}+6$

$=2\times 18+6=42(cm)$

따라서 △ABC의 넓이는

$\dfrac{1}{2}\times 3\times(\overline{AB}+\overline{BC}+\overline{CA})=\dfrac{1}{2}\times 3\times 42=63(cm^2)$

답 63 cm²

140

점 I가 △ABC의 내심이므로

∠IAB=∠IAC=40°, 즉 ∠DAE=10°

∴ ∠DAC=10°+40°=50°

점 O가 △ABC의 외심이므로

$\overline{OA}=\overline{OB}=\overline{OC}$

△OAB와 △OAC가 이등변삼각

형이므로

∠OBA=∠OAB=30°,

∠OCA=∠OAC=50°

△OBC가 이등변삼각형이므로

∠OBC=∠OCB

　　　　=90°−30°−50°=10°

따라서 △ABD에서

∠ADE=30°+(30°+10°)=70°　　　답 70°

141

점 O가 △EBC의 외심이므로

∠OBE=∠OEB=90°−(30°+23°)=37°

$l \parallel m$이므로

∠ADE=∠EBC=37°+30°=67° (엇각)

따라서 점 I가 △AED의 내심이므로

$\angle AIE=90°+\dfrac{1}{2}\angle ADE$

$=90°+\dfrac{1}{2}\times 67°=123.5°$

답 123.5°

3 사각형의 성질

필수유형 공략하기　　　　　　　　　40~58쪽

142

평행사변형 ABCD에서 $\overline{AD}=\overline{BC}$이므로

$x+3=10$　　∴ $x=7$

$\overline{BO}=\dfrac{1}{2}\overline{BD}$이므로

$2y+1=7$　　∴ $y=3$

△EFG에서 ∠F+50°+60°=180°이므로

∠F=70°

그런데 ∠F=∠H이므로 $z=70$

∴ $x+y+z=7+3+70=80$　　　　　답 ④

143

$\overline{OC}=\frac{1}{2}\overline{AC}=\frac{1}{2}\times10=5(cm)$

$\overline{OD}=\frac{1}{2}\overline{BD}=\frac{1}{2}\times12=6(cm)$

$\overline{CD}=\overline{AB}=8\ cm$

따라서 △OCD의 둘레의 길이는

$5+6+8=19(cm)$ 답 ④

144

$\overline{AD}=\overline{BC}$이므로

$2x+2=3x-4$ ∴ $x=6$

$\overline{AB}=\overline{CD}$이므로

$\overline{CD}=x+5=11(cm)$ 답 11 cm

145

$\angle BAC=180°-(60°+50°)=70°$

$\angle BAD=\angle BCD$이므로

$70°+\angle x=50°+\angle y$

∴ $\angle y-\angle x=70°-50°=20°$ 답 ③

146

$\angle ABC=\angle ADC=\angle y+30°$이므로 △ABC에서

$60°+(\angle y+30°)+\angle x=180°$

∴ $\angle x+\angle y=90°$ 답 ②

147

$\angle A+\angle B=180°$이고 $\angle A:\angle B=3:2$이므로

$\angle B=\frac{2}{5}\times180°=72°$ ————— ❶

∴ $\angle D=\angle B=72°$ ————— ❷

답 72°

단계	채점 기준	배점
❶	∠B의 크기 구하기	70 %
❷	∠D의 크기 구하기	30 %

148

$\angle D=\angle B=56°$이므로

$\angle ADF=\frac{1}{2}\angle D=\frac{1}{2}\times56°=28°$

△ADF에서

$\angle DAF=180°-(90°+28°)=62°$

$\angle A+\angle B=62°+\angle x+56°=180°$이므로

$\angle x=62°$ 답 ③

149

$\angle C+\angle D=180°$이므로

$\angle D=180°-100°=80°$

따라서 △ADE에서

$\angle x=180°-(25°+80°)=75°$ 답 ④

150

$\angle A+\angle D=180°$이므로

$\angle D=180°-140°=40°$

∴ $\angle ADE=\frac{1}{2}\angle D=\frac{1}{2}\times40°=20°$

∴ $\angle x=\angle ADE=20°$(엇각) 답 20°

151

$\angle EAB=\angle AEC=68°$(엇각)이므로

$\angle A=2\angle EAB=2\times68°=136°$

∴ $\angle x=\angle A=136°$ 답 136°

152

△ABE가 이등변삼각형이므로

$\angle AEB=\angle ABE=68°$

∴ $\angle EAD=\angle AEB=68°$(엇각) ————— ❶

△ADF에서

$\angle ADF=180°-(90°+68°)=22°$ ————— ❷

한편 $\angle D=\angle B=68°$이므로

$\angle x=68°-22°=46°$ ————— ❸

답 46°

단계	채점 기준	배점
❶	∠EAD의 크기 구하기	40 %
❷	∠ADF의 크기 구하기	20 %
❸	∠x의 크기 구하기	40 %

153

$\angle D=\angle B=70°$이므로

△ACD에서

$\angle DAC=180°-(50°+70°)=60°$

따라서 $\angle DAE=\frac{1}{2}\angle DAC=\frac{1}{2}\times60°=30°$이므로

$\angle x=\angle DAE=30°$(엇각) 답 30°

154

$\angle DAE=\angle BEA$(엇각)이므로

$\angle BAE=\angle BEA$

즉, △ABE는 $\overline{BA}=\overline{BE}$인 이등변삼각형이므로

$\overline{BE}=5(cm)$

$\angle ADF=\angle CFD$(엇각)이므로

$\angle CDF=\angle CFD$

즉, △CDF는 $\overline{CD}=\overline{CF}$인 이등변삼각형이므로

$\overline{CF}=5\ cm$

이때 $\overline{BE}+\overline{CF}=\overline{BC}+\overline{EF}$이므로
$5+5=7+\overline{EF}$
$\therefore \overline{EF}=3(cm)$　　　　　　　　　　　답 ③

155
$\angle DAE=\angle BEA$(엇각)이므로
$\angle BAE=\angle BEA$
즉, $\triangle ABE$는 $\overline{BA}=\overline{BE}$인 이등변삼각형이므로
$\overline{BE}=7(cm)$
$\therefore \overline{EC}=11-7=4(cm)$　　　　　　답 4 cm

156
$\angle BFC=\angle DCF$(엇각)이므로
$\angle BFC=\angle BCF$
즉, $\triangle BCF$는 $\overline{BF}=\overline{BC}$인 이등변삼각형이므로
$\overline{BF}=5$ cm
$\therefore \overline{AF}=\overline{BF}-\overline{AB}=5-3=2(cm)$　　답 2 cm

157
$\triangle ABE$와 $\triangle FCE$에서
$\overline{BE}=\overline{CE}$
$\angle ABE=\angle FCE$(엇각)
$\angle AEB=\angle FEC$(맞꼭지각)
따라서 $\triangle ABE\equiv\triangle FCE$(ASA 합동)이므로 —— ❶
$\overline{FC}=\overline{AB}=8$ cm —— ❷
$\therefore \overline{FD}=\overline{FC}+\overline{CD}=8+8=16(cm)$ —— ❸
　　　　　　　　　　　　　　　　답 16 cm

단계	채점 기준	배점
❶	$\triangle ABE\equiv\triangle FCE$임을 알기	50 %
❷	$\overline{FC}$의 길이 구하기	20 %
❸	$\overline{FD}$의 길이 구하기	30 %

158
$\triangle ABC$가 $\overline{AB}=\overline{AC}$인 이등변삼각형이므로
$\angle ABC=\angle ACB$
또 $\overline{AB}/\!/\overline{FE}$이므로 $\angle ABC=\angle FEC$(동위각)
$\therefore \angle FEC=\angle ACB$
즉, $\triangle FEC$는 이등변삼각형이므로 $\overline{FE}=\overline{FC}$
따라서 $\square ADEF$의 둘레의 길이는
$2\times(\overline{AF}+\overline{FE})=2\times(\overline{AF}+\overline{FC})$
　　　　　　　　$=2\times12=24(cm)$　　답 ③

159
$\angle ADF=\angle CFD$ (엇각)이므로
$\angle CDF=\angle CFD$
즉, $\triangle CDF$는 $\overline{CD}=\overline{CF}$인 이등변삼각형이다.

그런데 $\angle DCF=60°$이므로 $\triangle CDF$는 정삼각형이다.
$\therefore \overline{CF}=\overline{DF}=\overline{CD}=6$ cm
$\therefore \overline{BF}=10-6=4(cm)$
$\angle C=\angle A=60°$이므로 마찬가지로 $\triangle ABE$도 정삼각형이고,
$\overline{BE}=6$ cm, $\overline{DE}=4$ cm
따라서 $\square BFDE$의 둘레의 길이는
$6+4+6+4=20(cm)$　　　　　答 20 cm

160
$\triangle ABD$와 $\triangle CDB$에서
$\angle ABD=\boxed{\angle CDB}$ (엇각)
$\angle ADB=\boxed{\angle CBD}$ (엇각)
$\boxed{\overline{BD}}$는 공통
따라서 $\triangle ABD\equiv\triangle CDB(\boxed{ASA}$ 합동)이므로
$\overline{AB}=\boxed{\overline{DC}}, \overline{AD}=\overline{BC}$　　　　답 ④

161
$\overline{AB}/\!/\overline{CD}, \boxed{\overline{AD}/\!/\overline{BC}}$이므로
$\angle A=\angle BAC+\angle DAC$
　　$=\boxed{\angle DCA}+\angle BCA$
　　$=\angle C$
$\angle B=\angle ABD+\angle CBD$
　　$=\angle CDB+\boxed{\angle ADB}$
　　$=\angle D$　　답 $\overline{AD}/\!/\overline{BC}, \angle DCA, \angle ADB$

162
$\triangle ABO$와 $\triangle CDO$에서
$\overline{AB}=\boxed{\overline{CD}}$
$\angle OAB=\boxed{\angle OCD}$ (엇각)
$\angle OBA=\boxed{\angle ODC}$ (엇각)
따라서 $\triangle ABO\equiv\triangle CDO$(ASA 합동)이므로
$\overline{AO}=\overline{CO}, \overline{BO}=\boxed{\overline{DO}}$
　　　　　답 $\overline{CD}, \angle OCD, \angle ODC, \overline{DO}$

163
$\triangle AOP$와 $\triangle COQ$에서
$\overline{OA}=\overline{OC}$(평행사변형의 성질)
$\angle PAO=\angle QCO$(엇각)
$\angle AOP=\angle COQ$(맞꼭지각)
따라서 $\triangle AOP\equiv\triangle COQ$(ASA 합동)이므로
$\overline{AP}=\overline{CQ}$
따라서 사용되지 않는 것은 ①이다.　　답 ①

164
$\triangle ABE$와 $\triangle CDF$에서

∠AEB=∠CFD=90°

$\overline{AB}=\overline{CD}$ (평행사변형의 대변)

∠ABE=∠CDF(엇각)

따라서 △ABE≡△CDF(RHA 합동)이므로

$\overline{AE}=\overline{CF}$

따라서 사용되지 않는 것은 ②이다. **답** ②

165

① $\overline{AB}=\overline{CD}$, $\overline{BC}=\overline{DA}$

즉, 두 쌍의 대변의 길이가 각각 같으므로 평행사변형이다.

② 두 쌍의 대각의 크기가 각각 같으므로 평행사변형이다.

③ $\overline{AO}=\overline{CO}$, $\overline{BO}=\overline{DO}$

즉, 두 대각선이 서로 다른 것을 이등분하므로 평행사변형이다.

⑤ 한 쌍의 대변이 평행하고, 그 길이가 같으므로 평행사변형이다. **답** ④

166

① 두 쌍의 대변의 길이가 각각 같으므로 평행사변형이다.

② ∠C=360°−(140°+40°+40°)=140°

즉, 두 쌍의 대각의 크기가 각각 같으므로 평행사변형이다.

③ ∠A+∠B=180°이므로 $\overline{AD}\,/\!/\,\overline{BC}$

즉, 한 쌍의 대변이 평행하고, 그 길이가 같으므로 평행사변형이다.

④ ∠DAC=∠BCA이므로 $\overline{AD}\,/\!/\,\overline{BC}$

∠ABD=∠CDB이므로 $\overline{AB}\,/\!/\,\overline{DC}$

즉, 두 쌍의 대변이 각각 평행하므로 평행사변형이다.

⑤ ∠A+∠D=180°이므로 $\overline{AB}\,/\!/\,\overline{DC}$

따라서 $\overline{AB}=\overline{DC}$ 또는 $\overline{AD}\,/\!/\,\overline{BC}$인 조건이 추가되어야 평행사변형이 된다. **답** ⑤

167

① 두 대각선이 서로 다른 것을 이등분하므로 평행사변형이다.

② 두 쌍의 대변의 길이가 각각 같으므로 평행사변형이다.

③ 두 쌍의 대각의 크기가 각각 같으므로 평행사변형이다.

④ ∠A+∠B=180°이므로 $\overline{AD}\,/\!/\,\overline{BC}$

∠B+∠C=180°이므로 $\overline{AB}\,/\!/\,\overline{DC}$

즉, 두 쌍의 대변이 각각 평행하므로 평행사변형이다. **답** ⑤

168

① 두 쌍의 대변의 길이가 각각 같으므로 평행사변형이다.

④ 두 쌍의 대각의 크기가 각각 같으므로 평행사변형이다. **답** ①, ④

169

(1) □EOCD가 평행사변형이므로

$\overline{ED}\,/\!/\,\overline{OC}$, $\overline{ED}=\overline{OC}$

따라서 $\overline{ED}\,/\!/\,\overline{OA}$, $\overline{ED}=\overline{OA}$이므로

□AODE도 평행사변형이다. ――――――――――――――― ❶

(2) □AODE가 평행사변형이므로

$\overline{EF}=\overline{FO}$, $\overline{AF}=\overline{FD}$

∴ $\overline{EF}+\overline{FD}=\dfrac{1}{2}\overline{EO}+\dfrac{1}{2}\overline{AD}$

$=\dfrac{1}{2}\overline{CD}+\dfrac{1}{2}\overline{AD}$

$=\dfrac{1}{2}\times6+\dfrac{1}{2}\times9=\dfrac{15}{2}$ (cm) ――――――――― ❷

답 (1) 풀이 참조 (2) $\dfrac{15}{2}$ cm

단계	채점 기준	배점
❶	(1) □AODE가 평행사변형임을 설명하기	40 %
❷	(2) $\overline{EF}+\overline{FD}$의 길이 구하기	60 %

170

□ABCD는 평행사변형이므로

$\overline{OB}=\boxed{\overline{OD}}$ …… ㉠

또 $\overline{OA}=\boxed{\overline{OC}}$, $\overline{AE}=\overline{CF}$이므로

$\overline{OE}=\boxed{\overline{OF}}$ …… ㉡

㉠, ㉡에 의하여 두 대각선이 서로 다른 것을 $\boxed{\text{이등분}}$하므로

□BFDE는 평행사변형이다.

답 $\overline{OD}$, $\overline{OC}$, $\overline{OF}$, 이등분

171

□ABCD가 평행사변형이므로

$\overline{AO}=\overline{CO}$, $\overline{BO}=\overline{DO}$

점 E, F가 각각 $\overline{BO}$, $\overline{DO}$의 중점이므로

$\overline{BE}=\overline{EO}=\overline{FO}=\overline{DF}$

즉, $\overline{AO}=\overline{CO}$, $\overline{EO}=\overline{FO}$이므로 □AECF는 평행사변형이다.

∴ $\overline{AE}=\overline{CF}$, $\overline{AF}=\overline{CE}$

또 $\overline{AE}\,/\!/\,\overline{CF}$이므로 ∠OEA=∠OFC(엇각)

$\overline{AF}\,/\!/\,\overline{CE}$이므로 ∠OEC=∠OFA(엇각)

이상에서 옳은 것은 ㄴ, ㄷ, ㄹ, ㅁ이다. **답** ㄴ, ㄷ, ㄹ, ㅁ

172

$\overline{AB}\,/\!/\,\overline{CD}$이므로

$\overline{BE}\,/\!/\,\boxed{\overline{DF}}$

또 $\overline{AB}=\overline{CD}$, $\overline{AE}=\overline{CF}$이므로

$\overline{BE}=\boxed{\overline{DF}}$ **답** $\overline{DF}$, $\overline{DF}$

173

□ABCD는 평행사변형이므로

$\overline{AB}=\overline{CD}$

∠BAE=∠DCF(엇각)

∠AEB=∠CFD=90°

즉, △AEB≡$\boxed{\text{△CFD}}$($\boxed{\text{RHA}}$ 합동)이므로

$\overline{BE}=\boxed{\overline{DF}}$

또 ∠BEF=∠DFE($\boxed{\text{엇각}}$)이므로

$\overline{BE}$∥$\boxed{\overline{DF}}$　　　　　　　　　　　　답 ④

174

□BFDE는 ∠EBF=∠EDF, ∠BED=∠BFD이므로 평행사변형이다.

따라서 주어진 설명 과정에서 사용된 평행사변형이 되기 위한 조건은 ③이다.　　　　　　　　　답 ③

175

∠DAE=∠AEB(엇각)이므로 △ABE는 $\overline{BA}=\overline{BE}$인 이등변삼각형이다.

그런데 ∠B=60°이므로 △ABE는 정삼각형이다.

∴ $\overline{AE}=\overline{AB}=\overline{BE}=4$ cm ────── ❶

또 △ABE≡△CDF(ASA 합동)이므로

$\overline{DF}=\overline{BE}=4(\text{cm})$

∴ $\overline{AF}=7-4=3(\text{cm})$ ────────── ❷

따라서 □AECF의 둘레의 길이는

$2×(3+4)=14(\text{cm})$ ────────── ❸

답 14 cm

단계	채점 기준	배점
❶	$\overline{AE}$의 길이 구하기	40 %
❷	$\overline{AF}$의 길이 구하기	40 %
❸	□AECF의 둘레의 길이 구하기	20 %

176

$\triangle PEF=\frac{1}{4}\square ABEF$, $\triangle QEF=\frac{1}{4}\square FECD$이므로

$\square EQFP=\triangle PEF+\triangle QFE$

$=\frac{1}{4}\square ABEF+\frac{1}{4}\square FECD$

$=\frac{1}{4}\square ABCD$

$=\frac{1}{4}×28=7(\text{cm}^2)$　　　　　　　답 ③

177

△AOE와 △COF에서

$\overline{AO}=\overline{CO}$, ∠EAO=∠FCO(엇각),

∠AOE=∠COF(맞꼭지각)

따라서 △AOE≡△COF(ASA 합동)이므로 ──── ❶

$\triangle EOD+\triangle COF=\triangle EOD+\triangle AOE$

$=\triangle AOD$

$=\frac{1}{4}\square ABCD$

$=\frac{1}{4}×80=20(\text{cm}^2)$ ────── ❷

답 20 cm²

단계	채점 기준	배점
❶	△AOE≡△COF임을 알기	40 %
❷	△EOD+△COF의 값 구하기	60 %

178

$\triangle BOC=\triangle COD=\triangle AOB=20$ cm²이므로

$\triangle BCD=\triangle BOC+\triangle COD$

$=20+20=40(\text{cm}^2)$

이때 □BFED는 두 대각선이 서로 다른 것을 이등분하므로 평행사변형이다.

∴ $\square BFED=4\triangle BCD$

$=4×40=160(\text{cm}^2)$　　　답 160 cm²

179

$\triangle PAB+\triangle PCD=\triangle PDA+\triangle PBC$이므로

$\triangle PAB+18=17+13$

∴ $\triangle PAB=12(\text{cm}^2)$　　　　　　　답 ③

180

$\triangle PAB+\triangle PCD=\frac{1}{2}\square ABCD$이므로

$\square ABCD=2×(30+18)=96(\text{cm}^2)$　답 96 cm²

181

$\square ABCD=7×4=28(\text{cm}^2)$ ────────── ❶

$\triangle PDA+\triangle PBC=\frac{1}{2}\square ABCD$이므로

$\triangle PDA+5=\frac{1}{2}×28=14(\text{cm}^2)$

∴ $\triangle PDA=9(\text{cm}^2)$ ────────── ❷

답 9 cm²

단계	채점 기준	배점
❶	□ABCD의 넓이 구하기	30 %
❷	△PDA의 넓이 구하기	70 %

182

$\overline{AC}=\overline{BD}$이므로

$\overline{OC}=\frac{1}{2}\overline{AC}=\frac{1}{2}\overline{BD}=\frac{1}{2}×12=6(\text{cm})$

∴ $x=6$

△ABC에서 ∠B=90°이므로

$y°=90°-28°=62°$　　　∴ $y=62$

∴ $x+y=6+62=68$　　　　　　　答 ④

183

④ ∠BOC=∠AOD　　　　　　　　　답 ④

184

$\angle DBE = \angle DBC = 26°$(접은 각)이므로

$\angle FBE = 90° - (26° + 26°) = 38°$

$\angle BED = \angle BCD = 90°$이므로

$\triangle BEF$에서

$\angle x + 38° = 90°$ ∴ $\angle x = 52°$ 답 52°

185

① 평행사변형의 두 대각선의 길이가 같으므로 직사각형이다.

② $\overline{OA} = \overline{OD}$이면 $\overline{AC} = \overline{BD}$이므로 직사각형이다.

③ 평행사변형의 한 내각이 직각이므로 직사각형이다.

④ $\angle A + \angle B = 180°$이므로

$\angle A = \angle B$이면 $\angle A = \angle B = 90°$

따라서 □ABCD는 직사각형이다. 답 ⑤

186

$\overline{AC} = \overline{BD}$인 평행사변형 ABCD에 대하여

$\triangle ABC$와 $\triangle BAD$에서

$\overline{AC} = \overline{BD}$, $\overline{BC} = \overline{AD}$, $\overline{AB}$는 공통

이므로 $\triangle ABC \equiv \triangle BAD$($\boxed{SSS}$ 합동)

∴ $\angle B = \boxed{\angle A}$

□ABCD는 평행사변형이므로

$\angle B = \boxed{\angle D}$, $\angle A = \angle C$

∴ $\angle A = \angle B = \angle C = \angle D$

따라서 □ABCD는 직사각형이다. 답 SSS, ∠A, ∠D

187

① $\overline{AC} = \overline{BD}$, 즉 두 대각선의 길이가 같으므로 직사각형이다.

④ $\angle D = 90°$, 즉 한 내각이 직각이므로 직사각형이다.

답 ①, ④

188

$\triangle OBC$는 $\angle OBC = \angle OCB$인 이등변삼각형이므로 $\overline{OB} = \overline{OC}$

따라서 $\overline{BD} = \overline{AC}$이므로 □ABCD는 직사각형이다. 답 ③

189

$\triangle ABM$과 $\triangle DCM$에서

$\overline{AM} = \overline{DM}$, $\overline{AB} = \overline{DC}$, $\overline{BM} = \overline{CM}$

이므로 $\triangle ABM \equiv \triangle DCM$(SSS 합동)

따라서 $\angle B = \angle C$이고 $\angle B + \angle C = 180°$이므로

$2\angle C = 180°$ ∴ $\angle C = 90°$ 답 90°

190

$\overline{AD} = \overline{CD}$이므로

$2x = 3x - 4$ ∴ $x = 4$

191

$\triangle OBA \equiv \triangle OBC$(SSS 합동)이므로

$\angle OBA = \angle OBC = y°$

$\triangle OBA$에서 $\angle BOA = 90°$이므로

$y° = 90° - 56° = 34°$ ∴ $y = 34$

∴ $x + y = 4 + 34 = 38$ 답 ③

191

$\angle A + \angle B = 180°$이므로 $\angle B = 70°$

$\triangle ABD \equiv \triangle CBD$(SSS 합동)이므로

$\angle ABD = \angle CBD$

∴ $\angle x = \dfrac{1}{2}\angle B = \dfrac{1}{2} \times 70° = 35°$ 답 35°

192

$\angle CDO = \angle ADO = 30°$이므로 $\angle ADC = 60°$

$\triangle ADC$는 $\overline{AD} = \overline{CD}$인 이등변삼각형이므로

$\angle ACD = \angle CAD = \dfrac{1}{2} \times (180° - 60°) = 60°$

∴ $x = 60$ ──────────── ❶

따라서 $\triangle ADC$는 정삼각형이므로

$\overline{AC} = \overline{CD} = 12$ cm

∴ $y = \dfrac{1}{2} \times 12 = 6$ ──────────── ❷

∴ $x + y = 60 + 6 = 66$ ──────────── ❸

답 66

단계	채점 기준	배점
❶	x의 값 구하기	40 %
❷	y의 값 구하기	40 %
❸	$x+y$의 값 구하기	20 %

193

두 대각선 AC와 BD가 만나는 점을 O라 하면

$\triangle ABO$와 $\triangle ADO$에서

$\overline{AB} = \boxed{\overline{AD}}$, $\overline{AO}$는 공통, $\overline{OB} = \boxed{\overline{OD}}$

이므로 $\triangle ABO \equiv \triangle ADO$($\boxed{SSS}$ 합동)

∴ $\angle AOB = \angle AOD$

이때 $\angle AOB + \angle AOD = \boxed{180°}$이므로

$\angle AOB = \angle AOD = \boxed{90°}$

∴ $\overline{AC} \perp \overline{BD}$ 답 $\overline{AD}$, $\overline{OD}$, SSS, 180°, 90°

194

$\angle ABO = \angle CBO = 40°$이므로

$\triangle BEF$에서 $\angle x = 90° - 40° = 50°$

$\triangle ABD$는 $\overline{AB} = \overline{AD}$인 이등변삼각형이므로

$\angle ADB = \angle ABD = 40°$

따라서 $\triangle ODA$에서

$\angle y = 90° - 40° = 50°$

∴ $\angle x + \angle y = 50° + 50° = 100°$ 답 100°

195

□MBND는 마름모이므로 $\overline{BN}=\overline{DN}$

즉, △DBN은 이등변삼각형이므로

$\angle DBN=\angle BDN$

또 $\overline{MB}\,/\!/\,\overline{DN}$이므로

$\angle MBD=\angle BDN$(엇각)

$\therefore \angle ABM=\angle MBD=\angle DBN$

$\therefore \angle DBN=\dfrac{1}{3}\angle ABC=\dfrac{1}{3}\times90^\circ=30^\circ$

따라서 △DBN에서

$\angle x=180^\circ-(30^\circ+30^\circ)=120^\circ$

답 120°

196

① 평행사변형의 이웃하는 두 변의 길이가 같으므로 마름모이다.

④ 평행사변형의 두 대각선이 직교하므로 마름모이다.

답 ①, ④

197

평행사변형의 두 대각선이 직교하거나 이웃하는 두 변의 길이가 같으면 마름모이다.

답 ①, ④

198

$\overline{AB}\,/\!/\,\overline{CD}$이므로

$\angle ACD=\angle CAB=58^\circ$ (엇각)

△COD에서 $\angle COD=180^\circ-(58^\circ+32^\circ)=90^\circ$

따라서 두 대각선이 직교하므로 평행사변형 ABCD는 마름모이다.

답 ②

199

(1) □ABCD는 평행사변형이므로

$\overline{AD}\,/\!/\,\overline{BC}$

$\angle ADB=\boxed{\angle CBD}$ (엇각)

그런데 $\angle ABD=\angle CBD$이므로

$\angle ABD=\boxed{\angle ADB}$

즉, △ABD가 이등변삼각형이므로

$\overline{AB}=\boxed{\overline{AD}}$

따라서 평행사변형의 이웃하는 두 변의 길이가 같으므로

□ABCD는 마름모이다. ──────────── ❶

(2) □ABCD가 마름모이므로

$\overline{AB}=\overline{BC}=\overline{CD}=\overline{DA}=9$(cm)

따라서 □ABCD의 둘레의 길이는

$4\times9=36$(cm) ──────────── ❷

답 (1) $\angle CBD$, $\angle ADB$, $\overline{AD}$ (2) 36 cm

단계	채점 기준	배점
❶	빈칸 채우기	70 %
❷	□ABCD의 둘레의 길이 구하기	30 %

200

① 평행사변형의 이웃하는 두 변의 길이가 같으므로 마름모이다.

② 평행사변형의 두 대각선이 직교하므로 마름모이다.

④ $\overline{AD}\,/\!/\,\overline{BC}$이므로 $\angle DAC=\angle BCA$ (엇각)

  $\therefore \angle BCA=\angle BAC$

  즉, △ABC가 이등변삼각형이므로 $\overline{AB}=\overline{BC}$

  따라서 평행사변형의 이웃하는 두 변의 길이가 같으므로 마름모이다.

⑤ $\angle ABD=\angle ADB$이면 $\overline{AB}=\overline{AD}$

  따라서 평행사변형의 이웃하는 두 변의 길이가 같으므로 마름모이다.

따라서 마름모가 되기 위한 조건이 아닌 것은 ③이다. **답** ③

201

$\angle ABE=45^\circ$이므로 △ABE의 외각의 성질에 의하여

$\angle BAE+45^\circ=65^\circ$ $\therefore \angle BAE=20^\circ$

△ABE와 △CBE에서

$\overline{AB}=\overline{CB}$, $\angle ABE=\angle CBE=45^\circ$, $\overline{BE}$는 공통

따라서 △ABE≡△CBE(SAS 합동)이므로

$\angle BCE=\angle BAE=20^\circ$

답 ③

202

⑤ $\overline{AB}=\overline{BC}=\overline{CD}=\overline{AD}$, $\overline{OA}=\overline{OB}=\overline{OC}=\overline{OD}$ **답** ⑤

203

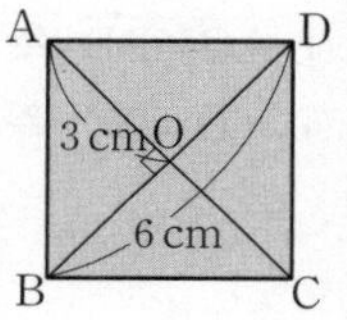

오른쪽 그림과 같이 두 대각선의 교점을 O라 하면

$\overline{OA}=\dfrac{1}{2}\overline{AC}=\dfrac{1}{2}\overline{BD}$

$=\dfrac{1}{2}\times6=3$(cm)

$\angle AOB=90^\circ$

$\therefore \square ABCD=2\triangle ABD$

$=2\times\left(\dfrac{1}{2}\times6\times3\right)=18$(cm²)

답 ②

204

△ABE에서 $\angle BAE+\angle ABE=\angle AEC$이므로

$\angle BAE+90^\circ=115^\circ$

$\therefore \angle BAE=25^\circ$ ──────────── ❶

△ABE와 △BCF에서

$\overline{AB}=\overline{BC}$, $\angle ABE=\angle BCF=90^\circ$, $\overline{BE}=\overline{CF}$

이므로 △ABE≡△BCF(SAS 합동) ──────────── ❷

$\therefore \angle CBF=\angle BAE=25^\circ$ ──────────── ❸

답 25°

단계	채점 기준	배점
❶	∠BAE의 크기 구하기	30 %
❷	△ABE≡△BCF임을 알기	50 %
❸	∠CBF의 크기 구하기	20 %

205

△DCE는 $\overline{DC}=\overline{DE}$인 이등변삼각형이므로

∠DEC=∠DCE=75°

∠CDE=180°−(75°+75°)=30°

∠ADE=∠ADC+∠CDE=90°+30°=120°

따라서 △ADE는 $\overline{AD}=\overline{DE}$인 이등변삼각형이므로

∠DAE=∠DEA

∴ $\angle x=\dfrac{1}{2}\times(180°-120°)=30°$ 답 30°

206

□ABCD는 정사각형이고 △EBC는 정삼각형이므로

∠BCD=90°, ∠BCE=60°

∴ ∠ECD=90°−60°=30°

$\overline{BC}=\overline{CE}$, $\overline{BC}=\overline{CD}$이므로 $\overline{CE}=\overline{CD}$

즉, △CDE는 $\overline{CE}=\overline{CD}$인 이등변삼각형이므로

∠CDE=∠CED

$\qquad=\dfrac{1}{2}\times(180°-30°)=75°$

따라서 ∠CDB=45°이므로

∠x=∠CDE−∠CDB

$\qquad=75°-45°=30°$ 답 30°

207

①, ②, ③, ④ 각각 직사각형의 성질과 마름모의 성질이 모두 주어져 있으므로 정사각형이 된다.

⑤ 직사각형이 된다.   답 ⑤

208

마름모가 직사각형의 성질을 만족시키면 정사각형이 된다.

따라서 보기 중 직사각형의 성질을 고르면 ③, ④이다.

    답 ③, ④

209

직사각형이 마름모의 성질을 만족하면 정사각형이 된다.

따라서 보기 중 마름모의 성질을 고르면 ①, ⑤이다.

    답 ①, ⑤

210

$\overline{AO}=\overline{BO}=\overline{CO}=\overline{DO}$이고,

∠AOB=∠BOC=∠COD=∠DOA=90°이므로

△AOB≡△BOC≡△COD≡△DOA(SAS 합동)

∴ $\overline{AB}=\overline{BC}=\overline{CD}=\overline{DA}$

∠A=∠B=∠C=∠D=45°+45°=90°

따라서 □ABCD는 네 변의 길이가 모두 같고, 네 내각의 크기가 모두 같으므로 정사각형이다.

    답 90°, SAS, 45°, 90°

211

$\overline{AB}=\overline{CD}$, $\overline{AB}\,/\!/\,\overline{CD}$를 만족시키므로 □ABCD는 평행사변형이다.

또 이 평행사변형이 직사각형의 성질 ∠A=90°와 마름모의 성질 $\overline{AC}\perp\overline{BD}$를 동시에 만족시키므로 □ABCD는 정사각형이다.

    답 정사각형

212

②, ④ △ABO≡△DCO(ASA합동)이므로

$\overline{OB}=\overline{OC}$, ∠ABO=∠DCO   답 ⑤

213

△OBC는 $\overline{OB}=\overline{OC}$인 이등변삼각형이고,

∠BOC=∠AOD=104°(맞꼭지각)이므로

$\angle x=\dfrac{1}{2}\times(180°-104°)=38°$ 답 38°

214

△ABD는 $\overline{AB}=\overline{AD}$인 이등변삼각형이므로

∠ABD=∠ADB=34°

또 $\overline{AD}\,/\!/\,\overline{BC}$이므로

∠CBD=∠ADB=34°(엇각)

∴ ∠B=34°+34°=68°

□ABCD는 등변사다리꼴이므로

∠C=∠B=68°

따라서 △BCD에서

∠x=180°−(34°+68°)=78°   답 ⑤

215

오른쪽 그림과 같이 꼭짓점 D에서 $\overline{BC}$에 내린 수선의 발을 F라 하면

$\overline{EF}=8\,\text{cm}$

또 △ABE와 △DCF에서

∠AEB=∠DFC=90°,

$\overline{AB}=\overline{DC}$, ∠B=∠C이므로

△ABE≡△DCF(RHA 합동)

∴ $\overline{BE}=\overline{CF}=\dfrac{1}{2}\times(12-8)=2(\text{cm})$ 답 ③

216

$\overline{AD} /\!/ \overline{BC}$, $\angle B = \angle C$인 □ABCD에 대하여 점 D를 지나고 $\overline{AB}$와 평행한 직선이 $\overline{BC}$와 만나는 점을 E라 하면 □ABED는 $\boxed{평행사변형}$이다.

$\angle B = \angle C$ …… ㉠

$\angle B = \boxed{\angle DEC}$ (동위각)   …… ㉡

㉠, ㉡에 의하여 $\boxed{\angle DEC} = \angle C$이므로

△DEC는 이등변삼각형이다.

∴ $\boxed{\overline{DE}} = \overline{DC}$

그런데 $\overline{AB} = \overline{DE}$이므로 $\overline{AB} = \overline{DC}$

답 평행사변형, ∠DEC, ∠DEC, $\overline{DE}$

217

$\overline{AB} /\!/ \overline{DE}$, $\overline{AD} /\!/ \overline{BE}$이므로 □ABED는 평행사변형이다.

∴ $\overline{BE} = \overline{AD} = 5\,\text{cm}$

$\overline{AE} /\!/ \overline{DC}$, $\overline{AD} /\!/ \overline{EC}$이므로 □AECD는 평행사변형이다.

∴ $\overline{EC} = \overline{AD} = 5\,\text{cm}$

∴ $\overline{BC} = \overline{BE} + \overline{EC} = 5 + 5 = 10\,(\text{cm})$

답 10 cm

218

오른쪽 그림과 같이 $\overline{AB} /\!/ \overline{DE}$가 되도록 $\overline{BC}$ 위에 점 E를 잡으면 □ABED는 평행사변형이므로

$\overline{AD} = \overline{BE}$

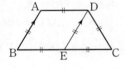

그런데 $\overline{AD} = \dfrac{1}{2}\overline{BC}$이므로 $\overline{BE} = \overline{EC}$

따라서 △DEC는 정삼각형이므로 $\angle C = 60°$

답 60°

219

오른쪽 그림과 같이 $\overline{AE} /\!/ \overline{DC}$가 되도록 $\overline{BC}$ 위에 점 E를 잡으면 □AECD는 평행사변형이므로

$\overline{EC} = \overline{AD} = 6\,\text{cm}$ ——— ❶

또 $\angle C = \angle B = 60°$이므로

$\angle AEB = \angle C = 60°$ (동위각)

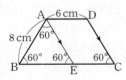

즉, △ABE는 정삼각형이므로

$\overline{BE} = \overline{AB} = 8\,\text{cm}$ ——————— ❷

따라서 □ABCD의 둘레의 길이는

$\overline{AB} + \overline{BC} + \overline{CD} + \overline{DA}$

$= 8 + (8 + 6) + 8 + 6$

$= 36\,(\text{cm})$ ——————— ❸

답 36 cm

단계	채점 기준	배점
❶	$\overline{EC}$의 길이 구하기	40 %
❷	$\overline{BE}$의 길이 구하기	40 %
❸	□ABCD의 둘레의 길이 구하기	20 %

220

오른쪽 그림과 같이 점 A에서 $\overline{BC}$에 내린 수선의 발을 F라 하면

$\overline{FE} = 6\,\text{cm}$

또 △ABF ≡ △DCE (RHA 합동)

이므로

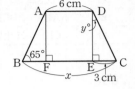

$\overline{BF} = 3\,\text{cm}$, $\angle C = \angle B = 65°$

∴ $\overline{BC} = \overline{BF} + \overline{FE} + \overline{EC} = 12\,(\text{cm})$ ∴ $x = 12$

$y° = 180° - (90° + 65°) = 25°$ ∴ $y = 25$

∴ $x + y = 12 + 25 = 37$

답 37

221

⑤ $\angle A = 90°$, $\overline{AC} = \overline{BD}$이면 직사각형이다.

답 ⑤

222

㉠ 평행사변형   ㉡ 마름모   ㉢ 직사각형   ㉣ 정사각형

④ 조건 ㉢ : 이웃하는 두 변의 길이가 같다.

답 ④

223

두 대각선이 서로 다른 것을 이등분하는 것은 평행사변형의 성질이므로 ㄴ, ㄷ, ㄹ, ㅁ이다.

답 ④

224

① 등변사다리꼴도 두 대각선의 길이가 같다.

② 오른쪽 그림과 같은 사각형도 두 대각선이 서로 수직이지만 마름모가 아니다.

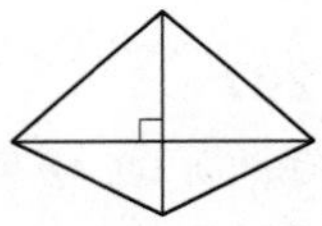

답 ①, ②

225

오른쪽 그림과 같이 엇각의 크기가 같으므로 △ABE, △BEF, △EFA는 모두 이등변삼각형이다.

즉, $\overline{AB} = \overline{BE}$, $\overline{BE} = \overline{EF}$,

$\overline{EF} = \overline{FA}$이므로

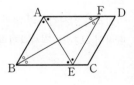

$\overline{AB} = \overline{BE} = \overline{EF} = \overline{FA}$

따라서 □ABEF는 마름모이다.

답 ②

226

△ABM ≡ △DCM (SSS 합동)이므로 $\angle A = \angle D$

그런데 $\angle A + \angle D = 180°$이므로 $\angle A = \angle D = 90°$

따라서 □ABCD는 한 내각의 크기가 90°인 평행사변형이므로 직사각형이다.

답 ③

227

$\triangle AEH \equiv \triangle BFE \equiv \triangle CGF \equiv \triangle DHG$ (SAS 합동)이므로
$\overline{HE} = \overline{EF} = \overline{FG} = \overline{GH}$

또 오른쪽 그림에서

• $+$ ∘ $=90°$

이므로 □EFGH의 네 내각의 크기는 모두
$90°$이다.

따라서 □EFGH는 정사각형이다.

답 ①

228

□ABCD가 평행사변형이므로 $\angle B = \angle D$
$\therefore \angle BAE = 90° - \angle B = 90° - \angle D = \angle DAF$
$\triangle ABE$와 $\triangle ADF$에서
$\angle AEB = \angle AFD$, $\overline{AE} = \overline{AF}$, $\angle BAE = \angle DAF$
이므로 $\triangle ABE \equiv \triangle ADF$ (ASA 합동)
$\therefore \overline{AB} = \overline{AD}$

따라서 □ABCD는 이웃하는 두 변의 길이가 같은 평행사변형이므로 마름모이다.

답 ②

229

$\angle BAD + \angle ADC = 180°$이므로
$\angle FAD + \angle ADF = 90°$
$\triangle ADF$에서 $\angle AFD = 180° - 90° = 90°$
같은 방법으로 $\angle FGH = \angle GHE = \angle HEF = 90°$
따라서 □EFGH는 직사각형이다.

답 ③

230

⑤ 등변사다리꼴의 각 변의 중점을 연결하여 만든 사각형은 마름모이다.

답 ⑤

231

□PQRS는 마름모이므로 마름모의 성질이 아닌 것을 찾으면 된다.

①, ④ 직사각형의 성질이다.

답 ①, ④

232

$\overline{AC} /\!/ \overline{DE}$이므로 $\triangle ACD = \triangle ACE$
$\therefore$ □ABCD $= \triangle ABC + \triangle ACD$
$= \triangle ABC + \triangle ACE$
$= \triangle ABE$
$= \dfrac{1}{2} \times (5+7) \times 8 = 48\,(\text{cm}^2)$

답 $48\,\text{cm}^2$

233

$\overline{EA} /\!/ \overline{BD}$이므로 $\triangle DEB = \triangle DAB$

$\therefore \triangle DEC = \triangle DEB + \triangle DBC$
$= \triangle DAB + \triangle DBC$
$=$ □ABCD $= 30\,\text{cm}^2$

답 ③

234

$\overline{AC} /\!/ \overline{DE}$이므로
$\triangle ADC = \triangle AEC$ ————————— ❶
$= \triangle ABC - \triangle ABE$
$= 40 - 25 = 15\,(\text{cm}^2)$ ————— ❷

답 $15\,\text{cm}^2$

단계	채점 기준	배점
❶	$\triangle ADC = \triangle AEC$임을 알기	50 %
❷	$\triangle ADC$의 넓이 구하기	50 %

235

$\overline{AD} /\!/ \overline{BC}$이므로 $\triangle DBC = \triangle ABC = 36\,\text{cm}^2$
$\therefore \triangle OBC = \triangle DBC - \triangle OCD$
$= 36 - 12 = 24\,(\text{cm}^2)$

답 ④

236

① $\overline{AD} /\!/ \overline{BC}$이므로 $\triangle ABC = \triangle DBC$
③ $\overline{AC} /\!/ \overline{DE}$이므로 $\triangle ADC = \triangle AEC$
⑤ □ABCD $= \triangle ABC + \triangle ACD$
$= \triangle ABC + \triangle ACE$
$= \triangle ABE$

답 ②, ④

237

$\overline{AD} /\!/ \overline{BC}$이므로 $\triangle ABE = \triangle DBE$
$\overline{BD} /\!/ \overline{EF}$이므로 $\triangle DBE = \triangle DBF$
$\overline{AB} /\!/ \overline{DC}$이므로 $\triangle DBF = \triangle DAF$
$\therefore \triangle ABE = \triangle DBE = \triangle DBF = \triangle DAF$

답 ⑤

238

$\triangle ABD : \triangle ADC = 2 : 3$이므로
$\triangle ADC = \dfrac{3}{5} \triangle ABC = \dfrac{3}{5} \times 30 = 18\,(\text{cm}^2)$
$\triangle DAE : \triangle DCE = 2 : 1$이므로
$\triangle DCE = \dfrac{1}{3} \triangle DAC = \dfrac{1}{3} \times 18 = 6\,(\text{cm}^2)$

답 ②

239

$\triangle APD : \triangle PCD = 1 : 2$이므로
$\triangle APD = \dfrac{1}{3} \triangle ACD$
$= \dfrac{1}{3} \times \dfrac{1}{2} \times$ □ABCD
$= \dfrac{1}{6} \times 60 = 10\,(\text{cm}^2)$

답 $10\,\text{cm}^2$

240

$$\triangle AMN = \frac{1}{3}\triangle ABD$$
$$= \frac{1}{3} \times \frac{1}{2} \times \square ABCD$$
$$= \frac{1}{6}\square ABCD$$

$$\triangle CMN = \frac{1}{3}\triangle CBD$$
$$= \frac{1}{3} \times \frac{1}{2} \times \square ABCD$$
$$= \frac{1}{6}\square ABCD$$

$$\therefore \square AMCN = \triangle AMN + \triangle CMN$$
$$= \frac{1}{6}\square ABCD + \frac{1}{6}\square ABCD$$
$$= \frac{1}{3}\square ABCD$$
$$= \frac{1}{3} \times 24 = 8(\text{cm}^2)$$
답 ④

241

$\triangle ABN : \triangle BMN = 1 : 2$이므로
$\triangle ABN : 6 = 1 : 2$
$\therefore \triangle ABN = 3 \text{ cm}^2$
$\triangle ABM = \triangle ABN + \triangle BMN = 3 + 6 = 9(\text{cm}^2)$
$\therefore \triangle ABC = 2\triangle ABM = 2 \times 9 = 18(\text{cm}^2)$
답 ④

242

$\triangle OAB : \triangle OBC = 1 : 2$이므로
$18 : \triangle OBC = 1 : 2$ $\therefore \triangle OBC = 36 \text{ cm}^2$
$\overline{AD} // \overline{BC}$이므로
$$\triangle BCD = \triangle BCA$$
$$= \triangle OAB + \triangle OBC$$
$$= 18 + 36 = 54(\text{cm}^2)$$
답 ③

243

$$\square ABCD = \frac{1}{2} \times \overline{AC} \times \overline{BD}$$
$$= \frac{1}{2} \times 10 \times 20 = 100(\text{cm}^2) \underline{\hspace{2cm}} ❶$$

$\triangle ABP : \triangle APC = 2 : 3$이므로
$$\triangle APC = \frac{3}{5}\triangle ABC$$
$$= \frac{3}{5} \times \frac{1}{2} \times \square ABCD$$
$$= \frac{3}{10} \times 100 = 30(\text{cm}^2) \underline{\hspace{2cm}} ❷$$

답 30 cm^2

단계	채점 기준	배점
❶	$\square ABCD$의 넓이 구하기	30 %
❷	$\triangle APC$의 넓이 구하기	70 %

244

$\overline{AC} // \overline{DE}$이므로
$\angle C = \angle DEB = 50°$ (동위각)
$\triangle ABC$가 $\overline{AB} = \overline{AC}$인 이등변삼
각형이므로
$\angle B = \angle C = 50°$
따라서 $\triangle ABC$에서
$y° = 180° - (50° + 50°) = 80°$ $\therefore y = 80$
$\overline{AD} = \overline{FE} = 2 \text{ cm}$이므로
$\overline{DB} = 5 - 2 = 3(\text{cm})$
$\triangle DBE$는 이등변삼각형이므로
$\overline{DE} = \overline{DB} = 3 \text{ cm}$ $\therefore x = 3$
$\therefore x + y = 3 + 80 = 83$
답 83

245

$\angle EAB = \angle EAM$ (접은 각), $\angle EAB = \angle EFC$ (엇각)이므로
$\angle EAM = \angle EFC$
즉, $\triangle AMF$는 이등변삼각형이므로
$\overline{MF} = \overline{MA} = \overline{AB} = 8 \text{ cm}$
이때 점 M은 $\overline{CD}$의 중점이므로 $\overline{MC} = 4 \text{ cm}$
$\therefore \overline{CF} = \overline{MF} - \overline{MC}$
$\quad = 8 - 4 = 4(\text{cm})$
답 4 cm

246

$\angle B$, $\angle C$의 이등분선의 교점을 H라
하면
$\angle B + \angle C = 180°$이므로
$\angle HBC + \angle HCB = 90°$
$\therefore \angle BHC = 90°$ ❶
$\triangle BHF$에서
$\angle FBH = 180° - (90° + 60°) = 30°$ ❷
$\angle D = \angle B = 2 \times 30° = 60°$
$\angle DCH = \angle AFG = 60°$ (엇각)
따라서 $\square DCHE$에서
$\angle x = 360° - (90° + 60° + 60°) = 150°$ ❸

답 150°

단계	채점 기준	배점
❶	$\angle BHC$의 크기 구하기	30 %
❷	$\angle FBH$의 크기 구하기	30 %
❸	$\angle x$의 크기 구하기	40 %

247

$\triangle EBC$와 $\triangle EPD$에서
$\overline{EC} = \overline{ED}$, $\angle BEC = \angle PED$, $\angle ECB = \angle EDP$이므로

△EBC≡△EPD(ASA 합동)

∴ $\overline{DP}=\overline{BC}=\overline{AD}$

직각삼각형 AFP에서 점 D는 빗변 AP의 중점이므로

△AFP의 외심이다.

∴ $\overline{DF}=\overline{DP}$

△AFP에서

∠APF=$180°-(90°+75°)=15°$이고,

△DFP는 $\overline{DF}=\overline{DP}$인 이등변삼각형이므로

∠DFP=∠DPF=$15°$ **답** 15°

248

$\overline{AP}/\!/\overline{QC}$이므로 $\overline{AQ}/\!/\overline{PC}$이면 □APCQ는 평행사변형이 되고, 이때 $\overline{AP}=\overline{QC}$이다.

점 Q가 점 C를 출발한 지 x초 후에 $\overline{AQ}/\!/\overline{PC}$가 된다고 하면

$\overline{AP}=5(6+x)$, $\overline{QC}=8x$이므로

$5(6+x)=8x$, $3x=30$

∴ $x=10$

따라서 점 Q가 출발한 지 10초 후이다. **답** 10초 후

249

(i) 점 P가 점 B에 있을 때

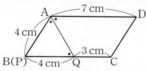

∠BQA=∠DAQ(엇각)이므로 ∠BQA=∠BAQ

△BQA는 이등변삼각형이므로 $\overline{BQ}=\overline{BA}=4$ cm

∴ $\overline{QC}=7-4=3$(cm)

(ii) 점 P가 점 C에 있을 때

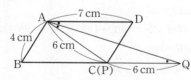

∠CQA=∠DAQ(엇각)이므로

∠CQA=∠CAQ

△CQA는 이등변삼각형이므로

$\overline{CQ}=\overline{AC}=6$ cm

(i), (ii)에서 점 P가 점 B에서 점 C까지 움직일 때, 점 Q가 움직인 거리는 3+6=9(cm) **답** 9 cm

250

$\overline{AD}/\!/\overline{BC}$이므로 ∠AEB=∠EBC(엇각)

∴ ∠AEB=∠ABE

즉, △ABE는 이등변삼각형이므로

$\overline{AE}=\overline{AB}=12$ cm

마찬가지로 △CDF도 이등변삼각형이므로

$\overline{CF}=\overline{CD}=12$ cm

∴ $\overline{ED}=\overline{BF}=15-12=3$(cm)

$\overline{ED}/\!/\overline{BF}$, $\overline{ED}=\overline{BF}$이므로 □EBFD는 평행사변형이다.

이때 □ABCD와 □EBFD의 높이가 같으므로

□ABCD : □EBFD=$\overline{AD}$: $\overline{ED}$

150 : □EBFD=15 : 3

∴ □EBFD=30(cm^2) **답** 30 cm²

251

∠BAD+∠ADC=$180°$이므로

∠FAD+∠ADF=$90°$

△ADF에서 ∠AFD=$180°-90°=90°$

같은 방법으로

∠FGH=∠GHE=∠HEF=$90°$

따라서 □EFGH는 직사각형이다.

직사각형의 두 대각선의 길이는 같으므로

$\overline{EG}+\overline{FH}=24$ cm에서 $\overline{FH}=12$(cm)

∴ $\overline{OH}=\dfrac{1}{2}\overline{FH}=\dfrac{1}{2}\times12=6$(cm) **답** 6 cm

252

△AOE와 △COF에서

∠AOE=∠COF=$90°$

$\overline{AO}=\overline{CO}$

∠EAO=∠FCO(엇각)

이므로 △AOE≡△COF(ASA 합동)

∴ $\overline{EO}=\overline{FO}$ ──────── **❶**

따라서 □AFCE는 두 대각선이 서로 수직이등분하므로 마름모이다. ──────── **❷**

$\overline{FC}=\overline{BC}-\overline{BF}$

$=6-2=4$(cm)

이므로 □AFCE의 둘레의 길이는

$4\times4=16$(cm) ──────── **❸**

답 16 cm

단계	채점 기준	배점
❶	$\overline{EO}=\overline{FO}$임을 보이기	40 %
❷	□AFCE가 마름모임을 보이기	30 %
❸	□AFCE의 둘레의 길이 구하기	30 %

253

□PQRS는 정사각형이므로

∠PSQ=$45°$

$\overline{AD}/\!/\overline{BC}$이므로 ∠PDS=∠RBD(엇각)

△PSD에서 외각의 성질에 의하여

∠DPS+∠PDS=∠PSQ

즉, $18°+$∠PDS=$45°$이므로 ∠PDS=$27°$

∴ ∠QBR=∠PDS=$27°$ **답** 27°

254

$\overline{AC}\,/\!/\,\overline{BP}$이므로 $\triangle ABC=\triangle APC$

$\overline{AD}\,/\!/\,\overline{EQ}$이므로 $\triangle ADE=\triangle ADQ$

따라서 오각형 ABCDE의 넓이는

$\triangle ABC+\triangle ACD+\triangle ADE$

$=\triangle APC+\triangle ACD+\triangle ADQ$

$=\triangle APQ$

$=\dfrac{1}{2}\times 8\times 6=24(\text{cm}^2)$

답 $24\,\text{cm}^2$

255

$\overline{AD}\,/\!/\,\overline{BE}$이므로

$\triangle DAE=\triangle DAC=\dfrac{1}{2}\square ABCD$

$\overline{DF}:\overline{FC}=2:1$이므로

$\triangle DAF=\dfrac{2}{3}\triangle DAC$

$\qquad\quad=\dfrac{2}{3}\times\dfrac{1}{2}\times\square ABCD$

$\qquad\quad=\dfrac{1}{3}\square ABCD$

$\triangle DFE=\triangle DAE-\triangle DAF$

$\qquad\quad=\dfrac{1}{2}\square ABCD-\dfrac{1}{3}\square ABCD$

$\qquad\quad=\dfrac{1}{6}\square ABCD$

따라서 $\triangle DFE$의 넓이는 $\square ABCD$의 넓이의 $\dfrac{1}{6}$배이다.

답 $\dfrac{1}{6}$배

256

$\triangle ABP:\triangle APD=\overline{BP}:\overline{PD}$이므로

$24:\triangle APD=2:1$에서

$\triangle APD=12(\text{cm}^2)$

$\therefore\ \triangle ABD=24+12=36(\text{cm}^2)$

$\triangle ABQ=\triangle ABD$이므로

$\triangle ABP+\triangle BPQ=\triangle ABP+\triangle APD$

$\therefore\ \triangle BPQ=\triangle APD=12(\text{cm}^2)$

$\triangle BPQ:\triangle PDQ=\overline{BP}:\overline{PD}$이므로

$12:\triangle PDQ=2:1$에서

$\triangle PDQ=6(\text{cm}^2)$

$\therefore\ \triangle BQD=12+6=18(\text{cm}^2)$

$\triangle BCD=\triangle ABD=36\,\text{cm}^2$이므로

$\triangle BCQ=\triangle BCD-\triangle BQD$

$\qquad\quad=36-18=18(\text{cm}^2)$

답 $18\,\text{cm}^2$

II. 도형의 닮음과 피타고라스 정리

1 도형의 닮음

필수유형 공략하기   63~70쪽

257

④ 닮음인 두 도형의 넓이는 다를 수 있다.   **답** ④

258

일정한 비율로 확대하거나 축소하여도 항상 모양이 같은 도형
은 ㄱ, ㄹ, ㅁ이다.   **답** ㄱ, ㄹ, ㅁ

259

②

④

따라서 닮은 도형이라 할 수 없는 것은 ②, ④이다.

답 ②, ④

260

ㄱ. 닮음비는 $\overline{BC}:\overline{EF}=16:24=2:3$

ㄴ. $\overline{AC}:\overline{DF}=2:3$이므로

    $\overline{AC}:21=2:3$

    $3\overline{AC}=42$ $\therefore\ \overline{AC}=14\,\text{cm}$

ㄷ. $\angle A=\angle D=66°$

ㄹ. $\triangle DEF$에서 $\angle F=180°-(66°+54°)=60°$이므로

    $\angle C=\angle F=60°$

따라서 옳은 것은 ㄱ, ㄷ, ㄹ이다.   **답** ③

261

① 닮음비는 $\overline{CD}:\overline{GH}=15:10=3:2$

② $\overline{AB}:\overline{EF}=3:2$이므로

    $\overline{AB}:6=3:2$

    $2\overline{AB}=18$ $\therefore\ \overline{AB}=9\,\text{cm}$

③ $\overline{AD}:\overline{EH}=3:2$이므로

    $18:\overline{EH}=3:2$

    $3\overline{EH}=36$ $\therefore\ \overline{EH}=12\,\text{cm}$

④ $\angle E=\angle A=83°$

⑤ $\angle D=\angle H=67°$ **답** ②, ⑤

262

⑤ $\angle C=\angle F$ **답** ⑤

263

$\overline{AC} : \overline{DF} = 3 : 4$이므로 $\overline{AC} : 8 = 3 : 4$

$4\overline{AC} = 24$ $\quad \therefore \overline{AC} = 6(cm)$

$\overline{BC} : \overline{EF} = 3 : 4$이므로 $\overline{BC} : 12 = 3 : 4$

$4\overline{BC} = 36$ $\quad \therefore \overline{BC} = 9(cm)$

따라서 △ABC의 둘레의 길이는

$12 + 6 + 9 = 27(cm)$

답 27 cm

264

원 O′의 반지름의 길이를 r cm라 하면

$8 : r = 4 : 5$, $4r = 40$ $\quad \therefore r = 10$

따라서 원 O′의 둘레의 길이는 $2\pi \times 10 = 20\pi(cm)$

답 20π cm

265

□ABCD∽□EFGH이므로

$\angle G = \angle C = 85°$, $\angle H = \angle D = 70°$

따라서 □EFGH에서

$\angle E = 360° - (100° + 85° + 70°) = 105°$ ────── ❶

닮음비는 $\overline{AD} : \overline{EH} = 6 : 4 = 3 : 2$이므로

$\overline{BC} : \overline{FG} = 3 : 2$, $5 : \overline{FG} = 3 : 2$

$3\overline{FG} = 10$ $\quad \therefore \overline{FG} = \dfrac{10}{3}(cm)$ ────── ❷

답 $\angle E = 105°$, $\overline{FG} = \dfrac{10}{3}$ cm

단계	채점 기준	배점
❶	$\angle E$의 크기 구하기	50 %
❷	$\overline{FG}$의 길이 구하기	50 %

266

③ $\overline{CF} : \overline{IL} = 5 : 9$이므로 $\overline{CF} : 7 = 5 : 9$

$9\overline{CF} = 35$ $\quad \therefore \overline{CF} = \dfrac{35}{9}$ cm

④ $\overline{AB} : \overline{GH} = 5 : 9$이므로 $4 : \overline{GH} = 5 : 9$

$5\overline{GH} = 36$ $\quad \therefore \overline{GH} = \dfrac{36}{5}$ cm

⑤ △GHI에서 $\angle GHI = 180° - (90° + 60°) = 30°$

$\quad \therefore \angle DEF = \angle ABC = \angle GHI = 30°$

답 ④, ⑤

267

닮음비는 $\overline{FG} : \overline{NO} = 12 : 24 = 1 : 2$이므로

$\overline{DH} : \overline{LP} = 1 : 2$에서

$8 : x = 1 : 2$ $\quad \therefore x = 16$

$\overline{GH} : \overline{OP} = 1 : 2$에서

$6 : y = 1 : 2$ $\quad \therefore y = 12$

$\therefore x + y = 16 + 12 = 28$

답 ④

268

(1) 두 원기둥 A, B의 닮음비는 $10 : 15 = 2 : 3$이므로
　밑면의 둘레의 길이의 비도 $2 : 3$이다. ────── ❶

(2) 원기둥 B의 밑면의 반지름의 길이를 x cm라 하면

　$4 : x = 2 : 3$

　$2x = 12$ $\quad \therefore x = 6$ ────── ❷

　따라서 원기둥 B의 부피는

　$\pi \times 6^2 \times 15 = 540\pi(cm^3)$ ────── ❸

답 (1) $2 : 3$　(2) 540π cm³

단계	채점 기준	배점
❶	(1) 밑면의 둘레의 길이의 비 구하기	30 %
❷	(2) 원기둥 B의 밑면의 반지름의 길이 구하기	40 %
❸	원기둥 B의 부피 구하기	30 %

269

처음 원뿔과 원뿔을 밑면에 평행한 평면으로 잘라서 생긴 작은 원뿔의 닮음비는

$(4 + 6) : 4 = 5 : 2$

따라서 처음 원뿔의 밑면의 반지름의 길이를 x cm라 하면

$x : 2 = 5 : 2$

$2x = 10$ $\quad \therefore x = 5$

따라서 처음 원뿔의 밑면의 반지름의 길이는 5 cm이다.

답 5 cm

270

원뿔 모양의 그릇과 물이 채워진 부분의 닮음비는 $5 : 3$이므로 수면의 반지름의 길이를 r cm라 하면

$10 : r = 5 : 3$

$5r = 30$ $\quad \therefore r = 6$

따라서 수면의 반지름의 길이는 6 cm이고, 수면의 넓이는

$\pi \times 6^2 = 36\pi(cm^2)$

답 6 cm, 36π cm²

271

①, ② $\overline{AC} : \overline{QP} = \overline{BC} : \overline{RP} = 3 : 2$, $\angle C = \angle P$이므로

△ABC∽△QRP(SAS 닮음)

③ $\overline{GH} : \overline{JK} = \overline{HI} : \overline{KL} = \overline{GI} : \overline{JL} = 2 : 1$이므로

△GHI∽△JKL(SSS 닮음)

④, ⑤ $\angle F = 180° - (70° + 30°) = 80°$이므로

$\angle E = \angle M$, $\angle F = \angle N$

$\therefore$ △DEF∽△OMN(AA 닮음)

답 ①, ④

272

$\angle C = 180° - (60° + 70°) = 50°$이므로

$\angle A = \angle E$, $\angle C = \angle D$

$\therefore$ △ABC∽△EFD(AA 닮음)

따라서 두 삼각형의 닮음비는

$a : e = b : f = c : d$

답 ⑤

273
① AA 닮음
② ∠B와 ∠F는 대응하는 각이 아니므로 닮음 조건이 아니다.
③ SAS 닮음
④ ∠C가 $\overline{AB}$와 $\overline{AC}$의 끼인각이 아니므로 닮음 조건이 아니다.
⑤ SSS 닮음 답 ②, ④

274
△ABC에서 $\angle C=180°-(90°+60°)=30°$
④ $\overline{AB}:\overline{NM}=\overline{BC}:\overline{MO}=2:3$, $\angle B=\angle M$이므로
△ABC∽△NMO(SAS 닮음)
⑤ $\angle A=\angle P$, $\angle C=\angle Q$
∴ △ABC∽△PRQ(AA 닮음) 답 ④, ⑤

275
② $\angle A=75°$이면 $\angle C=180°-(45°+75°)=60°$이고,
$\angle D=45°$이면 $\angle B=\angle D$, $\angle C=\angle E$
∴ △ABC∽△FDE(AA 닮음) 답 ②

276
△ABC와 △DBA에서
$\overline{AB}:\overline{DB}=12:9=4:3$,
$\overline{BC}:\overline{BA}=16:12=4:3$
∠B는 공통
∴ △ABC∽△DBA(SAS 닮음)
따라서 $\overline{AC}:\overline{DA}=4:3$이므로 $\overline{AC}:6=4:3$
$3\overline{AC}=24$ ∴ $\overline{AC}=8$(cm) 답 8 cm

277
△ABC와 △ADB에서
$\overline{AB}:\overline{AD}=4:2=2:1$
$\overline{AC}:\overline{AB}=8:4=2:1$
∠A는 공통
∴ △ABC∽△ADB(SAS 닮음)
따라서 $\overline{BC}:\overline{DB}=2:1$이므로
$6:\overline{DB}=2:1$
$2\overline{DB}=6$ ∴ $\overline{BD}=3$(cm) 답 3 cm

278
(1) △ADE와 △ACB에서
$\overline{AD}:\overline{AC}=5:15=1:3$
$\overline{AE}:\overline{AB}=4:12=1:3$
∠A는 공통
∴ △ADE∽△ACB(SAS 닮음) ❶
(2) $\overline{ED}:\overline{BC}=1:3$이므로 $6:\overline{BC}=1:3$
∴ $\overline{BC}=18$(cm) ❷
답 (1) △ADE∽△ACB, SAS 닮음 (2) 18 cm

단계	채점 기준	배점
❶	(1) 닮음인 삼각형을 기호로 나타내고, 닮음 조건 말하기	50 %
❷	(2) $\overline{BC}$의 길이 구하기	50 %

279
△ABC와 △CBD에서
$\angle A=\angle BCD$, ∠B는 공통
이므로 △ABC∽△CBD(AA 닮음)
따라서 $\overline{AB}:\overline{CB}=\overline{BC}:\overline{BD}$이므로
$\overline{AB}:6=6:3$, $3\overline{AB}=36$ ∴ $\overline{AB}=12$ cm
∴ $\overline{AD}=\overline{AB}-\overline{BD}=12-3=9$(cm) 답 ③

280
△ABE와 △CDE에서
$\overline{AB}\,/\!/\,\overline{CD}$이므로 $\angle A=\angle C$(엇각), $\angle B=\angle D$(엇각)
∴ △ABE∽△CDE(AA 닮음)
$\overline{CE}=x$ cm라 하면 $\overline{AE}=(18-x)$ cm
$\overline{AE}:\overline{CE}=\overline{BE}:\overline{DE}$이므로
$(18-x):x=5:4$, $5x=72-4x$
$9x=72$ ∴ $x=8$
∴ $\overline{CE}=8$ cm 답 8 cm

281
△ABC와 △EDC에서
$\angle A=\angle DEC$, ∠C는 공통
∴ △ABC∽△EDC(AA 닮음)
$\overline{BE}=x$ cm라 하면 $\overline{BC}=(x+5)$ cm
$\overline{AC}:\overline{EC}=\overline{BC}:\overline{DC}$이므로
$10:5=(x+5):4$, $5x+25=40$
$5x=15$ ∴ $x=3$
∴ $\overline{BE}=3$ cm 답 ⑤

282
△AEF와 △CBF에서
$\overline{AE}\,/\!/\,\overline{BC}$이므로
$\angle EAF=\angle BCF$(엇각), $\angle AEF=\angle CBF$(엇각)
∴ △AEF∽△CBF(AA 닮음)
따라서 $\overline{AE}:\overline{CB}=\overline{AF}:\overline{CF}$이므로
$\overline{AE}:12=6:9$, $9\overline{AE}=72$
∴ $\overline{AE}=8$(cm) 답 8 cm

283
△ABE는 이등변삼각형이므로 $\angle B=\angle BAE$
△ECD는 이등변삼각형이므로 $\angle C=\angle CED$
$\angle B=\angle C$이므로 $\angle BAE=\angle CED$
∴ △ABE∽△ECD(AA 닮음)

따라서 $\overline{AB}:\overline{EC}=\overline{AE}:\overline{ED}$이므로
$\overline{AB}:6=6:10,\ 10\overline{AB}=36$
$\therefore \overline{AB}=\dfrac{18}{5}\text{(cm)}$ **답** $\dfrac{18}{5}$ cm

284

$\triangle ABF$와 $\triangle DEF$에서
$\overline{AB}/\!/\overline{DE}$이므로 $\angle ABF=\angle DEF$(엇각)
$\angle AFB=\angle DFE$(맞꼭지각)
$\therefore \triangle ABF\backsim\triangle DEF$(AA 닮음)
닮음비는 $\overline{AB}:\overline{DE}=6:4=3:2$이므로
$\overline{AF}:\overline{DF}=3:2$
$\therefore \overline{AF}=\dfrac{3}{5}\overline{AD}=\dfrac{3}{5}\times15=9\text{(cm)}$ **답** ④

285

$\angle ABC=90°-\angle BAC=\angle EAC$
$\angle EAC=90°-\angle AEC=\angle DEA$
이므로
$\angle ABC=\angle EAC=\angle DEA$
$\therefore \triangle ABC\backsim\triangle EAC\backsim\triangle DEA$
$\qquad\qquad\qquad\backsim\triangle DBE\backsim\triangle EBA$(AA 닮음) **답** ④

▶ 참고 $\triangle BFD$에서 $\angle BDF$는 직각인지 직각이 아닌지 알 수 없다.

286

$\triangle BEC$와 $\triangle BDA$에서
$\angle B$는 공통, $\angle BEC=\angle BDA=90°$
$\therefore \triangle BEC\backsim\triangle BDA$(AA 닮음)
$\overline{BD}=\overline{BC}-\overline{DC}=10-4=6\text{(cm)}$
$\overline{BE}:\overline{BD}=\overline{BC}:\overline{BA}$이므로
$\overline{BE}:6=10:8$
$8\overline{BE}=60$ $\therefore \overline{BE}=\dfrac{15}{2}\text{(cm)}$ **답** $\dfrac{15}{2}$ cm

287

$\triangle ADB$와 $\triangle BEC$에서
$\angle DAB+\angle DBA=90°,$
$\angle DBA+\angle EBC=90°$
이므로 $\angle DAB=\angle EBC$
또 $\angle D=\angle E=90°$이므로
$\triangle ADB\backsim\triangle BEC$(AA 닮음)
$\overline{AD}:\overline{BE}=\overline{BD}:\overline{CE}$이므로 $6:12=\overline{BD}:16$
$12\overline{BD}=96$ $\therefore \overline{BD}=8\text{(cm)}$ **답** 8 cm

288

$\triangle BQM$과 $\triangle BDC$에서
$\angle B$는 공통, $\angle BMQ=\angle BCD=90°$
$\therefore \triangle BQM\backsim\triangle BDC$(AA 닮음)

$\overline{QC}=x$ cm라 하면 $\overline{BQ}=(8-x)$ cm
$\overline{BQ}:\overline{BD}=\overline{BM}:\overline{BC}$이므로
$(8-x):10=5:8,\ 50=64-8x$
$8x=14$ $\therefore x=\dfrac{7}{4}$ $\therefore \overline{QC}=\dfrac{7}{4}\text{(cm)}$ **답** ①

289

$\triangle BPC$와 $\triangle ADC$에서
$\angle BPC=\angle EPA=90°-\angle EAP,$
$\angle ADC=90°-\angle DAC$
이므로 $\angle BPC=\angle ADC$
또 $\angle BCP=\angle ACD=90°$
이므로 $\triangle BPC\backsim\triangle ADC$(AA 닮음) ───── ❶
$\overline{AP}=x$ cm라 하면 $\overline{AC}=(x+4)$ cm
$\overline{PC}:\overline{DC}=\overline{BC}:\overline{AC}$이므로
$4:6=6:(x+4),\ 4x+16=36$
$4x=20$ $\therefore x=5$
$\therefore \overline{AP}=5\text{(cm)}$ ───── ❷
답 5 cm

단계	채점 기준	배점
❶	$\triangle BPC\backsim\triangle ADC$임을 알기	50 %
❷	$\overline{AP}$의 길이 구하기	50 %

290

$\triangle ACB\backsim\triangle AEF\backsim\triangle DCF\backsim\triangle DEB$(AA 닮음)
ㄴ. $\overline{AF}:\overline{DB}=\overline{AE}:\overline{DE}$
ㅁ. $\angle EAF=\angle CDF$
따라서 옳은 것은 ㄱ, ㄷ, ㄹ, ㅂ이다. **답** ㄱ, ㄷ, ㄹ, ㅂ

291

$\overline{AB}^2=\overline{BH}\times\overline{BC}$이므로
$5^2=3\times\overline{BC}$ $\therefore \overline{BC}=\dfrac{25}{3}\text{(cm)}$
$\therefore \overline{CH}=\overline{BC}-\overline{BH}=\dfrac{25}{3}-3=\dfrac{16}{3}\text{(cm)}$
$\overline{AC}^2=\overline{CH}\times\overline{BC}$이므로
$\overline{AC}^2=\dfrac{16}{3}\times\dfrac{25}{3}=\dfrac{400}{9}$
$\therefore \overline{AC}=\dfrac{20}{3}\text{(cm)}\ (\because \overline{AC}>0)$ **답** ③

292

① $\angle B$는 공통, $\angle BAC=\angle BDA=90°$이므로
$\quad\triangle ABC\backsim\triangle DBA$(AA 닮음)
② $\angle C$는 공통, $\angle BAC=\angle ADC=90°$이므로
$\quad\triangle ABC\backsim\triangle DAC$(AA 닮음)
③ $\triangle ABC\backsim\triangle DBA,\ \triangle ABC\backsim\triangle DAC$이므로
$\quad\triangle DBA\backsim\triangle DAC$

④ △ABC∽△DAC이므로
$$\overline{BC} : \overline{AC} = \overline{AC} : \overline{CD}$$
$$\therefore \overline{AC}^2 = \overline{BC} \times \overline{CD}$$
⑤ △DBA∽△DAC이므로
$$\overline{BD} : \overline{AD} = \overline{AD} : \overline{CD}$$
$$\therefore \overline{AD}^2 = \overline{BD} \times \overline{CD}$$

답 ④

293

$\overline{AD}^2 = \overline{BD} \times \overline{CD}$이므로
$$12^2 = \overline{BD} \times 9 \quad \therefore \overline{BD} = 16(cm)$$
$\overline{AC}^2 = \overline{BC} \times \overline{CD}$이므로
$$\overline{AC}^2 = (16+9) \times 9 = 225$$
$$\therefore \overline{AC} = 15\,cm\,(\because \overline{AC} > 0)$$

답 ⑤

294

$\overline{BD}^2 = \overline{AD} \times \overline{CD}$이므로
$$\overline{BD}^2 = 8 \times 2 = 16 \quad \therefore \overline{BD} = 4\,cm\,(\because \overline{BD} > 0)$$
따라서 △ABC의 넓이는
$$\frac{1}{2} \times (8+2) \times 4 = 20(cm^2)$$

답 ③

295

$\overline{AD} = \overline{BC} = 5\,cm$
△ABD에서 $\overline{AD}^2 = \overline{BD} \times \overline{DH}$이므로
$$5^2 = \overline{BD} \times 4 \quad \therefore \overline{BD} = \frac{25}{4}\,cm$$
$$\therefore \overline{BH} = \overline{BD} - \overline{DH} = \frac{25}{4} - 4 = \frac{9}{4}(cm) \quad\text{❶}$$
$\overline{AH}^2 = \overline{BH} \times \overline{DH}$이므로
$$\overline{AH}^2 = \frac{9}{4} \times 4 = 9 \quad \therefore \overline{AH} = 3\,cm\,(\because \overline{AH} > 0) \quad\text{❷}$$

답 3 cm

단계	채점 기준	배점
❶	$\overline{BH}$의 길이 구하기	60 %
❷	$\overline{AH}$의 길이 구하기	40 %

296

△ABF와 △DFE에서
$$\angle ABF + \angle AFB = 90°,$$
$$\angle AFB + \angle DFE = 90°$$이므로
$$\angle ABF = \angle DFE$$
또 $\angle A = \angle D = 90°$이므로
△ABF∽△DFE(AA 닮음)
$\overline{CE} = \overline{CD} - \overline{DE} = 8 - 3 = 5(cm)$이므로
$$\overline{FE} = \overline{CE} = 5\,cm$$
$\overline{AB} : \overline{DF} = \overline{BF} : \overline{FE}$이므로
$$8 : 4 = \overline{BF} : 5$$
$$4\overline{BF} = 40 \quad \therefore \overline{BF} = 10\,cm$$

답 10 cm

297

△BED와 △CFE에서
$$\angle B = \angle C = 60° \quad \cdots\cdots \ ⊙$$
$$\angle BED + \angle BDE = 120°$$
$$\angle BED + \angle CEF = 120°$$
$$\therefore \angle BDE = \angle CEF \quad \cdots\cdots \ ⊙$$
⊙, ⊙에서 △BED∽△CFE(AA 닮음)
$\overline{EF} = \overline{AF} = 7\,cm$, $\overline{FC} = 12 - 7 = 5(cm)$이고
$\overline{BE} : \overline{CF} = \overline{DE} : \overline{EF}$이므로
$$4 : 5 = \overline{DE} : 7$$
$$5\overline{DE} = 28 \quad \therefore \overline{DE} = \frac{28}{5}(cm)$$
$$\therefore \overline{AD} = \overline{DE} = \frac{28}{5}\,cm$$

답 $\frac{28}{5}$ cm

298

△EBA′과 △A′CP에서
$$\angle BEA′ + \angle BA′E = 90°$$
$$\angle BA′E + \angle PA′C = 90°$$
이므로 $\angle BEA′ = \angle PA′C$
또 $\angle B = \angle C = 90°$이므로
△EBA′∽△A′CP(AA 닮음)
$\overline{A′E} = \overline{AE} = 13\,cm$이고
$\overline{EB} : \overline{A′C} = \overline{EA′} : \overline{A′P}$이므로
$$5 : 6 = 13 : \overline{A′P} \quad \therefore \overline{A′P} = \frac{78}{5}(cm)$$
$$\therefore \overline{PD′} = \overline{A′D′} - \overline{A′P} = 18 - \frac{78}{5} = \frac{12}{5}(cm)$$

답 $\frac{12}{5}$ cm

필수유형 뛰어넘기   71~72쪽

299

원 A의 지름의 길이를 r라 하면 원 B와 원 C의 지름의 길이는
각각 $2r$, $4r$이다.
따라서 구하는 닮음비는 $1 : 2 : 4$이다.

답 1 : 2 : 4

300

□ABCD∽□DEFC이므로
$$\overline{AD} : \overline{DC} = \overline{AB} : \overline{DE}$$
$$32 : 24 = 24 : \overline{DE}, \ 4 : 3 = 24 : \overline{DE} \quad \therefore \overline{DE} = 18(cm)$$
$$\therefore \overline{AE} = \overline{AD} - \overline{DE} = 32 - 18 = 14(cm)$$
□ABCD∽□AGHE이므로
$$\overline{AD} : \overline{AE} = \overline{DC} : \overline{EH}$$
$$32 : 14 = 24 : \overline{EH}, \ 16 : 7 = 24 : \overline{EH} \quad \therefore \overline{EH} = \frac{21}{2}(cm)$$
$$\therefore \overline{AE} + \overline{EH} = 14 + \frac{21}{2} = \frac{49}{2}(cm)$$

답 $\frac{49}{2}$ cm

301

(1) △ABC∽△DCE이므로

∠ACB=∠DEC

∴ $\overline{AC}\;/\!/\;\overline{DE}$ ━━━━━━━━━━━━ ❶

△ACF와 △EDF에서

∠CAF=∠DEF(엇각)

∠ACF=∠EDF(엇각)

이므로 △ACF∽△EDF(AA 닮음) ━━━ ❷

(2) △ABC∽△DCE이므로

$\overline{AB}:\overline{DC}=\overline{BC}:\overline{CE}$에서 $8:\overline{DC}=6:9$

$6\overline{DC}=72$ ∴ $\overline{DC}=12$ cm ━━━━━━━ ❸

$\overline{AC}:\overline{DE}=\overline{BC}:\overline{CE}$에서 $\overline{AC}:\overline{DE}=2:3$

△ACF∽△EDF이므로

$\overline{CF}:\overline{DF}=\overline{AC}:\overline{ED}$에서 $\overline{CF}:\overline{DF}=2:3$

∴ $\overline{DF}=\dfrac{3}{5}\overline{DC}=\dfrac{3}{5}\times12=\dfrac{36}{5}$(cm) ━ ❹

답 (1) 풀이 참조 (2) $\dfrac{36}{5}$ cm

단계	채점 기준	배점
❶	(1) $\overline{AC}\;/\!/\;\overline{DE}$임을 알기	20 %
❷	△ACF∽△EDF임을 설명하기	30 %
❸	(2) $\overline{DC}$의 길이 구하기	20 %
❹	$\overline{DF}$의 길이 구하기	30 %

302

정사면체 A−BCD의 전개도에서 점 E를 출발하여 선분 AC, AD를 지나 점 B에 이르는 최소 길이의 선은 $\overline{EB'}$이다.

8 cm · 4 cm · 12 cm

△B'BE와 △B'AG에서

∠BEB'=∠AGB'(동위각), ∠B'은 공통

∴ △B'BE∽△B'AG(AA 닮음)

$\overline{BA}=\overline{AB'}$이므로 $\overline{BB'}:\overline{AB'}=2:1$

따라서 $\overline{AG}=\dfrac{1}{2}\overline{BE}=4$ cm

∴ $\overline{GD'}=\overline{AD'}-\overline{AG}=12-4=8$(cm)

△AFG와 △D'B'G에서

∠AGF=∠D'GB'(맞꼭지각), ∠FAG=∠B'D'G(엇각)

∴ △AFG∽△D'B'G(AA 닮음)

$\overline{AG}:\overline{D'G}=4:8=1:2$이므로

$\overline{AF}:\overline{D'B'}=\overline{AF}:12=1:2$

∴ $\overline{AF}=6$(cm)

답 6 cm

303

△ABD에서

∠EDF=∠ABD+∠BAD

     =∠CAF+∠BAD=∠BAC

△BCE에서

∠DEF=∠BCE+∠CBE

     =∠ABD+∠CBE=∠ABC

∴ △ABC∽△DEF(AA 닮음)

$\overline{AB}:\overline{DE}=\overline{AC}:\overline{DF}$에서

$5:\overline{DE}=8:4$, $8\overline{DE}=20$ ∴ $\overline{DE}=\dfrac{5}{2}$(cm)

$\overline{BC}:\overline{EF}=\overline{AC}:\overline{DF}$에서

$10:\overline{EF}=8:4$, $8\overline{EF}=40$ ∴ $\overline{EF}=5$(cm)

따라서 △DEF의 둘레의 길이는

$\overline{DE}+\overline{EF}+\overline{DF}=\dfrac{5}{2}+5+4=\dfrac{23}{2}$(cm)

답 $\dfrac{23}{2}$ cm

304

△AMD와 △EMC에서

∠ADM=∠ECM, $\overline{DM}=\overline{CM}$,

∠AMD=∠EMC(맞꼭지각)

따라서 △AMD≡△EMC(ASA 합동)이므로

$\overline{EC}=\overline{AD}=4$ cm

∴ $\overline{BE}=4+4=8$(cm)

△APD와 △EPB에서

∠ADP=∠EBP(엇각), ∠DAP=∠BEP(엇각)

이므로 △APD∽△EPB(AA 닮음)

이때 닮음비는 $\overline{AD}:\overline{EB}=4:8=1:2$이므로 높이의 비도 $1:2$이다.

따라서 △PBE의 높이는 $6\times\dfrac{2}{3}=4$(cm)

∴ △PBE$=\dfrac{1}{2}\times8\times4=16$(cm²)

답 16 cm²

305

$\overline{PQ}=x$ cm라 하면 $\overline{QR}=3x$ cm

△ABC와 △APS에서

∠ABC=∠APS, ∠A는 공통이므로

△ABC∽△APS(AA 닮음)

$\overline{AE}:\overline{AD}=\overline{BC}:\overline{PS}$에서

$12:(12-x)=18:3x$ ∴ $x=4$

따라서 $\overline{PQ}=4$ cm, $\overline{QR}=12$ cm이므로

□PQRS$=4\times12=48$(cm²)

답 48 cm²

306

△ABD와 △DCE에서

∠B=∠C=60°이고,

∠BAD+∠BDA=120°, ∠BDA+∠CDE=120°이므로

∠BAD=∠CDE

∴ △ABD∽△DCE(AA 닮음)

한편 $\overline{BD}:\overline{DC}=1:2$이므로

$\overline{BD}=\dfrac{1}{3}\times9=3$(cm), $\overline{CD}=9-3=6$(cm)

$\overline{BA} : \overline{CD} = \overline{BD} : \overline{CE}$이므로

$9 : 6 = 3 : \overline{CE}$, $9\overline{CE} = 18$

$\therefore \overline{CE} = 2(cm)$

답 2 cm

307

$\angle B = \angle D$, $\angle AEB = \angle AFD$이므로

$\triangle ABE \backsim \triangle ADF$(AA 닮음)

$\overline{BE} : \overline{DF} = \overline{AE} : \overline{AF}$에서 $\overline{BE} : \overline{DF} = 10 : 15$

$\therefore \overline{BE} : \overline{DF} = 2 : 3$

답 2 : 3

308

$\triangle ABC$와 $\triangle GBE$에서

$\angle BAC = \angle BGE$, $\angle ABC = \angle GBE$

$\therefore \triangle ABC \backsim \triangle GBE$(AA 닮음)

따라서 $\overline{BC} : \overline{BE} = \overline{AB} : \overline{GB}$이므로

$20 : \overline{BE} = 16 : 10$, $16\overline{BE} = 200$

$\therefore \overline{BE} = \dfrac{25}{2}(cm)$

답 $\dfrac{25}{2}$ cm

309

$\triangle ABC$에서 $\overline{AD}^2 = \overline{BD} \times \overline{CD}$이므로

$\overline{AD}^2 = 8 \times 2 = 16$　$\therefore \overline{AD} = 4\,cm(\because \overline{AD} > 0)$

점 M은 직각삼각형 ABC의 외심이므로

$\overline{BM} = \overline{CM} = \overline{AM} = \dfrac{1}{2}\overline{BC} = 5\,cm$

$\triangle AMD$에서 $\overline{AD}^2 = \overline{AH} \times \overline{AM}$이므로

$4^2 = \overline{AH} \times 5$　$\therefore \overline{AH} = \dfrac{16}{5}(cm)$

답 $\dfrac{16}{5}$ cm

310

$\angle PBD = \angle CBD$(접은 각), $\angle CBD = \angle PDB$(엇각)

이므로 $\angle PBD = \angle PDB$

즉, $\triangle PBD$는 이등변삼각형이므로

$\overline{BQ} = \overline{QD} = 5\,cm$ ──────────────── **❶**

$\triangle ABD \backsim \triangle QPD$(AA 닮음)이므로

$\overline{AB} : \overline{QP} = \overline{AD} : \overline{QD}$

이때 $\overline{AD} = \overline{BC} = 8\,cm$이므로 $6 : \overline{QP} = 8 : 5$

$8\overline{QP} = 30$　$\therefore \overline{QP} = \dfrac{15}{4}\,cm$ ─────── **❷**

따라서 $\triangle PBD$의 넓이는

$\dfrac{1}{2} \times 10 \times \dfrac{15}{4} = \dfrac{75}{4}(cm^2)$ ───── **❸**

답 $\dfrac{75}{4}$ cm²

단계	채점 기준	배점
❶	$\overline{BQ} = \overline{QD}$임을 알기	30 %
❷	$\overline{QP}$의 길이 구하기	50 %
❸	$\triangle PBD$의 넓이 구하기	20 %

311

$16 : 8 = 12 : x$에서 $16x = 96$　　$\therefore x = 6$

$16 : (16+8) = y : 30$에서 $24y = 480$　　$\therefore y = 20$

$\therefore x + y = 6 + 20 = 26$

답 ②

312

점 E에서 $\overline{AB}$에 평행한 직선을 그어 $\overline{BC}$와 만나는 점을 F라 하자.

$\triangle ADE$와 $\triangle EFC$에서

$\angle AED = \boxed{\angle ECF}$(동위각)　　　　　‥‥‥ ㉠

$\angle DAE = \boxed{\angle FEC}$(동위각)　　　　　‥‥‥ ㉡

㉠, ㉡에서 $\triangle ADE \backsim \triangle EFC(\boxed{AA}$ 닮음)이므로

$\overline{AD} : \boxed{\overline{DB}} = \overline{AD} : \overline{EF} = \overline{AE} : \boxed{\overline{EC}}$

답 ④

313

$3 : 6 = 4 : \overline{AB}$에서 $3\overline{AB} = 24$

$\therefore \overline{AB} = 8\,cm$

$3 : 6 = 5 : \overline{BC}$에서 $3\overline{BC} = 30$

$\therefore \overline{BC} = 10\,cm$

따라서 $\triangle ABC$의 둘레의 길이는

$\overline{AB} + \overline{BC} + \overline{CA} = 8 + 10 + 6 = 24(cm)$

답 ③

314

$x : (15-x) = (12-8) : 8$에서 $60 - 4x = 8x$

$12x = 60$　　$\therefore x = 5$

$5 : y = (12-8) : 8$에서 $4y = 40$　　$\therefore y = 10$

$\therefore xy = 5 \times 10 = 50$

답 ③

315

$5 : 15 = (9-x) : 9$에서 $135 - 15x = 45$

$15x = 90$　　$\therefore x = 6$

$5 : 15 = 4 : y$에서 $5y = 60$　　$\therefore y = 12$

$\therefore x + y = 6 + 12 = 18$

답 18

316

$\overline{CD} = \overline{AB} = 4\,cm$이므로 $\overline{DF} = 4 + 3 = 7(cm)$

$\triangle AFD$에서 $\overline{DF} : \overline{CF} = \overline{AD} : \overline{EC}$이므로

$7 : 3 = 7 : \overline{EC}$, $7\overline{EC} = 21$

$\therefore \overline{EC} = 3(cm)$ ──────────────── **❶**

따라서 $\overline{BC} = \overline{AD} = 7\,cm$이므로

$\overline{BE} = \overline{BC} - \overline{EC} = 7 - 3 = 4(cm)$ ─────── **❷**

답 4 cm

단계	채점 기준	배점
❶	$\overline{EC}$의 길이 구하기	70 %
❷	$\overline{BE}$의 길이 구하기	30 %

317

$6:(6+x)=3:5$에서 $18+3x=30$

$3x=12$ ∴ $x=4$

$4:y=3:5$에서 $3y=20$ ∴ $y=\dfrac{20}{3}$

∴ $3xy=3\times4\times\dfrac{20}{3}=80$ **답** 80

318

$\overline{DG}:\overline{BF}=\overline{DE}:\overline{BC}$이므로

$\overline{DG}:5=9:(5+10)$

$15\overline{DG}=45$ ∴ $\overline{DG}=3(cm)$ **답** ③

319

$\triangle ADE$에서 $18:(18+9)=\overline{FG}:\overline{AE}$이므로

$2:3=\overline{FG}:24$

$3\overline{FG}=48$ ∴ $\overline{FG}=16(cm)$

$\triangle FBH$에서 $18:9=\overline{FG}:\overline{GH}$이므로

$2:1=16:\overline{GH}$

$2\overline{GH}=16$ ∴ $\overline{GH}=8(cm)$ **답** 8 cm

320

$\overline{CE}/\!/\overline{DF}$이므로 $6:4=\overline{EF}:2$

$4\overline{EF}=12$ ∴ $\overline{EF}=3(cm)$

$\overline{CB}/\!/\overline{DE}$이므로 $6:4=\overline{BE}:(3+2)$

$4\overline{BE}=30$ ∴ $\overline{BE}=\dfrac{15}{2}(cm)$ **답** ③

321

$\overline{AD}:\overline{DB}=3:2$이므로

$\overline{AD}=\dfrac{3}{5}\overline{AB}$ ∴ $\overline{DB}=\dfrac{2}{5}\overline{AB}$

$\overline{DE}/\!/\overline{BC}$이므로 $\overline{AE}:\overline{EC}=3:2$

$\overline{BE}/\!/\overline{FC}$이므로 $\overline{AB}:\overline{BF}=3:2$

$3\overline{BF}=2\overline{AB}$ ∴ $\overline{BF}=\dfrac{2}{3}\overline{AB}$

∴ $\overline{AD}:\overline{DB}:\overline{BF}=\dfrac{3}{5}\overline{AB}:\dfrac{2}{5}\overline{AB}:\dfrac{2}{3}\overline{AB}$

$\qquad\qquad\qquad=\dfrac{3}{5}:\dfrac{2}{5}:\dfrac{2}{3}$

$\qquad\qquad\qquad=9:6:10$ **답** ⑤

322

$\overline{BC}/\!/\overline{DE}$이므로 $3:\overline{AB}=4:(2+6)$

$4\overline{AB}=24$ ∴ $\overline{AB}=6(cm)$ ————————— ❶

$\overline{AB}/\!/\overline{FG}$이므로 $\overline{AB}:\overline{FG}=\overline{BC}:\overline{GC}$

$6:\overline{FG}=(2+6):6$

$8\overline{FG}=36$ ∴ $\overline{FG}=\dfrac{9}{2}(cm)$ ————————— ❷

답 $\dfrac{9}{2}$ cm

단계	채점 기준	배점
❶	$\overline{AB}$의 길이 구하기	50 %
❷	$\overline{FG}$의 길이 구하기	50 %

323

① $4:6\neq5:9$

② $6:2\neq(12-4):4$

③ $7:3=5:\dfrac{15}{7}$

④ $9:3\neq(6-2):2$

⑤ $4.5:9=(15-10):10$

따라서 $\overline{BC}/\!/\overline{DE}$인 것은 ③, ⑤이다. **답** ③, ⑤

324

② $\overline{AD}:\overline{DB}=\overline{AF}:\overline{FC}$이므로 $\overline{BC}/\!/\overline{DF}$

④ $\overline{BC}/\!/\overline{DF}$이므로 $\angle ABC=\angle ADF$(동위각) **답** ②, ④

325

$\triangle ABC$와 $\triangle ADE$에서

$\boxed{\angle A}$는 공통

$\overline{AB}:\overline{AD}=\overline{AC}:\overline{AE}$

이므로 $\triangle ABC\backsim\triangle ADE(\boxed{SAS}$ 닮음$)$

따라서 $\angle ABC=\boxed{\angle ADE}$이므로 $\overline{BC}/\!/\overline{DE}$

답 ㈎ $\angle A$, ㈏ SAS, ㈐ $\angle ADE$

326

① $15:5=12:4$

② $(8-2):2=3:1$

③ $3:6=4:8$

④ $4:2\neq(8-3):3$

⑤ $(12-9):9=(10-7.5):7.5$

따라서 $\overline{BC}/\!/\overline{DE}$가 아닌 것은 ④이다. **답** ④

327

$8:6=(7-\overline{CD}):\overline{CD}$에서

$8\overline{CD}=42-6\overline{CD}$

$14\overline{CD}=42$ ∴ $\overline{CD}=3(cm)$ **답** ②

328

점 C를 지나고 $\overline{AB}$에 평행한 직선과 $\overline{AD}$의 연장선의 교점을 E라 하면

$\angle \text{BAD}=\boxed{\angle \text{CED}}$(엇각)

$\angle \text{ADB}=\boxed{\angle \text{EDC}}$(맞꼭지각)

이므로

$\triangle \text{ABD} \backsim \triangle \text{ECD}(\boxed{\text{AA}}$ 닮음$)$

$\therefore \overline{\text{AB}} : \boxed{\overline{\text{EC}}}=\overline{\text{BD}} : \overline{\text{CD}}$

그런데 $\triangle \text{CAE}$는 $\angle \text{CAE}=\boxed{\angle \text{CEA}}$인 이등변삼각형이므로

$\overline{\text{EC}}=\overline{\text{AC}}$

$\therefore \overline{\text{AB}} : \overline{\text{AC}}=\overline{\text{BD}} : \overline{\text{CD}}$ **답** ④

329

$\overline{\text{AB}} : \overline{\text{AC}}=\overline{\text{BD}} : \overline{\text{CD}}$이므로

$6 : 9=4 : x$

$6x=36 \quad \therefore x=6$

$\overline{\text{BC}} : \overline{\text{BA}}=\overline{\text{CE}} : \overline{\text{AE}}$이므로

$(4+6) : 6=y : (9-y)$

$6y=90-10y \quad \therefore y=\dfrac{45}{8}$

$\therefore x+y=6+\dfrac{45}{8}=\dfrac{93}{8}$ **답** $\dfrac{93}{8}$

330

$\overline{\text{BD}} : \overline{\text{DC}}=3 : 5$이므로

$\triangle \text{ABD} : \triangle \text{ACD}=3 : 5$

$24 : \triangle \text{ACD}=3 : 5, 3\triangle \text{ACD}=120$

$\therefore \triangle \text{ACD}=40(\text{cm}^2)$ **답** ④

331

$\triangle \text{ABC}$는 $\angle \text{BAC}=90°$인 직각삼각형이므로

$\triangle \text{ABC}=\dfrac{1}{2}\times 12 \times 6=36(\text{cm}^2)$

$\overline{\text{AD}}$는 $\angle \text{A}$의 이등분선이므로

$\overline{\text{BD}} : \overline{\text{CD}}=\overline{\text{AB}} : \overline{\text{AC}}=2 : 1$

$\therefore \triangle \text{ADC}=\dfrac{1}{3}\triangle \text{ABC}=\dfrac{1}{3}\times 36=12(\text{cm}^2)$ **답** $12\ \text{cm}^2$

332

$\overline{\text{AD}} /\!/ \overline{\text{EC}}$이므로

$12 : 9=x : 8, 9x=96 \quad \therefore x=\dfrac{32}{3}$

$\overline{\text{AD}}$가 $\angle \text{BAC}$의 이등분선이므로

$12 : y=\dfrac{32}{3} : 8, \dfrac{32}{3}y=96 \quad \therefore y=9$

$\therefore 3x+y=3\times \dfrac{32}{3}+9=41$ **답** 41

333

(1) $10 : 12=(11-\overline{\text{DC}}) : \overline{\text{DC}}$에서

$10\overline{\text{DC}}=132-12\overline{\text{DC}}$

$22\overline{\text{DC}}=132 \quad \therefore \overline{\text{DC}}=6(\text{cm})$ —————— ❶

(2) $\overline{\text{AB}} /\!/ \overline{\text{DE}}$이므로 $10 : \overline{\text{DE}}=11 : 6$

$11\overline{\text{DE}}=60 \quad \therefore \overline{\text{DE}}=\dfrac{60}{11}(\text{cm})$ —————— ❷

답 (1) $6\ \text{cm}$ (2) $\dfrac{60}{11}\ \text{cm}$

단계	채점 기준	배점
❶	(1) $\overline{\text{DC}}$의 길이 구하기	50 %
❷	(2) $\overline{\text{DE}}$의 길이 구하기	50 %

334

$\overline{\text{AB}} : \overline{\text{AC}}=\overline{\text{BD}} : \overline{\text{CD}}$이므로

$(12+4) : 12=8 : \overline{\text{CD}}$

$16\overline{\text{CD}}=96 \quad \therefore \overline{\text{CD}}=6(\text{cm})$

$\triangle \text{ADE}\equiv\triangle \text{ADC}(\text{SAS}$ 합동$)$이므로

$\overline{\text{DE}}=\overline{\text{CD}}=6\ \text{cm}$ **답** ③

335

$\overline{\text{BA}} : \overline{\text{BC}}=\overline{\text{AE}} : \overline{\text{CE}}$이므로

$10 : \overline{\text{BC}}=5 : 3, 5\overline{\text{BC}}=30$

$\therefore \overline{\text{BC}}=6(\text{cm})$

$\overline{\text{AB}} : \overline{\text{AC}}=\overline{\text{BD}} : \overline{\text{CD}}$이므로

$10 : (5+3)=(6-x) : x$

$48-8x=10x$

$18x=48 \quad \therefore x=\dfrac{8}{3}$ **답** $\dfrac{8}{3}$

336

$\overline{\text{AB}} : \overline{\text{AC}}=\overline{\text{BD}} : \overline{\text{CD}}$이므로

$7 : \overline{\text{AC}}=10 : (10+5)$

$10\overline{\text{AC}}=105 \quad \therefore \overline{\text{AC}}=10.5(\text{cm})$ **답** ④

337

점 C를 지나고 $\overline{\text{AB}}$에 평행한 직선이 $\overline{\text{AD}}$와 만나는 점을 E라 하면

$\triangle \text{ABD}\backsim\triangle \text{ECD}(\text{AA}$ 닮음$)$이므로

$\overline{\text{AB}} : \boxed{\overline{\text{EC}}}=\overline{\text{BD}} : \boxed{\overline{\text{CD}}}$

그런데 $\boxed{\angle \text{FAE}}=\angle \text{CEA}$(엇각)이므로

$\angle \text{CAE}=\angle \text{CEA}$

즉, $\triangle \text{ACE}$는 이등변삼각형이므로

$\boxed{\overline{\text{EC}}}=\overline{\text{AC}}$

$\therefore \overline{\text{AB}} : \overline{\text{AC}}=\overline{\text{BD}} : \overline{\text{CD}}$

답 (가) $\overline{\text{EC}}$, (나) $\overline{\text{CD}}$, (다) $\angle \text{FAE}$, (라) $\overline{\text{EC}}$

338

$\overline{\text{AB}} : \overline{\text{AC}}=\overline{\text{BD}} : \overline{\text{CD}}$이므로

$12 : 9=(\overline{\text{BC}}+15) : 15, 4 : 3=(\overline{\text{BC}}+15) : 15$

$3\overline{\text{BC}}+45=60 \quad \therefore \overline{\text{BC}}=5(\text{cm})$ **답** $5\ \text{cm}$

339

$\overline{BD} : \overline{CD} = 8 : 12 = 2 : 3$이므로

$\overline{BD} : \overline{BC} = 2 : 1$

따라서 $\triangle ABD : \triangle ABC = 2 : 1$이므로

$\triangle ABC = \dfrac{1}{2}\triangle ABD = \dfrac{1}{2} \times 36 = 18(\text{cm}^2)$ 답 ④

340

$\overline{AB} : \overline{AC} = \overline{BP} : \overline{CP}$이므로

$6 : 4 = 3 : \overline{CP}$, $6\overline{CP} = 12$

$\therefore \overline{CP} = 2(\text{cm})$ ──────────── ❶

$\overline{AB} : \overline{AC} = \overline{BQ} : \overline{CQ}$이므로

$6 : 4 = (3+2+\overline{CQ}) : \overline{CQ}$

$6\overline{CQ} = 20 + 4\overline{CQ}$, $2\overline{CQ} = 20$

$\therefore \overline{CQ} = 10(\text{cm})$ ──────────── ❷

답 10 cm

단계	채점 기준	배점
❶	$\overline{CP}$의 길이 구하기	50 %
❷	$\overline{CQ}$의 길이 구하기	50 %

341

$\overline{AB} : \overline{AC} = \overline{BD} : \overline{CD}$이므로

$10 : 8 = (3+\overline{CD}) : \overline{CD}$

$10\overline{CD} = 24 + 8\overline{CD}$

$2\overline{CD} = 24$ $\therefore \overline{CD} = 12(\text{cm})$

$\therefore \overline{AE} : \overline{ED} = \overline{AB} : \overline{BD}$

$\quad = 10 : (3+12)$

$\quad = 2 : 3$ 답 2 : 3

342

$2 : 4 = x : 6$에서 $4x = 12$ $\therefore x = 3$

$2 : 4 = (y-6) : 6$에서 $4(y-6) = 12$, $4y = 36$ $\therefore y = 9$

$\therefore x + y = 3 + 9 = 12$ 답 ①

343

$2 : 3 = x : 4$에서 $3x = 8$ $\therefore x = \dfrac{8}{3}$

$2 : 3 = y : 5$에서 $3y = 10$ $\therefore y = \dfrac{10}{3}$

$\therefore y - x = \dfrac{10}{3} - \dfrac{8}{3} = \dfrac{2}{3}$ 답 ②

344

$5 : 2 = (x-3) : 3$에서 $2(x-3) = 15$, $2x = 21$ $\therefore x = \dfrac{21}{2}$

$\dfrac{21}{2} : y = (5+2) : 8$에서 $7y = 84$ $\therefore y = 12$

$\therefore xy = \dfrac{21}{2} \times 12 = 126$ 답 ⑤

345

선분 AC′과 직선 m의 교점을 D라 하면

$\triangle ACC'$에서 $\overline{BD} /\!/ \overline{CC'}$이므로

$\overline{AB} : \overline{BC} = \overline{AD} : \boxed{\overline{DC'}}$ ······ ㉠

$\triangle C'A'A$에서 $\overline{DB'} /\!/ \overline{AA'}$이므로

$\overline{AD} : \boxed{\overline{DC'}} = \overline{A'B'} : \overline{B'C'}$ ······ ㉡

㉠, ㉡에서 $\overline{AB} : \overline{BC} = \boxed{\overline{A'B'}} : \overline{B'C'}$

$\therefore \overline{AB} : \boxed{\overline{A'B'}} = \overline{BC} : \overline{B'C'}$ 답 ③

346

$(15-x) : x = 8 : 4$에서 $8x = 4(15-x)$

$12x = 60$ $\therefore x = 5$

$5 : 10 = 4 : y$에서 $5y = 40$ $\therefore y = 8$

$\therefore x + y = 5 + 8 = 13$ 답 ①

347

$x : 9 = 3 : 6$에서 $6x = 27$ $\therefore x = \dfrac{9}{2}$

$6 : y = 9 : 12$에서 $9y = 72$ $\therefore y = 8$

$\therefore x + y = \dfrac{9}{2} + 8 = \dfrac{25}{2}$ 답 ②

348

$x : 5 = 6 : 4$에서 $4x = 30$

$\therefore x = \dfrac{15}{2}$ ──────────── ❶

$6 : 4 = 8 : (y-8)$에서 $6(y-8) = 32$

$6y = 80$ $\therefore y = \dfrac{40}{3}$ ──────────── ❷

$\therefore xy = \dfrac{15}{2} \times \dfrac{40}{3} = 100$ ──────────── ❸

답 100

단계	채점 기준	배점
❶	x의 값 구하기	40 %
❷	y의 값 구하기	40 %
❸	xy의 값 구하기	20 %

349

$x : 3 = y : 8 = 6 : 4$에서 $x : 3 = 6 : 4$

$4x = 18$ $\therefore x = \dfrac{9}{2}$

$y : 8 = 6 : 4$에서 $4y = 48$ $\therefore y = 12$

$3 : 2.5 = (8+4) : z$에서 $3z = 30$ $\therefore z = 10$

$\therefore \dfrac{4xz}{y} = 4 \times \dfrac{9}{2} \times 10 \times \dfrac{1}{12} = 15$ 답 15

350

오른쪽 그림과 같이 $\overline{DC}$에 평행한 직
선 AH를 그으면 △ABH에서 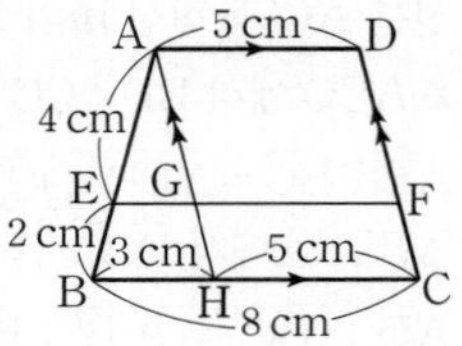
$\overline{AE}:\overline{AB}=\overline{EG}:\overline{BH}$이므로
$4:(4+2)=\overline{EG}:3$
$6\overline{EG}=12$ $\therefore \overline{EG}=2(cm)$
$\overline{GF}=\overline{AD}=5\ cm$
$\therefore \overline{EF}=\overline{EG}+\overline{GF}=2+5=7(cm)$ **답** ④

▶다른 풀이 오른쪽 그림과 같이 대각
선 AC를 그으면 △ABC에서 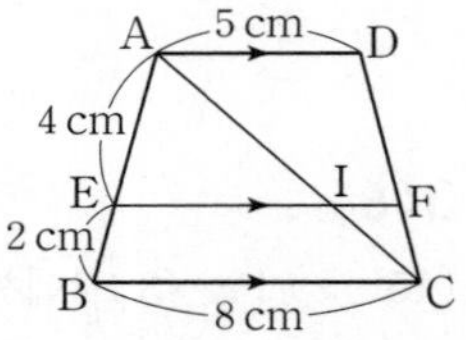
$\overline{AE}:\overline{AB}=\overline{EI}:\overline{BC}$이므로
$4:(4+2)=\overline{EI}:8$
$6\overline{EI}=32$ $\therefore \overline{EI}=\dfrac{16}{3}(cm)$

△ACD에서
$\overline{CF}:\overline{CD}=\overline{IF}:\overline{AD}$이므로
$2:(2+4)=\overline{IF}:5$
$6\overline{IF}=10$ $\therefore \overline{IF}=\dfrac{5}{3}(cm)$

$\therefore \overline{EF}=\overline{EI}+\overline{IF}=\dfrac{16}{3}+\dfrac{5}{3}=7(cm)$

351

△ABC에서
$\overline{AE}:\overline{AB}=\overline{EG}:\overline{BC}$이므로
$2:(2+4)=x:12$
$6x=24$ $\therefore x=4$
△ACD에서
$\overline{CF}:\overline{CD}=\overline{GF}:\overline{AD}$이므로
$4:(4+2)=6:y$
$4y=36$ $\therefore y=9$
$\therefore x+y=4+9=13$ **답** 13

352

$4:x=6:9,\ 6x=36$ $\therefore x=6$
△DBC에서
$4:(4+x)=y:15$이므로
$4:10=y:15,\ 10y=60$ $\therefore y=6$
$\therefore xy=6\times 6=36$ **답** 36

353

오른쪽 그림과 같이 평행선을 그
으면 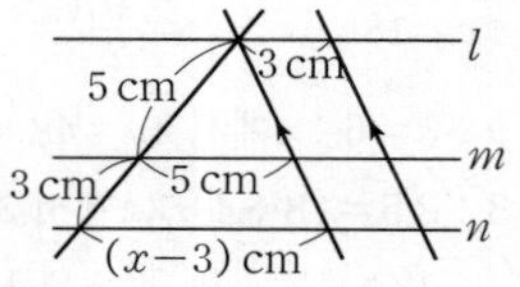
$5:(5+3)=5:(x-3)$
$5x-15=40,\ 5x=55$
$\therefore x=11$ **답** ②

354

오른쪽 그림과 같이 $\overline{DC}$에 평
행한 직선 AH를 긋자. —— ❶ 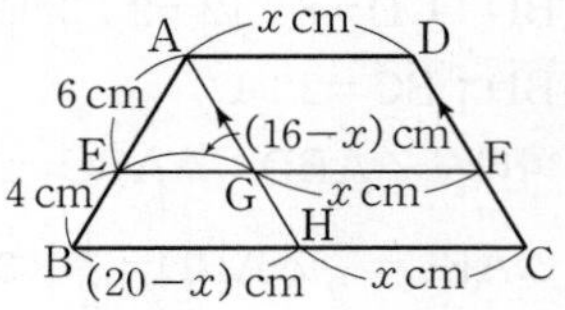
$\overline{AD}=x\ cm$라 하면
$\overline{EG}=(16-x)\ cm,$
$\overline{BH}=(20-x)\ cm$
△ABH에서
$\overline{AE}:\overline{AB}=\overline{EG}:\overline{BH}$이므로
$6:(6+4)=(16-x):(20-x)$ —————— ❷
$120-6x=160-10x,\ 4x=40$ $\therefore x=10$
$\therefore \overline{AD}=10(cm)$ ——————————— ❸

답 10 cm

단계	채점 기준	배점
❶	$\overline{DC}$에 평행한 보조선 긋기	30 %
❷	닮음의 성질을 이용한 식 세우기	50 %
❸	$\overline{AD}$의 길이 구하기	20 %

355

오른쪽 그림과 같이 $\overline{DC}$에 평행한 직
선 AH를 그으면 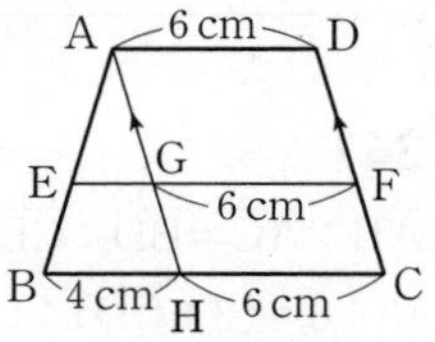
△ABH에서
$\overline{AE}:\overline{AB}=\overline{EG}:\overline{BH}$이므로
$3:(3+2)=\overline{EG}:4$
$5\overline{EG}=12$ $\therefore \overline{EG}=\dfrac{12}{5}(cm)$
$\overline{GF}=\overline{AD}=6\ cm$
$\therefore \overline{EF}=\overline{EG}+\overline{GF}$
$\quad =\dfrac{12}{5}+6=\dfrac{42}{5}(cm)$ **답** $\dfrac{42}{5}$ cm

356

오른쪽 그림과 같이 $\overline{BJ}$에 평행한 직선
AL을 그으면 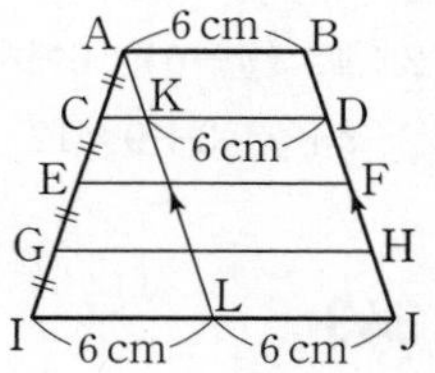
△AIL에서
$\overline{AC}:\overline{AI}=\overline{CK}:\overline{IL}$이므로
$1:4=\overline{CK}:6$
$4\overline{CK}=6$ $\therefore \overline{CK}=\dfrac{3}{2}(cm)$
$\overline{KD}=\overline{AB}=6\ cm$
$\therefore \overline{CD}=\overline{CK}+\overline{KD}$
$\quad =\dfrac{3}{2}+6=\dfrac{15}{2}(cm)$ **답** $\dfrac{15}{2}$ cm

357

△AOD∽△COB(AA 닮음)이므로
$\overline{AO}:\overline{CO}=10:15=2:3$
△ABC에서
$\overline{EO}:\overline{BC}=\overline{AO}:\overline{AC}$이므로

$\overline{EO} : 15 = 2 : (2+3)$

$5\overline{EO} = 30$　　$\therefore \overline{EO} = 6(cm)$

△ACD에서

$\overline{AD} : \overline{OF} = \overline{AC} : \overline{OC}$이므로

$10 : \overline{OF} = (2+3) : 3$

$5\overline{OF} = 30$　　$\therefore \overline{OF} = 6(cm)$

$\therefore \overline{EF} = \overline{EO} + \overline{OF}$

　　　$= 6 + 6 = 12(cm)$　　　　　**답** 12 cm

358

$\overline{PO} = x$ cm라 하면 $\overline{OQ} = (8-x)$ cm

$\overline{AP} : \overline{AB} = 1 : 3$이므로 $\overline{BC} = 3x$ cm

△BCD에서

$(8-x) : 3x = 1 : 3$, $3x = 3(8-x)$

$6x = 24$　　$\therefore x = 4$

$\therefore \overline{BC} = 3 \times 4 = 12(cm)$

△ABD에서

$\overline{AD} : 4 = 3 : 2$

$2\overline{AD} = 12$　　$\therefore \overline{AD} = 6(cm)$

$\therefore \overline{AD} + \overline{BC} = 6 + 12 = 18(cm)$　　**답** 18 cm

359

△BDA에서

$\overline{BM} : \overline{BD} = \overline{EM} : \overline{AD}$이므로

$1 : 2 = \overline{EM} : 5$

$2\overline{EM} = 5$　　$\therefore \overline{EM} = \dfrac{5}{2}(cm)$

△ABC에서

$\overline{AN} : \overline{AC} = \overline{EN} : \overline{BC}$이므로

$1 : 2 = \overline{EN} : 9$

$2\overline{EN} = 9$　　$\therefore \overline{EN} = \dfrac{9}{2}(cm)$

$\therefore \overline{MN} = \overline{EN} - \overline{EM} = \dfrac{9}{2} - \dfrac{5}{2} = 2(cm)$　　**답** 2 cm

360

△ABC에서

$\overline{AE} : \overline{AB} = \overline{EN} : \overline{BC}$이므로

$4 : 7 = \overline{EN} : 8$　　$\therefore \overline{EN} = \dfrac{32}{7}(cm)$

△ABD에서

$\overline{BE} : \overline{BA} = \overline{EM} : \overline{AD}$

$3 : 7 = \overline{EM} : 5$　　$\therefore \overline{EM} = \dfrac{15}{7}(cm)$

$\therefore \overline{MN} = \overline{EN} - \overline{EM} = \dfrac{32}{7} - \dfrac{15}{7} = \dfrac{17}{7}(cm)$　　**답** ③

361

(1) △BDA에서

　$\overline{BM} : \overline{BA} = \overline{MP} : \overline{AD}$이므로

$1 : 2 = \overline{MP} : 8$

$\therefore \overline{MP} = 4(cm)$　————————————— ❶

(2) $\overline{MQ} = 2\overline{MP} = 8$ cm이고

△ABC에서

$\overline{AM} : \overline{AB} = \overline{MQ} : \overline{BC}$이므로

$1 : 2 = 8 : \overline{BC}$

$\therefore \overline{BC} = 16(cm)$　————————————— ❷

답 (1) 4 cm　(2) 16 cm

단계	채점 기준	배점
❶	(1) $\overline{MP}$의 길이 구하기	40 %
❷	(2) $\overline{BC}$의 길이 구하기	60 %

362

△ABD에서

$\overline{BE} : \overline{BA} = \overline{EM} : \overline{AD}$이므로

$1 : 4 = \overline{EM} : 8$, $4\overline{EM} = 8$　　$\therefore \overline{EM} = 2(cm)$

$\therefore \overline{EN} = \overline{EM} + \overline{MN} = 2 + 7 = 9(cm)$

△ABC에서

$\overline{AE} : \overline{AB} = \overline{EN} : \overline{BC}$이므로

$3 : 4 = 9 : \overline{BC}$, $3\overline{BC} = 36$

$\therefore \overline{BC} = 12(cm)$　　　　　　**답** ⑤

363

△ABE∽△CDE(AA 닮음)이므로

$\overline{BE} : \overline{DE} = 4 : 12 = 1 : 3$

따라서 $\overline{BE} : \overline{BD} = 1 : 4$이므로 △BCD에서

$\overline{EF} : 12 = 1 : 4$, $4\overline{EF} = 12$

$\therefore \overline{EF} = 3(cm)$　　　　　　**답** 3 cm

364

△ABE∽△CDE(AA 닮음)이므로

$\overline{BE} : \overline{DE} = 6 : 8 = 3 : 4$

따라서 △BCD에서 $\overline{BE} : \overline{BD} = 3 : (3+4) = 3 : 7$　**답** 3 : 7

365

△ABC∽△EFC(AA 닮음)이므로

$\overline{BC} : \overline{FC} = 3 : 2$　　$\therefore \overline{BF} : \overline{FC} = 1 : 2$

따라서 $\overline{BF} : \overline{BC} = 1 : 3$이므로 △BCD에서

$1 : 3 = 2 : \overline{DC}$　　$\therefore \overline{DC} = 6(cm)$　　**답** ③

366

△AFD∽△CFB(AA 닮음)이므로

$\overline{FD} : \overline{FB} = 6 : 12 = 1 : 2$

△ABD에서

$x : 8 = 1 : 2$, $2x = 8$　　$\therefore x = 4$

△ABC에서

$1 : 3 = y : 12,\ 3y = 12$ $\therefore y = 4$

$\therefore x + 2y = 4 + 2 \times 4 = 12$ **답** ②

367

$\overline{AB} /\!/ \overline{EF} /\!/ \overline{DC}$이므로

① △ABE와 △CDE에서

∠AEB=∠CED(맞꼭지각), ∠ABE=∠CDE(엇각)

∴ △ABE∽△CDE(AA 닮음)

③ △BCD와 △BFE에서

∠B는 공통, ∠BCD=∠BFE=90°

∴ △BCD∽△BFE(AA 닮음)

④ △CAB와 △CEF에서

∠C는 공통, ∠ABC=∠EFC=90°

∴ △CAB∽△CEF(AA 닮음)

⑤ △ABE∽△CDE이므로 $\overline{BE} : \overline{DE} = 7 : 14 = 1 : 2$

따라서 △BCD에서 $\overline{BE} : \overline{BD} = \overline{EF} : \overline{CD}$

$1 : 3 = \overline{EF} : 14$ $\therefore \overline{EF} = \dfrac{14}{3}$(cm)

따라서 옳지 않은 것은 ②이다. **답** ②

368

△ABE∽△CDE(AA 닮음)이므로

$\overline{BE} : \overline{DE} = 12 : 20 = 3 : 5$

$\therefore \overline{BE} : \overline{BD} = 3 : 8$ ————————— ❶

오른쪽 그림과 같이 점 E에서 $\overline{BC}$

에 내린 수선의 발을 F라 하면

△BCD에서

$\overline{EF} : 20 = 3 : 8,\ 8\overline{EF} = 60$

$\therefore \overline{EF} = \dfrac{15}{2}$(cm) ————————— ❷

$\therefore \triangle EBC = \dfrac{1}{2} \times 16 \times \dfrac{15}{2} = 60\,(\text{cm}^2)$ ————— ❸

답 60 cm²

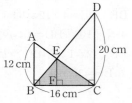

단계	채점 기준	배점
❶	$\overline{BE} : \overline{BD}$ 구하기	30 %
❷	$\overline{EF}$의 길이 구하기	40 %
❸	△EBC의 넓이 구하기	30 %

필수유형 뛰어넘기 85~86쪽

369

$\overline{BC} /\!/ \overline{DE}$이므로 $\overline{AE} : \overline{EC} = 6 : 4 = 3 : 2$

$\overline{DC} /\!/ \overline{FE}$이므로 $x : (6 - x) = \overline{AE} : \overline{EC}$

따라서 $x : (6 - x) = 3 : 2$이므로

$2x = 18 - 3x,\ 5x = 18$

$\therefore x = \dfrac{18}{5}$ **답** ①

370

△ADE∽△ABC(AA 닮음)이고

$\overline{AD} : \overline{AB} = 5 : 7$이므로 △ADE와 △ABC의 둘레의 길이의

비는 5 : 7이다.

(△ADE의 둘레의 길이) $= \overline{AD} + (\overline{DE} + \overline{AE})$

$= 5 + 15 = 20\,(\text{cm})$

따라서 △ABC의 둘레의 길이는 $20 \times \dfrac{7}{5} = 28\,(\text{cm})$ **답** 28 cm

371

△ABD와 △CBA에서

∠B는 공통, ∠BAD=∠BCA

이므로 △ABD∽△CBA(AA 닮음)

$\overline{AB} : \overline{CB} = \overline{AD} : \overline{CA}$에서

$12 : 24 = \overline{AD} : 20$ $\therefore \overline{AD} = 10\,(\text{cm})$

$\overline{AB} : \overline{CB} = \overline{BD} : \overline{BA}$에서

$12 : 24 = \overline{BD} : 12$ $\therefore \overline{BD} = 6\,(\text{cm})$

$\therefore \overline{DC} = 24 - 6 = 18\,(\text{cm})$

△ADC에서

$\overline{DE} : \overline{EC} = \overline{AD} : \overline{AC} = 10 : 20 = 1 : 2$이므로

$\overline{DE} = \dfrac{1}{3}\overline{DC} = \dfrac{1}{3} \times 18 = 6\,(\text{cm})$ **답** 6 cm

372

$\overline{AE} : \overline{EB} = 3 : 2$이므로

$\overline{AE} = \dfrac{3}{5}\overline{AB} = \dfrac{3}{5} \times 10 = 6\,(\text{cm})$

△AEC에서 각의 이등분선의 성질에 의해

$\overline{EF} : \overline{FC} = \overline{AE} : \overline{AC} = 6 : 8 = 3 : 4$이므로

△AEF : △AFC = 3 : 4

$\therefore \triangle AEF = \dfrac{3}{7}\triangle AEC$ ‥‥‥ ㉠

$\overline{AE} : \overline{EB} = 3 : 2$이므로

△AEC : △EBC = 3 : 2

$\therefore \triangle AEC = \dfrac{3}{5}\triangle ABC$ ‥‥‥ ㉡

㉠, ㉡에서

$\triangle AEF = \dfrac{3}{7}\triangle AEC = \dfrac{3}{7} \times \dfrac{3}{5}\triangle ABC = \dfrac{9}{35}\triangle ABC$

$\therefore \dfrac{\triangle AEF}{\triangle ABC} = \dfrac{9}{35}$ **답** $\dfrac{9}{35}$

373

△ABF에서 $\overline{AE} : \overline{EF} = 5 : 6$

△CED에서 $\overline{CF} : \overline{FE} = 2 : 3$이므로

$\overline{AE} : \overline{EF} : \overline{CF} = 5 : 6 : 4$

$\therefore \triangle ABF = \dfrac{11}{15}\triangle ABC$

$\therefore \triangle ABF : \triangle ADC = \dfrac{11}{15}\triangle ABC : \dfrac{5}{11}\triangle ABC = 121 : 75$

답 121 : 75

374

$\overline{AD}$가 $\angle A$의 이등분선이므로

$\overline{BD} : \overline{CD} = \overline{AB} : \overline{AC} = 4 : 5$ ———————— ❶

$\overline{BD} = \dfrac{4}{9}\overline{BC} = \dfrac{4}{9} \times 6 = \dfrac{8}{3}$ (cm) ———————— ❷

이때 $\overline{BI}$는 $\angle B$의 이등분선이므로 $\triangle ABD$에서

$\overline{AI} : \overline{ID} = \overline{BA} : \overline{BD}$

$\qquad\qquad = 4 : \dfrac{8}{3}$

$\qquad\qquad = 3 : 2$ ———————— ❸

📘 3 : 2

단계	채점 기준	배점
❶	$\overline{BD} : \overline{CD}$ 구하기	30 %
❷	$\overline{BD}$의 길이 구하기	30 %
❸	$\overline{AI} : \overline{ID}$ 구하기	40 %

375

$6 : 12 = 5 : x$에서 $6x = 60$ $\quad \therefore x = 10$

$6 : 12 = y : 8$에서 $12y = 48$ $\quad \therefore y = 4$

$12 : z = 8 : 12$에서 $8z = 144$ $\quad \therefore z = 18$

$\therefore x + y + z = 10 + 4 + 18 = 32$

📘 32

376

$\overline{AE} : \overline{EB} = 2 : 1$이므로 $\overline{AE} : \overline{AB} = 2 : 3$

$\triangle ABC$에서 $\overline{AE} : \overline{AB} = \overline{EN} : \overline{BC}$이므로

$2 : 3 = \overline{EN} : 21$, $3\overline{EN} = 42$

$\therefore \overline{EN} = 14$ (cm)

$\overline{AE} : \overline{EB} = 2 : 1$이므로 $\overline{AB} : \overline{EB} = 3 : 1$

$\triangle ABD$에서 $\overline{AB} : \overline{EB} = \overline{AD} : \overline{EM}$이므로

$3 : 1 = 15 : \overline{EM}$, $3\overline{EM} = 15$

$\therefore \overline{EM} = 5$ (cm)

$\therefore \overline{MN} = \overline{EN} - \overline{EM} = 14 - 5 = 9$ (cm)

📘 9 cm

377

$\triangle APD \backsim \triangle MPB$ (AA 닮음)이므로

$\overline{DP} : \overline{BP} = \overline{AD} : \overline{BM} = 6 : 4 = 3 : 2$

$\triangle AQD \backsim \triangle CQM$ (AA 닮음)이므로

$\overline{DQ} : \overline{MQ} = \overline{AD} : \overline{MC} = 6 : 4 = 3 : 2$

$\therefore \overline{PQ} /\!/ \overline{BM}$

따라서 $\triangle DBM$에서 $3 : 5 = \overline{PQ} : \overline{BM}$이므로

$3 : 5 = \overline{PQ} : 4$ $\quad \therefore \overline{PQ} = \dfrac{12}{5}$ (cm)

📘 $\dfrac{12}{5}$ cm

378

$\overline{AE} = x$, $\overline{DF} = y$, $\overline{EF} = z$라 하면 $\square AEFD$와 $\square EBCF$의 둘레의 길이가 같으므로

$6 + x + y + z = (8 - x) + 12 + (10 - y) + z$에서 $x + y = 12$

또 $8 : x = 10 : y$이므로 $y = \dfrac{5}{4}x$

따라서 $x + y = x + \dfrac{5}{4}x = \dfrac{9}{4}x = 12$이므로

$x = \dfrac{16}{3}$

즉, $\overline{AE} = \dfrac{16}{3}$, $\overline{BE} = 8 - \dfrac{16}{3} = \dfrac{8}{3}$이므로

$\overline{AE} : \overline{BE} = 2 : 1$

$\triangle ABC$에서

$\overline{EG} : \overline{BC} = 2 : 3$

$\therefore \overline{EG} = 8$ (cm)

$\triangle CDA$에서

$\overline{GF} : \overline{AD} = 1 : 3$

$\therefore \overline{GF} = 2$ (cm)

$\therefore \overline{EF} = \overline{EG} + \overline{GF} = 8 + 2 = 10$ (cm)

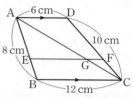

📘 10 cm

379

$\overline{EF} /\!/ \overline{DC}$이므로 $\overline{GE} : \overline{GD} = 8 : 20 = 2 : 5$

즉, $\overline{GE} : \overline{ED} = 2 : 3$이므로 $\overline{GF} : \overline{FC} = 2 : 3$

$\therefore \overline{FC} = \dfrac{3}{2}\overline{GF}$

$\overline{AB} /\!/ \overline{EF}$이므로 $\overline{EH} : \overline{AH} = 8 : 20 = 2 : 5$

즉, $\overline{EH} : \overline{AE} = 2 : 3$이므로 $\overline{FH} : \overline{BF} = 2 : 3$

$\therefore \overline{BF} = \dfrac{3}{2}\overline{FH}$

$\overline{BC} = 21$ cm이므로

$\overline{BC} = \overline{BF} + \overline{FC} = \dfrac{3}{2}\overline{FH} + \dfrac{3}{2}\overline{GF}$

$\qquad = \dfrac{3}{2}(\overline{FH} + \overline{GF}) = 21$ ———————— ❶

$\therefore \overline{GH} = \overline{FH} + \overline{GF} = 14$ (cm) ———————— ❷

📘 14 cm

단계	채점 기준	배점
❶	$\overline{BC}$의 길이와 $\overline{GH}$의 길이의 관계식 세우기	60 %
❷	$\overline{GH}$의 길이 구하기	40 %

380

$\triangle ABE \backsim \triangle CDE$ (AA 닮음)이므로

$\overline{AB} : \overline{CD} = 1 : 3$

$\therefore \overline{CE} : \overline{CA} = 3 : 4$

$\triangle EFC \backsim \triangle ABC$ (AA 닮음)이므로

$\overline{EF} : 12 = 3 : 4$ $\quad \therefore \overline{EF} = 9$ (cm)

$\overline{CF} : 24 = 3 : 4$ $\quad \therefore \overline{CF} = 18$ (cm)

$\overline{AB} /\!/ \overline{DC}$이므로 $\triangle AED = \triangle BCE$

$\therefore \triangle AED - \triangle BFE = \triangle BCE - \triangle BFE = \triangle EFC$

$\qquad\qquad = \dfrac{1}{2} \times 18 \times 9$

$\qquad\qquad = 81$ (cm²)

📘 81 cm²

381

$\overline{AD}=\overline{DB}$, $\overline{AE}=\overline{EC}$이므로

$\overline{AD}=\dfrac{1}{2}\overline{AB}=\dfrac{1}{2}\times10=5(cm)$

$\overline{DE}=\dfrac{1}{2}\overline{BC}=\dfrac{1}{2}\times18=9(cm)$

$\overline{AE}=\overline{EC}=6\ cm$

따라서 △ADE의 둘레의 길이는

$\overline{AD}+\overline{DE}+\overline{AE}=5+9+6=20(cm)$ 답 20 cm

382

$\overline{AM}=\overline{MB}$, $\overline{AN}=\overline{NC}$이므로

$\overline{MN}=\dfrac{1}{2}\overline{BC}=\dfrac{1}{2}\times16=8(cm)$

$\therefore \overline{MP}=\overline{MN}-\overline{PN}=8-5=3(cm)$ 답 3 cm

383

$\overline{AB}/\!/\overline{NM}$이므로 $\angle MNC=\angle BAC=70°$ (동위각)

따라서 △MNC에서

$\angle NMC=180°-(70°+65°)=45°$이므로 $x=45$

또 $\overline{AB}=2\overline{MN}$이므로 $y=2\times15=30$

$\therefore x+y=45+30=75$ 답 ③

384

△DBC에서 $\overline{BC}=2\overline{PQ}$이므로 $x=2\times5=10$

△ABC에서 $\overline{MN}=\dfrac{1}{2}\overline{BC}$이므로 $y=\dfrac{1}{2}\times10=5$

$\overline{MN}/\!/\overline{BC}$이므로 $\angle AMN=\angle ABC=85°$ $\therefore z=85$

$\therefore x+y+z=10+5+85=100$ 답 ①

385

△ABD에서 $\overline{PM}=\dfrac{1}{2}\overline{AB}=\dfrac{1}{2}\times10=5(cm)$

△BCD에서 $\overline{PN}=\dfrac{1}{2}\overline{CD}=\dfrac{1}{2}\times10=5(cm)$

$\therefore \overline{PM}+\overline{PN}=5+5=10(cm)$ 답 ③

386

△ACD에서 $\overline{MN}=\dfrac{1}{2}\overline{AD}=\dfrac{1}{2}\times12=6(cm)$

$\overline{MN}/\!/\overline{AD}$, $\overline{AD}/\!/\overline{BC}$이므로 $\overline{MN}/\!/\overline{BC}$

따라서 △DPN과 △DBC에서

$\angle DPN=\angle DBC$(동위각), $\angle D$는 공통이므로

$△DPN \backsim △DBC$ (AA 닮음)

387

$\overline{AN}=\overline{NC}=\dfrac{1}{2}\overline{AC}$이므로 $x=\dfrac{1}{2}\times8=4$

$\overline{MN}=\dfrac{1}{2}\overline{BC}$이므로 $y=\dfrac{1}{2}\times10=5$

$\therefore x+y=4+5=9$ 답 ②

388

$\overline{AD}=\overline{DB}$, $\overline{DE}/\!/\overline{BC}$이므로 $\overline{AE}=\overline{EC}$

$\therefore \overline{BC}=2\overline{DE}=2\times8=16(cm)$ —————— ❶

□DBFE는 평행사변형이므로

$\overline{BF}=\overline{DE}=8\ cm$

$\therefore \overline{FC}=\overline{BC}-\overline{BF}=16-8=8(cm)$ —————— ❷

답 8 cm

단계	채점 기준	배점
❶	$\overline{BC}$의 길이 구하기	50 %
❷	$\overline{FC}$의 길이 구하기	50 %

389

△AFC에서 $\overline{EG}/\!/\overline{FC}$이므로

$9:12=6:\overline{FC}$ $\therefore \overline{FC}=8(cm)$

△BDE에서 $\overline{ED}=2\overline{FC}=2\times8=16(cm)$

$\therefore \overline{GD}=\overline{ED}-\overline{EG}=16-6=10(cm)$ 답 10 cm

390

$\overline{DE}=\dfrac{1}{2}\overline{AC}=\dfrac{1}{2}\times7=\dfrac{7}{2}(cm)$

$\overline{EF}=\dfrac{1}{2}\overline{AB}=\dfrac{1}{2}\times9=\dfrac{9}{2}(cm)$

$\overline{FD}=\dfrac{1}{2}\overline{BC}=\dfrac{1}{2}\times14=7(cm)$

따라서 △DEF의 둘레의 길이는

$\overline{DE}+\overline{EF}+\overline{FD}=\dfrac{7}{2}+\dfrac{9}{2}+7=15(cm)$ 답 15 cm

391

① $\overline{AF}=\overline{FC}$, $\overline{BE}=\overline{EC}$이므로 $\overline{AB}/\!/\overline{EF}$

② $\overline{BD}=\overline{DA}$, $\overline{BE}=\overline{EC}$이므로

   $\overline{DE}=\dfrac{1}{2}\overline{AC}=\overline{AF}$

③ $\overline{AD}=\overline{EF}$, $\overline{AF}=\overline{ED}$, $\overline{DF}$는 공통이므로

   $△ADF \equiv △EFD$ (SSS 합동)

④ $\overline{DB}=\overline{EF}$, $\overline{BE}=\overline{FD}$, $\overline{DE}$는 공통이므로

   $△DBE \equiv △EFD$ (SSS 합동)

⑤ $\angle ADF=\angle DBE$ 답 ⑤

392

$\triangle ADF \equiv \triangle DBE \equiv \triangle FEC \equiv \triangle EFD(SSS$ 합동$)$ ──── ❶

$\therefore \triangle DEF = \frac{1}{4} \triangle ABC = \frac{1}{4} \times 32 = 8(cm^2)$ ──── ❷

답 8 cm²

단계	채점 기준	배점
❶	합동인 삼각형 찾기	50 %
❷	△DEF의 넓이 구하기	50 %

393

$\overline{EG} = x$ cm라 하면

$\triangle AFD$에서 $\overline{FD} = 2\overline{EG} = 2x$ cm

$\triangle BCE$에서 $\overline{CE} = 2\overline{FD} = 4x$ cm

따라서 $\overline{CG} = \overline{CE} - \overline{EG} = 4x - x = 3x(cm)$이므로

$3x = 18$ $\therefore x = 6$

$\therefore \overline{EG} = 6$ cm

답 6 cm

394

$\triangle ADF$에서 $\overline{GE} = \frac{1}{2}\overline{DF} = \frac{1}{2} \times 8 = 4(cm)$

$\triangle BCE$에서 $\overline{BE} = 2\overline{DF} = 2 \times 8 = 16(cm)$

$\therefore \overline{BG} = \overline{BE} - \overline{GE} = 16 - 4 = 12(cm)$

답 12 cm

395

$\overline{EC} = x$ cm라 하면

$\triangle AEC$에서 $\overline{DF} = \frac{1}{2}\overline{EC} = \frac{1}{2}x$ cm

$\triangle BGD$에서 $\overline{DG} = 2\overline{EC} = 2x$ cm

따라서 $\overline{GF} = \overline{DG} - \overline{DF} = 2x - \frac{1}{2}x = \frac{3}{2}x(cm)$이므로

$\frac{3}{2}x = 36$ $\therefore x = 24$

$\therefore \overline{EC} = 24$ cm

답 ④

396

오른쪽 그림과 같이 선분 AE의 중점을 F라 하면

$\triangle ABE$에서

$\overline{DF} = \frac{1}{2}\overline{BE} = \frac{1}{2} \times 16 = 8(cm)$

$\triangle DCF$에서

$\overline{GE} = \frac{1}{2}\overline{DF} = \frac{1}{2} \times 8 = 4(cm)$

답 ①

397

오른쪽 그림과 같이 선분 BE의 중점을 F라 하면

$\triangle BCE$에서

$\overline{FD} = \frac{1}{2}\overline{EC} = \frac{1}{2} \times 20 = 10(cm)$ ──── ❶

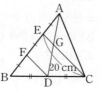

$\triangle AFD$에서

$\overline{EG} = \frac{1}{2}\overline{FD} = \frac{1}{2} \times 10 = 5(cm)$ ──── ❷

$\therefore \overline{GC} = \overline{EC} - \overline{EG} = 20 - 5 = 15(cm)$ ──── ❸

답 15 cm

단계	채점 기준	배점
❶	$\overline{FD}$의 길이 구하기	40 %
❷	$\overline{EG}$의 길이 구하기	40 %
❸	$\overline{GC}$의 길이 구하기	20 %

398

오른쪽 그림과 같이 $\overline{BL} /\!/ \overline{HN}$이 되도록 점 N을 잡으면

$\triangle AHN$에서

$\overline{AM} = \overline{MH}$, $\overline{ML} /\!/ \overline{HN}$이므로

$\overline{AL} = \overline{LN}$ ...... ㉠

$\triangle BCL$에서

$\overline{BH} = \overline{HC}$, $\overline{BL} /\!/ \overline{HN}$이므로

$\overline{LN} = \overline{NC}$ ...... ㉡

㉠, ㉡에서 $\overline{AL} = \overline{LN} = \overline{NC}$

$\therefore \overline{CL} = \frac{2}{3}\overline{AC} = \frac{2}{3} \times 24 = 16(cm)$

답 ②

399

오른쪽 그림과 같이 $\overline{EG} /\!/ \overline{BD}$가 되도록 점 G를 잡으면

$\triangle ABC$에서

$\overline{EG} = \frac{1}{2}\overline{BC} = \frac{1}{2} \times 24 = 12(cm)$

$\triangle EFG$와 $\triangle DFC$에서

$\angle FEG = \angle FDC($엇각$)$

$\overline{EF} = \overline{DF}$

$\angle EFG = \angle DFC($맞꼭지각$)$

이므로 $\triangle EFG \equiv \triangle DFC(ASA$ 합동$)$

$\therefore \overline{CD} = \overline{EG} = 12$ cm

답 ③

400

오른쪽 그림과 같이 $\overline{GE} /\!/ \overline{DC}$가 되도록 점 G를 잡고,

$\overline{DB} = x$ cm라 하면

$\triangle GFE \equiv \triangle BFD(ASA$ 합동$)$이므로

$\overline{GE} = \overline{DB} = x$ cm

$\triangle ABC$에서

$\overline{BC} = 2\overline{GE} = 2x$ cm

따라서 $\overline{DC} = \overline{DB} + \overline{BC} = x + 2x = 3x(cm)$이므로

$3x = 30$ $\therefore x = 10$

$\therefore \overline{DB} = 10$ cm

답 ①

401

오른쪽 그림과 같이 $\overline{DG} \parallel \overline{BC}$가 되도록 점 G를 잡으면

$\triangle DEG \equiv \triangle CEF$ (ASA 합동)이므로

$\overline{DG} = \overline{FC} = 6\ cm$ ———————————— ❶

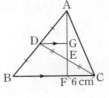

$\triangle ABF$에서 $\overline{AD} = \overline{DB}$, $\overline{DG} \parallel \overline{BF}$이므로

$\overline{BF} = 2\overline{DG} = 2 \times 6 = 12\,(cm)$ ———————— ❷

$\therefore \overline{BC} = \overline{BF} + \overline{FC} = 12 + 6 = 18\,(cm)$ ———— ❸

답 18 cm

단계	채점 기준	배점
❶	$\overline{DG}$의 길이 구하기	40 %
❷	$\overline{BF}$의 길이 구하기	40 %
❸	$\overline{BC}$의 길이 구하기	20 %

402

$\triangle ABC$에서 $\overline{PQ} = \dfrac{1}{2}\overline{AC}$

$\triangle BCD$에서 $\overline{QR} = \dfrac{1}{2}\overline{BD}$

$\triangle ACD$에서 $\overline{RS} = \dfrac{1}{2}\overline{AC}$

$\triangle ABD$에서 $\overline{SP} = \dfrac{1}{2}\overline{BD}$

따라서 $\square PQRS$의 둘레의 길이는

$\overline{PQ} + \overline{QR} + \overline{RS} + \overline{SP} = \dfrac{1}{2}(\overline{AC} + \overline{BD} + \overline{AC} + \overline{BD})$

$= \overline{AC} + \overline{BD}$

$= 18 + 16 = 34\,(cm)$ 답 34 cm

403

$\overline{AC} = \overline{BD} = 12\ cm$이므로

$\overline{PQ} = \overline{SR} = \dfrac{1}{2}\overline{AC} = \dfrac{1}{2} \times 12 = 6\,(cm)$

$\overline{PS} = \overline{QR} = \dfrac{1}{2}\overline{BD} = \dfrac{1}{2} \times 12 = 6\,(cm)$

$\therefore (\square PQRS$의 둘레의 길이$) = 6 + 6 + 6 + 6 = 24\,(cm)$

답 24 cm

▶ 참고 사각형의 두 대각선의 길이가 같을 때, 사각형의 각 변의 중점을 연결하여 만든 사각형은 마름모가 된다.

404

$\square PQRS$는 마름모의 각 변의 중점을 연결하여 만든 사각형이므로 직사각형이다. ———————————————— ❶

$\triangle ABD$에서 $\overline{PS} = \dfrac{1}{2}\overline{BD} = \dfrac{1}{2} \times 8 = 4\,(cm)$

$\triangle ABC$에서 $\overline{PQ} = \dfrac{1}{2}\overline{AC} = \dfrac{1}{2} \times 6 = 3\,(cm)$ — ❷

$\therefore \square PQRS = 4 \times 3 = 12\,(cm^2)$ —————————— ❸

답 12 cm²

단계	채점 기준	배점
❶	$\square PQRS$가 직사각형임을 알기	40 %
❷	$\square PQRS$의 가로, 세로의 길이 구하기	40 %
❸	$\square PQRS$의 넓이 구하기	20 %

405

$\triangle ABD$에서

$\overline{MP} = \dfrac{1}{2}\overline{AD} = \dfrac{1}{2} \times 8 = 4\,(cm)$

$\triangle ABC$에서

$\overline{MQ} = \dfrac{1}{2}\overline{BC} = \dfrac{1}{2} \times 12 = 6\,(cm)$

$\therefore \overline{PQ} = \overline{MQ} - \overline{MP} = 6 - 4 = 2\,(cm)$ 답 ②

406

$\triangle ABC$에서

$\overline{EG} = \dfrac{1}{2}\overline{BC} = \dfrac{1}{2} \times 10 = 5\,(cm)$

$\triangle ACD$에서

$\overline{GF} = \dfrac{1}{2}\overline{AD} = \dfrac{1}{2} \times 4 = 2\,(cm)$

$\therefore \overline{EG} - \overline{GF} = 5 - 2 = 3\,(cm)$ 답 ③

407

$\triangle ABD$에서

$\overline{MP} = \dfrac{1}{2}\overline{AD} = \dfrac{1}{2} \times 10 = 5\,(cm)$ ———————— ❶

$\therefore \overline{MQ} = \overline{MP} + \overline{PQ} = 5 + 3 = 8\,(cm)$ ———————— ❷

$\triangle ABC$에서

$\overline{BC} = 2\overline{MQ} = 2 \times 8 = 16\,(cm)$ ————————————— ❸

답 16 cm

단계	채점 기준	배점
❶	$\overline{MP}$의 길이 구하기	40 %
❷	$\overline{MQ}$의 길이 구하기	30 %
❸	$\overline{BC}$의 길이 구하기	30 %

408

$\triangle ABD$에서

$\overline{MP} = \dfrac{1}{2}\overline{AD} = \dfrac{1}{2} \times 6 = 3\,(cm)$

$\therefore \overline{MQ} = 2\overline{MP} = 2 \times 3 = 6\,(cm)$

$\triangle ABC$에서

$\overline{BC} = 2\overline{MQ} = 2 \times 6 = 12\,(cm)$ 답 ⑤

409

오른쪽 그림과 같이 $\overline{BD}$를 긋고 $\overline{BD}$와 $\overline{EF}$의 교점을 P라 하면

$\triangle ABD$에서

$\overline{EP} = \dfrac{1}{2}\overline{AD} = \dfrac{1}{2} \times 8 = 4\,(cm)$

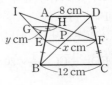

△BCD에서

$\overline{PF}=\frac{1}{2}\overline{BC}=\frac{1}{2}\times12=6(cm)$

$\therefore \overline{EF}=\overline{EP}+\overline{PF}=4+6=10(cm)$

△IEF에서

$\overline{GH}=\frac{1}{2}\overline{EF}=\frac{1}{2}\times10=5(cm)$

따라서 $x=10$, $y=5$이므로

$x+y=10+5=15$

답 15

410

$△ABE=\frac{1}{2}△ABD=\frac{1}{2}\times\frac{1}{2}△ABC$

$\qquad=\frac{1}{4}\times48=12(cm^2)$

답 ②

411

$△ABC=2△ADC=2\times3△CEF$

$\qquad=2\times3\times6=36(cm^2)$

답 ④

412

$△ABC=2△ABD=2\times18=36(cm^2)$ ————— ❶

$\frac{1}{2}\times\overline{BC}\times\overline{AH}=36$, $\frac{1}{2}\times8\times\overline{AH}=36$

$\therefore \overline{AH}=9(cm)$ ————————— ❷

답 9 cm

단계	채점 기준	배점
❶	△ABC의 넓이 구하기	50 %
❷	$\overline{AH}$의 길이 구하기	50 %

413

점 G가 △ABC의 무게중심이므로

$\overline{AG}=\frac{2}{3}\overline{AD}=\frac{2}{3}\times36=24(cm)$

$\overline{GD}=\frac{1}{3}\overline{AD}=\frac{1}{3}\times36=12(cm)$

점 G′이 △GBC의 무게중심이므로

$\overline{GG'}=\frac{2}{3}\overline{GD}=\frac{2}{3}\times12=8(cm)$

$\therefore \overline{AG'}=\overline{AG}+\overline{GG'}=24+8=32(cm)$

답 32 cm

414

점 G가 △ABC의 무게중심이므로

$\overline{GD}=\frac{1}{2}\overline{CG}=\frac{1}{2}\times10=5(cm)$

$\therefore \overline{CD}=\overline{CG}+\overline{GD}=10+5=15(cm)$

$\overline{CD}$는 △ABC의 중선이므로

$\overline{DB}=\frac{1}{2}\overline{AB}=\frac{1}{2}\times10=5(cm)$

따라서 $x=15$, $y=5$이므로

$x+y=15+5=20$

답 20

415

점 G가 △ABC의 무게중심이므로

$\overline{AG}=\frac{2}{3}\overline{AD}=\frac{2}{3}\times24=16(cm)$

점 M이 $\overline{AD}$의 중점이므로

$\overline{AM}=\frac{1}{2}\overline{AD}=\frac{1}{2}\times24=12(cm)$

$\therefore \overline{GM}=\overline{AG}-\overline{AM}=16-12=4(cm)$

답 ①

416

점 G가 △ABC의 무게중심이므로

$\overline{BG}=2\overline{GD}=2\times5=10(cm)$

$\therefore \overline{BD}=\overline{BG}+\overline{GD}=10+5=15(cm)$

직각삼각형 ABC에서 빗변의 중점 D는 △ABC의 외심이므로

$\overline{AD}=\overline{CD}=\overline{BD}=15\ cm$

$\therefore \overline{AC}=2\times15=30(cm)$

답 ④

417

직각삼각형 ABC에서 빗변의 중점 D는 △ABC의 외심이므로

$\overline{CD}=\overline{AD}=\overline{BD}=\frac{1}{2}\overline{AB}$

$\qquad=\frac{1}{2}\times18=9(cm)$ ————— ❶

점 G가 △ABC의 무게중심이므로

$\overline{GD}=\frac{1}{3}\overline{CD}=\frac{1}{3}\times9=3(cm)$ ————— ❷

점 G′이 △ABG의 무게중심이므로

$\overline{GG'}=\frac{2}{3}\overline{GD}=\frac{2}{3}\times3=2(cm)$ ————— ❸

답 2 cm

단계	채점 기준	배점
❶	$\overline{CD}$의 길이 구하기	20 %
❷	$\overline{GD}$의 길이 구하기	40 %
❸	$\overline{GG'}$의 길이 구하기	40 %

418

원 O의 반지름의 길이를 r cm라 하면

$\pi r^2=4\pi$ $\therefore r=2$

$\therefore \overline{GD}=2\times2=4(cm)$

$\overline{AG}:\overline{GD}=2:1$이므로

$\overline{AG}=4\times2=8(cm)$

따라서 원 O′의 반지름의 길이는 4 cm이므로 원 O′의 넓이는

$\pi\times4^2=16\pi(cm^2)$

답 $16\pi\ cm^2$

419

△ABC에서

$\overline{AD}=2\overline{EF}=2\times9=18(cm)$

따라서 점 G는 △ABC의 무게중심이므로

$\overline{AG}=\frac{2}{3}\overline{AD}=\frac{2}{3}\times18=12(cm)$

답 12 cm

420

점 G가 △ABC의 무게중심이므로

$\overline{BG}=2\overline{GM}=2\times 4=8(cm)$

$\therefore \overline{BM}=8+4=12(cm)$

△BCM에서 $\overline{BM}\,/\!/\,\overline{DN}$이고, 점 D가 $\overline{BC}$의 중점이므로

$\overline{DN}=\dfrac{1}{2}\overline{BM}=\dfrac{1}{2}\times 12=6(cm)$

따라서 $x=8$, $y=6$이므로

$x+y=8+6=14$　　　　　　　　　　　　**답** ④

421

점 G가 △ABC의 무게중심이므로

$\overline{GD}=\dfrac{1}{3}\overline{AD}=\dfrac{1}{3}\times 12=4(cm)$

$\overline{GE}=\dfrac{1}{2}\overline{BG}=\dfrac{1}{2}\times 10=5(cm)$

△ABC에서 $\overline{AE}=\overline{EC}$, $\overline{BD}=\overline{DC}$이므로

$\overline{DE}=\dfrac{1}{2}\overline{AB}=\dfrac{1}{2}\times 16=8(cm)$

$\therefore$ (△GDE의 둘레의 길이)$=\overline{GD}+\overline{GE}+\overline{DE}$

$=4+5+8=17(cm)$　　**답** ①

422

점 G는 △ABC의 무게중심이므로 $\overline{AG}=\dfrac{2}{3}\overline{AD}$

△ABD에서 $\overline{AE}=\overline{EB}$, $\overline{BF}=\overline{FD}$이므로 $\overline{EF}=\dfrac{1}{2}\overline{AD}$

$\therefore \overline{AG}:\overline{EF}=\dfrac{2}{3}\overline{AD}:\dfrac{1}{2}\overline{AD}=4:3$　　**답** ③

423

점 G가 △ABC의 무게중심이므로

$\overline{AG}=2\overline{GD}=2\times 6=12(cm)$　　$\therefore x=12$

점 D는 $\overline{BC}$의 중점이므로

$\overline{DC}=\overline{BD}=12\ cm$

△ADC에서 $\overline{DC}\,/\!/\,\overline{GF}$이므로

$\overline{AG}:\overline{AD}=\overline{GF}:\overline{DC}$

$12:18=y:12$　　$\therefore y=8$

$\therefore x+y=12+8=20$　　　　　　　**답** ③

424

△ABM에서 $\overline{DG}\,/\!/\,\overline{BM}$이므로

$\overline{DG}:\overline{BM}=\overline{AG}:\overline{AM}=2:3$

$10:\overline{BM}=2:3$

$\therefore \overline{BM}=15(cm)$

직각삼각형의 외심은 빗변의 중점이므로 점 M은 직각삼각형 ABC의 외심이다.

$\therefore \overline{AM}=\overline{BM}=\overline{CM}=15\ cm$

따라서 점 G는 △ABC의 무게중심이므로

$\therefore \overline{AG}=\dfrac{2}{3}\overline{AM}=\dfrac{2}{3}\times 15=10(cm)$　　**답** ③

425

점 G가 △ABC의 무게중심이므로

$\overline{DG}=\dfrac{1}{2}\overline{GC}=\dfrac{1}{2}\times 4=2(cm)$

$\therefore \overline{DC}=2+4=6(cm)$

△ADC에서 $\overline{AE}=\overline{ED}$, $\overline{AF}=\overline{FC}$이므로

$\overline{EF}=\dfrac{1}{2}\overline{DC}=\dfrac{1}{2}\times 6=3(cm)$　　**답** ①

426

두 점 G, G′은 각각 △ABD와 △ADC의 무게중심이므로

$\overline{BE}=\overline{ED}$, $\overline{DF}=\overline{FC}$

$\therefore \overline{EF}=\overline{ED}+\overline{DF}=\dfrac{1}{2}(\overline{BD}+\overline{DC})$

$=\dfrac{1}{2}\overline{BC}=\dfrac{1}{2}\times 24=12(cm)$ ───── ❶

△AEF에서

$\overline{AG}:\overline{AE}=\overline{AG'}:\overline{AF}=2:3$이므로

$\overline{GG'}:\overline{EF}=2:3$, $\overline{GG'}:12=2:3$

$\therefore \overline{GG'}=8(cm)$ ───────────── ❷

답 8 cm

단계	채점 기준	배점
❶	$\overline{EF}$의 길이 구하기	50 %
❷	$\overline{GG'}$의 길이 구하기	50 %

427

점 G가 △ABC의 무게중심이므로

$\overline{GE}=\dfrac{1}{3}\overline{AE}=\dfrac{1}{3}\times 12=4(cm)$

△DGF∽△CGE(AA 닮음)이므로

$\overline{GF}:\overline{GE}=\overline{GD}:\overline{GC}=1:2$

$\therefore \overline{GF}=\dfrac{1}{2}\overline{GE}=\dfrac{1}{2}\times 4=2(cm)$　　**답** 2 cm

428

점 G가 △ABC의 무게중심이므로

$\triangle GDC=\triangle GCE=\triangle AGE=5\ cm^2$

$\therefore \square DCEG=\triangle GDC+\triangle GCE$

$=2\times 5=10(cm^2)$　　**답** ②

429

점 G가 △ABC의 무게중심이므로

$\triangle GDC=\dfrac{1}{6}\triangle ABC=\dfrac{1}{6}\times 48=8(cm^2)$

$\overline{GE}=\overline{CE}$이므로

$\triangle GDE=\dfrac{1}{2}\triangle GDC=\dfrac{1}{2}\times 8=4(cm^2)$　　**답** 4 cm²

430

$\triangle ABC=\dfrac{1}{2}\times 12\times 9=54(cm^2)$ ───── ❶

점 G가 △ABC의 무게중심이므로

$$\triangle GDC = \frac{1}{6}\triangle ABC$$

$$= \frac{1}{6} \times 54 = 9(\text{cm}^2) \text{ ———————— } ❷$$

답 $9\,\text{cm}^2$

단계	채점 기준	배점
❶	△ABC의 넓이 구하기	30 %
❷	△GDC의 넓이 구하기	70 %

431

점 G가 △ABC의 무게중심이므로

$$\triangle GAB = \triangle GCA = \frac{1}{3}\triangle ABC$$

$$= \frac{1}{3} \times 24 = 8(\text{cm}^2)$$

두 점 E, F가 각각 $\overline{GB}$와 $\overline{GC}$의 중점이므로 색칠한 부분의 넓이는

$$\triangle GAE + \triangle GAF = \frac{1}{2}\triangle GAB + \frac{1}{2}\triangle GCA$$

$$= \frac{1}{2} \times 8 + \frac{1}{2} \times 8 = 8(\text{cm}^2)$$ **답** ①

432

점 G'이 △GBC의 무게중심이므로

$$\triangle G'GB = \triangle G'BC = \triangle G'CG = 4\,\text{cm}^2$$

$$\therefore \triangle GBC = 3 \times 4 = 12(\text{cm}^2)$$

점 G가 △ABC의 무게중심이므로

$$\triangle GAB = \triangle GBC = \triangle GCA = 12\,\text{cm}^2$$

$$\therefore \triangle ABC = 3 \times 12 = 36(\text{cm}^2)$$ **답** $36\,\text{cm}^2$

433

$\overline{AD} = \overline{DB}$, $\overline{DF} /\!/ \overline{BE}$이므로 $\overline{AF} = \overline{FE}$

$$\therefore \triangle ADE = 2\triangle ADF = 2 \times 15 = 30(\text{cm}^2)$$

$\overline{AE} = \overline{EC}$이므로

$$\triangle ADC = 2\triangle ADE = 2 \times 30 = 60(\text{cm}^2)$$

$\overline{AD} = \overline{DB}$이므로

$$\triangle ABC = 2\triangle ADC = 2 \times 60 = 120(\text{cm}^2)$$ **답** $120\,\text{cm}^2$

434

점 G가 △ABC의 무게중심이므로 $\overline{BF} = \overline{FC}$

$$\therefore \triangle AFC = \frac{1}{2}\triangle ABC = \frac{1}{2} \times 36 = 18(\text{cm}^2)$$

$\overline{GE} /\!/ \overline{FC}$이므로

$$\overline{AE} : \overline{EC} = \overline{AG} : \overline{GF} = 2 : 1$$

$$\therefore \triangle AFE = \frac{2}{3}\triangle AFC = \frac{2}{3} \times 18 = 12(\text{cm}^2)$$

$\overline{AG} : \overline{GF} = 2 : 1$이므로

$$\triangle GEF = \frac{1}{3}\triangle AFE = \frac{1}{3} \times 12 = 4(\text{cm}^2)$$ **답** $4\,\text{cm}^2$

435

오른쪽 그림과 같이 $\overline{AC}$와 $\overline{BD}$의 교점을 O라 하면 두 점 P, Q는 각각 △ABC, △ACD의 무게중심이므로

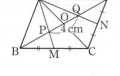

$$\overline{BO} = 3\overline{PO}, \ \overline{OD} = 3\overline{OQ}$$

$$\therefore \overline{BD} = \overline{BO} + \overline{OD}$$

$$= 3(\overline{PO} + \overline{OQ})$$

$$= 3\overline{PQ}$$

$$= 3 \times 4 = 12(\text{cm})$$ **답** 12 cm

436

오른쪽 그림과 같이 $\overline{AC}$와 $\overline{BD}$의 교점을 O라 하면 두 점 P, Q는 각각 △ABC, △ACD의 무게중심이므로

$$\overline{PO} = \frac{1}{3}\overline{BO}, \ \overline{OQ} = \frac{1}{3}\overline{OD}$$

$$\therefore \overline{PQ} = \overline{PO} + \overline{OQ}$$

$$= \frac{1}{3}(\overline{BO} + \overline{OD})$$

$$= \frac{1}{3}\overline{BD}$$

$$= \frac{1}{3} \times 48 = 16(\text{cm})$$ **답** 16 cm

437

오른쪽 그림과 같이 $\overline{AC}$와 $\overline{BD}$의 교점을 O라 하면 두 점 P, Q는 각각 △ABC, △ACD의 무게중심이므로

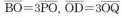

$$\overline{BO} = 3\overline{PO}, \ \overline{OD} = 3\overline{OQ}$$

$$\therefore \overline{BD} = \overline{BO} + \overline{OD}$$

$$= 3(\overline{PO} + \overline{OQ})$$

$$= 3\overline{PQ}$$

$$= 3 \times 12 = 36(\text{cm}) \text{ ———————— } ❶$$

$$\therefore \overline{MN} = \frac{1}{2}\overline{BD} = \frac{1}{2} \times 36 = 18(\text{cm}) \text{ ———————— } ❷$$

답 18 cm

단계	채점 기준	배점
❶	$\overline{BD}$의 길이 구하기	60 %
❷	$\overline{MN}$의 길이 구하기	40 %

438

오른쪽 그림과 같이 $\overline{AC}$와 $\overline{BD}$의 교점을 O라 하면 점 P는 △ABD의 무게중심이므로

$$\overline{AP} : \overline{PO} = 2 : 1$$

이때 $\overline{AO} = \overline{OC}$이므로

$$\overline{AP} : \overline{PC} = 2 : 4 = 1 : 2$$

$$\therefore \triangle ABC = 3\triangle ABP = 3 \times 4 = 12(\text{cm}^2)$$

$$\therefore \square ABCD = 2\triangle ABC$$

$$= 2 \times 12 = 24(\text{cm}^2)$$ **답** $24\,\text{cm}^2$

> 다른 풀이 $\triangle APM \backsim \triangle CPB$(AA 닮음)이므로

$\overline{AP} : \overline{PC} = \overline{AM} : \overline{BC} = 1 : 2$

$\therefore \triangle ABC = 3\triangle ABP = 3 \times 4 = 12(cm^2)$

$\therefore \square ABCD = 2\triangle ABC = 2 \times 12 = 24(cm^2)$

439

$\triangle ABC = \triangle ACD = \dfrac{1}{2}\square ABCD$

$\qquad = \dfrac{1}{2} \times 72 = 36(cm^2)$

점 P는 $\triangle ABC$의 무게중심이므로

$\triangle PEC = \triangle POC = \dfrac{1}{6}\triangle ABC$

$\qquad = \dfrac{1}{6} \times 36 = 6(cm^2)$

점 Q는 $\triangle ACD$의 무게중심이므로

$\triangle QOC = \triangle QFC = \dfrac{1}{6}\triangle ACD$

$\qquad = \dfrac{1}{6} \times 36 = 6(cm^2)$

따라서 색칠한 부분의 넓이는

$6 \times 4 = 24(cm^2)$ **답** $24\,cm^2$

440

$\square ABCD = 8 \times 6 = 48(cm^2)$이므로

$\triangle ACD = \dfrac{1}{2}\square ABCD$

$\qquad = \dfrac{1}{2} \times 48 = 24(cm^2)$

점 P는 $\triangle ACD$의 무게중심이므로

$\triangle PCM = \triangle PCO = \dfrac{1}{6}\triangle ACD$

$\qquad = \dfrac{1}{6} \times 24 = 4(cm^2)$

$\therefore \square OCMP = 2\triangle PCM$

$\qquad = 2 \times 4 = 8(cm^2)$ **답** $8\,cm^2$

441

$\triangle ABD \backsim \triangle ACB$(AA 닮음)이고 닮음비는

$\overline{AD} : \overline{AB} = 6 : 9 = 2 : 3$이므로

$\triangle ABD : \triangle ACB = 2^2 : 3^2$

$24 : \triangle ACB = 4 : 9$

$\therefore \triangle ACB = 54(cm^2)$

$\therefore \triangle BCD = \triangle ACB - \triangle ABD$

$\qquad = 54 - 24 = 30(cm^2)$ **답** ④

442

$\triangle ABC \backsim \triangle DBA$(AA 닮음)이고 닮음비는

$\overline{BC} : \overline{BA} = 15 : 9 = 5 : 3$이므로

$\triangle ABC : \triangle DBA = 5^2 : 3^2 = 25 : 9$ **답** ④

443

$\triangle ADE \backsim \triangle ABC$(AA 닮음)이고 닮음비는

$\overline{AD} : \overline{AB} = 3 : 5$이므로

$\triangle ADE : \triangle ABC = 3^2 : 5^2$ ────── ❶

$18 : \triangle ABC = 9 : 25$

$\therefore \triangle ABC = 50\,cm^2$ ────── ❷

$\therefore \square DBCE = \triangle ABC - \triangle ADE$

$\qquad = 50 - 18 = 32(cm^2)$ ────── ❸

답 $32\,cm^2$

단계	채점 기준	배점
❶	$\triangle ADE : \triangle ABC$ 구하기	40 %
❷	$\triangle ABC$의 넓이 구하기	30 %
❸	$\square DBCE$의 넓이 구하기	30 %

444

$\triangle ODA \backsim \triangle OBC$(AA 닮음)이고 닮음비는

$\overline{AD} : \overline{CB} = 6 : 8 = 3 : 4$이므로

$\triangle ODA : \triangle OBC = 3^2 : 4^2$

$\triangle ODA : 32 = 9 : 16$

$\therefore \triangle ODA = 18\,cm^2$ **답** ②

445

$\square ABCD$와 $\square EFGH$의 둘레의 길이의 비가 $3 : 1$이므로

닮음비도 $3 : 1$이다.

$\therefore \square ABCD : \square EFGH = 3^2 : 1^2 = 9 : 1$

따라서 $\square EFGH$와 색칠한 부분의 넓이의 비는

$1 : (9-1) = 1 : 8$ **답** ④

446

처음 원판의 넓이를 S라 하면 구멍 1개의 넓이는

$\left(\dfrac{1}{6}\right)^2 \times S = \dfrac{1}{36}S$이므로

(구멍 2개의 넓이의 합)$= 2 \times \dfrac{1}{36}S = \dfrac{1}{18}S$

(색칠한 부분의 넓이)$= S - \dfrac{1}{18}S = \dfrac{17}{18}S$

따라서 색칠한 부분의 넓이는 구멍 2개의 넓이의 합의 17배이다. **답** ④

447

두 선물 상자의 닮음비는 $3 : 6 = 1 : 2$이므로 겉넓이의 비는

$1^2 : 2^2 = 1 : 4$이다.

따라서 큰 선물 상자의 겉넓이를 $S\,cm^2$라 하면

$60 : S = 1 : 4$ $\therefore S = 240$

따라서 구하는 겉넓이는 $240\,cm^2$이다. **답** $240\,cm^2$

448

정사면체 ABCD와 정사면체 EBFG의 닮음비는

$1 : \dfrac{2}{3} = 3 : 2$이므로 겉넓이의 비는 $3^2 : 2^2 = 9 : 4$이다.

따라서 정사면체 EBFG의 겉넓이를 S cm^{2}라 하면

$90 : S = 9 : 4$ $\quad \therefore S = 40$

따라서 구하는 겉넓이는 40 cm^{2}이다. 🔲 40 cm^2

449

두 상자 A, B에 들어 있는 구슬 한 개의 반지름의 길이의 비가

2 : 1이므로 구슬 한 개의 겉넓이의 비는

$2^2 : 1^2 = 4 : 1$

그런데 두 상자 A, B에 들어 있는 구슬의 개수는 각각 1개, 8개

이므로 구슬 전체의 겉넓이의 비는

$(4 \times 1) : (1 \times 8) = 1 : 2$ 🔲 1 : 2

450

닮음비가 2 : 5이므로 부피의 비는 $2^3 : 5^3 = 8 : 125$

작은 원뿔의 부피가 32 cm^{3}이므로

$32 : (큰 원뿔의 부피) = 8 : 125$

$\therefore (큰 원뿔의 부피) = 500(\text{cm}^3)$ 🔲 ④

451

두 원뿔의 닮음비가 $12 : 16 = 3 : 4$이므로 부피의 비는

$3^3 : 4^3 = 27 : 64$ 🔲 ⑤

452

두 직육면체의 겉넓이의 비가 $16 : 25 = 4^2 : 5^2$이므로 닮음비는

4 : 5이다.

따라서 두 직육면체의 부피의 비는 $4^3 : 5^3 = 64 : 125$이므로

큰 직육면체의 부피를 V cm^{3}라 하면

$128 : V = 64 : 125$ $\quad \therefore V = 250$

따라서 큰 직육면체의 부피는 250 cm^{3}이다. 🔲 ①

453

② ㈎, ㈏의 밑면의 둘레의 길이의 비는 2 : 5이다. 🔲 ②

454

각 모서리의 길이를 $\dfrac{3}{2}$배로 늘렸으므로 작은 정사면체와 큰 정

사면체의 닮음비는 $1 : \dfrac{3}{2} = 2 : 3$이므로

부피의 비는 $2^3 : 3^3 = 8 : 27$이다.

큰 정사면체의 부피가 216 cm^{3}이므로

$(작은 정사면체의 부피) : 216 = 8 : 27$

$\therefore (작은 정사면체의 부피) = 64(\text{cm}^3)$ 🔲 64 cm^3

455

평면 Q의 위쪽에 있는 원뿔과 처음 원뿔의 닮음비는 2 : 3이므

로 부피의 비는 $2^3 : 3^3 = 8 : 27$ ──────── ❶

평면 Q의 위쪽에 있는 원뿔의 부피를 V cm^{3}라 하면

$V : 81 = 8 : 27$ $\quad \therefore V = 24$ ──────── ❷

따라서 평면 Q의 아래쪽에 있는 원뿔대의 부피는

$81 - 24 = 57(\text{cm}^3)$ ──────── ❸

🔲 57 cm^3

단계	채점 기준	배점
❶	평면 Q의 위쪽에 있는 원뿔과 처음 원뿔의 부피의 비 구하기	40 %
❷	평면 Q의 위쪽에 있는 원뿔의 부피 구하기	40 %
❸	평면 Q의 아래쪽에 있는 원뿔대의 부피 구하기	20 %

456

닮음비가 1 : 6이므로 부피의 비는 $1^3 : 6^3 = 1 : 216$

따라서 만들 수 있는 쇠공의 최대 개수는 216개이다. 🔲 ⑤

457

두 통조림통의 닮음비가 2 : 5이므로 부피의 비는

$2^3 : 5^3 = 8 : 125$이다.

따라서 ㈏의 부피를 V cm^{3}라 하면

$24 : V = 8 : 125$ $\quad \therefore V = 375$

따라서 구하는 부피는 375 cm^{3}이다. 🔲 ⑤

458

5분 동안 채운 물의 양과 그릇의 부피의 비는

$1^3 : 2^3 = 1 : 8$

물을 채우는 데 걸리는 시간과 채워지는 물의 양은 정비례하므

로 물을 그릇에 가득 채우는 데 걸리는 시간을 x분이라 하면

$5 : x = 1 : 8$ $\quad \therefore x = 40$

따라서 나머지를 가득 채우는 데 걸리는 시간은

$40 - 5 = 35(분)$ 🔲 35분

459

$\triangle ABC \backsim \triangle ADE$(AA 닮음)이므로

$\overline{AB} : \overline{AD} = \overline{BC} : \overline{DE}$

$\overline{AB} : (\overline{AB} + 4) = 10 : 15$

$15\overline{AB} = 10\overline{AB} + 40$ $\quad \therefore \overline{AB} = 8(\text{cm})$

따라서 실제 강의 폭은

$8 \text{ cm} \times 50000 = 400000 \text{ cm} = 4 \text{ km}$ 🔲 4 km

460

$\triangle BDE \backsim \triangle BAC$(AA 닮음)이므로

$\overline{BE} : \overline{BC} = \overline{DE} : \overline{AC}$

$10 : 60 = 15 : \overline{AC}$ $\quad \therefore \overline{AC} = 90(\text{m})$

따라서 축척이 $\frac{1}{1000}$인 지도에서의 길이는

$90 \text{ m} \times \frac{1}{1000} = 9000 \text{ cm} \times \frac{1}{1000} = 9 \text{ cm}$ 　**답** 9 cm

단계	채점 기준	배점
❶	축척 구하기	40 %
❷	실제 땅의 가로, 세로의 길이 구하기	40 %
❸	실제 땅의 넓이 구하기	20 %

461

20 m=2000 cm를 5 cm로 나타내었으므로 축척은

$\frac{5}{2000} = \frac{1}{400}$

$\therefore \overline{AC} = 2.9 \text{ cm} \times 400 = 1160 \text{ cm} = 11.6 \text{ m}$

따라서 나무의 실제 높이는

$11.6 + 1.6 = 13.2 (\text{m})$ 　**답** ④

462

두 지점 사이의 실제 거리는

$6 \text{ cm} \times 500000 = 3000000 \text{ cm} = 30 \text{ km}$

따라서 왕복하는 거리는 60 km이므로 왕복하는 데 걸리는 시간은 $\frac{60}{40} = 1.5$(시간), 즉 1시간 30분이다. 　**답** ③

463

지도에서의 길이와 실제 길이의 비가 1 : 20000이므로 넓이의 비는

$1^2 : 20000^2 = 1 : 400000000$

그런데 실제 넓이가

$20 \text{ km}^2 = 20000000 \text{ m}^2 = 200000000000 \text{ cm}^2$

이므로 지도에서의 넓이는

$200000000000 \times \frac{1}{400000000} = \frac{2000}{4} = 500 (\text{cm}^2)$

답 500 cm²

464

지도에서의 길이와 실제 길이의 비가 1 : 1000이므로 넓이의 비는

$1^2 : 1000^2 = 1 : 1000000$

그런데 축소한 평행사변형의 넓이는

$5 \times 3 = 15 (\text{cm}^2)$

이므로 실제 평행사변형의 넓이는

$15 \text{ cm}^2 \times 1000000 = 15000000 \text{ cm}^2 = 1500 \text{ m}^2$ 　**답** ④

465

지도의 축척은

$\frac{10 \text{ cm}}{5 \text{ km}} = \frac{10 \text{ cm}}{500000 \text{ cm}} = \frac{1}{500000}$ ────── ❶

이므로 실제 땅의 가로, 세로의 길이는 각각

$3 \text{ cm} \times 50000 = 150000 \text{ cm} = 1.5 \text{ km}$,

$4 \text{ cm} \times 50000 = 200000 \text{ cm} = 2 \text{ km}$ ────── ❷

따라서 실제 땅의 넓이는

$1.5 \times 2 = 3 (\text{km}^2)$ ────── ❸

답 3 km²

필수유형 뛰어넘기 　　　104~105쪽

466

오른쪽 그림과 같이 $\overline{AB}$를 그은 후 $\overline{MN}$의 연장선과의 교점을 E라 하자.

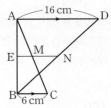

△ABC에서

$\overline{EM} = \frac{1}{2}\overline{BC} = \frac{1}{2} \times 6 = 3 (\text{cm})$

△ABD에서

$\overline{EN} = \frac{1}{2}\overline{AD} = \frac{1}{2} \times 16 = 8 (\text{cm})$

$\therefore \overline{MN} = \overline{EN} - \overline{EM} = 8 - 3 = 5 (\text{cm})$ 　**답** 5 cm

467

직각삼각형의 빗변의 중점은 외심이므로

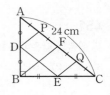

$\overline{AF} = \overline{BF} = \overline{CF}$

$= \frac{1}{2}\overline{AC} = \frac{1}{2} \times 24 = 12 (\text{cm})$

두 점 D, E가 각각 $\overline{AB}$, $\overline{BC}$의 중점이므로

$\overline{DE} = \frac{1}{2}\overline{AC} = \frac{1}{2} \times 24 = 12 (\text{cm})$

네 점 D, P, E, Q가 각각 $\overline{AB}$, $\overline{AF}$, $\overline{BC}$, $\overline{FC}$의 중점이므로

$\overline{DP} = \overline{EQ} = \frac{1}{2}\overline{BF} = \frac{1}{2} \times 12 = 6 (\text{cm})$

$\therefore (\Box DEQP의 둘레의 길이) = 2(\overline{DE} + \overline{DP})$

$= 2 \times (12 + 6) = 36 (\text{cm})$

답 36 cm

468

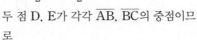

△AEC와 △BEC에서 네 점 D, G, F, H가 각각 $\overline{AE}$, $\overline{AC}$, $\overline{BE}$, $\overline{BC}$의 중점이므로

$\overline{DG} /\!/ \overline{EC} /\!/ \overline{FH}$, $\overline{DG} = \overline{FH} = \frac{1}{2}\overline{EC} = \frac{1}{2} \times 8 = 4 (\text{cm})$

△BDG에서 $\overline{DG} : \overline{FR} = 3 : 1$이므로

$\overline{FR} = \frac{1}{3}\overline{DG} = \frac{1}{3} \times 4 = \frac{4}{3} (\text{cm})$

$\therefore \overline{RH} = \overline{FH} - \overline{FR} = 4 - \frac{4}{3} = \frac{8}{3} (\text{cm})$

△GRH에서 $\overline{RH} : \overline{PQ} = 2 : 1$이므로

$\overline{PQ} = \frac{1}{2}\overline{RH} = \frac{1}{2} \times \frac{8}{3} = \frac{4}{3} (\text{cm})$ 　**답** $\frac{4}{3}$ cm

469

$\triangle$BDF에서 $\overline{DF}=2\overline{PE}$

$\triangle$AEC에서 $\overline{AE}=2\overline{DF}=4\overline{PE}$

$\therefore \overline{AP}=\overline{AE}-\overline{PE}=4\overline{PE}-\overline{PE}=3\overline{PE}$

$\triangle$APQ$\sim$$\triangle$FDQ(AA닮음)이므로

$\overline{PQ}:\overline{DQ}=\overline{AP}:\overline{FD}=3\overline{PE}:2\overline{PE}=3:2$

그런데 $\overline{BP}=\overline{PD}$이므로

$\overline{BP}:\overline{PQ}:\overline{QD}=(3+2):3:2=5:3:2$

$\therefore \overline{PQ}=\dfrac{3}{10}\overline{BD}=\dfrac{3}{10}\times30=9(cm)$　　**답** 9 cm

470

□ABCD가 등변사다리꼴이므로 $\overline{AC}=\overline{BD}$이고,

$\overline{EH}=\overline{FG}=\dfrac{1}{2}\overline{BD}$, $\overline{EF}=\overline{HG}=\dfrac{1}{2}\overline{AC}$

$\therefore \overline{EH}=\overline{FG}=\overline{EF}=\overline{HG}$

따라서 □EFGH는 마름모이다. ────── ❶

오른쪽 그림과 같이 $\overline{BD}$와 $\overline{EG}$의 교점

을 P라 하면

$\triangle$ABD와 $\triangle$BCD에서

$\overline{EG}=\overline{EP}+\overline{PG}=\dfrac{1}{2}(\overline{AD}+\overline{BC})$

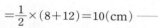

$\qquad =\dfrac{1}{2}\times(8+12)=10(cm)$ ──── ❷

따라서 □EFGH는 대각선의 길이가 각각 10 cm, 8 cm인 마름모이므로 그 넓이는

$\dfrac{1}{2}\times10\times8=40(cm^2)$ ────── ❸

답 40 cm²

단계	채점 기준	배점
❶	□EFGH가 마름모임을 알기	40 %
❷	$\overline{EG}$의 길이 구하기	50 %
❸	□EFGH의 넓이 구하기	10 %

471

오른쪽 그림과 같이 BC의 중점을 E

라 하고 $\overline{AE}$, $\overline{DE}$를 각각 그으면

$\triangle$EAD에서

$\overline{EG}:\overline{EA}=\overline{EG'}:\overline{ED}=1:3$이므로

$\overline{GG'}/\!/\overline{AD}$

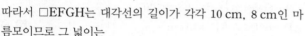

따라서 $\triangle$EAD에서 $\overline{GG'}/\!/\overline{AD}$이므로

$\overline{GG'}:\overline{AD}=\overline{EG}:\overline{EA}=1:3$

즉, $\overline{GG'}:9=1:3$이므로 $3\overline{GG'}=9$

$\therefore \overline{GG'}=3(cm)$　　**답** 3 cm

472

$\triangle$ABC에서 $\overline{AF}=\overline{FB}$, $\overline{AE}=\overline{EC}$이므로

$\overline{FE}/\!/\overline{BC}$

$\triangle$FGH$\sim$$\triangle$CGD(AA 닮음)이고, 점 G는 $\triangle$ABC의 무게중심이므로

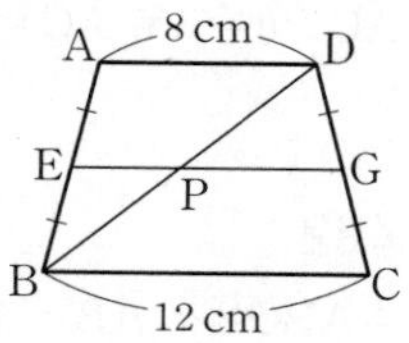

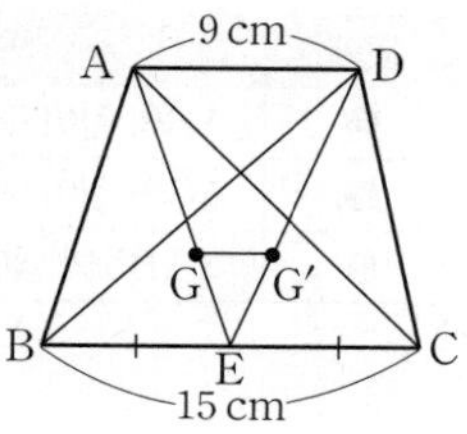

$\overline{HG}:\overline{GD}=\overline{FG}:\overline{GC}=1:2$

그런데 $\triangle$ABD에서 $\overline{AF}=\overline{FB}$이고, $\overline{FH}/\!/\overline{BD}$이므로

$\overline{AH}=\overline{HD}$

$\therefore \overline{AH}:\overline{HG}:\overline{GD}=(1+2):1:2=3:1:2$　　**답** 3 : 1 : 2

473

$\triangle$ABC$=\dfrac{1}{2}\times10\times9=45(cm^2)$

$\overline{AD}=\dfrac{1}{2}\overline{AB}$, $\overline{AM}=\dfrac{1}{3}\overline{AB}$이므로

$\overline{DM}=\overline{AD}-\overline{AM}=\dfrac{1}{2}\overline{AB}-\dfrac{1}{3}\overline{AB}=\dfrac{1}{6}\overline{AB}$

$\therefore \triangle$MDC$=\dfrac{1}{6}\triangle$ABC$=\dfrac{1}{6}\times45=\dfrac{15}{2}(cm^2)$

점 G가 $\triangle$ABC의 무게중심이므로

$\overline{CG}:\overline{GD}=2:1$

$\therefore \triangle$MGC$=\dfrac{2}{3}\triangle$MDC$=\dfrac{2}{3}\times\dfrac{15}{2}=5(cm^2)$　　**답** 5 cm²

474

점 I가 $\triangle$ABC의 내심이므로 $\overline{AE}$는 $\angle$A의 이등분선이다.

즉, $\overline{AB}:\overline{AC}=\overline{BE}:\overline{EC}=4:3$이므로

$\overline{BE}=\dfrac{4}{7}\overline{BC}$ ────────── ❶

점 G가 $\triangle$ABC의 무게중심이므로

$\overline{BD}=\dfrac{1}{2}\overline{BC}$

$\therefore \overline{DE}=\overline{BE}-\overline{BD}=\dfrac{4}{7}\overline{BC}-\dfrac{1}{2}\overline{BC}=\dfrac{1}{14}\overline{BC}$ ── ❷

$\therefore \triangle$ADE$=\dfrac{1}{14}\triangle$ABC$=\dfrac{1}{14}\times\left(\dfrac{1}{2}\times4\times3\right)$

$\qquad =\dfrac{3}{7}(cm^2)$ ──────────── ❸

답 $\dfrac{3}{7}$ cm²

단계	채점 기준	배점
❶	$\overline{BE}$를 $\overline{BC}$에 대한 식으로 나타내기	40 %
❷	$\overline{DE}$를 $\overline{BC}$에 대한 식으로 나타내기	30 %
❸	$\triangle$ADE의 넓이 구하기	30 %

475

$\triangle$CFG$\sim$$\triangle$CHE(AA 닮음)이고 닮음비가 2 : 1이므로

$\triangle$CFG : $\triangle$CHE$=2^2:1^2=4:1$

$\therefore$ □FGEH : $\triangle$CHE$=3:1$

그런데 □FGEH$=6$ cm²이므로

$6:\triangle$CHE$=3:1$　　$\therefore \triangle$CHE$=2(cm^2)$

$\therefore \triangle$CFG$=4\triangle$CHE$=4\times2=8(cm^2)$

$\overline{BG}:\overline{GC}=1:2$이므로

$\triangle$BFG : $\triangle$CFG$=1:2$

$\therefore \triangle$BFG$=\dfrac{1}{2}\triangle$CFG$=\dfrac{1}{2}\times8=4(cm^2)$

△BFG∽△BAC(SAS 닮음)이고 닮음비가 1 : 3이므로
△BFG : △BAC$=1^2 : 3^2=1 : 9$
∴ △ABC$=9$△BFG$=9 \times 4=36(\text{cm}^2)$ **답** 36 cm²

476

큰 쇠구슬과 작은 쇠구슬의 닮음비는 3 : 1이므로 부피의 비는
$3^3 : 1^3=27 : 1$
따라서 큰 쇠구슬 1개를 녹이면 작은 쇠구슬 27개를 만들 수 있다.
큰 쇠구슬과 작은 쇠구슬의 겉넓이의 비는
$3^2 : 1^2=9 : 1$
(큰 쇠구슬의 겉넓이) : (작은 쇠구슬의 겉넓이의 합)
$=(9 \times 1) : (1 \times 27)$
$=1 : 3$
따라서 작은 쇠구슬의 겉넓이의 합은 큰 쇠구슬의 겉넓이의 3배
이므로 $x=3$ **답** 3

477

닮음비가 1 : 2인 원뿔의 부피의 비는 $1^3 : 2^3=1 : 8$이므로 현재
남아 있는 물의 부피와 떨어진 물의 부피의 비는
$1 : (8-1)=1 : 7$
따라서 전체 물의 양의 $\dfrac{7}{8}$이 아래로 떨어진 것이므로 마지막으로
뒤집어 놓은 후 지난 시간은
$60 \times \dfrac{7}{8}=52.5(\text{분})$ **답** 52.5분

---

4 ⃞ 피타고라스 정리 🌿

필수유형 공략하기   109~116쪽

478

직각삼각형 ABC에서
$\overline{AC}^2=9^2+12^2=225$
$\overline{AC}>0$이므로 $\overline{AC}=15$ m
따라서 부러지기 전의 나무의 높이는
$9+15=24(\text{m})$ **답** ④

479

$5^2=x^2+3^2$이므로 $x^2=16$
$x>0$이므로 $x=4$ **답** 4

480

직각삼각형 ABC에서
$\overline{AC}^2=10^2-8^2=36$
$\overline{AC}>0$이므로 $\overline{AC}=6$ cm ————————❶
∴ △ABC$=\dfrac{1}{2} \times 8 \times 6=24(\text{cm}^2)$ ————❷

답 24 cm²

단계	채점 기준	배점
❶	$\overline{AC}$의 길이 구하기	60 %
❷	△ABC의 넓이 구하기	40 %

481

△ABD에서 $\overline{BD}^2=20^2-12^2=256$
$\overline{BD}>0$이므로 $\overline{BD}=16$ cm
∴ $\overline{CD}=21-16=5(\text{cm})$
△ADC에서 $\overline{AC}^2=5^2+12^2=169$
$\overline{AC}>0$이므로 $\overline{AC}=13$ cm **답** ①

482

△ABC에서 $\overline{AB}^2=17^2-15^2=64$
$\overline{AB}>0$이므로 $\overline{AB}=8$ cm
△ABD에서 $\overline{AD}^2=8^2+6^2=100$
$\overline{AD}>0$이므로 $\overline{AD}=10$ cm **답** ⑤

483

△ADB에서 $\overline{AB}^2=4^2+3^2=25$
$\overline{AB}>0$이므로 $\overline{AB}=5$ cm ————————❶
△ABC에서 $\overline{AC}^2=13^2-5^2=144$
$\overline{AC}>0$이므로 $\overline{AC}=12$ cm ————————❷
∴ △ABC$=\dfrac{1}{2} \times 5 \times 12=30(\text{cm}^2)$ ———❸

답 30 cm²

단계	채점 기준	배점
❶	$\overline{AB}$의 길이 구하기	40 %
❷	$\overline{AC}$의 길이 구하기	40 %
❸	△ABC의 넓이 구하기	20 %

484

오른쪽 그림과 같이 꼭짓점 C에서
$\overline{AD}$에 내린 수선의 발을 H라 하면
$\overline{DH}=8-5=3(\text{cm})$
△CDH에서
$\overline{CH}^2=5^2-3^2=16$
$\overline{CH}>0$이므로 $\overline{CH}=4$ cm
∴ □ABCD$=\dfrac{1}{2} \times (8+5) \times 4=26(\text{cm}^2)$ **답** ②

485

오른쪽 그림과 같이 $\overline{BD}$를 그으면

$\triangle ABD$에서

$\overline{BD}^2=5^2+7^2=74$

$\triangle BCD$에서

$\overline{BD}^2=x^2+x^2, \ 2x^2=74$

$\therefore \ x^2=37$

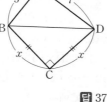

답 37

486

오른쪽 그림과 같이 꼭짓점 A에서

$\overline{BC}$에 내린 수선의 발을 H라 하면

$\overline{BH}=7-4=3$

$\triangle ABH$에서

$\overline{AH}^2=5^2-3^2=16$

$\overline{AH}>0$이므로 $\overline{AH}=4$

$\therefore \ \overline{CD}=\overline{AH}=4$

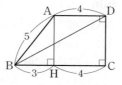

답 4

487

$\triangle ABC$에서 $\overline{AC}^2=1^2+1^2=2$

$\triangle ACD$에서 $\overline{AD}^2=2+1^2=3$

$\triangle ADE$에서 $\overline{AE}^2=3+1^2=4$

$\triangle AEF$에서 $\overline{AF}^2=4+1^2=5$

$\triangle AFG$에서 $\overline{AG}^2=5+1^2=6$

$\therefore \ x^2=\overline{AG}^2=6$

답 6

488

$\overline{OB}^2=\overline{OQ}^2=1^2+1^2=2$

$\overline{OC}^2=\overline{OR}^2=2+1^2=3$

$\overline{OD}^2=\overline{OS}^2=3+1^2=4$

$\overline{OD}>0$이므로 $\overline{OD}=2$

답 2

489

$\overline{AC}^2=\overline{AB}^2+\overline{BC}^2=2$

$\overline{AD}^2=\overline{AC}^2+\overline{CD}^2=2+1=3$

$\overline{AE}^2=\overline{AD}^2+\overline{DE}^2=3+1=4$

따라서 정사각형 AEFG의 넓이는 4 cm²이다.

답 4 cm²

490

$\triangle AEH\equiv\triangle BFE\equiv\triangle CGF\equiv\triangle DHG$(ASA 합동)이므로

$\square EFGH$는 정사각형이다.

$\overline{CF}=17-5=12, \ \overline{CG}=5$이므로

$\triangle CGF$에서

$\overline{FG}^2=5^2+12^2=169$

$\overline{FG}>0$이므로 $\overline{FG}=13$

$\therefore \ \square EFGH=13^2=169$

답 169

491

$\triangle AEH\equiv\triangle BFE\equiv\triangle CGF\equiv\triangle DHG$(ASA 합동)이므로

$\square EFGH$는 정사각형이다.

$\square EFGH=34$이므로 $\overline{EH}^2=34$

$\triangle AEH$에서

$\overline{AH}^2=\overline{EH}^2-\overline{AE}^2=34-9=25$

$\overline{AH}>0$이므로 $\overline{AH}=5$

따라서 $\overline{AB}=3+5=8$이므로

$\square ABCD=8^2=64$

답 64

492

$\triangle AEH\equiv\triangle BFE\equiv\triangle CGF\equiv\triangle DHG$(ASA 합동)이므로

$\square EFGH$는 정사각형이다.

$\square EFGH=50$에서 $\overline{EH}^2=50$ —————❶

$\overline{AH}=x$라 하면 $\triangle AEH$에서

$x^2+x^2=50, \ x^2=25$

$x>0$이므로 $x=5$ $\quad\therefore \ \overline{AH}=5$ —————❷

따라서 $\overline{AD}=2\overline{AH}=10$이므로 $\square ABCD$의 둘레의 길이는

$4\times10=40$ —————❸

답 40

단계	채점 기준	배점
❶	$\overline{EH}^2$의 값 구하기	30 %
❷	$\overline{AH}$의 길이 구하기	40 %
❸	$\square ABCD$의 둘레의 길이 구하기	30 %

493

$\triangle ABC$에서 $\overline{AC}^2=10^2-6^2=64$

$\overline{AC}>0$이므로 $\overline{AC}=8$ cm

$\therefore \ \triangle FKJ=\dfrac{1}{2}\square AFKJ=\dfrac{1}{2}\square ACDE$

$\qquad =\dfrac{1}{2}\times8^2=32$(cm²)

답 32 cm²

494

$\square AFGB=\square ACDE+\square BHIC$이므로

$\square ACDE=14-6=8$(cm²)

답 8 cm²

495

①, ② $\triangle EAB$와 $\triangle CAF$에서

$\overline{EA}=\overline{CA}, \ \overline{AB}=\overline{AF}, \ \angle EAB=\angle CAF$

이므로 $\triangle EAB\equiv\triangle CAF$(SAS 합동)

$\therefore \ \overline{BE}=\overline{CF}$

③ $\triangle BHI=\dfrac{1}{2}\square BHIC=\dfrac{1}{2}\square BJKG=\triangle BJK$

④ $\triangle ACE=\dfrac{1}{2}\square ACDE=\dfrac{1}{2}\square AFKJ$

⑤ $\triangle ABC=\dfrac{1}{2}\times\overline{AC}\times\overline{BC}, \ \square BHIC=\overline{BC}^2$이므로

$\triangle ABC\neq\dfrac{1}{2}\square BHIC$

따라서 옳지 않은 것은 ⑤이다.

답 ⑤

496

① $5^2=3^2+4^2$이므로 직각삼각형이다.

② $6^2\neq4^2+5^2$이므로 직각삼각형이 아니다.

③ $13^2=5^2+12^2$이므로 직각삼각형이다.

④ $10^2=6^2+8^2$이므로 직각삼각형이다.

⑤ $12^2\neq8^2+10^2$이므로 직각삼각형이 아니다.

따라서 직각삼각형이 아닌것은 ②, ⑤이다. **답** ②, ⑤

497

① $4^2\neq2^2+3^2$

② $6^2\neq3^2+5^2$

③ $9^2\neq5^2+8^2$

④ $12^2\neq6^2+9^2$

⑤ $17^2=8^2+15^2$

따라서 직각삼각형인 것은 ⑤이다. **답** ⑤

498

가장 긴 변의 길이가 a이므로

$a^2=3^2+4^2=25$

$a>0$이므로 $a=5$ **답** 5

499

① $3^2>2^2+2^2$이므로 둔각삼각형이다.

② $4^2>2^2+3^2$이므로 둔각삼각형이다.

③ $7^2<5^2+6^2$이므로 예각삼각형이다.

④ $12^2<8^2+10^2$이므로 예각삼각형이다.

⑤ $13^2=5^2+12^2$이므로 직각삼각형이다. **답** ①, ②

500

① $b^2<a^2+c^2$이면 ∠B는 예각이다.

그러나 ∠B가 가장 큰 각이 아니므로 ∠B가 예각이라고 해서 △ABC가 예각삼각형인지는 알 수 없다. **답** ①

▶ **참고** b가 가장 긴 변의 길이일 때는 $b^2<a^2+c^2$이면 △ABC는 예각삼각형이다.

501

① $x=2$일 때, $4^2>2^2+3^2$ ⇨ 둔각삼각형

② $x=3$일 때, $4^2<3^2+3^2$ ⇨ 예각삼각형

③ $x=4$일 때, $4^2<4^2+3^2$ ⇨ 예각삼각형

④ $x=5$일 때, $5^2=3^2+4^2$ ⇨ 직각삼각형

⑤ $x=6$일 때, $6^2>3^2+4^2$ ⇨ 둔각삼각형 **답** ②, ③

502

△ABC에서

$\overline{AC}^2=15^2+20^2=625$

$\overline{AC}>0$이므로 $\overline{AC}=25$ cm

$\overline{BC}^2=\overline{CD}\times\overline{CA}$이므로

$15^2=\overline{CD}\times25$ ∴ $\overline{CD}=9(cm)$ **답** ③

503

$\overline{AC}^2=\overline{CD}\times\overline{CB}$이므로

$12^2=9\times\overline{CB}$ ∴ $\overline{CB}=16(cm)$

△ABC에서

$\overline{AB}^2=\overline{BC}^2-\overline{AC}^2=16^2-12^2=112$ **답** 112

504

△ABC에서

$\overline{AB}^2=9^2-6^2=45$ ∴ $x^2=45$

$\overline{AB}^2=\overline{BD}\times\overline{BC}$이므로

$45=\overline{BD}\times9$ ∴ $\overline{BD}=5(cm)$

$\overline{CD}=\overline{BC}-\overline{BD}=9-5=4(cm)$

$\overline{AD}^2=\overline{DB}\times\overline{DC}=5\times4=20$

∴ $y^2=20$

∴ $x^2+y^2=45+20=65$ **답** 65

505

$\overline{DE}^2+\overline{BC}^2=\overline{BE}^2+\overline{CD}^2$이므로

$x^2+12^2=10^2+9^2$

∴ $x^2=37$ **답** 37

506

△ABC에서 $\overline{AB}^2=6^2+8^2=100$

$\overline{AB}>0$이므로 $\overline{AB}=10$ ────── ❶

$\overline{DE}^2+\overline{AB}^2=\overline{AD}^2+\overline{BE}^2$이므로

$\overline{DE}^2+10^2=\overline{AD}^2+9^2$

∴ $\overline{AD}^2-\overline{DE}^2=100^2-9^2=19$ ────── ❷

답 19

단계	채점 기준	배점
❶	$\overline{AB}$의 길이 구하기	50 %
❷	$\overline{AD}^2-\overline{DE}^2$의 값 구하기	50 %

507

$\overline{DE}$는 삼각형의 두 변의 중점을 연결한 선분이므로

$\overline{DE}=\dfrac{1}{2}\overline{AC}=\dfrac{1}{2}\times4=2$

∴ $\overline{AE}^2+\overline{CD}^2=\overline{DE}^2+\overline{AC}^2$

$=2^2+4^2=20$ **답** ①

508

$\overline{AB}^2+\overline{CD}^2=\overline{AD}^2+\overline{BC}^2$이므로

$10^2+13^2=\overline{AD}^2+15^2$

∴ $\overline{AD}^2=44$ **답** 44

509

$\overline{AB}^2 + \overline{CD}^2 = \overline{AD}^2 + \overline{BC}^2$이므로

$10^2 + 8^2 = 11^2 + \overline{BC}^2$　　$\therefore \overline{BC}^2 = 43$

$\triangle BOC$에서 $x^2 + 4^2 = 43$　　$\therefore x^2 = 27$　　　**답** 27

510

답 $\triangle OBC$, $\overline{OD}$, $\triangle ODA$, $\overline{OA}$, $\overline{AD}$

511

$\overline{AP}^2 + \overline{CP}^2 = \overline{BP}^2 + \overline{DP}^2$이므로

$2^2 + 4^2 = x^2 + 3^2$　　$\therefore x^2 = 11$　　　**답** 11

512

$\overline{AP}^2 + \overline{CP}^2 = \overline{BP}^2 + \overline{DP}^2$이므로

$x^2 + 5^2 = y^2 + 4^2$

$\therefore y^2 - x^2 = 5^2 - 4^2 = 9$　　　**답** 9

513

$\overline{AP}^2 + \overline{CP}^2 = \overline{BP}^2 + \overline{DP}^2$이므로

$x^2 + y^2 = 5^2 + 6^2 = 61$　　　**답** 61

514

$Q = \dfrac{1}{2} \times \pi \times 4^2 = 8\pi (\text{cm}^2)$

$P + R = Q$이므로

$P + Q + R = 2Q = 16\pi (\text{cm}^2)$　　　**답** ②

515

$Q = P + R = 32\pi + 18\pi = 50\pi$이므로

$\dfrac{1}{2} \times \pi \times \left(\dfrac{\overline{BC}}{2}\right)^2 = 50\pi$

$\overline{BC}^2 = 400$

$\overline{BC} > 0$이므로 $\overline{BC} = 20$　　　**답** 20

▶ 다른 풀이 $P = \dfrac{1}{2} \times \pi \times \left(\dfrac{\overline{AB}}{2}\right)^2 = 32\pi$이므로 $\overline{AB}^2 = 256$

$R = \dfrac{1}{2} \times \pi \times \left(\dfrac{\overline{AC}}{2}\right)^2 = 18\pi$이므로 $\overline{AC}^2 = 144$

$\triangle ABC$에서 $\overline{BC}^2 = \overline{AB}^2 + \overline{AC}^2 = 256 + 144 = 400$

$\therefore \overline{BC} = 20 (\because \overline{BC} > 0)$

516

$\overline{AB}$, $\overline{BC}$, $\overline{CA}$를 지름으로 하는 반원의 넓이를 각각 S_1, S_2, S_3라 하면

$S_2 = \dfrac{1}{2} \times \pi \times 2^2 = 2\pi (\text{cm}^2)$

$\therefore S_3 = S_2 + S_1 = 8\pi + 2\pi = 10\pi (\text{cm}^2)$　　　**답** 10π cm²

▶ 다른 풀이 $\dfrac{1}{2} \times \pi \times \left(\dfrac{\overline{AB}}{2}\right)^2 = 8\pi$이므로 $\overline{AB}^2 = 64$

$\triangle ABC$에서 $\overline{AC}^2 = \overline{AB}^2 + \overline{BC}^2 = 64 + 16 = 80$

따라서 $\overline{AC}$를 지름으로 하는 반원의 넓이는

$\dfrac{1}{2} \times \pi \times \left(\dfrac{\overline{AC}}{2}\right)^2 = \dfrac{80}{8}\pi = 10\pi (\text{cm}^2)$

517

$\triangle ABC$에서

$\overline{AC}^2 = 13^2 - 12^2 = 25$

$\overline{AC} > 0$이므로 $\overline{AC} = 5$ cm

색칠한 부분의 넓이는 $\triangle ABC$의 넓이와 같으므로

$\dfrac{1}{2} \times 5 \times 12 = 30 (\text{cm}^2)$　　　**답** ④

518

색칠한 부분의 넓이가 24 cm²이므로

$\triangle ABC = \dfrac{1}{2} \times 6 \times \overline{AC} = 24$　　$\therefore \overline{AC} = 8$ cm

$\triangle ABC$에서

$\overline{BC}^2 = 8^2 + 6^2 = 100$

$\overline{BC} > 0$이므로 $\overline{BC} = 10$ cm　　　**답** ④

519

오른쪽 그림에서

$S_1 + S_2 = \triangle ABC$이고

$\triangle ABC$에서

$\overline{AC}^2 = 17^2 - 15^2 = 64$

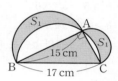

$\overline{AC} > 0$이므로 $\overline{AC} = 8$ cm ────── **❶**

$\therefore$ (색칠한 부분의 넓이)

　$= S_1 + S_2 + \triangle ABC$

　$= 2\triangle ABC$

　$= 2 \times \left(\dfrac{1}{2} \times 15 \times 8\right) = 120 (\text{cm}^2)$ ───── **❷**

답 120 cm²

단계	채점 기준	배점
❶	$\overline{AC}$의 길이 구하기	50 %
❷	색칠한 부분의 넓이 구하기	50 %

520

$\overline{BD}^2 = 5^2 + 12^2 = 169$

$\overline{BD} > 0$이므로 $\overline{BD} = 13$ cm

따라서 정사각형 BEFD의 둘레의 길이는

$4 \times 13 = 52 (\text{cm})$　　　**답** 52 cm

521

$\overline{BD}^2 = 8^2 + 6^2 = 100$

$\overline{BD} > 0$이므로 $\overline{BD} = 10$ cm

$\triangle ABD$에서 $\overline{AB} \times \overline{AD} = \overline{BD} \times \overline{AH}$이므로

$6 \times 8 = 10 \times \overline{AH}$

$\therefore \overline{AH} = \dfrac{24}{5}(cm)$ ▣ $\dfrac{24}{5}$ cm

522

원의 반지름의 길이를 r라 하면 정사각형의 한 변의 길이는 $2r$이므로

$(2r)^2 + (2r)^2 = 64$, $4r^2 + 4r^2 = 64$

$\therefore r^2 = 8$ ───────── ❶

따라서 구하는 원의 넓이는

$\pi \times r^2 = 8\pi$ ───────── ❷

▣ 8π

단계	채점 기준	배점
❶	r^2의 값 구하기	50 %
❷	원의 넓이 구하기	50 %

523

밑면의 반지름의 길이를 r cm라 하면

$2\pi r = 6\pi$ $\therefore r = 3$

원뿔의 높이를 h cm라 하면

$h^2 = 5^2 - 3^2 = 16$

$h > 0$이므로 $h = 4$

따라서 원뿔의 높이는 4 cm이다. ▣ 4 cm

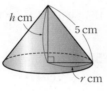

524

생기는 회전체는 오른쪽 그림과 같은 원뿔이므로 원뿔의 높이를 h cm라 하면

$h^2 = 13^2 - 5^2 = 144$

$h > 0$이므로 $h = 12$

따라서 원뿔의 부피는

$\dfrac{1}{3} \times \pi \times 5^2 \times 12 = 100\pi(cm^3)$

▣ ③

525

원뿔의 밑면의 반지름의 길이를 r cm라 하면

$2\pi \times 10 \times \dfrac{216}{360} = 2\pi r$ $\therefore r = 6$

주어진 전개도로 원뿔을 만들면 오른쪽 그림과 같고 원뿔의 높이를 h cm라 하면

$h^2 = 10^2 - 6^2 = 64$

$h > 0$이므로 $h = 8$

따라서 원뿔의 부피는

$\dfrac{1}{3} \times \pi \times 6^2 \times 8 = 96\pi(cm^3)$ ▣ 96π cm³

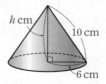

526

$\overline{BC}^2 = 6^2 + 8^2 = 100$

$\overline{BC} > 0$이므로 $\overline{BC} = 10$ cm

따라서 $\overline{BC}$를 지름으로 하는 반원의 넓이는

$\dfrac{1}{2} \times \pi \times 5^2 = \dfrac{25}{2}\pi(cm^2)$ ▣ $\dfrac{25}{2}\pi$ cm²

527

$\overline{AB} = y$라 하면 $\triangle ABC$에서

$y^2 + 16^2 = 20^2$, $y^2 = 144$

$y > 0$이므로 $y = 12$

$\triangle ABD$에서

$y^2 + 5^2 = x^2$, $x^2 = 169$

$x > 0$이므로 $x = 13$ ▣ 13

528

$34^2 = 16^2 + 30^2$이므로 주어진 삼각형은 빗변의 길이가 34 cm인 직각삼각형이다. 따라서 구하는 삼각형의 넓이는

$\dfrac{1}{2} \times 16 \times 30 = 240(cm^2)$ ▣ 240 cm²

529

$\triangle ABC$에서

$\overline{AC}^2 = 10^2 - 6^2 = 64$

$\overline{AC} > 0$이므로 $\overline{AC} = 8$ cm

$\triangle ADE$와 $\triangle ADC$에서

$\overline{DE} = \overline{DC}$, $\angle AED = \angle ACD = 90°$, $\overline{AD}$는 공통이므로

$\triangle ADE \equiv \triangle ADC$(RHS 합동)

$\therefore \overline{AE} = \overline{AC} = 8$ cm

따라서 $\overline{BE} = \overline{AB} - \overline{AE} = 10 - 8 = 2(cm)$

이때 $\overline{DE} = \overline{DC} = x$ cm라 하면

$\triangle BDE = \triangle ABC - 2\triangle ADC$이므로

$\dfrac{1}{2} \times 2 \times x = \dfrac{1}{2} \times 6 \times 8 - 2 \times \dfrac{1}{2} \times x \times 8$

$x = 24 - 8x$ $\therefore x = \dfrac{8}{3}$

$\therefore \triangle BDE = \dfrac{1}{2} \times 2 \times \overline{DE} = \dfrac{1}{2} \times 2 \times \dfrac{8}{3} = \dfrac{8}{3}(cm^2)$

▣ $\dfrac{8}{3}$ cm²

530

$\triangle ABC$에서

$\overline{BC}^2 = 5^2 - 3^2 = 16$

$\overline{BC} > 0$이므로 $\overline{BC} = 4$ cm ───────── ❶

$\overline{AD}$는 $\angle A$의 이등분선이므로

$\overline{BD} : \overline{CD} = \overline{AB} : \overline{AC} = 5 : 3$ ───────── ❷

$$\therefore \overline{BD}=\frac{5}{8}\overline{BC}=\frac{5}{8}\times 4=\frac{5}{2}(cm)$$ ────── ❸

답 $\dfrac{5}{2}$ cm

단계	채점 기준	배점
❶	$\overline{BC}$의 길이 구하기	40 %
❷	$\overline{BD}:\overline{CD}$ 구하기	40 %
❸	$\overline{BD}$의 길이 구하기	20 %

531

$\square ABCD=4$ cm²에서 $\overline{BC}^{2}=4$

$\overline{BC}>0$이므로 $\overline{BC}=2$ cm

$\square ECGF=36$ cm²에서 $\overline{CG}^{2}=36$

$\overline{CG}>0$이므로 $\overline{CG}=6$ cm

따라서 $\triangle BGF$에서

$\overline{BF}^{2}=8^{2}+6^{2}=100$

$\overline{BF}>0$이므로 $\overline{BF}=10$ cm

답 10 cm

532

$\overline{AB}=x$ cm라 하면

$\triangle ACB$에서 $\overline{AC}^{2}=x^{2}+x^{2}=2x^{2}$

$\triangle ADC$에서 $\overline{AD}^{2}=x^{2}+2x^{2}=3x^{2}$

$\triangle AED$에서 $\overline{AE}^{2}=x^{2}+3x^{2}=4x^{2}$

$\overline{AE}>0$이므로 $\overline{AE}=2x$ cm

오각형 AEDCB의 둘레의 길이가 12 cm이므로

$x+x+x+x+2x=12$

$6x=12$ $\therefore x=2$

$\therefore \overline{AB}=2$ cm

답 2 cm

533

$\overline{BD}\,/\!/\,\overline{AG}$이므로 $\triangle BDA=\triangle BDF$

$\overline{CE}\,/\!/\,\overline{AG}$이므로 $\triangle CEA=\triangle CEF$

$\triangle ABC$에서

$\overline{BC}^{2}=8^{2}+6^{2}=100$

$\overline{BC}>0$이므로 $\overline{BC}=10$ cm

따라서 색칠한 부분의 넓이는

$\triangle BDA+\triangle CEA=\triangle BDF+\triangle CEF$

$\qquad\qquad =\dfrac{1}{2}\square BDEC$

$\qquad\qquad =\dfrac{1}{2}\times 10^{2}=50(cm^{2})$

답 ③

534

$\triangle ABE$에서

$\overline{BE}^{2}=5^{2}-4^{2}=9$

$\overline{BE}>0$이므로 $\overline{BE}=3$

$\overline{AH}=\overline{BE}=3$이므로 $\overline{HE}=4-3=1$

$\therefore \square EFGH=1^{2}=1$

답 1

535

$\triangle ABE\equiv\triangle ECD$이므로

$\overline{AE}=\overline{ED}$, $\angle AED=90°$

즉, $\triangle AED$는 직각이등변삼각형이다.

한편, $\overline{AB}=5$이므로 $\triangle ABE$에서

$\overline{AE}^{2}=5^{2}+3^{2}=34$

$\therefore \triangle AED=\dfrac{1}{2}\overline{AE}^{2}=\dfrac{1}{2}\times 34=17$

답 17

536

선분 EA를 그으면 $\overline{BE}\,/\!/\,\overline{CD}$이므로

$\triangle EBC=\triangle EBA$ ────── ❶

$\triangle EBA=\dfrac{1}{2}\overline{AB}^{2}$이므로

$16=\dfrac{1}{2}\overline{AB}^{2}$ $\therefore \overline{AB}^{2}=32$ ──── ❷

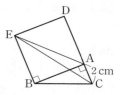

$\triangle ABC$에서

$\overline{BC}^{2}=\overline{AB}^{2}+\overline{AC}^{2}=32+4=36$

$\overline{BC}>0$이므로 $\overline{BC}=6$ cm ────── ❸

답 6 cm

단계	채점 기준	배점
❶	$\triangle EBC=\triangle EBA$임을 알기	30 %
❷	$\overline{AB}^{2}$의 값 구하기	40 %
❸	$\overline{BC}$의 길이 구하기	30 %

537

$\angle A>90°$이므로 가장 긴 변의 길이는 x이다.

5, 12, x가 삼각형의 세 변의 길이가 되려면

$12<x<5+12$ $\therefore 12<x<17$ ······ ㉠

$\angle A>90°$이므로

$x^{2}>5^{2}+12^{2}=169$ ······ ㉡

$x>0$이므로 $x>13$

㉠, ㉡에서 $13<x<17$

따라서 구하는 자연수 x는 14, 15, 16의 3개이다.　**답** 3개

538

오른쪽 그림과 같이 $\overline{BD}$를 그으면

$\triangle ABD$, $\triangle BCD$는 각각 직각삼각형이

므로

$S_{1}+S_{2}=\triangle ABD$, $S_{3}+S_{4}=\triangle BCD$

$\therefore S_{1}+S_{2}+S_{3}+S_{4}=\triangle ABD+\triangle BCD$

$\qquad\qquad\qquad =\square ABCD$

$\qquad\qquad\qquad =4\times 6=24(cm^{2})$　**답** 24 cm²

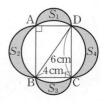

539

$\overline{AB}^{2}+\overline{CD}^{2}=\overline{AD}^{2}+\overline{BC}^{2}$이므로

$9^{2}+7^{2}=\overline{AD}^{2}+10^{2}$, $\overline{AD}^{2}=30$

$\therefore \overline{AO}^{2}+\overline{DO}^{2}=\overline{AD}^{2}=30$　**답** 30

Ⅲ. 확률

1 경우의 수

필수유형 공략하기   122~129쪽

540

눈의 수의 합이 6인 경우는 $(1, 5)$, $(2, 4)$, $(3, 3)$, $(4, 2)$, $(5, 1)$이므로 구하는 경우의 수는 5이다.   답 ⑤

541

1부터 20까지의 자연수 중에서 소수는 2, 3, 5, 7, 11, 13, 17, 19이므로 구하는 경우의 수는 8이다.   답 ④

542

눈의 수의 차가 4인 경우는 $(1, 5)$, $(2, 6)$, $(5, 1)$, $(6, 2)$이므로 구하는 경우의 수는 4이다.   답 4

543

1000원을 지불하는 방법을 표로 나타내면 다음과 같다.

500원짜리(개)	2	1	1	1	1
100원짜리(개)	0	5	4	3	2
50원짜리(개)	0	0	2	4	6

따라서 구하는 경우의 수는 5이다.   답 ③

544

400원을 지불하는 방법을 표로 나타내면 다음과 같다.

100원짜리(개)	4	3	3	2	2	1
50원짜리(개)	0	2	1	4	3	5
10원짜리(개)	0	0	5	0	5	5

따라서 구하는 방법의 수는 6이다.   답 ③

545

지불할 수 있는 금액을 표로 나타내면 다음과 같다.

100원짜리(개) / 500원짜리(개)	1	2	3
1	600	700	800
2	1100	1200	1300

따라서 지불할 수 있는 금액은 모두 6가지이다.   답 6가지

546

눈의 수의 합이 4인 경우는
$(1, 3)$, $(2, 2)$, $(3, 1)$의 3가지

눈의 수의 합이 5인 경우는
$(1, 4)$, $(2, 3)$, $(3, 2)$, $(4, 1)$의 4가지
따라서 눈의 수의 합이 4 또는 5가 되는 경우의 수는
$3+4=7$ 답 ②

547

양식은 5가지 종류, 한식은 4가지 종류이므로 양식 또는 한식을 주문하는 경우의 수는 $5+4=9$ 답 9

548

1부터 20까지의 자연수 중에서
3의 배수는 3, 6, 9, 12, 15, 18의 6개
7의 배수는 7, 14의 2개
따라서 3의 배수 또는 7의 배수가 적힌 구슬이 나오는 경우의 수는 $6+2=8$ 답 8

549

1부터 12까지의 자연수 중에서
소수는 2, 3, 5, 7, 11의 5개 ────────── ❶
4의 배수는 4, 8, 12의 3개 ────────── ❷
따라서 소수 또는 4의 배수가 적힌 카드가 나오는 경우의 수는 $5+3=8$ ────────── ❸
   답 8

단계	채점 기준	배점
❶	소수의 개수 구하기	30 %
❷	4의 배수의 개수 구하기	30 %
❸	소수 또는 4의 배수가 나오는 경우의 수 구하기	40 %

550

$A \rightarrow B \rightarrow C$로 가는 경우의 수는 $3 \times 2 = 6$
$A \rightarrow D \rightarrow C$로 가는 경우의 수는 $2 \times 4 = 8$
따라서 구하는 경우의 수는 $6+8=14$ 답 ④

551

집에서 서점까지 가는 길은 3가지, 서점에서 학교까지 가는 길은 4가지이므로 구하는 경우의 수는 $3 \times 4 = 12$ 답 ⑤

552

$A \rightarrow B \rightarrow C$로 가는 경우의 수는 $2 \times 3 = 6$ ── ❶
$A \rightarrow C$로 가는 경우의 수는 2 ────────── ❷
따라서 구하는 경우의 수는 $6+2=8$ ────────── ❸
   답 8

단계	채점 기준	배점
❶	$A \rightarrow B \rightarrow C$로 가는 경우의 수 구하기	40 %
❷	$A \rightarrow C$로 가는 경우의 수 구하기	40 %
❸	A에서 C로 가는 모든 경우의 수 구하기	20 %

553

각각의 동전을 던지는 경우는 2가지, 주사위를 던지는 경우는 6
가지이므로 구하는 경우의 수는 $2 \times 2 \times 2 \times 6 = 48$

답 48

554

각각의 사람이 가위, 바위, 보의 3가지를 낼 수 있으므로 구하
는 경우의 수는 $3 \times 3 \times 3 = 27$

답 27

555

각각의 전구에 대하여 켜지는 경우와 꺼지는 경우의 2가지가 있
으므로 구하는 신호의 개수는 $2 \times 2 \times 2 = 8$(개)

답 ③

556

각각의 칸에 ●, ■, ★의 3가지를 넣을 수 있으므로 구하는 암
호의 개수는 $3 \times 3 \times 3 \times 3 = 81$(개)

답 81개

557

자음이 4개, 모음이 3개 있으므로 구하는 글자의 개수는
$4 \times 3 = 12$(개)

답 ⑤

558

티셔츠는 4종류, 바지는 6종류가 있으므로 구하는 날수는
$4 \times 6 = 24$(일)

답 ③

559

x의 값은 3개, y의 값은 4개이고, 모든 x, y의 값이 서로소이므
로 각각의 x, y의 값에 대하여 $\dfrac{x}{y}$의 값 중 같은 수는 없다.

따라서 구하는 모든 유리수는 $3 \times 4 = 12$(개)

답 12개

560

5명을 한 줄로 세우는 경우의 수는 $5 \times 4 \times 3 \times 2 \times 1 = 120$ **답** ②

561

4명을 한 줄로 세우는 경우의 수와 같으므로
$4 \times 3 \times 2 \times 1 = 24$

답 ⑤

562

10 이하의 소수는 2, 3, 5, 7의 4개이다. ──────❶
가능한 비밀번호의 가짓수는 4개의 소수를 한 줄로 세우는
경우의 수와 같으므로 $4 \times 3 \times 2 \times 1 = 24$ ──────❷

답 24가지

단계	채점 기준	배점
❶	10 이하의 소수의 개수 구하기	30 %
❷	가능한 비밀번호의 가짓수 구하기	70 %

563

6권 중에서 3권을 뽑아 한 줄로 세우는 경우의 수와 같으므로
$6 \times 5 \times 4 = 120$

답 ③

564

10개의 역 중에서 2개를 뽑아 한 줄로 세우는 경우와 같으므로
$10 \times 9 = 90$(가지)

답 ③

565

4가지 과일 중에서 3가지를 뽑아 한 줄로 세우는 경우의 수와
같으므로 $4 \times 3 \times 2 = 24$

답 24

566

| | | | 지수 |

지수를 제외한 나머지 3명을 한 줄로 세우는 경우의 수와 같으
므로 $3 \times 2 \times 1 = 6$

답 ①

567

| | | 현주 | | |

현주를 제외한 나머지 4명을 한 줄로 세우는 경우의 수와 같으
므로 $4 \times 3 \times 2 \times 1 = 24$

답 ④

568

| 갑 | | | 을 |

갑, 을을 제외한 나머지 4명 중에서 2명을 뽑아 한 줄로 세우는
경우의 수와 같으므로 $4 \times 3 = 12$

답 12

569

| 남 | 남 | 남 | 남 | 여여 |

여학생 2명을 한 묶음으로 생각하여 5명을 한 줄로 세우는 경우
의 수는 $5 \times 4 \times 3 \times 2 \times 1 = 120$

이때 여학생 2명이 자리를 바꾸는 경우의 수는 2이므로 구하는
경우의 수는 $120 \times 2 = 240$

답 ④

570

| AB | C | D | E |

B를 A의 뒤에 세운 채로 한 묶음으로 생각하면 구하는 경우의
수는 4명을 한 줄로 세우는 경우의 수와 같으므로
$4 \times 3 \times 2 \times 1 = 24$

답 ④

571

| 한한한 | 영영 |

한국인과 영국인을 각각 한 묶음으로 생각하여 2명을 한 줄로
세우는 경우의 수는
$2 \times 1 = 2$ ──────❶

이때 한국인 3명이 자리를 바꾸는 경우의 수는

$3 \times 2 \times 1 = 6$ ──────────────── ❷

영국인 2명이 자리를 바꾸는 경우의 수는

$2 \times 1 = 2$ ──────────────── ❸

따라서 구하는 경우의 수는

$2 \times 6 \times 2 = 24$ ──────────────── ❹

답 24

단계	채점 기준	배점
❶	한국인과 영국인을 각각 한 묶음으로 생각하여 2명을 한 줄로 세우는 경우의 수 구하기	30 %
❷	한국인끼리 자리를 바꾸는 경우의 수 구하기	20 %
❸	영국인끼리 자리를 바꾸는 경우의 수 구하기	20 %
❹	구하는 경우의 수 구하기	30 %

572

31보다 큰 수이므로 십의 자리에 올 수 있는 숫자는 3, 4, 5이다.

(i) 3□의 꼴: 32, 34, 35의 3개

(ii) 4□의 꼴: 41, 42, 43, 45의 4개

(iii) 5□의 꼴: 51, 52, 53, 54의 4개

따라서 구하는 정수의 개수는 $3+4+4=11$(개) **답** ②

573

7개의 숫자 중에서 3개를 뽑아 한 줄로 세우는 경우의 수와 같으므로 $7 \times 6 \times 5 = 210$(개) **답** 210개

574

□□의 꼴에서

(i) 홀수이므로 일의 자리에 올 수 있는 숫자는 1, 3, 5의 3개

(ii) 십의 자리에 올 수 있는 숫자는 일의 자리에 온 숫자를 제외한 4개

따라서 구하는 정수의 개수는 $3 \times 4 = 12$(개) **답** 12개

575

(i) 6□ 꼴의 정수는 61, 62, 63, 64, 65의 5개 ──── ❶

(ii) 5□ 꼴의 정수는 51, 52, 53, 54, 56의 5개 ──── ❷

따라서 12번째로 큰 수는 4□ 꼴의 정수 중 두 번째로 큰 수인 45이다. ──────────────── ❸

답 45

단계	채점 기준	배점
❶	6□ 꼴의 정수의 개수 구하기	30 %
❷	5□ 꼴의 정수의 개수 구하기	30 %
❸	12번째로 큰 수 구하기	40 %

576

□□□의 꼴에서

(i) 백의 자리에 올 수 있는 숫자는 0을 제외한 6개

(ii) 십의 자리에 올 수 있는 숫자는 백의 자리에 온 숫자를 제외한 6개

(iii) 일의 자리에 올 수 있는 숫자는 백의 자리와 십의 자리에 온 숫자를 제외한 5개

따라서 구하는 정수의 개수는 $6 \times 6 \times 5 = 180$(개) **답** 180개

577

□□의 꼴에서

(i) 30 미만이므로 십의 자리에 올 수 있는 숫자는 1, 2의 2개

(ii) 일의 자리에 올 수 있는 숫자는 십의 자리에 온 숫자를 제외한 4개

따라서 구하는 정수의 개수는 $2 \times 4 = 8$(개) **답** 8개

578

짝수이려면 일의 자리 숫자가 0, 2, 4, 6, 8 중의 하나이어야 한다.

(i) □0의 꼴: 십의 자리에 올 수 있는 숫자는 1부터 9까지의 9개 ──────────────── ❶

(ii) □2, □4, □6, □8의 꼴: 십의 자리에 올 수 있는 숫자는 0과 일의 자리에 쓴 숫자를 제외한 8개 ──────── ❷

따라서 구하는 경우의 수는

$9+8 \times 4 = 9+32 = 41$ ──────────────── ❸

답 41

단계	채점 기준	배점
❶	□0 꼴의 개수 구하기	30 %
❷	□2, □4, □6, □8 꼴의 개수 구하기	50 %
❸	짝수의 개수 구하기	20 %

579

□□의 꼴에서

(i) 십의 자리에 올 수 있는 숫자는 1, 2, 3, 4, 5의 5개

(ii) 일의 자리에 올 수 있는 숫자는 0, 1, 2, 3, 4, 5의 6개

따라서 구하는 자연수의 개수는 $5 \times 6 = 30$(개) **답** ④

580

10명 중 3명을 뽑아서 한 줄로 세우는 경우의 수와 같으므로

$10 \times 9 \times 8 = 720$ **답** ⑤

581

6명 중 3명을 뽑아서 한 줄로 세우는 경우의 수와 같으므로

$6 \times 5 \times 4 = 120$ **답** ④

582

남학생 4명 중에서 의장 1명, 부의장 1명을 뽑는 경우의 수는 4명 중 2명을 뽑아서 한 줄로 세우는 경우의 수와 같으므로

$4 \times 3 = 12$ ──────────────── ❶

여학생 3명 중에서 부의장 1명을 뽑는 경우의 수는 3 ──── ❷

따라서 구하는 경우의 수는 $12 \times 3 = 36$ ──────── ❸

답 36

단계	채점 기준	배점
❶	남학생 중 의장 1명, 부의장 1명을 뽑는 경우의 수 구하기	40 %
❷	여학생 중 부의장 1명을 뽑는 경우의 수 구하기	30 %
❸	구하는 경우의 수 구하기	30 %

583

9명 중에서 순서를 생각하지 않고 3명을 뽑는 경우의 수와 같으므로 $\dfrac{9 \times 8 \times 7}{3 \times 2 \times 1} = 84$ 　　　　답 84

584

강호는 반드시 뽑혀야 하므로 강호를 제외한 7명 중에서 2명만 더 뽑으면 된다.

7명 중에서 순서를 생각하지 않고 2명을 뽑는 경우의 수와 같으므로 $\dfrac{7 \times 6}{2} = 21$ 　　　　답 21

585

남학생 4명 중에서 대표 2명을 뽑는 경우의 수는 4명 중에서 순서를 생각하지 않고 2명을 뽑는 경우의 수와 같으므로

$\dfrac{4 \times 3}{2} = 6$ 　　　　　　　　　　　　❶

여학생 5명 중에서 대표 3명을 뽑는 경우의 수는 5명 중에서 순서를 생각하지 않고 3명을 뽑는 경우의 수와 같으므로

$\dfrac{5 \times 4 \times 3}{3 \times 2 \times 1} = 10$ 　　　　　　　　　　❷

따라서 구하는 경우의 수는

$6 \times 10 = 60$ 　　　　　　　　　　　　　❸

답 60

단계	채점 기준	배점
❶	남학생 대표를 뽑는 경우의 수 구하기	40 %
❷	여학생 대표를 뽑는 경우의 수 구하기	40 %
❸	구하는 경우의 수 구하기	20 %

586

10명 중에서 순서를 생각하지 않고 2명을 뽑는 경우의 수와 같으므로 $\dfrac{10 \times 9}{2} = 45$ 　　　　답 ③

587

A에 칠할 수 있는 색은 5가지

B에 칠할 수 있는 색은 A에 칠한 색을 제외한 4가지

C에 칠할 수 있는 색은 A, B에 칠한 색을 제외한 3가지

따라서 구하는 방법의 수는 $5 \times 4 \times 3 = 60$(가지) 　답 60가지

▶ 다른 풀이 5가지 색 중에서 3가지 색을 뽑아 한 줄로 세우는 경우의 수와 같으므로 $5 \times 4 \times 3 = 60$

588

A에 칠할 수 있는 색은 4가지

B에 칠할 수 있는 색은 A에 칠한 색을 제외한 3가지

C에 칠할 수 있는 색은 A, B에 칠한 색을 제외한 2가지

D에 칠할 수 있는 색은 A, B, C에 칠한 색을 제외한 1가지

따라서 구하는 방법의 수는 $4 \times 3 \times 2 \times 1 = 249$(가지) 　답 24가지

589

A에 칠할 수 있는 색은 5가지

B에 칠할 수 있는 색은 A에 칠한 색을 제외한 4가지

C에 칠할 수 있는 색은 A, B에 칠한 색을 제외한 3가지

D에 칠할 수 있는 색은 A, C에 칠한 색을 제외한 3가지

따라서 구하는 방법의 수는 $5 \times 4 \times 3 \times 3 = 180$(가지) 　답 180가지

590

7개의 점 중에서 순서를 생각하지 않고 3개를 뽑는 경우의 수와 같으므로 $\dfrac{7 \times 6 \times 5}{3 \times 2 \times 1} = 35$(개) 　　답 ③

591

5개의 점 중에서 순서를 생각하지 않고 2개를 뽑는 경우의 수와 같으므로 $\dfrac{5 \times 4}{2} = 10$(개) 　　　답 ②

592

8개의 점 중에서 순서를 생각하지 않고 3개를 뽑는 경우의 수는

$\dfrac{8 \times 7 \times 6}{3 \times 2 \times 1} = 56$

이 중에서 일직선 위에 있는 3개의 점을 선택하는 2가지 경우는 제외해야 하므로 구하는 삼각형의 개수는

$56 - 2 = 54$(개) 　　　　　　　답 54개

필수유형 뛰어넘기　　　　　130~131쪽

593

2의 배수는 2, 4, 6, ⋯, 20의 10가지

3의 배수는 3, 6, 9, ⋯, 18의 6가지

6의 배수는 6, 12, 18의 3가지

따라서 구하는 경우의 수는 $10 + 6 - 3 = 13$ 　　답 13

594

A 지점에서 P 지점까지 최단 경로로 가는 방법의 수는 3가지

P 지점에서 B 지점까지 최단 경로로 가는 방법의 수는 3가지

따라서 구하는 방법의 수는

$3 \times 3 = 9$(가지)

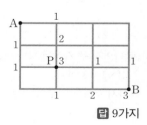

답 9가지

> **참고** 최단 거리로 가는 방법의 수를 구할 때는 다음과 같은 순서로 구한다.
> ❶ 출발점에서 최단 거리로 가는 방향으로 갈 수 있는 방법의 수를 각각 꼭짓점에 적는다.
> ❷ 두 길이 만나는 지점에는 지나온 두 꼭짓점에 쓰인 방법의 수의 합을 쓴다.

595

(1) 세 사람 모두 가위 또는 바위 또는 보를 내는 경우의 수이므로 3 ─────────────────────── ❶

(2) 가위, 바위, 보를 한 줄로 나열하는 경우의 수와 같으므로
$3 \times 2 \times 1 = 6$ ─────────────────────── ❷

(3) 모든 경우의 수는
$3 \times 3 \times 3 = 27$ ─────────────────────── ❸
승부가 나지 않으려면 모두 같은 것을 내거나 모두 다른 것을 내면 되므로 구하는 경우의 수는
$27 - (3+6) = 18$ ─────────────────────── ❹

답 (1) 3 (2) 6 (3) 18

단계	채점 기준	배점
❶	세 사람 모두 같은 것을 내는 경우의 수 구하기	30 %
❷	세 사람 모두 다른 것을 내는 경우의 수 구하기	30 %
❸	모든 경우의 수 구하기	10 %
❹	승부가 결정되는 경우의 수 구하기	30 %

596

(i) '국영국영국영'의 순서로 꽂을 때
　　□○□○□○의 꼴에서
　　□ 자리에 국어책 3권을 한 줄로 꽂는 경우의 수는
　　$3 \times 2 \times 1 = 6$
　　○ 자리에 영어책 3권을 한 줄로 꽂는 경우의 수는
　　$3 \times 2 \times 1 = 6$
　　따라서 '국영국영국영'의 순서로 꽂는 경우의 수는
　　$6 \times 6 = 36$

(ii) '영국영국영국'의 순서로 꽂을 때
　　마찬가지 방법으로 생각하면 경우의 수는 36
따라서 구하는 경우의 수는
$36 + 36 = 72$

답 72

597

(i) 갑이 을보다 앞에 서야 하므로 네 자리에서 갑, 을이 서는 두 자리를 뽑는 경우의 수는
　　$\dfrac{4 \times 3}{2} = 6$

(ii) 나머지 두 자리에 병, 정이 한 줄로 서는 경우의 수는
　　$2 \times 1 = 2$
따라서 구하는 경우의 수는
$6 \times 2 = 12$

답 12

598

□□ 부모 □□

(i) 아버지, 어머니를 제외한 나머지 4명이 양쪽의 네 자리에 서는 경우의 수는 4명을 한 줄로 세우는 경우의 수와 같으므로
$4 \times 3 \times 2 \times 1 = 24$ ───────────── ❶

(ii) 아버지, 어머니가 자리를 바꾸는 경우의 수는 2 ───── ❷

따라서 구하는 경우의 수는 $24 \times 2 = 48$ ───── ❸

답 48

단계	채점 기준	배점
❶	아버지, 어머니를 제외한 나머지 4명이 서는 경우의 수 구하기	40 %
❷	아버지, 어머니가 자리를 바꾸는 경우의 수 구하기	40 %
❸	구하는 경우의 수 구하기	20 %

599

□□□□의 꼴에서

(i) 4000보다 작으므로 천의 자리에 올 수 있는 숫자는 1, 2, 3의 3개

(ii) 백의 자리에 올 수 있는 숫자는 천의 자리에 온 숫자를 제외한 3개

(iii) 십의 자리에 올 수 있는 숫자는 천의 자리와 백의 자리에 온 숫자를 제외한 2개

(iv) 일의 자리에 올 수 있는 숫자는 천의 자리, 백의 자리, 십의 자리에 온 숫자를 제외한 1개

이상에서 구하는 정수의 개수는 $3 \times 3 \times 2 \times 1 = 18$(개)　**답** 18개

600

3의 배수이려면 각 자리의 숫자의 합이 3의 배수이어야 한다.
각 자리의 숫자의 합이
3인 경우: 12, 21, 30의 3개
6인 경우: 15, 24, 42, 51의 4개
9인 경우: 45, 54의 2개
따라서 구하는 정수의 개수는 $3 + 4 + 2 = 9$(개)　**답** 9개

601

n개의 팀으로 이루어졌다고 하면 치러진 경기의 수는 n개의 팀에서 순서를 생각하지 않고 2팀을 뽑는 경우의 수와 같으므로
$\dfrac{n(n-1)}{2} = 21$, $n(n-1) = 42 = 7 \times 6$　∴ $n = 7$

따라서 7팀으로 이루어져 있다.　**답** 7팀

602

어느 한 사람에게 줄 과일 2개를 택하면 남는 과일 2개는 자연히 나머지 한 사람의 몫이 된다.
따라서 구하는 경우의 수는 4개의 과일 중 순서를 생각하지 않고 2개를 뽑는 경우의 수와 같으므로 $\dfrac{4 \times 3}{2} = 6$　**답** 6

603

10명 중에서 회장 1명을 뽑는 경우의 수는 10 ━━━━━ ❶

나머지 9명 중에서 부회장 2명을 뽑는 경우의 수는 9명 중 순서를 생각하지 않고 2명을 뽑는 경우의 수와 같으므로

$\dfrac{9 \times 8}{2} = 36$ ━━━━━━━━━━━━━━━━ ❷

따라서 구하는 경우의 수는

$10 \times 36 = 360$ ━━━━━━━━━━━━━━━━ ❸

🈺 360

단계	채점 기준	배점
❶	회장 1명을 뽑는 경우의 수 구하기	30 %
❷	부회장 2명을 뽑는 경우의 수 구하기	40 %
❸	회장 1명, 부회장 2명을 뽑는 경우의 수 구하기	30 %

604

세 친구에게 먼저 각각 1송이씩 나누어 주면 장미꽃은 3송이가 남는다. 남은 3송이의 장미꽃을 다시 세 친구에게 나누어 주는 경우를 순서쌍 (선희, 민정, 정희)로 나타내면

$(0, 0, 3)$, $(0, 1, 2)$, $(0, 2, 1)$, $(0, 3, 0)$, $(1, 0, 2)$, $(1, 1, 1)$, $(1, 2, 0)$, $(2, 0, 1)$, $(2, 1, 0)$, $(3, 0, 0)$의 10가지이다.

🈺 10가지

605

두 직선 $y = ax$와 $y = -x + b$의 교점의 x좌표가 2이므로

$y = 2a$, $y = -2 + b$에서

$2a = -2 + b$ ∴ $b = 2a + 2$

a, b는 주사위의 눈의 수이므로 위의 식을 만족하는 순서쌍 (a, b)는 $(1, 4)$, $(2, 6)$의 2가지이다.

🈺 2

606

5명의 수험생 중에서 자신의 번호가 적힌 의자에 앉는 2명을 뽑는 경우의 수는 5명 중 순서를 생각하지 않고 2명을 뽑는 경우의 수와 같으므로 $\dfrac{5 \times 4}{2} = 10$ ━━━━ ❶

나머지 3명의 수험생을 A, B, C라 하면 남의 번호가 적힌 의자에 앉게 되는 경우의 수는 다음과 같이 2이다. ━━━━ ❷

자기 자리	A	B	C
실제로 앉는 자리	B	C	A
	C	A	B

따라서 구하는 경우의 수는 $10 \times 2 = 20$ ━━━━ ❸

🈺 20

단계	채점 기준	배점
❶	5명의 수험생 중에서 자신의 번호가 적힌 의자에 앉는 2명을 뽑는 경우의 수 구하기	40 %
❷	나머지 3명의 수험생이 남의 번호가 적힌 의자에 앉게 되는 경우의 수 구하기	40 %
❸	구하는 경우의 수 구하기	20 %

2 확률의 계산

필수유형 공략하기 134~142쪽

607

모든 경우의 수는 $6 \times 6 = 36$

$3x + y = 9$를 만족시키는 순서쌍 (x, y)는 $(1, 6)$, $(2, 3)$의 2가지이므로 구하는 확률은 $\dfrac{2}{36} = \dfrac{1}{18}$ 🈺 ①

608

모든 경우의 수는 $2 \times 2 \times 2 = 8$

앞면이 1개만 나오는 경우는 (앞, 뒤, 뒤), (뒤, 앞, 뒤), (뒤, 뒤, 앞)의 3가지이므로 구하는 확률은 $\dfrac{3}{8}$ 🈺 ③

609

모든 경우의 수는 $6 \times 6 = 36$

$x + 2y < 6$을 만족시키는 순서쌍 (x, y)는 $(1, 1)$, $(1, 2)$, $(2, 1)$, $(3, 1)$의 4가지이므로 구하는 확률은

$\dfrac{4}{36} = \dfrac{1}{9}$ 🈺 $\dfrac{1}{9}$

610

다섯 명이 한 줄로 서는 모든 경우의 수는

$5 \times 4 \times 3 \times 2 \times 1 = 120$

A는 맨 앞에, B는 맨 뒤에 서는 경우의 수는 A, B를 제외한 나머지 3명이 한 줄로 서는 경우의 수와 같으므로

$3 \times 2 \times 1 = 6$

따라서 구하는 확률은 $\dfrac{6}{120} = \dfrac{1}{20}$ 🈺 ①

611

5명 중에서 대표 2명을 뽑는 모든 경우의 수는

$\dfrac{5 \times 4}{2} = 10$

2명 모두 여학생이 뽑히는 경우의 수는 1

따라서 구하는 확률은 $\dfrac{1}{10}$ 🈺 $\dfrac{1}{10}$

612

만들 수 있는 모든 두 자리의 정수의 개수는

$6 \times 5 = 30$(개)

56 이상인 수는 56, 61, 62, 63, 64, 65의 6개

따라서 구하는 확률은 $\dfrac{6}{30} = \dfrac{1}{5}$ 🈺 $\dfrac{1}{5}$

613

6명이 한 줄로 서는 모든 경우의 수는

$6 \times 5 \times 4 \times 3 \times 2 \times 1 = 720$ ──────────── ❶

남학생 2명이 서로 이웃하여 서는 경우의 수는 남학생 2명을 한 묶음으로 생각하여 5명을 한 줄로 세운 후 남학생 2명의 자리를 바꾸는 경우의 수와 같으므로

$(5 \times 4 \times 3 \times 2 \times 1) \times 2 = 240$ ──────── ❷

따라서 구하는 확률은 $\dfrac{240}{720} = \dfrac{1}{3}$ ──────── ❸

답 $\dfrac{1}{3}$

단계	채점 기준	배점
❶	모든 경우의 수 구하기	30 %
❷	남학생 2명이 서로 이웃하여 서는 경우의 수 구하기	50 %
❸	구하는 확률 구하기	20 %

614

주어진 사건의 확률은 각각 다음과 같다.

① $\dfrac{1}{2}$ ② 0 ③ 1 ④ $\dfrac{1}{6}$ ⑤ 1 답 ③, ⑤

615

③ $p+q=1$이므로 $p=q$이면 $2p=1$ ∴ $p=\dfrac{1}{2}$

④ 사건 A가 반드시 일어나는 사건이면 $p=1$

⑤ 사건 A가 절대로 일어나지 않는 사건이면 $p=0$ 답 ④, ⑤

616

(B 중학교가 이길 확률) $=1-$(A 중학교가 이길 확률)

$=1-\dfrac{5}{8}=\dfrac{3}{8}$ 답 $\dfrac{3}{8}$

617

모든 경우의 수는 $6 \times 6 = 36$

서로 같은 눈이 나오는 경우는 $(1, 1), (2, 2), (3, 3), (4, 4),$ $(5, 5), (6, 6)$의 6가지이므로 그 확률은 $\dfrac{6}{36}=\dfrac{1}{6}$

따라서 서로 다른 눈이 나올 확률은 $1-\dfrac{1}{6}=\dfrac{5}{6}$ 답 $\dfrac{5}{6}$

618

4명이 한 줄로 서는 경우의 수는

$4 \times 3 \times 2 \times 1 = 24$

A와 B가 이웃하여 서는 경우의 수는

$(3 \times 2 \times 1) \times 2 = 12$이므로 그 확률은 $\dfrac{12}{24}=\dfrac{1}{2}$

따라서 A와 B가 이웃하여 서지 않을 확률은

$1-\dfrac{1}{2}=\dfrac{1}{2}$ 답 $\dfrac{1}{2}$

619

36의 약수는 1, 2, 3, 4, 6, 9, 12, 18, 36이므로 모든 경우의 수는 9

$\dfrac{2}{a}$가 자연수가 되는 a는 1, 2의 2가지이므로 그 확률은 $\dfrac{2}{9}$

따라서 $\dfrac{2}{a}$가 자연수가 되지 않을 확률은 $1-\dfrac{2}{9}=\dfrac{7}{9}$ 답 $\dfrac{7}{9}$

620

모든 경우의 수는 $2 \times 2 \times 2 \times 2 = 16$

모두 뒷면이 나오는 경우는 1가지이므로 그 확률은 $\dfrac{1}{16}$

따라서 적어도 한 개는 앞면이 나올 확률은

$1-\dfrac{1}{16}=\dfrac{15}{16}$ 답 ⑤

621

모든 경우의 수는 $\dfrac{5 \times 4}{2} = 10$

두 개 모두 검은 공이 나오는 경우의 수는 $\dfrac{3 \times 2}{2}=3$이므로 그 확률은 $\dfrac{3}{10}$

따라서 적어도 한 개가 흰 공일 확률은 $1-\dfrac{3}{10}=\dfrac{7}{10}$ 답 ⑤

622

7명 중에서 대표 2명을 뽑는 경우의 수는 $\dfrac{7 \times 6}{2}=21$ ── ❶

2명 모두 여학생이 뽑히는 경우의 수는 $\dfrac{3 \times 2}{2}=3$ ── ❷

따라서 2명 모두 여학생이 뽑힐 확률은 $\dfrac{3}{21}=\dfrac{1}{7}$ ── ❸

∴ (적어도 1명은 남학생이 뽑힐 확률)

$=1-$(2명 모두 여학생이 뽑힐 확률)

$=1-\dfrac{1}{7}=\dfrac{6}{7}$ ──────────── ❹

답 $\dfrac{6}{7}$

단계	채점 기준	배점
❶	모든 경우의 수 구하기	20 %
❷	2명 모두 여학생이 뽑히는 경우의 수 구하기	20 %
❸	2명 모두 여학생이 뽑힐 확률 구하기	30 %
❹	적어도 1명은 남학생이 뽑힐 확률 구하기	30 %

623

모든 경우의 수는 $6 \times 6 = 36$

눈의 수의 합이 3인 경우는 $(1, 2), (2, 1)$의 2가지이므로

그 확률은 $\dfrac{2}{36}=\dfrac{1}{18}$

눈의 수의 합이 8인 경우는 $(2, 6), (3, 5), (4, 4), (5, 3),$ $(6, 2)$의 5가지이므로 그 확률은 $\dfrac{5}{36}$

따라서 구하는 확률은 $\dfrac{1}{18}+\dfrac{5}{36}=\dfrac{7}{36}$ 답 ④

624

빨간 공이 나올 확률은 $\dfrac{4}{15}$, 파란 공이 나올 확률은 $\dfrac{6}{15}=\dfrac{2}{5}$이

므로 구하는 확률은 $\dfrac{4}{15}+\dfrac{2}{5}=\dfrac{2}{3}$ ⬛ $\dfrac{2}{3}$

625

모든 경우의 수는 $6\times6=36$ ————————————— ❶

눈의 수의 차가 1인 경우는 $(1,2)$, $(2,3)$, $(3,4)$, $(4,5)$,

$(5,6)$, $(2,1)$, $(3,2)$, $(4,3)$, $(5,4)$, $(6,5)$의 10가지

이므로 그 확률은 $\dfrac{10}{36}=\dfrac{5}{18}$ ————————————— ❷

눈의 수의 차가 3인 경우는 $(1,4)$, $(2,5)$, $(3,6)$, $(4,1)$,

$(5,2)$, $(6,3)$의 6가지이므로 그 확률은 $\dfrac{6}{36}$ ————— ❸

따라서 구하는 확률은 $\dfrac{5}{18}+\dfrac{6}{36}=\dfrac{4}{9}$ ————————— ❹

⬛ $\dfrac{4}{9}$

단계	채점 기준	배점
❶	모든 경우의 수 구하기	10 %
❷	눈의 수의 차가 1일 확률 구하기	30 %
❸	눈의 수의 차가 3일 확률 구하기	30 %
❹	눈의 수의 차가 1 또는 3일 확률 구하기	30 %

626

첫 번째에 6의 약수의 눈이 나올 확률은 $\dfrac{4}{6}=\dfrac{2}{3}$

두 번째에 소수의 눈이 나올 확률은 $\dfrac{3}{6}=\dfrac{1}{2}$

따라서 구하는 확률은 $\dfrac{2}{3}\times\dfrac{1}{2}=\dfrac{1}{3}$ ⬛ ④

627

첫 번째에 짝수의 눈이 나올 확률은 $\dfrac{3}{6}=\dfrac{1}{2}$ ————— ❶

두 번째에 3의 배수의 눈이 나올 확률은 $\dfrac{2}{6}=\dfrac{1}{3}$ ——— ❷

세 번째에 4의 약수의 눈이 나올 확률은 $\dfrac{3}{6}=\dfrac{1}{2}$ ——— ❸

따라서 구하는 확률은 $\dfrac{1}{2}\times\dfrac{1}{3}\times\dfrac{1}{2}=\dfrac{1}{12}$ —————— ❹

⬛ $\dfrac{1}{12}$

단계	채점 기준	배점
❶	첫 번째에 짝수의 눈이 나올 확률 구하기	20 %
❷	두 번째에 3의 배수의 눈이 나올 확률 구하기	20 %
❸	세 번째에 4의 약수의 눈이 나올 확률 구하기	20 %
❹	구하는 확률 구하기	40 %

628

두 사람 모두 맞히지 못할 확률은

(성진이가 맞히지 못할 확률)×(우영이가 맞히지 못할 확률)

$=\left(1-\dfrac{2}{3}\right)\times\left(1-\dfrac{1}{2}\right)$

$=\dfrac{1}{3}\times\dfrac{1}{2}=\dfrac{1}{6}$ ⬛ $\dfrac{1}{6}$

629

A 학생만 맞힐 확률은

(A 학생이 맞힐 확률)×(B학생이 맞히지 못할 확률)

$=\dfrac{2}{3}\times\left(1-\dfrac{1}{4}\right)=\dfrac{2}{3}\times\dfrac{3}{4}=\dfrac{1}{2}$ ⬛ ⑤

630

A 팀이 이기려면 자유투 2개를 모두 성공해야 하므로

구하는 확률은

$\dfrac{80}{100}\times\dfrac{80}{100}=\dfrac{4}{5}\times\dfrac{4}{5}=\dfrac{16}{25}$ ⬛ ④

631

⑴ B 문제를 맞힐 확률을 x라 하면 두 문제를 모두 맞힐 확률이

$\dfrac{1}{6}$이므로

$\dfrac{1}{4}\times x=\dfrac{1}{6}$ ∴ $x=\dfrac{2}{3}$ ————————————— ❶

⑵ A 문제는 맞히고, B 문제는 틀릴 확률은

(A 문제를 맞힐 확률)×(B 문제를 틀릴 확률)

$=\dfrac{1}{4}\times\left(1-\dfrac{2}{3}\right)=\dfrac{1}{4}\times\dfrac{1}{3}=\dfrac{1}{12}$ ————— ❷

⬛ ⑴ $\dfrac{2}{3}$ ⑵ $\dfrac{1}{12}$

단계	채점 기준	배점
❶	B 문제를 맞힐 확률 구하기	50 %
❷	A 문제는 맞히고, B 문제는 틀릴 확률 구하기	50 %

632

한 문제를 맞히지 못할 확률은 $1-\dfrac{1}{5}=\dfrac{4}{5}$

세 문제를 모두 맞히지 못할 확률은

$\dfrac{4}{5}\times\dfrac{4}{5}\times\dfrac{4}{5}=\dfrac{64}{125}$

따라서 구하는 확률은 $1-\dfrac{64}{125}=\dfrac{61}{125}$ ⬛ $\dfrac{61}{125}$

633

두 주머니에서 모두 검은 공이 나올 확률은 $\dfrac{3}{5}\times\dfrac{3}{7}=\dfrac{9}{35}$

따라서 적어도 하나가 흰 공일 확률은 $1-\dfrac{9}{35}=\dfrac{26}{35}$ ⬛ $\dfrac{26}{35}$

634

한 번의 타석에서 안타를 치지 못할 확률은 $1-\dfrac{4}{10}=\dfrac{3}{5}$

두 번의 타석에서 모두 안타를 치지 못할 확률은 $\dfrac{3}{5} \times \dfrac{3}{5} = \dfrac{9}{25}$

따라서 구하는 확률은 $1 - \dfrac{9}{25} = \dfrac{16}{25}$ ᆯ $\dfrac{16}{25}$

635

두 사람이 만나지 않으려면 두 사람 중 적어도 한 사람이 약속 장소에 나가지 않아야 한다. ───────────── ❶

두 사람이 모두 약속 장소에 나갈 확률은

$\dfrac{3}{4} \times \dfrac{4}{5} = \dfrac{3}{5}$ ───────────────── ❷

따라서 구하는 확률은 $1 - \dfrac{3}{5} = \dfrac{2}{5}$ ───── ❸

ᆯ $\dfrac{2}{5}$

단계	채점 기준	배점
❶	두 사람이 만나지 못하는 상황 알기	30 %
❷	두 사람이 모두 약속 장소에 나갈 확률 구하기	40 %
❸	두 사람이 만나지 못할 확률 구하기	30 %

636

첫 번째 타석에서 안타를 치고 두 번째 타석에서 안타를 치지 못할 확률은

$\dfrac{3}{10} \times \left(1 - \dfrac{3}{10}\right) = \dfrac{3}{10} \times \dfrac{7}{10} = \dfrac{21}{100}$

첫 번째 타석에서 안타를 치지 못하고 두 번째 타석에서 안타를 칠 확률은

$\left(1 - \dfrac{3}{10}\right) \times \dfrac{3}{10} = \dfrac{7}{10} \times \dfrac{3}{10} = \dfrac{21}{100}$

따라서 구하는 확률은

$\dfrac{21}{100} + \dfrac{21}{100} = \dfrac{21}{50}$ ᆯ $\dfrac{21}{50}$

637

내일 비가 오고, 모레 비가 오지 않을 확률은

$\dfrac{70}{100} \times \left(1 - \dfrac{30}{100}\right) = \dfrac{7}{10} \times \dfrac{7}{10} = \dfrac{49}{100}$

내일 비가 오지 않고, 모레 비가 올 확률은

$\left(1 - \dfrac{70}{100}\right) \times \dfrac{30}{100} = \dfrac{3}{10} \times \dfrac{3}{10} = \dfrac{9}{100}$

따라서 구하는 확률은

$\dfrac{49}{100} + \dfrac{9}{100} = \dfrac{29}{50}$ ᆯ $\dfrac{29}{50}$

638

첫째 날에만 지각할 확률은 $\dfrac{1}{4} \times \dfrac{3}{4} \times \dfrac{3}{4} = \dfrac{9}{64}$

둘째 날에만 지각할 확률은 $\dfrac{3}{4} \times \dfrac{1}{4} \times \dfrac{3}{4} = \dfrac{9}{64}$

셋째 날에만 지각할 확률은 $\dfrac{3}{4} \times \dfrac{3}{4} \times \dfrac{1}{4} = \dfrac{9}{64}$

따라서 구하는 확률은 $\dfrac{9}{64} + \dfrac{9}{64} + \dfrac{9}{64} = \dfrac{27}{64}$ ᆯ ④

639

A 주머니에서 흰 공, B 주머니에서 검은 공을 꺼낼 확률은

$\dfrac{4}{6} \times \dfrac{2}{5} = \dfrac{4}{15}$

A 주머니에서 검은 공, B 주머니에서 흰 공을 꺼낼 확률은

$\dfrac{2}{6} \times \dfrac{3}{5} = \dfrac{1}{5}$

따라서 구하는 확률은 $\dfrac{4}{15} + \dfrac{1}{5} = \dfrac{7}{15}$ ᆯ ④

640

나온 두 공이 모두 흰 공일 확률은 $\dfrac{2}{5} \times \dfrac{3}{7} = \dfrac{6}{35}$ ── ❶

나온 두 공이 모두 검은 공일 확률은 $\dfrac{3}{5} \times \dfrac{4}{7} = \dfrac{12}{35}$ ── ❷

따라서 구하는 확률은 $\dfrac{6}{35} + \dfrac{12}{35} = \dfrac{18}{35}$ ───── ❸

ᆯ $\dfrac{18}{35}$

단계	채점 기준	배점
❶	두 공이 모두 흰 공일 확률 구하기	40 %
❷	두 공이 모두 검은 공일 확률 구하기	40 %
❸	두 공이 같은 색일 확률 구하기	20 %

641

A 주머니를 택하고 흰 공을 꺼낼 확률은 $\dfrac{1}{2} \times \dfrac{4}{10} = \dfrac{1}{5}$

B 주머니를 택하고 흰 공을 꺼낼 확률은 $\dfrac{1}{2} \times \dfrac{2}{6} = \dfrac{1}{6}$

따라서 구하는 확률은 $\dfrac{1}{5} + \dfrac{1}{6} = \dfrac{11}{30}$ ᆯ $\dfrac{11}{30}$

642

첫 번째에 2의 약수가 적힌 공을 꺼낼 확률은 $\dfrac{2}{10} = \dfrac{1}{5}$

두 번째에 4의 배수가 적힌 공을 꺼낼 확률은 $\dfrac{2}{10} = \dfrac{1}{5}$

따라서 구하는 확률은 $\dfrac{1}{5} \times \dfrac{1}{5} = \dfrac{1}{25}$ ᆯ ③

643

영이가 당첨될 확률은 $\dfrac{4}{10} = \dfrac{2}{5}$

철이가 당첨되지 않을 확률은 $\dfrac{6}{10} = \dfrac{3}{5}$

따라서 구하는 확률은 $\dfrac{2}{5} \times \dfrac{3}{5} = \dfrac{6}{25}$ ᆯ $\dfrac{6}{25}$

644

두 번 모두 검은 공이 나올 확률은

$\dfrac{3}{7} \times \dfrac{3}{7} = \dfrac{9}{49}$ ───────────────── ❶

따라서 흰 공이 적어도 한 번 나올 확률은

$1 - \dfrac{9}{49} = \dfrac{40}{49}$ ───────────────── ❷

ᆯ $\dfrac{40}{49}$

단계	채점 기준	배점
❶	두 번 모두 검은 공이 나올 확률 구하기	50 %
❷	흰 공이 적어도 한 번 나올 확률 구하기	50 %

645

두 번 모두 흰 공이 나올 확률은 $\dfrac{3}{5} \times \dfrac{2}{4} = \dfrac{3}{10}$

두 번 모두 검은 공이 나올 확률은 $\dfrac{2}{5} \times \dfrac{1}{4} = \dfrac{1}{10}$

따라서 구하는 확률은 $\dfrac{3}{10} + \dfrac{1}{10} = \dfrac{2}{5}$ **답** ②

646

(B만 당첨 제비를 뽑을 확률)

= (A가 당첨 제비를 뽑지 못할 확률)

$\qquad \times$ (B가 당첨 제비를 뽑을 확률)

$= \dfrac{80}{100} \times \dfrac{20}{99} = \dfrac{16}{99}$ **답** ③

647

두 번 모두 당첨 제비가 나오지 않을 확률은

$\dfrac{3}{7} \times \dfrac{2}{6} = \dfrac{1}{7}$ ──────── ❶

따라서 당첨 제비가 적어도 한 번 나올 확률은

$1 - \dfrac{1}{7} = \dfrac{6}{7}$ ──────── ❷

답 $\dfrac{6}{7}$

단계	채점 기준	배점
❶	두 번 모두 당첨 제비가 나오지 않을 확률 구하기	50 %
❷	당첨 제비가 적어도 한 번 나올 확률 구하기	50 %

648

두 사람 모두 맞히지 못할 확률은

$\left(1 - \dfrac{3}{4}\right) \times \left(1 - \dfrac{1}{3}\right) = \dfrac{1}{4} \times \dfrac{2}{3} = \dfrac{1}{6}$

따라서 구하는 확률은 $1 - \dfrac{1}{6} = \dfrac{5}{6}$ **답** ⑤

649

A는 합격하고 B는 불합격할 확률은

$\dfrac{3}{4} \times \left(1 - \dfrac{4}{5}\right) = \dfrac{3}{4} \times \dfrac{1}{5} = \dfrac{3}{20}$

A는 불합격하고 B는 합격할 확률은

$\left(1 - \dfrac{3}{4}\right) \times \dfrac{4}{5} = \dfrac{1}{4} \times \dfrac{4}{5} = \dfrac{1}{5}$

따라서 구하는 확률은 $\dfrac{3}{20} + \dfrac{1}{5} = \dfrac{7}{20}$ **답** ②

650

A, B만 합격할 확률은 $\dfrac{1}{2} \times \dfrac{2}{3} \times \left(1 - \dfrac{3}{5}\right) = \dfrac{2}{15}$

A, C만 합격할 확률은 $\dfrac{1}{2} \times \left(1 - \dfrac{2}{3}\right) \times \dfrac{3}{5} = \dfrac{1}{10}$

B, C만 합격할 확률은 $\left(1 - \dfrac{1}{2}\right) \times \dfrac{2}{3} \times \dfrac{3}{5} = \dfrac{1}{5}$

따라서 2명만 합격할 확률은

$\dfrac{2}{15} + \dfrac{1}{10} + \dfrac{1}{5} = \dfrac{13}{30}$ **답** $\dfrac{13}{30}$

651

두 사람이 과녁에 명중시키지 못할 확률은 각각

$1 - \dfrac{2}{5} = \dfrac{3}{5}$, $1 - \dfrac{3}{4} = \dfrac{1}{4}$

따라서 구하는 확률은 $\dfrac{3}{5} \times \dfrac{1}{4} = \dfrac{3}{20}$ **답** ①

652

목표물이 총에 맞으려면 적어도 한 사람은 명중시켜야 한다.

세 사람 모두 명중시키지 못할 확률은

$\left(1 - \dfrac{2}{3}\right) \times \left(1 - \dfrac{3}{4}\right) \times \left(1 - \dfrac{4}{5}\right) = \dfrac{1}{3} \times \dfrac{1}{4} \times \dfrac{1}{5} = \dfrac{1}{60}$

따라서 구하는 확률은 $1 - \dfrac{1}{60} = \dfrac{59}{60}$ **답** $\dfrac{59}{60}$

653

총을 한 발 쏘았을 때 명중시킬 확률은

$\dfrac{6}{10} = \dfrac{3}{5}$ ──────── ❶

첫 번째는 명중시키고 두 번째는 명중시키지 못할 확률은

$\dfrac{3}{5} \times \left(1 - \dfrac{3}{5}\right) = \dfrac{3}{5} \times \dfrac{2}{5} = \dfrac{6}{25}$ ──────── ❷

첫 번째는 명중시키지 못하고 두 번째는 명중시킬 확률은

$\left(1 - \dfrac{3}{5}\right) \times \dfrac{3}{5} = \dfrac{2}{5} \times \dfrac{3}{5} = \dfrac{6}{25}$ ──────── ❸

따라서 구하는 확률은 $\dfrac{6}{25} + \dfrac{6}{25} = \dfrac{12}{25}$ ──────── ❹

답 $\dfrac{12}{25}$

단계	채점 기준	배점
❶	총을 한 발 쏘았을 때 명중시킬 확률 구하기	10 %
❷	첫 번째는 명중시키고 두 번째는 명중시키지 못할 확률 구하기	30 %
❸	첫 번째는 명중시키지 못하고 두 번째는 명중시킬 확률 구하기	30 %
❹	한 발만 명중시킬 확률 구하기	30 %

654

2발 이하로 총을 쏘아 타깃을 쓰러뜨리려면 한 발 또는 두 발을 쏘아 명중시켜야 한다.

첫 번째에 타깃을 쓰러뜨릴 확률은 $\dfrac{3}{5}$

두 번째에 타깃을 쓰러뜨릴 확률은 $\left(1 - \dfrac{3}{5}\right) \times \dfrac{3}{5} = \dfrac{6}{25}$

따라서 구하는 확률은 $\dfrac{3}{5} + \dfrac{6}{25} = \dfrac{21}{25}$ **답** $\dfrac{21}{25}$

655

모든 경우의 수는 $3 \times 3 \times 3 = 27$

비기는 경우는

(i) 모두 같은 것을 내는 경우: 3가지

(ii) 모두 다른 것을 내는 경우: $3 \times 2 \times 1 = 6$(가지)

(i), (ii)에서 세 사람이 비길 확률은 $\dfrac{9}{27} = \dfrac{1}{3}$ **답** ④

656

모든 경우의 수는 $3 \times 3 = 9$

(A, B)로 나타내면 A가 이기는 경우는 (가위, 보), (바위, 가위),

(보, 바위)의 3가지이므로 그 확률은 $\dfrac{1}{3}$

비기는 경우는 (가위, 가위), (바위, 가위), (보, 보)의 3가지이

므로 그 확률은 $\dfrac{1}{3}$

따라서 구하는 확률은 $\dfrac{1}{3} \times \dfrac{1}{3} = \dfrac{1}{9}$ **답** ②

657

(1) 모든 경우의 수는 $3 \times 3 \times 3 = 27$

(A, B, C)로 나타내면 A만 이기는 경우는

(가위, 보, 보), (바위, 가위, 가위), (보, 바위, 바위)

의 3가지이므로 그 확률은

$\dfrac{3}{27} = \dfrac{1}{9}$ ─────────────────── ❶

(2) A와 B가 같이 이기는 경우는

(가위, 가위, 보), (바위, 바위, 가위), (보, 보, 바위)

의 3가지이므로 그 확률은 $\dfrac{3}{27} = \dfrac{1}{9}$

마찬가지 방법으로 생각하면 A와 C가 같이 이길 확률도 $\dfrac{1}{9}$

따라서 A가 이길 확률은

(A만 이길 확률) + (A와 B가 같이 이길 확률)

$\qquad\qquad$ + (A와 C가 같이 이길 확률)

$= \dfrac{1}{9} + \dfrac{1}{9} + \dfrac{1}{9} = \dfrac{1}{3}$ ─────────── ❷

답 (1) $\dfrac{1}{9}$ (2) $\dfrac{1}{3}$

단계	채점 기준	배점
❶	A만 이길 확률 구하기	40 %
❷	A가 이길 확률 구하기	60 %

658

3의 배수의 눈이 나오면 ◯, 나오지 않으면 ×라 할 때, 5회 이내에 B가 이기는 경우는 다음과 같다.

1회(A)	2회(B)	3회(A)	4회(B)	5회(A)
×	◯			
×	×	×	◯	

주사위 1개를 던질 때, 3의 배수의 눈이 나올 확률은 $\dfrac{2}{6} = \dfrac{1}{3}$이

므로

(i) 2회에 B가 이길 확률은 $\dfrac{2}{3} \times \dfrac{1}{3} = \dfrac{2}{9}$

(ii) 4회에 B가 이길 확률은 $\dfrac{2}{3} \times \dfrac{2}{3} \times \dfrac{2}{3} \times \dfrac{1}{3} = \dfrac{8}{81}$

따라서 구하는 확률은 $\dfrac{2}{9} + \dfrac{8}{81} = \dfrac{26}{81}$ **답** $\dfrac{26}{81}$

659

흰 공이 나오면 ◯, 검은 공이 나오면 ●라 할 때, 4회 이내에 A가 이기는 경우는 다음과 같다.

1회(A)	2회(B)	3회(A)	4회(B)
◯			
●	●	◯	

공 1개를 꺼낼 때, 흰 공이 나올 확률은 $\dfrac{3}{9} = \dfrac{1}{3}$이므로

(i) 1회에 A가 이길 확률은 $\dfrac{1}{3}$ ──────────── ❶

(ii) 3회에 A가 이길 확률은 $\dfrac{2}{3} \times \dfrac{2}{3} \times \dfrac{1}{3} = \dfrac{4}{27}$ ── ❷

따라서 구하는 확률은 $\dfrac{1}{3} + \dfrac{4}{27} = \dfrac{13}{27}$ ─────── ❸

답 $\dfrac{13}{27}$

단계	채점 기준	배점
❶	1회에 A가 이길 확률 구하기	40 %
❷	3회에 A가 이길 확률 구하기	40 %
❸	4회 이내에 A가 이길 확률 구하기	20 %

660

A가 이기면 ◯, 지면 ×라 할 때, 3번의 경기에서 A가 먼저 2번을 이겨서 승리하는 경우는 다음과 같다.

1회	2회	3회
◯	◯	
◯	×	◯
×	◯	◯

한 경기에서 A가 이길 확률이 $\dfrac{1}{3}$, 질 확률이 $\dfrac{2}{3}$이므로 구하는 확률은

$\dfrac{1}{3} \times \dfrac{1}{3} + \dfrac{1}{3} \times \dfrac{2}{3} \times \dfrac{1}{3} + \dfrac{2}{3} \times \dfrac{1}{3} \times \dfrac{1}{3}$

$= \dfrac{1}{9} + \dfrac{2}{27} + \dfrac{2}{27} = \dfrac{7}{27}$ **답** $\dfrac{7}{27}$

661

화살을 한 번 쏠 때, 색칠한 부분에 맞힐 확률은 $\dfrac{6}{9} = \dfrac{2}{3}$

따라서 구하는 확률은 $\dfrac{2}{3} \times \dfrac{2}{3} = \dfrac{4}{9}$ **답** ③

662

과녁 전체의 넓이는 $\pi \times 3^2 = 9\pi \,(\text{cm}^2)$ ─────── ❶

색칠한 부분의 넓이는

$\pi \times 2^2 - \pi \times 1^2 = 3\pi(\text{cm}^2)$ ──────────── ❷

따라서 구하는 확률은 $\dfrac{3\pi}{9\pi} = \dfrac{1}{3}$ ──────── ❸

답 $\dfrac{1}{3}$

단계	채점 기준	배점
❶	과녁 전체의 넓이 구하기	30 %
❷	색칠한 부분의 넓이 구하기	40 %
❸	색칠한 부분에 맞힐 확률 구하기	30 %

663

소수는 2, 3, 5, 7의 4가지이므로 화살을 한 번 쏠 때, 소수가 적힌 부분에 맞힐 확률은 $\dfrac{4}{8} = \dfrac{1}{2}$

따라서 구하는 확률은 $\dfrac{1}{2} \times \dfrac{1}{2} = \dfrac{1}{4}$

답 $\dfrac{1}{4}$

필수유형 뛰어넘기   143~144쪽

664

모든 경우의 수는 $6 \times 6 = 36$

오른쪽 그림에서 사각형 PQRS의 넓이가 48이면

$2a \times 2b = 48$ ∴ $ab = 12$

$ab = 12$를 만족시키는 순서쌍 (a, b)는 $(2, 6)$, $(3, 4)$, $(4, 3)$, $(6, 2)$의 4가지이다.

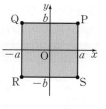

따라서 구하는 확률은 $\dfrac{4}{36} = \dfrac{1}{9}$

답 $\dfrac{1}{9}$

665

모든 경우의 수는 $6 \times 6 = 36$

주사위를 두 번 던진 후 한 계단 내려가 있는 경우는 $(2, 3)$, $(3, 2)$, $(4, 5)$, $(5, 4)$의 4가지이다.

따라서 구하는 확률은 $\dfrac{4}{36} = \dfrac{1}{9}$

답 $\dfrac{1}{9}$

666

4개의 막대기 중에서 3개를 택하는 모든 경우는

$(2, 4, 5)$, $(2, 4, 6)$, $(2, 5, 6)$, $(4, 5, 6)$의 4가지 ── ❶

삼각형을 이루려면 가장 긴 변의 길이가 다른 두 변의 길이의 합보다 작아야 하므로 위의 경우 중에서 삼각형이 만들어지는 경우는 $(2, 4, 5)$, $(2, 5, 6)$, $(4, 5, 6)$의 3가지 ── ❷

따라서 구하는 확률은 $\dfrac{3}{4}$ ─────────── ❸

답 $\dfrac{3}{4}$

단계	채점 기준	배점
❶	모든 경우의 수 구하기	30 %
❷	삼각형이 만들어지는 경우의 수 구하기	50 %
❸	삼각형이 만들어질 확률 구하기	20 %

667

모든 경우의 수는 $6 \times 6 = 36$

(i) $ax - b = 0$의 해가 $x = 1$일 때

$a - b = 0$을 만족시키는 순서쌍 (a, b)는 $(1, 1)$, $(2, 2)$, $(3, 3)$, $(4, 4)$, $(5, 5)$, $(6, 6)$의 6가지이므로 그 확률은 $\dfrac{6}{36} = \dfrac{1}{6}$

(ii) $ax - b = 0$의 해가 $x = 2$일 때

$2a - b = 0$을 만족시키는 순서쌍 (a, b)는 $(1, 2)$, $(2, 4)$, $(3, 6)$의 3가지이므로 그 확률은 $\dfrac{3}{36} = \dfrac{1}{12}$

따라서 구하는 확률은 $\dfrac{1}{6} + \dfrac{1}{12} = \dfrac{1}{4}$

답 $\dfrac{1}{4}$

668

두 자리의 정수가 되는 경우의 수는 $5 \times 5 = 25$

짝수가 되려면 일의 자리 숫자가 0, 2, 4이어야 하므로

(i) 0인 경우: 10, 20, 30, 40, 50의 5가지

(ii) 2인 경우: 12, 32, 42, 52의 4가지

(iii) 4인 경우: 14, 24, 34, 54의 4가지

(i)~(iii)에서 짝수가 되는 경우의 수는 $5 + 4 + 4 = 13$이므로 구하는 확률은 $\dfrac{13}{25}$

답 $\dfrac{13}{25}$

669

모든 경우의 수는 $2 \times 2 \times 2 = 8$ ─────── ❶

점 P의 위치가 -1이 되는 경우는 앞면이 1번, 뒷면이 2번 나오는 경우이므로 (앞, 뒤, 뒤), (뒤, 앞, 뒤), (뒤, 뒤, 앞)의 3가지이다. ─────────────── ❷

따라서 구하는 확률은 $\dfrac{3}{8}$ ─────────── ❸

답 $\dfrac{3}{8}$

단계	채점 기준	배점
❶	모든 경우의 수 구하기	30 %
❷	점 P의 위치가 -1이 되는 경우의 수 구하기	50 %
❸	점 P의 위치가 -1이 될 확률 구하기	20 %

670

한 변의 길이가 1인 작은 정육면체는 모두 64개이고, 이 중 한 면도 색칠되지 않은 정육면체는 8개이다.

따라서 구하는 확률은 $1 - \dfrac{8}{64} = \dfrac{56}{64} = \dfrac{7}{8}$

답 $\dfrac{7}{8}$

671

전구에 불이 들어오려면 두 개의 스위치가 모두 닫혀야 하므로 구하는 확률은 $\dfrac{2}{3} \times \dfrac{3}{4} = \dfrac{1}{2}$

답 $\dfrac{1}{2}$

672

비가 오는 경우를 ○, 오지 않는 경우를 ×라 하면 월요일에 비가 왔을 때, 수요일에도 비가 오는 경우는 다음과 같다.

월	화	수	확률
○	○	○	$\frac{1}{4} \times \frac{1}{4} = \frac{1}{16}$
○	×	○	$\frac{3}{4} \times \frac{1}{5} = \frac{3}{20}$

따라서 구하는 확률은 $\frac{1}{16} + \frac{3}{20} = \frac{17}{80}$ 답 $\frac{17}{80}$

673

첫 번째에 흰 공, 두 번째에 흰 공이 나올 확률은

$\frac{3}{5} \times \frac{4}{6} = \frac{2}{5}$ ─────────────────── ❶

첫 번째에 검은 공, 두 번째에 흰 공이 나올 확률은

$\frac{2}{5} \times \frac{3}{6} = \frac{1}{5}$ ─────────────────── ❷

따라서 구하는 확률은

$\frac{2}{5} + \frac{1}{5} = \frac{3}{5}$ ─────────────────── ❸

답 $\frac{3}{5}$

단계	채점 기준	배점
❶	첫 번째에 흰 공, 두 번째에 흰 공이 나올 확률 구하기	40 %
❷	첫 번째에 검은 공, 두 번째에 흰 공이 나올 확률 구하기	40 %
❸	두 번째에 흰 공이 나올 확률 구하기	20 %

674

현재 A팀은 2승, B팀은 1승을 한 상태이므로 B팀이 우승하려면 A팀이 2승을 더 하기 전에 B팀이 먼저 3승을 해야 한다.
이때 B팀이 우승하는 각각의 경우의 확률은 다음과 같다.

(i) 승승승: $\frac{1}{2} \times \frac{1}{2} \times \frac{1}{2} = \frac{1}{8}$

(ii) 패승승승: $\frac{1}{2} \times \frac{1}{2} \times \frac{1}{2} \times \frac{1}{2} = \frac{1}{16}$

(iii) 승패승승: $\frac{1}{2} \times \frac{1}{2} \times \frac{1}{2} \times \frac{1}{2} = \frac{1}{16}$

(iv) 승승패승: $\frac{1}{2} \times \frac{1}{2} \times \frac{1}{2} \times \frac{1}{2} = \frac{1}{16}$

따라서 구하는 확률은

$\frac{1}{8} + \frac{1}{16} + \frac{1}{16} + \frac{1}{16} = \frac{5}{16}$ 답 $\frac{5}{16}$

675

세 명이 모자를 쓰는 모든 경우의 수는 $3 \times 2 \times 1 = 6$
A, B, C 세 명이 모두 남의 모자를 쓰는 경우는
(파란색, 노란색, 흰색), (노란색, 흰색, 파란색)의 2가지이므로
세 명이 모두 남의 모자를 쓸 확률은 $\frac{2}{6} = \frac{1}{3}$

따라서 적어도 한 명은 자기 모자를 쓸 확률은 $1 - \frac{1}{3} = \frac{2}{3}$

답 $\frac{2}{3}$

676

ab가 짝수이려면 a, b 중 적어도 하나는 짝수이어야 한다. ── ❶
a, b가 홀수일 확률은 각각

$1 - \frac{4}{7} = \frac{3}{7}$, $1 - \frac{3}{5} = \frac{2}{5}$ ─────────── ❷

a, b가 모두 홀수일 확률은

$\frac{3}{7} \times \frac{2}{5} = \frac{6}{35}$ ──────────────── ❸

따라서 구하는 확률은 $1 - \frac{6}{35} = \frac{29}{35}$ ──────── ❹

답 $\frac{29}{35}$

단계	채점 기준	배점
❶	ab가 짝수인 경우 알기	30 %
❷	a, b가 홀수일 확률 각각 구하기	30 %
❸	a, b가 모두 홀수일 확률 구하기	30 %
❹	ab가 짝수일 확률 구하기	10 %

677

흰 공이 나오면 ○, 검은 공이 나오면 ●라 할 때, 검은 공이 4개이므로 A가 이기는 경우는 다음과 같다.

1회(A)	2회(B)	3회(A)	4회(B)	5회(A)
○				
●	●	○		
●	●	●	●	○

(i) 1회에 A가 이길 확률은 $\frac{2}{6} = \frac{1}{3}$

(ii) 3회에 A가 이길 확률은 $\frac{4}{6} \times \frac{3}{5} \times \frac{2}{4} = \frac{1}{5}$

(iii) 5회에 A가 이길 확률은 $\frac{4}{6} \times \frac{3}{5} \times \frac{2}{4} \times \frac{1}{3} \times \frac{2}{2} = \frac{1}{15}$

따라서 구하는 확률은 $\frac{1}{3} + \frac{1}{5} + \frac{1}{15} = \frac{3}{5}$ 답 $\frac{3}{5}$

678

A에서 출발하여 Q에 도착하는 경우는 다음과 같다.

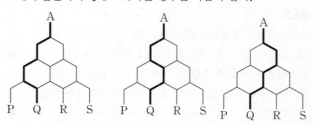

이때 각 경우의 확률은 모두 $\frac{1}{2} \times \frac{1}{2} \times \frac{1}{2} = \frac{1}{8}$이므로 구하는 확률은 $\frac{1}{8} + \frac{1}{8} + \frac{1}{8} = \frac{3}{8}$ 답 $\frac{3}{8}$

풍쌤비법으로 모든 유형을 대비하는
문제기본서

풍산자 필수유형

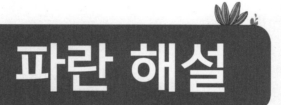

== 실전북 ==

파란 바닷가처럼
시원하게 문제를 해결해 준다.

중학수학 2-2

✦ 서술유형 집중연습 ✦

Ⅰ 도형의 성질

대표 서술유형   2~3쪽

예제 1

[step 1] $\triangle ABC$는 $\overline{AB}=\overline{AC}$인 이등변삼각형이므로

$\angle BAC=180°-2\times70°=40°$

[step 2] $\triangle BDA$는 $\overline{BA}=\overline{BD}$인 이등변삼각형이므로

$\angle BAD=\dfrac{1}{2}\times(180°-70°)=55°$

[step 3] $\therefore \angle CAD=\angle BAD-\angle BAC=55°-40°=15°$

유제 1-1

[step 1] $\triangle ABC$는 $\overline{AB}=\overline{AC}$인 이등변삼각형이므로

$\angle B=\angle C=\dfrac{1}{2}\times(180°-80°)=50°$

[step 2] $\triangle BED$는 $\overline{BD}=\overline{BE}$인 이등변삼각형이므로

$\angle BED=\dfrac{1}{2}\times(180°-50°)=65°$

$\triangle CEF$는 $\overline{CE}=\overline{CF}$인 이등변삼각형이므로

$\angle CEF=\dfrac{1}{2}\times(180°-50°)=65°$

[step 3] $\therefore \angle x=180°-(65°+65°)=50°$

유제 1-2

[step 1] 이등변삼각형의 꼭지각의 이등분선은 밑변을 수직이등분하므로

$\triangle BDP$와 $\triangle CDP$에서

$\overline{BD}=\overline{CD}$ ······ ㉠

$\angle BDP=\angle CDP=90°$ ······ ㉡

$\overline{PD}$는 공통   ······ ㉢

㉠, ㉡, ㉢에 의하여

$\triangle BDP\equiv\triangle CDP$(SAS 합동)

[step 2] 합동인 두 삼각형의 대응하는 변의 길이는 같으므로

$\overline{PB}=\overline{PC}$

예제 2

[step 1] $\triangle AED$와 $\triangle AFD$에서

$\angle AED=\angle AFD=90°$, $\overline{AD}$는 공통, $\overline{DE}=\overline{DF}$

$\therefore \triangle AED\equiv\triangle AFD$(RHS 합동)

[step 2] 따라서 $\angle EAD=\angle FAD=90°-68°=22°$이므로

[step 3] $\angle BAC=2\angle EAD=2\times22°=44°$

유제 2-1

[step 1] $\triangle DBC$와 $\triangle ECB$에서

$\angle BDC=\angle CEB=90°$, $\overline{BC}$는 공통, $\overline{BD}=\overline{CE}$

$\therefore \triangle DBC\equiv\triangle ECB$(RHS 합동)

[step 2] $\triangle DBC\equiv\triangle ECB$이므로 $\angle DCB=\angle EBC$

$\therefore \angle ACB=\angle ABC$

$\triangle ABC$에서

$\angle ABC=\angle ACB=\dfrac{1}{2}\times(180°-50°)=65°$

[step 3] $\triangle ECB$에서

$\angle BCE=90°-\angle EBC=90°-65°=25°$

유제 2-2

[step 1] $\triangle DBC$와 $\triangle DEC$에서

$\angle DBC=\angle DEC=90°$, $\overline{CD}$는 공통, $\overline{BC}=\overline{EC}$

$\therefore \triangle DBC\equiv\triangle DEC$(RHS 합동)

[step 2] $\triangle DBC\equiv\triangle DEC$이므로

$\overline{DE}=\overline{DB}=4$(cm)

[step 3] $\triangle ADE=\dfrac{1}{2}\times\overline{AE}\times\overline{DE}=\dfrac{1}{2}\times3\times4=6$(cm²)

서술유형 실전대비   4~5쪽

1 [step 1] $\angle B=x°$라 하면 $\triangle BCD$에서 $\overline{DB}=\overline{DC}$이므로

$\angle BCD=x°$

$\angle ADC=\angle DBC+\angle DCB=x°+x°=2x°$

$\triangle ACD$에서 $\overline{CA}=\overline{CD}$이므로 $\angle DAC=2x°$

[step 2] $\angle A$의 외각의 크기가 $\angle B$의 크기의 4배이므로

$180°-\angle A=4\angle B$

$180°-2x=4x°$

$6x°=180°$

$\therefore x=30$

[step 3] $\therefore \angle B=30°$ 답 $30°$

2 [step 1] (1) $\triangle ABD$와 $\triangle ACE$에서

$\overline{AB}=\overline{AC}$, $\angle ABD=\angle ACE$, $\overline{BD}=\overline{CE}$

$\therefore \triangle ABD\equiv\triangle ACE$(SAS 합동)

[step 2] 따라서 $\overline{AD}=\overline{AE}$이므로 $\triangle ADE$는 이등변삼각형이다.

[step 3] (2) $\angle DAE=180°-2\times75°=30°$

답 (1) 풀이 참조 (2) $30°$

3 [step 1] $\triangle ABC$는 $\overline{AB}=\overline{AC}$인 이등변삼각형이므로

$\angle ABC=\angle ACB=\dfrac{1}{2}\times(180°-72°)=54°$

[step 2] $\angle ABD=2\angle DBC$이므로

$\angle DBC=\dfrac{1}{3}\angle ABC=\dfrac{1}{3}\times54°=18°$

[step 3] $\angle ACD=\angle DCE$이므로

$\angle DCE=\dfrac{1}{2}\times(180°-54°)=63°$

[step 4] 따라서 △BCD에서

$\angle x + \angle DBC = \angle DCE$

$\angle x + 18° = 63°$

$\therefore \angle x = 45°$

답 45°

4 [step 1] △ABD와 △CAE에서

$\angle ADB = \angle CEA = 90°$, $\overline{AB} = \overline{CA}$,

$\angle DAB = 90° - \angle CAE = \angle ECA$

$\therefore \triangle ABD \equiv \triangle CAE$(RHA 합동)

[step 2] △ABD≡△CAE이므로

$\overline{DA} = \overline{EC} = 3$ cm, $\overline{AE} = \overline{BD} = 7$ cm

$\therefore \overline{DE} = \overline{DA} + \overline{AE} = 10$(cm)

[step 3] 사각형 BCED의 넓이 구하기

따라서 사각형 BCED의 넓이는

$\frac{1}{2} \times (3+7) \times (3+7) = 50$(cm²)

답 50 cm²

5 점 A를 점 C와 겹치도록 접었으므로

$\overline{DA} = \overline{DC}$

즉, △DCA는 이등변삼각형이다. ─────────── ❶

점 A를 점 C와 겹치도록 접었으므로

$\angle AED = \angle CED = 90°$ ──────────── ❷

△ADE에서 $\angle A + 56° = 90°$

$\therefore \angle A = 34°$ ──────────────────── ❸

△ABC에서 $\angle A + \angle B + \angle C = \angle A + 2\angle B = 180°$

$2\angle B = 180° - 34° = 146°$

$\therefore \angle B = 73°$ ──────────────────── ❹

답 73°

단계	채점 기준	배점
❶	△DCA가 이등변삼각형임을 알기	2점
❷	$\angle AED = \angle CED = 90°$임을 알기	2점
❸	$\angle A$의 크기 구하기	2점
❹	$\angle B$의 크기 구하기	2점

6 △ADM과 △CEM에서

$\angle ADM = \angle CEM = 90°$, $\overline{AM} = \overline{CM}$,

$\angle AMD = \angle CME$

따라서 △ADM≡△CEM(RHA 합동)이므로 ─── ❶

$\overline{CE} = \overline{AD} = 6$ cm

$\overline{BE} = \overline{BM} + \overline{EM} = \overline{BM} + \overline{DM}$

$= 14 + 8 = 22$(cm) ─────────── ❷

$\therefore \triangle BCE = \frac{1}{2} \times \overline{BE} \times \overline{CE}$

$= \frac{1}{2} \times 22 \times 6$

$= 66$(cm²) ─────────────── ❸

답 66 cm²

단계	채점 기준	배점
❶	△ADM≡△CEM임을 알기	3점
❷	$\overline{CE}$, $\overline{BE}$의 길이 구하기	각 1점
❸	△BCE의 넓이 구하기	2점

7 $\angle C = 40°$이므로 직각삼각형 ACD에서

$\angle CAD = 180° - (90° + 40°) = 50°$ ─────── ❶

△AEF는 $\overline{AE} = \overline{AF}$인 이등변삼각형이므로

$\angle AFE = \frac{1}{2} \times (180° - 50°) = 65°$ ──────── ❷

따라서 직각삼각형 ABF에서

$\angle ABF = 180° - (90° + 65°) = 25°$ ─────── ❸

답 25°

단계	채점 기준	배점
❶	$\angle CAD$의 크기 구하기	2점
❷	$\angle AFE$의 크기 구하기	3점
❸	$\angle ABF$의 크기 구하기	2점

8 오른쪽 그림과 같이 점 D에서 $\overline{AB}$에 내린 수선의 발을 E라 하면 ─── ❶

$\angle AED = \angle ACD = 90°$,

$\overline{AD}$는 공통,

$\angle EAD = \angle CAD$이므로

△AED≡△ACD(RHA 합동)

$\therefore \overline{DE} = \overline{DC}$ ─────────── ❷

△ABD의 넓이가 15 cm²이므로

$\triangle ABD = \frac{1}{2} \times \overline{AB} \times \overline{DE} = \frac{1}{2} \times 10 \times \overline{DC} = 15$(cm²)에서

$5 \times \overline{DC} = 15$

$\therefore \overline{DC} = 3$(cm) ─────────── ❸

답 3 cm

단계	채점 기준	배점
❶	점 D에서 $\overline{AB}$에 수선 DE 긋기	2점
❷	$\overline{DE} = \overline{DC}$임을 알기	3점
❸	$\overline{DC}$의 길이 구하기	2점

대표 서술유형 6~7쪽

예제 **1**

[step 1] 점 O가 △ABC의 외심이므로 $\overline{OA}$, $\overline{OC}$를 그으면

$\angle OAB = \underline{\angle OBA} = \underline{40°}$, $\angle OCB = \underline{\angle OBC} = \underline{20°}$

[step 2] $\angle OBA + \angle OCB + \angle OAC$

$= 40° + 20° + \angle OAC = 90°$

$\therefore \angle OAC = \underline{90° - (40° + 20°)} = 90° - 60° = \underline{30°}$,

$\angle OCA = \underline{\angle OAC} = \underline{30°}$

[step 3] 따라서 ∠A, ∠C의 크기는
$\angle A = \angle OAB + \angle OAC = 40° + 30° = 70°$
$\angle C = \angle OCB + \angle OCA = 20° + 30° = 50°$

유제 1-1
[step 1] 점 O가 △ABC의 외심이므로
$\angle OAB = \angle OBA = 25°$
[step 2] $\angle OAC = \angle OCA = 45°$
[step 3] ∴ $\angle x = 2 \times \angle BAC = 2 \times (25° + 45°) = 140°$

유제 1-2
[step 1] 점 E는 직각삼각형의 빗변의 중점이므로 △ABC의 외심이다.
[step 2] ∴ $\angle EAB = \angle EBA = 35°$
[step 3] $\angle AED = 35° + 35° = 70°$
[step 4] 따라서 △AED에서
$\angle EAD = 90° - 70° = 20°$

예제 2
[step 1] 점 I는 △ABC의 내심이므로
$\angle ICB = \angle ICA = \angle x$,
$\angle IBA = \angle IBC = 25°$
∴ $\angle ABC = 50°$
[step 2] △ABC는 $\overline{AC} = \overline{BC}$인 이등변삼각형이므로
$\angle BAC = \angle ABC = 50°$
[step 3] 따라서 △ABC에서
$50° + 50° + 2\angle x = 180°$, $2\angle x = 80°$
∴ $\angle x = 40°$

유제 2-1
[step 1] 점 I는 ∠A와 ∠B의 이등분선의 교점이므로 △ABC의 내심이다.
[step 2] $\angle ICB = \angle ICA = \angle x$이므로
$\angle ACB = \angle x + \angle x = 2\angle x$
[step 3] $120° = 90° + \dfrac{1}{2} \times 2\angle x = 90° + \angle x$
∴ $\angle x = 30°$

유제 2-2
[step 1] $\triangle ABC = \dfrac{1}{2} \times 12 \times 9 = 54(cm^2)$이므로
△ABC의 내접원의 반지름의 길이를 r cm라 하면
$\triangle ABC = \dfrac{1}{2} \times r \times (15 + 12 + 9) = 18r = 54$
∴ $r = 3$
[step 2] △ABC는 ∠C=90°인 직각삼각형이므로 □IECF는 정사각형이다.

[step 3] ∴ (색칠한 부분의 넓이)
= (사각형 IECF의 넓이) − (부채꼴 IDE의 넓이)
$= 3 \times 3 - \dfrac{1}{4} \times \pi \times 3^2 = 9 - \dfrac{9}{4}\pi(cm^2)$

서술유형 실전대비   8~9쪽

1 [step 1] 직각삼각형 ABC에서
$\angle A = 90° - 30° = 60°$
$\overline{AB}$의 중점 O에 대하여 점 O는
직각삼각형 ABC의 외심이므로
$\overline{OA} = \overline{OC}$
∴ $\angle OCA = \angle OAC = 60°$,
$\angle AOC = 180° - 2 \times 60° = 60°$
즉, △AOC는 정삼각형이다.
[step 2] 따라서 $\overline{OA} = \overline{AC} = 4$ cm이므로
$\overline{AB} = 2\overline{OA} = 2 \times 4 = 8(cm)$ 답 8 cm

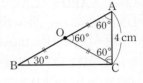

2 [step 1] $\overline{AF} = \overline{AD} = 5$ cm
$\overline{CF} = \overline{CE} = \overline{BC} - \overline{BE} = \overline{BC} - \overline{BD}$
$= 8 - 4 = 4(cm)$
∴ $\overline{AC} = \overline{AF} + \overline{CF} = 5 + 4 = 9(cm)$
[step 2] $\triangle ABC = \dfrac{1}{2} \times 3 \times (\overline{AB} + \overline{BC} + \overline{CA})$
$= \dfrac{1}{2} \times 3 \times (9 + 8 + 9)$
$= 39(cm^2)$ 답 39 cm²

3 [step 1] △ABC의 내심 I에서 세 변 AB, BC, CA에 이르는 거리는 같으므로
$\overline{ID} = \overline{IE} = \overline{IF}$
[step 2] 따라서 점 I를 중심으로 하고 반지름의 길이가 $\overline{ID}$인 원을 그리면 세 점 D, E, F가 모두 이 한 원 위에 있으므로 이 원은 △DEF의 외접원이고, 외접원의 중심인 점 I는 △DEF의 외심이다.   답 풀이 참조

4 [step 1] (1) △ABC의 내접원의 반지름의 길이를 r cm라 하면
$\triangle ABC = \dfrac{1}{2} \times r \times (6 + 8 + 10) = 12r$
이때 $\triangle ABC = \dfrac{1}{2} \times 6 \times 8 = 24(cm^2)$이므로
$12r = 24$ ∴ $r = 2$
[step 2] (2) 외심은 $\overline{BC}$의 중점이므로 외접원의 반지름의 길이는
$\dfrac{10}{2} = 5(cm)$
[step 3] (3) $\pi \times 5^2 - \pi \times 2^2 = 21\pi(cm^2)$
답 (1) 2 cm   (2) 5 cm   (3) 21π cm²

5 점 I가 △ABC의 내심이므로

∠IBD=∠IBC, ∠ICE=∠ICB

이때 $\overline{DE}/\!/\overline{BC}$이므로

∠IBC=∠BID(엇각),

∠ICB=∠CIE(엇각)

∴ ∠IBD=∠BID, ∠ICE=∠CIE

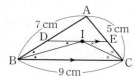

따라서 △DBI, △ECI는 각각 $\overline{DB}=\overline{DI}$, $\overline{EC}=\overline{EI}$인 이등변삼

각형이다. ─────────────── ❶

즉, △ADE의 둘레의 길이는

$$\begin{aligned}\overline{AD}+\overline{DE}+\overline{AE}&=\overline{AD}+(\overline{DI}+\overline{EI})+\overline{AE}\\&=\overline{AD}+(\overline{DB}+\overline{EC})+\overline{AE}\\&=\overline{AB}+\overline{AC}\\&=7+5=12(cm)\end{aligned}$$ ─ ❷

🔲 12 cm

단계	채점 기준	배점
❶	△DBI와 △ECI가 이등변삼각형임을 알기	4점
❷	△ADE의 둘레의 길이 구하기	4점

6 점 I는 △ABO의 내심이므로

∠IBA=∠IBO=35°

∴ ∠ABO=70° ─────────────── ❶

△ABC의 외심이 $\overline{BC}$ 위에 있으므로

∠BAC=90° ─────────────── ❷

∴ ∠C=180°−(90°+70°)=20° ─────── ❸

🔲 20°

단계	채점 기준	배점
❶	∠ABO의 크기 구하기	2점
❷	∠BAC의 크기 구하기	2점
❸	∠C의 크기 구하기	2점

7 점 O가 △ABC의 외심이므로

$\overline{OA}=\overline{OB}=\overline{OC}$

즉, △OBC는 이등변삼각형이므로

∠OBC=∠OCB=42° ──── ❶

△OAB도 이등변삼각형이므로

$$\begin{aligned}\angle OAB&=\angle OBA\\&=\angle ABC-\angle OBC\\&=76°-42°=34°\end{aligned}$$ ─── ❷

△PBC에서 ∠APO=76°+42°=118° ─── ❸

△APO에서 ∠AOP=180°−(118°+34°)=28° ─ ❹

🔲 28°

단계	채점 기준	배점
❶	∠OBC의 크기 구하기	2점
❷	∠OAB의 크기 구하기	2점
❸	∠APO의 크기 구하기	2점
❹	∠AOP의 크기 구하기	2점

8 △ABC의 내접원의 반지름의 길이를 r cm라 하면

$\triangle ABC=\dfrac{1}{2}\times r\times(20+16+12)=24r(cm^2)$

이때 $\triangle ABC=\dfrac{1}{2}\times16\times12=96(cm^2)$이므로

$24r=96$ ∴ $r=4(cm)$ ─────────── ❶

$\angle AIB=90°+\dfrac{1}{2}\angle C=90°+45°=135°$ ───── ❷

따라서 구하는 넓이는

$\pi\times4^2\times\dfrac{135}{360}=6\pi(cm^2)$ ─────────── ❸

🔲 6π cm²

단계	채점 기준	배점
❶	△ABC의 내접원의 반지름의 길이 구하기	3점
❷	∠AIB의 크기 구하기	3점
❸	색칠한 부채꼴의 넓이 구하기	2점

대표 서술유형　　　　　　　　　10~11쪽

예제 1

[step 1] ∠B+∠C=<u>180</u>°이므로

∠B+(<u>2∠B−30</u>°)=180°, 3∠B=<u>210</u>°

∴ ∠B=<u>70</u>°

[step 2] ∠D=∠B=<u>70</u>°이므로 △ADE의 외각의 성질에 의

하여

$x°+\underline{70}°=95°$, $x°=\underline{25}°$ ∴ $x=\underline{25}$

[step 3] 평행사변형 ABCD의 둘레의 길이가 28 cm이므로

$\underline{2\times(y+6)}=28$, $\underline{y+6}=14$ ∴ $y=\underline{8}$

[step 4] ∴ $x+y=\underline{25}+\underline{8}=\underline{33}$

유제 1-1

[step 1] ∠A : ∠ABC=3 : 2,

∠A+∠ABC=<u>180</u>°이므로

$\angle A=\dfrac{3}{5}\times180°=108°$

∴ ∠BCD=<u>∠A</u>=108°

[step 2] 한편, △BEC와 △CFD는 정삼각형이므로

∠BCE=∠DCF=<u>60</u>°

[step 3] ∴ ∠ECF=<u>360</u>°−(<u>108</u>°+<u>60</u>°+60°)=<u>132</u>°

유제 1-2

[step 1] ∠ABE=∠FBE, ∠AEB=<u>∠FBE</u>(엇각)이므로

∠ABE=<u>∠AEB</u>

즉, △ABE는 <u>이등변삼각형</u>이므로 $\overline{AE}=\underline{4}$ cm

∴ $\overline{ED}=\overline{AD}-\overline{AE}=\underline{6}-4=\underline{2}$(cm)

같은 방법으로 $\overline{BF}=\underline{2}$ cm

따라서 $\overline{ED}\parallel\overline{BF}$이고 $\overline{ED}=\overline{BF}$이므로 □BFDE는 평행사변형이다.

[step 2] □ABCD : □BFDE$=\overline{BC}:\overline{BF}=6:2=3:1$

□ABCD$=3\times$□BFDE에서 $k=3$

예제 2

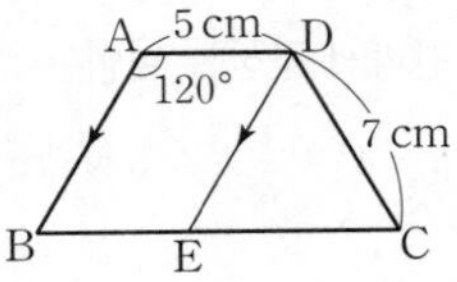

[step 1] 오른쪽 그림과 같이 $\overline{AB}\parallel\overline{DE}$가 되도록 $\overline{BC}$ 위에 점 E 를 잡으면 □ABED는 평행사변형이므로

$\overline{BE}=\overline{AD}=5$ cm

[step 2] □ABCD는 $\overline{AD}\parallel\overline{BC}$인 등변사다리꼴이므로

$\angle C=\angle B=180°-120°=60°$

$\overline{AB}\parallel\overline{DE}$이므로

$\angle DEC=\angle B=60°$(동위각)

따라서 △DEC는 정삼각형이므로

$\overline{EC}=\overline{CD}=7$ cm

[step 3] $\therefore \overline{BC}=\overline{BE}+\overline{EC}=5+7=12$(cm)

유제 2-1

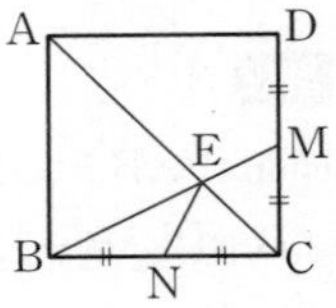

[step 1] (1) 오른쪽 그림과 같이 $\overline{BC}$의 중점 N을 잡으면

$\overline{CM}=\overline{CN}$, $\overline{CE}$는 공통, $\angle MCE=\angle NCE=45°$

$\therefore \triangle ECM\equiv\triangle ECN$

[step 2] $\overline{BN}=\overline{CN}$이므로 $\triangle ECM=\triangle ECN=\triangle EBN$

$\therefore \triangle BCM=3\times\triangle ECM=3\times5=15$(cm²)

[step 3] (2) □ABCD$=4\times\triangle BCM=4\times15=60$(cm²)

유제 2-2

[step 1] $\triangle ABC=\dfrac{1}{2}\times15\times10=75$(cm²)

[step 2] $\overline{BE}:\overline{CE}=1:2$이므로 $\triangle ABE:\triangle AEC=1:2$

$\therefore \triangle AEC=\dfrac{2}{3}\times\triangle ABC$

$=\dfrac{2}{3}\times75=50$(cm²)

[step 3] $\overline{AE}\parallel\overline{DC}$이므로

$\triangle AED=\triangle AEC=50$(cm²)

서술유형 실전대비 12~13쪽

1 [step 1] △AHE와 △CFG에서

$\overline{AH}=\overline{CF}$, $\angle A=\angle C$, $\overline{AE}=\overline{CG}$이므로

△AHE≡△CFG(SAS 합동) $\therefore \overline{HE}=\overline{FG}$

[step 2] △BGH와 △DEF에서

$\overline{BH}=\overline{DF}$, $\angle B=\angle D$, $\overline{BG}=\overline{DE}$이므로

△BGH≡△DEF(SAS 합동) $\therefore \overline{GH}=\overline{EF}$

[step 3] $\overline{HE}=\overline{FG}$, $\overline{GH}=\overline{EF}$

즉, 두 쌍의 대변의 길이가 각각 같으므로 □EFGH는 평행사변형이고 이와 같은 방법으로 그린 사각형은 항상 평행사변형이 된다. 답 풀이 참조

2 [step 1] $\overline{AD}\parallel\overline{BC}$이므로 $\angle BCA=\angle DAC=56°$(엇각)

△BOC에서 $\angle BOC=180°-(34°+56°)=90°$

이때 평행사변형 ABCD의 두 대각선이 직교하므로 □ABCD는 마름모이다.

[step 2] □ABCD가 마름모이므로

$\overline{AB}=\overline{AD}=6$ cm $\therefore x=6$

$\angle OBC=\angle ODC=34°$ $\therefore y=34$

[step 3] $\therefore x+y=6+34=40$ 답 40

3 [step 1] (1) $\triangle ABC=\dfrac{1}{2}\times7\times8=28$(cm²)이므로

$\triangle ACD=$□ABCD$-\triangle ABC=36-28=8$(cm²)

[step 2] $\overline{AC}\parallel\overline{DE}$이므로

$\triangle ACE=\triangle ACD=8$ cm²

[step 3] (2) $\triangle ACE=\dfrac{1}{2}\times\overline{CE}\times8=8$(cm²)

$\therefore \overline{CE}=2$(cm) 답 (1) 8 cm² (2) 2 cm

4 [step 1] 직사각형의 두 대각선은 서로 다른 것을 이등분하므로 $\overline{AO}=\overline{OC}$에서

$4x-2=2x+12$, $2x=14$ $\therefore x=7$

[step 2] $\overline{AO}=4x-2=4\times7-2=26$

$\overline{AC}=2\overline{AO}=52$

[step 3] 직사각형의 두 대각선의 길이는 서로 같으므로

$\overline{BD}=\overline{AC}=52$ 답 52

5 $\overline{AB}\parallel\overline{CD}$이므로

$\angle ACD=\angle CAB=62°$(엇각)

△COD에서 외각의 성질에 의하여

$\angle BOC=62°+28°=90°$ $\therefore x=90$ ❶

즉, 평행사변형 ABCD의 두 대각선이 직교하므로 □ABCD는 마름모이다.

따라서 $\overline{CD}=\overline{BC}=10$ cm이므로 $y=10$ ❷

$\therefore x+y=90+10=100$ ❸

답 100

단계	채점 기준	배점
❶	x의 값 구하기	3점
❷	y의 값 구하기	2점
❸	$x+y$의 값 구하기	1점

6 $\triangle PAB+\triangle PCD=\dfrac{1}{2}$□ABCD

$=\dfrac{1}{2}\times10\times8=40$(cm²) ❶

그런데 $\overline{AE}=\overline{BE}$, $\overline{CF}=\overline{DF}$이므로

$\triangle AEP = \triangle BEP = \dfrac{1}{2}\triangle PAB$

$\triangle DFP = \triangle CFP = \dfrac{1}{2}\triangle PCD$ ────── ❷

$\therefore \triangle AEP + \triangle DFP = \dfrac{1}{2}(\triangle PAB + \triangle PCD)$

$\qquad\qquad\qquad = \dfrac{1}{2}\times 40 = 20(\text{cm}^2)$ ── ❸

답 20 cm²

단계	채점 기준	배점
❶	$\triangle PAB + \triangle PCD$의 값 구하기	2점
❷	$\triangle AEP = \dfrac{1}{2}\triangle PAB$, $\triangle DFP = \dfrac{1}{2}\triangle PCD$임을 보이기	2점
❸	$\triangle AEP + \triangle DFP$의 값 구하기	2점

7 오른쪽 그림과 같이 $\overline{CD}$의 연장선 위에 $\overline{BP} = \overline{DE}$가 되도록 점 E를 잡고 $\overline{AE}$를 긋는다. ────── ❶

$\triangle ADE$와 $\triangle ABP$에서

$\overline{AD} = \overline{AB}$, $\overline{DE} = \overline{BP}$,

$\angle ADE = \angle B = 90°$

이므로 $\triangle ADE \equiv \triangle ABP$(SAS 합동) ────── ❷

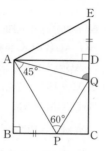

$\triangle APQ$와 $\triangle AEQ$에서

$\overline{AE} = \overline{AP}(\because \triangle ADE \equiv \triangle ABP)$,

$\overline{AQ}$는 공통,

$\angle EAQ = \angle DAE + \angle DAQ$

$\qquad\quad\ = \angle BAP + \angle DAQ$

$\qquad\quad\ = 45° = \angle PAQ$

이므로 $\triangle APQ \equiv \triangle AEQ$(SAS 합동) ── ❸

$\therefore \angle AQD = \angle AQP = 180° - (45° + 60°) = 75°$ ── ❹

답 75°

단계	채점 기준	배점
❶	$\overline{CD}$의 연장선 위에 $\overline{BP} = \overline{DE}$인 점 E 잡기	2점
❷	$\triangle ADE \equiv \triangle ABP$임을 알기	2점
❸	$\triangle APQ \equiv \triangle AEQ$임을 알기	2점
❹	$\angle AQD$의 크기 구하기	2점

8 $\overline{AF}\,/\!/\,\overline{BC}$이므로

$\triangle BCF = \triangle BCD = \dfrac{1}{2}\times 8 \times 8 = 32(\text{cm}^2)$ ── ❶

이때 $\triangle BCE = \dfrac{1}{2}\times 8 \times 6 = 24(\text{cm}^2)$이므로 ── ❷

$\triangle CEF = \triangle BCF - \triangle BCE = 32 - 24 = 8(\text{cm}^2)$ ── ❸

답 8 cm²

단계	채점 기준	배점
❶	$\triangle BCF = \triangle BCD$임을 알기	3점
❷	$\triangle BCE$의 넓이 구하기	3점
❸	$\triangle ECF$의 넓이 구하기	2점

Ⅱ 도형의 닮음과 피타고라스 정리

대표 서술유형

14~15쪽

예제 1

[step 1] $3\overline{DC} = 2\overline{SR}$이므로 두 도형의 닮음비는

$\overline{DC} : \overline{SR} = 2 : 3$

[step 2] $\overline{AD}$의 대응변은 $\overline{PS}$이므로 $x : 9 = 2 : 3$

$\therefore x = 6$

[step 3] $\overline{QR}$의 대응변은 $\overline{BC}$이므로 $8 : y = 2 : 3$

$\therefore y = 12$

[step 4] $\angle C = \angle R = 70°$, $\angle D = \angle S = 140°$이므로

$\angle A = 360° - (80° + 70° + 140°) = 70°$ $\quad \therefore z = 70$

유제 1-1

[step 1] 두 삼각기둥의 닮음비는

$\overline{AB} : \overline{GH} = 5 : 10 = 1 : 2$

[step 2] $\overline{BE} : \overline{HK} = 1 : 2$, 즉 $x : 20 = 1 : 2$이므로 $x = 10$

[step 3] $\overline{AC} : \overline{GI} = 1 : 2$, 즉 $13 : y = 1 : 2$이므로 $y = 26$

유제 1-2

[step 1] 물이 채워진 부분과 그릇은 닮은 원뿔이고 닮음비가 $1 : 3$이다.

[step 2] 수면의 반지름의 길이를 r cm라 하면

$r : 45 = 1 : 3$ $\quad \therefore r = 15$

[step 3] 따라서 수면의 넓이는 $\pi \times 15^2 = 225\pi(\text{cm}^2)$

예제 2

[step 1] $\triangle ADE$와 $\triangle BCD$에서

$\angle A = \angle B = 60°$, $\angle AED = 120° - \angle ADE = \angle BDC$

$\therefore \triangle ADE \backsim \triangle BCD$(AA 닮음)

[step 2] 닮음비는 $\overline{AD} : \overline{BC} = 2 : 3$

[step 3] 이때 $\overline{AE} = \dfrac{2}{3}\overline{BD} = \dfrac{2}{3}\times\dfrac{1}{3}\overline{AB} = \dfrac{2}{9}\overline{AB}$이므로

$\overline{AE} : \overline{EC} = \overline{AE} : (\overline{AC} - \overline{AE})$

$\qquad\qquad = \dfrac{2}{9}\overline{AB} : \left(\overline{AB} - \dfrac{2}{9}\overline{AB}\right) = 2 : 7$

유제 2-1

[step 1] $\triangle ABD$와 $\triangle ACB$에서

$\overline{AB} : \overline{AC} = 6 : 9 = 2 : 3$, $\overline{AD} : \overline{AB} = 4 : 6 = 2 : 3$

$\angle A$는 공통

$\therefore \triangle ABD \backsim \triangle ACB$(SAS 닮음)

[step 2] 닮음비는 $\overline{AB} : \overline{AC} = 2 : 3$

[step 3] 이때 $\overline{DB} : \overline{BC} = 5 : \overline{BC} = 2 : 3$이므로

$\overline{BC} = \dfrac{15}{2}$ cm

유제 2-2

[step 1] $\overline{AC}^2 = \overline{CH} \times \overline{BC}$이므로

$15^2 = 9 \times \overline{BC}$ $\therefore \overline{BC} = 25(cm)$

$\therefore \overline{BH} = \overline{BC} - \overline{CH} = 25 - 9 = 16(cm)$

[step 2] $\overline{AH}^2 = \overline{BH} \times \overline{CH}$이므로

$\overline{AH}^2 = 16 \times 9 = 144$

$\therefore \overline{AH} = 12 \text{ cm}(\because \overline{AH} > 0)$

[step 3] $\therefore \triangle ABH = \dfrac{1}{2} \times 16 \times 12 = 96(cm^2)$

서술유형 실전대비 16~17쪽

1 [step 1] $\triangle BED$와 $\triangle CFE$에서

$\angle B = \angle C = 60°$, $\angle BDE = 120° - \angle BED = \angle CEF$이므로

$\triangle BED \backsim \triangle CFE$(AA 닮음)

[step 2] $\overline{AD} = \overline{DE}$이므로

$\overline{BC} = \overline{AB} = \overline{AD} + \overline{BD} = \overline{DE} + \overline{BD} = 7 + 8 = 15(cm)$

$\overline{CE} = 15 - \overline{BE} = 10(cm)$

$8 : 10 = 5 : \overline{CF}$에서 $\overline{CF} = \dfrac{25}{4}(cm)$

답 $\dfrac{25}{4}$ cm

2 [step 1] $\triangle ABC \backsim \triangle DCE$이므로 $\angle ABC = \angle DCE$

$\therefore \overline{AB} /\!/ \overline{DC}$

$\triangle ABF$와 $\triangle CDF$에서

$\angle ABF = \angle CDF$(엇각), $\angle BAF = \angle DCF$(엇각)이므로

$\triangle ABF \backsim \triangle CDF$(AA 닮음)

[step 2] $\overline{AC} : \overline{DE} = \overline{BC} : \overline{CE}$, 즉 $\overline{AC} : 5 = 6 : 3$이므로

$\overline{AC} = 10(cm)$

$\triangle ABF \backsim \triangle CDF$이므로 $\overline{AF} : \overline{CF} = \overline{AB} : \overline{CD}$에서

$\overline{AF} : (10 - \overline{AF}) = 2 : 1$

$\overline{AF} = 2(10 - \overline{AF})$ $\therefore \overline{AF} = \dfrac{20}{3}(cm)$

답 $\dfrac{20}{3}$ cm

3 [step 1] $20^2 = \overline{BD} \times 25$

$\therefore \overline{BD} = 16(cm)$ ——————————❶

[step 2] $15^2 = \overline{CD} \times 25$

$\therefore \overline{CD} = 9(cm)$ ——————————❷

[step 3] $\overline{AB} \times \overline{AC} = \overline{AD} \times \overline{BC}$이므로

$20 \times 15 = \overline{AD} \times 25$ $\therefore \overline{AD} = 12(cm)$ ———❸

답 $\overline{BD} = 16$ cm, $\overline{CD} = 9$ cm, $\overline{AD} = 12$ cm

4 [step 1] 작은 원뿔과 큰 원뿔의 닮음비는

$\dfrac{2}{5} : 1 = 2 : 5$

[step 2] 작은 원뿔의 밑면의 반지름의 길이를 x cm라 하면

$x : 10 = 2 : 5$ $\therefore x = 4$

[step 3] 따라서 구하는 밑면의 둘레의 길이는

$2\pi \times 4 = 8\pi(cm)$

답 8π cm

5 $\triangle ABE$와 $\triangle FCE$에서

$\overline{AB} /\!/ \overline{DF}$이므로 $\angle BAE = \angle CFE$(엇각)

$\angle AEB = \angle FEC$(맞꼭지각)

$\therefore \triangle ABE \backsim \triangle FCE$(AA 닮음) ——————————❶

$\overline{AB} : \overline{FC} = \overline{BE} : \overline{CE}$이므로

$6 : \overline{FC} = 3 : 1$ $\therefore \overline{CF} = 2(cm)$ ——————————❷

답 2 cm

단계	채점 기준	배점
❶	$\triangle ABE \backsim \triangle FCE$임을 알기	4점
❷	$\overline{CF}$의 길이 구하기	3점

6 직각삼각형 ABC에서 $\overline{AG} \perp \overline{BC}$이므로

$\overline{AG}^2 = \overline{GB} \times \overline{GC} = 4 \times 1 = 4$

$\therefore \overline{AG} = 2 \text{ cm}(\because \overline{AG} > 0)$ ——————————❶

점 M이 $\overline{BC}$의 중점, 즉 $\triangle ABC$의 외심이므로

$\overline{BM} = \overline{CM} = \overline{AM}$

$\therefore \overline{AM} = \dfrac{1}{2}\overline{BC} = \dfrac{5}{2} \text{ cm}$ ——————————❷

또한 직각삼각형 GAM에서 $\overline{GH} \perp \overline{AM}$이므로

$\overline{AG}^2 = \overline{AH} \times \overline{AM}$

$2^2 = \overline{AH} \times \dfrac{5}{2}$

$\therefore \overline{AH} = 4 \times \dfrac{2}{5} = \dfrac{8}{5}(cm)$ ——————————❸

답 $\dfrac{8}{5}$ cm

단계	채점 기준	배점
❶	$\overline{AG}$의 길이 구하기	3점
❷	$\overline{AM}$의 길이 구하기	2점
❸	$\overline{AH}$의 길이 구하기	3점

7 마름모 APCQ에서 두 대각선은 서로 다른 것을 수직이등분하므로

$\overline{AC} \perp \overline{PQ}$, $\overline{AO} = \overline{CO}$, $\overline{PO} = \overline{QO}$

$\triangle AOQ$와 $\triangle ADC$에서

$\angle AOQ = \angle ADC = 90°$, $\angle CAD$는 공통

$\therefore \triangle AOQ \backsim \triangle ADC$(AA 닮음) ——————————❶

따라서 $\overline{AO} : \overline{AD} = \overline{OQ} : \overline{DC}$이므로

$15 : 24 = \overline{OQ} : 18$ $\therefore \overline{OQ} = \dfrac{45}{4}$ ———❷

$\therefore \overline{AC} : \overline{PQ} = 30 : \left(2 \times \dfrac{45}{4}\right) = 4 : 3$ ———❸

답 4 : 3

단계	채점 기준	배점
❶	$\triangle AOQ \backsim \triangle ADC$임을 알기	2점
❷	$\overline{OQ}$의 길이 구하기	3점
❸	$\overline{AC} : \overline{PQ}$ 구하기	3점

8 $\triangle ABD \backsim \triangle CBF$(AA 닮음)이므로

$\overline{AB} : \overline{CB} = \overline{AD} : \overline{CF}$

$\therefore \overline{AD} = \dfrac{\overline{AB} \times \overline{CF}}{\overline{CB}} = \dfrac{4}{5}\overline{CF}$ ─────── ❶

$\triangle ABE \backsim \triangle ACF$(AA 닮음)이므로

$\overline{AB} : \overline{AC} = \overline{BE} : \overline{CF}$

$\therefore \overline{BE} = \dfrac{\overline{AB} \times \overline{CF}}{\overline{AC}} = \dfrac{4}{6}\overline{CF} = \dfrac{2}{3}\overline{CF}$ ───── ❷

$\therefore \overline{AD} : \overline{BE} : \overline{CF} = \dfrac{4}{5}\overline{CF} : \dfrac{2}{3}\overline{CF} : \overline{CF}$

$\qquad\qquad\qquad = \dfrac{4}{5} : \dfrac{2}{3} : 1$

$\qquad\qquad\qquad = 12 : 10 : 15$ ──────── ❸

답 $12 : 10 : 15$

단계	채점 기준	배점
❶	$\overline{AD} = \dfrac{4}{5}\overline{CF}$임을 알기	3점
❷	$\overline{BE} = \dfrac{2}{3}\overline{CF}$임을 알기	3점
❸	$\overline{AD} : \overline{BE} : \overline{CF}$ 구하기	1점

대표 서술유형　　　　18~19쪽

예제 1

[step 1] $\overline{DF} /\!/ \overline{BC}$이므로

$\overline{DF} : \overline{BC} = \overline{DE} : \overline{EC}$에서

$\overline{DF} : 4 = \underline{2} : 1$　$\therefore \overline{DF} = \underline{8}$(cm)

[step 2] 이때 $\square ABCD$는 평행사변형이므로 $\overline{AD} = \underline{4}$ cm

[step 3] $\therefore \overline{AF} = \overline{AD} + \overline{DF} = 4 + \underline{8} = \underline{12}$(cm)

유제 1-1

[step 1] $\overline{AD} /\!/ \overline{EF}$이므로

$\overline{DF} : \overline{FC} = \overline{AE} : \overline{EC} = 6 : 8 = 3 : 4$

[step 2] 상수 k에 대하여 $\overline{DF} = 3k$, $\overline{FC} = \underline{4}k$라 하면

$\overline{AB} /\!/ \overline{ED}$이므로 $\overline{BD} : \overline{DC} = \overline{AE} : \overline{EC}$에서

$\overline{BD} : (3k + 4k) = 6 : 8 = 3 : 4$, $4\overline{BD} = \underline{21}k$

$\therefore \overline{BD} = \dfrac{21}{4}k$

[step 3] $\therefore \overline{BD} : \overline{DF} : \overline{FC} = \dfrac{21}{4}k : 3k : 4k = 21 : 12 : 16$

유제 1-2

[step 1] $\overline{BD} : \overline{CD} = \underline{20} : \underline{12} = 5 : \underline{3}$이므로

$\triangle ABD : \triangle ACD = \underline{5} : \underline{3}$

[step 2] $\triangle ABC = \dfrac{1}{2} \times 20 \times 12 = 120$(cm²)

[step 3] $\therefore \triangle ACD = \dfrac{3}{8}\triangle ABC = \dfrac{3}{8} \times 120 = 45$(cm²)

예제 2

[step 1] $l /\!/ m /\!/ n$이므로

$6 : 8 = x : \underline{12}$에서 $8x = \underline{72}$

$\therefore x = \underline{9}$

[step 2] 오른쪽 그림과 같이 점 A를 지나고 $\overline{DF}$에 평행한 직선을 그어 $\overline{BE}$, $\overline{CF}$와 만나는 점을 각각 P, Q라 하자.

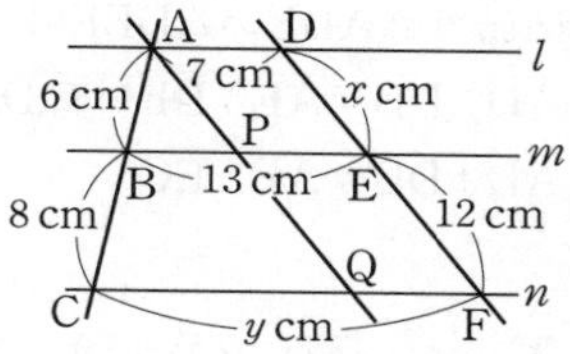

[step 3] $\overline{PE} = \overline{QF}$

$\qquad = \overline{AD} = 7$ cm

이므로

$\triangle ACQ$에서 $6 : \underline{14} = (13 - \underline{7}) : (y - 7)$

$6y - 42 = \underline{84}$, $6y = \underline{126}$

$\therefore y = \underline{21}$

유제 2-1

[step 1] $m /\!/ n$이므로

$x : 10 = 4 : \underline{8}$, $8x = \underline{40}$

$\therefore x = \underline{5}$

[step 2] $l /\!/ m$이므로

$6 : y = 4 : \underline{12}$, $4y = \underline{72}$

$\therefore y = \underline{18}$

[step 3] $\therefore y - x = \underline{18} - \underline{5} = \underline{13}$

유제 2-2

[step 1] $\triangle ABD$에서 $8 : \overline{GH} = 16 : 12$

$\underline{16}\overline{GH} = \underline{96}$　$\therefore \overline{GH} = \underline{6}$(cm)

[step 2] $\triangle GEH \backsim \triangle DEC$(AA 닮음)이므로

$\overline{EH} : \overline{EC} = \overline{GH} : \overline{DC} = 6 : 12 = 1 : 2$

[step 3] $\overline{EH} : \overline{CH} = \underline{1} : \underline{3}$이므로

$\triangle CDH$에서 $\overline{EF} : 12 = \underline{1} : \underline{3}$, $3\overline{EF} = 12$

$\therefore \overline{EF} = \underline{4}$(cm)

서술유형 실전대비　　　　20~21쪽

1 [step 1] $\overline{DE} /\!/ \overline{BC}$이므로

$x : 6 = 3 : 5$, $5x = 18$　$\therefore x = \dfrac{18}{5}$

[step 2] $\triangle AFE \backsim \triangle ACB$(AA 닮음)이므로

$y : 5 = 3 : 6$, $6y = 15$　$\therefore y = \dfrac{5}{2}$

[step 3] $\therefore x - y = \dfrac{18}{5} - \dfrac{5}{2} = \dfrac{11}{10}$

답 $\dfrac{11}{10}$

2 [step 1] △ADE와 △DBF에서
$\overline{BC}\,/\!/\,\overline{DE}$이므로 ∠ADE=∠DBF(동위각)
$\overline{AC}\,/\!/\,\overline{DF}$이므로 ∠DAE=∠BDF(동위각)
∴ △ADE∽△DBF(AA 닮음)
[step 2] △ADE∽△DBF이므로
$\overline{AD}:\overline{DB}=\overline{AE}:\overline{DF}$이고 $\overline{DF}=\overline{EC}$이므로
$\overline{AD}:\overline{DB}=\overline{AE}:\overline{EC}$ **답** 풀이 참조

3 [step 1] $\overline{AC}:\overline{AB}=\overline{DC}:\overline{DB}$에서
$7:4=(x+6):x$, $4x+24=7x$
$3x=24$ ∴ $x=8$
[step 2] △ADC에서 $\overline{AD}\,/\!/\,\overline{EB}$이므로
$\overline{CE}:\overline{EA}=\overline{CB}:\overline{BD}$
$y:(7-y)=6:8$, $42-6y=8y$
$14y=42$ ∴ $y=3$
[step 3] ∴ $x+y=8+3=11$ **답** 11

4 [step 1] △ABD에서 $6:\overline{GH}=(2+8):8$
$10\overline{GH}=48$ ∴ $\overline{GH}=\dfrac{24}{5}$(cm)
[step 2] △GEH∽△DEC(AA 닮음)이므로
$\overline{EH}:\overline{EC}=\overline{GH}:\overline{DC}=\dfrac{24}{5}:8=3:5$
[step 3] 따라서 $\overline{EH}:\overline{CH}=3:8$이므로
△CDH에서 $\overline{EF}:8=3:8$, $8\overline{EF}=24$
∴ $\overline{EF}=3$(cm) **답** 3 cm

5 △ABE에서 $8:4=4:\overline{FE}$
$8\overline{FE}=16$ ∴ $\overline{FE}=2$(cm) ————— ❶
△ABC에서 $8:4=6:\overline{EC}$
$8\overline{EC}=24$ ∴ $\overline{EC}=3$(cm) ————— ❷
답 3 cm

단계	채점 기준	배점
❶	$\overline{FE}$의 길이 구하기	3점
❷	$\overline{EC}$의 길이 구하기	3점

6 $\overline{BH}=\overline{AD}=4$이므로 $\overline{HC}=8-\overline{BH}=4$
$\overline{DF}:\overline{DC}=x:\overline{HC}$에서
$6:(6+4)=x:4$, $10x=24$
∴ $x=\dfrac{12}{5}$ ————— ❶
$\overline{DH}=\overline{AB}=11$이므로
$\overline{DG}:\overline{GH}=\overline{DF}:\overline{FC}$에서
$(11-y):y=6:4$, $6y=44-4y$
∴ $y=\dfrac{22}{5}$ ————— ❷
∴ $x+y=\dfrac{12}{5}+\dfrac{22}{5}=\dfrac{34}{5}$ ————— ❸
답 $\dfrac{34}{5}$

단계	채점 기준	배점
❶	x의 값 구하기	3점
❷	y의 값 구하기	3점
❸	$x+y$의 값 구하기	1점

7 $\overline{CD}$가 ∠ACB의 이등분선이므로
$\overline{AD}:\overline{DB}=\overline{AC}:\overline{BC}$
$(10-\overline{DB}):\overline{DB}=2:3$
$30-3\overline{DB}=2\overline{DB}$ ∴ $\overline{DB}=6$ ————— ❶
점 I가 내심이므로 $\overline{BI}$는 ∠B의 이등분선이다. ————— ❷
즉, $\overline{BD}:\overline{BC}=\overline{DI}:\overline{CI}=2:3$
따라서 △DBC에서
$\overline{EI}:\overline{BC}=\overline{DI}:\overline{DC}$이므로
$\overline{EI}:9=2:5$, $5\overline{EI}=18$
∴ $\overline{EI}=\dfrac{18}{5}$ ————— ❸
답 $\dfrac{18}{5}$

단계	채점 기준	배점
❶	$\overline{DB}$의 길이 구하기	3점
❷	$\overline{BI}$가 ∠B의 이등분선임을 알기	3점
❸	$\overline{EI}$의 길이 구하기	3점

8 △OAD∽△OCB(AA 닮음)이고 닮음비는
$\overline{AD}:\overline{BC}=8:16=1:2$ ————— ❶
△ABD에서 $\overline{BO}:\overline{BD}=2:3$이므로
$\overline{EO}:8=2:3$
∴ $\overline{EO}=\dfrac{16}{3}$ ————— ❷
△DBC에서 $\overline{DO}:\overline{DB}=1:3$이므로
$\overline{OF}:16=1:3$
∴ $\overline{OF}=\dfrac{16}{3}$ ————— ❸
∴ $\overline{EF}=\overline{EO}+\overline{OF}=\dfrac{16}{3}+\dfrac{16}{3}=\dfrac{32}{3}$ ————— ❹
답 $\dfrac{32}{3}$

단계	채점 기준	배점
❶	△OAD와 △OCB의 닮음비 구하기	2점
❷	$\overline{EO}$의 길이 구하기	3점
❸	$\overline{OF}$의 길이 구하기	3점
❹	$\overline{EF}$의 길이 구하기	1점

예제 1

[step 1] $\triangle ABF$에서 $\overline{AD}=\overline{DB}$, $\overline{AE}=\overline{EF}$이므로
$\overline{DE}\,/\!/\,\overline{BF}$
$\triangle CDE$에서 $\overline{CF}=\overline{FE}$, $\overline{DE}\,/\!/\,\overline{GF}$이므로
$\overline{DE}=\underline{2}\,\overline{GF}=2\times2=\underline{4}\,(\text{cm})$

[step 2] $\triangle ABF$에서
$\overline{BF}=\underline{2}\,\overline{DE}=2\times4=\underline{8}\,(\text{cm})$

[step 3] $\therefore\ \overline{BG}=\overline{BF}-\overline{GF}=8-2=\underline{6}\,(\text{cm})$

유제 1-1

[step 1] $\triangle BCD$에서 $\overline{BE}=\overline{EC}$, $\overline{DF}=\overline{FC}$이므로
$\overline{BD}\,/\!/\,\overline{EF}$이고 $\overline{BD}=\underline{2}\,\overline{EF}=2\times8=\underline{16}\,(\text{cm})$

[step 2] $\triangle AEF$에서 $\overline{AP}:\overline{PE}=3:1$, $\overline{PD}\,/\!/\,\overline{EF}$이므로
$\overline{PD}:\overline{EF}=\overline{AP}:\overline{AE}=3:4$
$\overline{PD}:\underline{8}=3:4$ $\therefore\ \overline{PD}=\underline{6}\,(\text{cm})$

[step 3] $\therefore\ \overline{BP}=\overline{BD}-\overline{PD}=16-6=\underline{10}\,(\text{cm})$

유제 1-2

[step 1] $\triangle ABC$에서 $\overline{EP}=\dfrac{1}{2}\overline{BC}=\dfrac{1}{2}\times16=8$
$\therefore\ \overline{PF}=\overline{EF}-\overline{EP}=11-8=3$

[step 2] $\triangle ACD$에서 $\overline{AD}=\underline{2}\,\overline{PF}=2\times3=6$

[step 3] $\therefore\ \triangle ADC=\dfrac{1}{2}\times\overline{AD}\times\overline{AB}=\dfrac{1}{2}\times6\times14=42$

예제 2

[step 1] 점 G는 $\triangle ADC$의 두 중선 AE, CF의 교점이므로
$\triangle ADC$의 무게중심이다.

[step 2] 따라서 $\triangle GFD=\triangle GDE=\dfrac{1}{6}\triangle ADC$이므로

$\square FDEG=\dfrac{1}{3}\triangle ADC$

$\therefore\ \triangle ADC=3\square FDEG=3\times6=18\,(\text{cm}^2)$

[step 3] 그런데 $\overline{BD}=\overline{DE}=\overline{EC}$이므로

$\triangle ABC=\dfrac{3}{2}\triangle ADC=\dfrac{3}{2}\times18=27\,(\text{cm}^2)$

유제 2-1

[step 1] $\triangle ABG$에서
$\overline{AG}=\underline{2}\,\overline{DE}=2\times6=12$

[step 2] 오른쪽 그림과 같이 $\overline{AG}$의 연
장선이 $\overline{BC}$와 만나는 점을 F라 하면
$\overline{AG}:\overline{AF}=2:3$이므로
$12:\overline{AF}=\underline{2}:\underline{3}$, $2\overline{AF}=\underline{36}$
$\therefore\ \overline{AF}=\underline{18}$

[step 3] 이때 점 F는 $\triangle ABC$의 외심이므로
$\overline{BF}=\overline{CF}=\overline{AF}=18$ $\therefore\ \overline{BC}=18\times2=36$

유제 2-2

[step 1] 점 O는 $\overline{BD}$의 중점이므로 점 G는
$\triangle ABD$의 무게중심, 점 H는 $\triangle CDB$의 무게중심이다.

[step 2] $\triangle ABD=\underline{3}\square EGOD$, $\triangle CDB=\underline{3}\square OBFH$이므로
$\square ABCD=\triangle ABD+\triangle CDB=3\square EGOD+3\square OBFH$
$=3(\square EGOD+\square OBFH)=3\times18=\underline{54}\,(\text{cm}^2)$

[step 3] $\overline{BC}\times6=\underline{54}$이므로 $\overline{BC}=\underline{9}$ cm
$\therefore\ \overline{FC}=\dfrac{1}{2}\overline{BC}=\dfrac{1}{2}\times9=\dfrac{9}{2}\,(\text{cm})$

1 [step 1] $\triangle ABD$에서 $\overline{AE}=\overline{EB}$, $\overline{EF}\,/\!/\,\overline{BD}$이므로
$\overline{EF}=\dfrac{1}{2}\overline{BD}=\dfrac{1}{2}\times2=1\,(\text{cm})$

[step 2] $\triangle EFP\backsim\triangle CDP$(AA 닮음)이므로
$\overline{FP}:\overline{PD}=\overline{EF}:\overline{CD}=1:5$
이때 $\overline{AF}=\overline{FD}$이므로
$\overline{AF}:\overline{FP}:\overline{PD}=(1+5):1:5=6:1:5$

[step 3] $\therefore\ \overline{AP}=\dfrac{7}{12}\overline{AD}=\dfrac{7}{12}\times6=\dfrac{7}{2}\,(\text{cm})$ 답 $\dfrac{7}{2}$ cm

2 [step 1] $\overline{GB}:\overline{GE}=2:1$이므로
$\overline{GB}=2\overline{GE}=2\times5=10\,(\text{cm})$

[step 2] $\overline{GC}:\overline{GF}=2:1$이므로
$\overline{GC}=\dfrac{2}{3}\overline{CF}=\dfrac{2}{3}\times18=12\,(\text{cm})$

[step 3] $\overline{BD}=\overline{CD}$이므로 $\overline{BC}=2\overline{BD}=2\times7=14\,(\text{cm})$

[step 4] $\therefore\ \overline{GB}+\overline{GC}+\overline{BC}=10+12+14=36\,(\text{cm})$

   답 36 cm

3 [step 1] $\overline{BD}=\overline{DE}=\overline{EF}=\overline{FC}$이므로
$\triangle ADF=\dfrac{2}{4}\triangle ABC=\dfrac{2}{4}\times60=30\,(\text{cm}^2)$

[step 2] 점 G는 $\triangle ADF$의 두 중선 AE, DM의 교점이므로
$\triangle ADF$의 무게중심이다.

[step 3] 점 G가 $\triangle ADF$의 무게중심이므로
$\triangle GEF=\triangle GFM=\dfrac{1}{6}\triangle ADF=\dfrac{1}{6}\times30=5\,(\text{cm}^2)$

[step 4] $\therefore\ \square GEFM=\triangle GEF+\triangle GFM=5+5=10\,(\text{cm}^2)$

   답 10 cm²

4 [step 1] $\triangle ADO\backsim\triangle CBO$(AA 닮음)이고 닮음비는
$\overline{AD}:\overline{CB}=1:2$이므로 $\triangle ADO:\triangle CBO=1^2:2^2$
$6:\triangle CBO=1:4$ $\therefore\ \triangle CBO=24\,(\text{cm}^2)$

[step 2] $\overline{DO}:\overline{BO}=1:2$이므로
$\triangle ABO=2\triangle ADO=2\times6=12\,(\text{cm}^2)$
$\overline{AO}:\overline{CO}=1:2$이므로
$\triangle CDO=2\triangle ADO=2\times6=12\,(\text{cm}^2)$

[step 3] ∴ □ABCD=△ADO+△CBO+△ABO+△CDO
$$=6+24+12+12=54(cm^2)$$

답 54 cm²

5 $\overline{GE}$가 △GDC의 중선이므로
△GDE=△GEC=8 cm²
△GDC=8+8=16(cm²) ────────────── ❶
점 G가 △ABC의 무게중심이므로
△ABC=6△GDC=6×16=96(cm²) ───────── ❷
∴ △ABD=½△ABC=½×96=48(cm²) ────── ❸

답 48 cm²

단계	채점 기준	배점
❶	△GDC의 넓이 구하기	3점
❷	△ABC의 넓이 구하기	2점
❸	△ABD의 넓이 구하기	2점

6 작은 원, 중간 원, 큰 원의 닮음비는
1 : 2 : 4 ─────────────────────── ❶
따라서 넓이의 비는
$1^2 : 2^2 : 4^2 = 1 : 4 : 16$ ──────────── ❷
이때 작은 원의 넓이가 4π이므로 중간 원의 넓이는 16π, 큰
원의 넓이는 64π이다. ───────────────── ❸
따라서 색칠한 부분의 넓이는
$64\pi - 16\pi = 48\pi$ ───────────────── ❹

답 48π

단계	채점 기준	배점
❶	세 원의 닮음비 구하기	2점
❷	세 원의 넓이의 비 구하기	2점
❸	중간 원과 큰 원의 넓이 구하기	각 1점
❹	색칠한 부분의 넓이 구하기	1점

7 오른쪽 그림과 같이 $\overline{AC}$를 긋고,
$\overline{EF}$의 연장선과 $\overline{AC}$의 교점을 G라
하자. ──────────────── ❶ 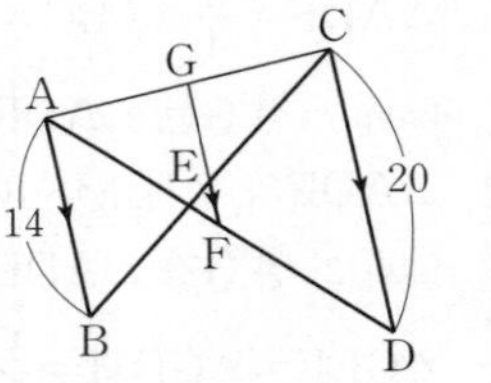
△CAB에서
$\overline{GE}/\!/\overline{AB}$이고 $\overline{CE}=\overline{BE}$이므로
$\overline{GE}=\frac{1}{2}\overline{AB}=7$ ──────── ❷
△ACD에서 $\overline{GF}/\!/\overline{CD}$이고 $\overline{AF}=\overline{FD}$이므로
$\overline{GF}=\frac{1}{2}\overline{CD}=10$ ─────────────── ❸
∴ $\overline{EF}=\overline{GF}-\overline{GE}=10-7=3$ ──────── ❹

답 3

단계	채점 기준	배점
❶	보조선 긋기	1점
❷	$\overline{GE}$의 길이 구하기	3점
❸	$\overline{GF}$의 길이 구하기	3점
❹	$\overline{EF}$의 길이 구하기	2점

8 다음 그림과 같이 벽면이 없다고 하면 나무의 그림자는 $\overline{BC}$
가 될 것이다.

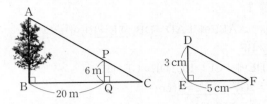

△PQC∽△DEF(AA 닮음)이므로 ─────────── ❶
$\overline{PQ} : \overline{QC} = \overline{DE} : \overline{EF}$, 6 : $\overline{QC}$ = 3 : 5 ∴ $\overline{QC}$=10 m ── ❷
∴ $\overline{BC}$=20+10=30(m)
△ABC∽△DEF(AA 닮음)이므로
$\overline{AB} : \overline{BC} = \overline{DE} : \overline{EF}$, $\overline{AB}$: 30 = 3 : 5 ∴ $\overline{AB}$=18(m)
따라서 나무의 높이는 18 m이다. ───────────── ❸

답 18 m

단계	채점 기준	배점
❶	닮음인 삼각형 찾기	3점
❷	$\overline{QC}$의 길이 구하기	3점
❸	나무의 높이 구하기	3점

예제 1

[step 1] △ACD는 직각삼각형이므로
$\overline{AD}^2 = 13^2 - 5^2 = 144$
$\overline{AD} > 0$이므로 $\overline{AD} = 12$ cm
[step 2] △ABD는 직각삼각형이므로
$\overline{BD}^2 = 20^2 - 12^2 = 256$
$\overline{BD} > 0$이므로 $\overline{BD} = 16$ cm
[step 3] $\overline{BC} = 16 + 5 = 21$(cm)이므로
△ABC=$\frac{1}{2} \times 21 \times 12 = 126$(cm²)

유제 1-1

[step 1] △ABC에서 $\overline{AB} = 12^2 + 16^2 = 400$
$\overline{AB} > 0$이므로 $\overline{AB} = 20$(cm)
[step 2] 점 M은 △ABC의 외심이므로
$\overline{CM} = \frac{1}{2}\overline{AB} = 10$(cm)
[step 3] 점 G는 △ABC의 무게중심이므로
$\overline{CG} : \overline{GM} = 2 : 1$
∴ $\overline{CG} = 10 \times \frac{2}{3} = \frac{20}{3}$(cm)

유제 1-2

[step 1] 꼭짓점 D에서 $\overline{AB}$에 내린 수선의 발을 E라 하면

$\overline{AE}=\overline{AB}-\underline{\overline{AE}}$

$\quad=\underline{12-4}=8\,(\text{cm})$

△AED는 직각삼각형이므로

$\overline{ED}^2=\underline{17^2-8^2}=225$

$\overline{ED}>0$이므로 $\overline{ED}=\underline{15}$ cm

[step 2] $\overline{BC}=\overline{ED}=\underline{15}$ cm

[step 3] ∴ $\square ABCD=\dfrac{1}{2}\times(12+4)\times15=\underline{120\,(\text{cm}^2)}$

예제 2

[step 1] $\overline{AB}^2+\overline{CD}^2$

$=(\overline{OA}^2+\overline{OB}^2)+(\underline{\overline{OC}^2+\overline{DD}^2})$

$=(\overline{OA}^2+\overline{OD}^2)+(\underline{\overline{OB}^2+\overline{OC}^2})=\overline{AD}^2+\overline{BC}^2$

[step 2] $\overline{AB}^2+4^2=\underline{3^2+6^2}$에서 $\overline{AB}^2=\underline{29}$

[step 3] △ABO에서 $x^2=\underline{29-4}=25$

$x>0$이므로 $x=\underline{5}$

유제 2-1

[step 1] 사각형의 두 대각선이 서로 직교하므로

$\overline{AB}^2+\overline{CD}^2=\overline{AD}^2+\overline{BC}^2$

$\overline{AB}=\overline{CD}$이므로 $\overline{AB}^2+\overline{AB}^2=3^2+7^2$

$2\overline{AB}^2=\underline{58}$, $\overline{AB}^2=\underline{29}$

[step 2] △OAB에서 $\overline{OA}^2=\overline{AB}^2-\overline{OB}^2=\underline{29}-\underline{4^2}=\underline{13}$

유제 2-2

[step 1] (1) $\overline{DE}^2+\overline{BC}^2=(\overline{AD}^2+\overline{AE}^2)+(\underline{\overline{AB}^2+\overline{AC}^2})$

$\qquad=(\overline{AB}^2+\overline{AE}^2)+(\underline{\overline{AC}^2+\overline{AD}^2})$

$\qquad=\overline{BE}^2+\overline{CD}^2$

[step 2] (2) △ADE에서 $\overline{DE}^2=\underline{3^2+5^2}=34$

[step 3] (3) $\overline{BE}^2+\overline{CD}^2=\underline{\overline{DE}^2+\overline{BC}^2}=34+9^2=115$

서술유형 실전대비

28~29쪽

1 [step 1] 두 점 A, D에서 $\overline{BC}$에 내린 수선의 발을 각각 H, H′이라 하면 $\overline{HH'}=9$ cm이므로

$\overline{BH}=\overline{CH}=\dfrac{1}{2}\times(21-9)=6\,(\text{cm})$

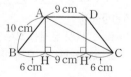

[step 2] △ABH에서 $\overline{AH}^2=10^2-6^2=64$

$\overline{AH}>0$이므로 $\overline{AH}=8$ cm

[step 3] △AHC에서 $\overline{AC}^2=8^2+15^2=289$

$\overline{AC}>0$이므로 $\overline{AC}=17$ cm

답 17 cm

2 [step 1] $\overline{BE}=\overline{CF}=\overline{DG}=\overline{AH}$이므로 4개의 직각삼각형은 합동이다.

∴ $\overline{EF}=\overline{FG}=\overline{GH}=\overline{HE}$

또 ∠AEH+∠BEF=90°이므로 ∠HEF=90°

따라서 □EFGH는 정사각형이다.

[step 2] □EFGH=25에서 $\overline{EF}^2=25$

∴ $\overline{EF}=5\,(∵\ \overline{EF}>0)$

$\overline{BE}=x$라 하면 △BFE에서

$x^2+3^2=5^2$, $x^2=16$ ∴ $x=4\ (∵\ x>0)$

따라서 정사각형 ABCD의 한 변의 길이는 $4+3=7$

[step 3] ∴ □ABCD$=7\times7=49$

답 49

3 [step 1] □ABED=□BFGC+□ACHI이므로

$25=16+\square ACHI$ ∴ □ACHI$=9\,(\text{cm}^2)$

[step 2] $\overline{AC}^2=9$이므로 $\overline{AC}=3$ cm$(∵\ \overline{AC}>0)$

$\overline{BC}^2=16$이므로 $\overline{BC}=4$ cm$(∵\ \overline{BC}>0)$

[step 3] △ABC$=\dfrac{1}{2}\times\overline{BC}\times\overline{AC}$

$\qquad=\dfrac{1}{2}\times4\times3=6\,(\text{cm}^2)$

답 6 cm²

4 [step 1] $\overline{BD}^2=5^2+12^2=169$

$\overline{BD}>0$이므로 $\overline{BD}=13$ cm

$\overline{AB}\times\overline{AD}=\overline{BD}\times\overline{AH}$이므로

$5\times12=13\times\overline{AH}$ ∴ $\overline{AH}=\dfrac{60}{13}\,(\text{cm})$

[step 2] $\overline{AB}^2=\overline{BH}\times\overline{BD}$이므로

$5^2=\overline{BH}\times13$ ∴ $\overline{BH}=\dfrac{25}{13}\,(\text{cm})$

[step 2] ∴ $\overline{AH}+\overline{BH}=\dfrac{60}{13}+\dfrac{25}{13}=\dfrac{85}{13}\,(\text{cm})$

답 $\dfrac{85}{13}$ cm

5 △ABC에서 $\overline{AB}^2=12^2+16^2=400$

$\overline{AB}>0$이므로 $\overline{AB}=20$ cm

직각삼각형의 외접원의 중심, 즉 외심은 빗변의 중점이므로

(외접원의 반지름의 길이)$=\dfrac{1}{2}\times20=10\,(\text{cm})$ ━━➊

즉, (외접원의 넓이)$=\pi\times10^2=100\pi\,(\text{cm}^2)$ ━━➋

이때 △ABC$=\dfrac{1}{2}\times12\times16=96\,(\text{cm}^2)$ ━━➌

따라서 색칠한 부분의 넓이는 외접원의 넓이에서 △ABC의 넓이를 뺀 것과 같으므로

$(100\pi-96)\,\text{cm}^2$ ━━➍

답 $(100\pi-96)$ cm²

단계	채점 기준	배점
➊	외접원의 반지름의 길이 구하기	2점
➋	외접원의 넓이 구하기	2점
➌	△ABC의 넓이 구하기	2점
➍	색칠한 부분의 넓이 구하기	1점

6 원뿔의 밑면의 반지름의 길이를 r cm라 하면 밑면의 둘레의 길이가 12π cm이므로

$2\pi r = 12\pi$ $\therefore r = 6$ ──────────────────── ❶

원뿔의 모선의 길이를 l cm라 하면 부채꼴의 호의 길이는 12π cm이고 넓이는 60π cm²이므로

$\dfrac{1}{2} \times l \times 12\pi = 60\pi$ $\therefore l = 10$ ──── ❷

주어진 전개도로 원뿔을 만들면 오른쪽 그림과 같으므로 원뿔의 높이를 h cm라 하면

$h^2 = 10^2 - 6^2 = 64$

$h > 0$이므로 $h = 8$

따라서 원뿔의 높이는 8 cm이다. ────────── ❸

답 8 cm

단계	채점 기준	배점
❶	밑면의 반지름의 길이 구하기	2점
❷	모선의 길이 구하기	4점
❸	원뿔의 높이 구하기	3점

7 $\overline{BD} = \dfrac{1}{2}\overline{BC} = 9$ cm이므로 $\overline{AD}^2 = 15^2 - 9^2 = 144$

$\overline{AD} > 0$이므로 $\overline{AD} = 12$ cm ───────── ❶

$\overline{CD} \times \overline{AD} = \overline{AC} \times \overline{DE}$이므로

$9 \times 12 = 15 \times \overline{DE}$ $\therefore \overline{DE} = \dfrac{36}{5}$ (cm) ── ❷

$\overline{DC}^2 = \overline{CE} \times \overline{CA}$이므로

$9^2 = \overline{CE} \times 15$ $\therefore \overline{CE} = \dfrac{27}{5}$ (cm) ── ❸

$\therefore \triangle DCE = \dfrac{1}{2} \times \dfrac{36}{5} \times \dfrac{27}{5} = \dfrac{486}{25}$ (cm²) ── ❹

답 $\dfrac{486}{25}$ cm²

단계	채점 기준	배점
❶	$\overline{AD}$의 길이 구하기	2점
❷	$\overline{DE}$의 길이 구하기	2점
❸	$\overline{CE}$의 길이 구하기	3점
❹	$\triangle DCE$의 넓이 구하기	2점

8 [step 1] 원기둥의 밑면의 둘레의 길이는

$2\pi \times 6 = 12\pi$ (cm) ──────────────── ❶

[step 2] 오른쪽 그림의 원기둥의 전개도에서 구하는 최단 거리는 $\overline{PQ'}$의 길이이다. 직각삼각형 $PP'Q'$에서

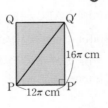

$\overline{PP'} = 12\pi$ cm, $\overline{P'Q'} = 16\pi$ cm이므로

$\overline{PQ'}^2 = (12\pi)^2 + (16\pi)^2 = 400\pi^2$

$\overline{PQ'} > 0$이므로 $\overline{PQ'} = 20\pi$ (cm) ─────── ❷

답 20π cm

단계	채점 기준	배점
❶	원기둥의 밑면의 둘레의 길이 구하기	3점
❷	최단 거리 구하기	5점

Ⅲ 확률

대표 서술유형
30~31쪽

예제 1

[step 1] 두 눈의 수의 차가 3인 경우는

$(1, 4)$, $\underline{(4, 1)}$, $(2, 5)$, $\underline{(5, 2)}$, $(3, 6)$, $\underline{(6, 3)}$의 6가지

[step 2] 두 눈의 수의 차가 5인 경우는

$\underline{(1, 6)}$, $\underline{(6, 1)}$의 2가지

[step 3] 따라서 구하는 경우의 수는 $\underline{6+2=8}$

유제 1-1

[step 1] 두 수의 합이 9가 되는 경우는

$\underline{(3, 6)}$, $\underline{(4, 5)}$의 2가지

[step 2] 두 수의 합이 11이 되는 경우는

$\underline{(3, 8)}$, $\underline{(4, 7)}$, $\underline{(5, 6)}$의 3가지

[step 3] 따라서 두 수의 합이 9 또는 11이 되는 경우의 수는

$\underline{2+3=5}$

유제 1-2

[step 1] 만들 수 있는 정수 중에서 홀수는 일의 자리 숫자가

$\underline{1, 3, 5}$인 수이다.

[step 2] (i) 일의 자리 숫자가 $\underline{1}$인 경우

십의 자리에 올 수 있는 숫자는 $\underline{6}$가지

(ii) 일의 자리 숫자가 $\underline{3}$인 경우

십의 자리에 올 수 있는 숫자는 $\underline{6}$가지

(iii) 일의 자리 숫자가 $\underline{5}$인 경우

십의 자리에 올 수 있는 숫자는 $\underline{6}$가지

[step 3] (i), (ii), (iii)에서 만들 수 있는 두 자리의 정수 중 홀수의

개수는 $\underline{6+6+6=18}$(개)

예제 2

[step 1] 다섯 문제 중 세 문제를 맞히는 경우의 수는 다섯 문제 중 순서를 생각하지 않고 세 문제를 뽑는 경우와 같으므로

$\dfrac{5 \times 4 \times 3}{3 \times 2 \times 1} = 10$(가지)

[step 2] 문제를 맞히는 경우를 T, 틀리는 경우를 F라 하면 다섯 문제 중 네 문제를 맞히는 경우는

$\underline{TTTTF}$, $\underline{TTTFT}$, $\underline{TTFTT}$, $\underline{TFTTT}$, $\underline{FTTTT}$

의 $\underline{5}$가지

[step 3] 다섯 문제를 모두 맞히는 경우는 $\underline{1}$가지

[step 4] 따라서 세 문제 이상 맞히는 경우의 수는 $\underline{10+5+1=16}$

유제 2-1

[step 1] 윷짝이 젖혀진 경우를 ○, 엎어진 경우를 ×라 하면 도가 나오는 경우는

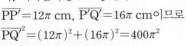

$\times\times\times○$, $\times\times○\times$, $\times○\times\times$, $○\times\times\times$ $\Rightarrow$ $\underline{4}$가지

[step 2] 개가 나오는 경우의 수는 4개의 윷짝 중 순서를 생각하지 않고 2개를 뽑는 경우의 수와 같으므로

$\dfrac{4 \times 3}{2 \times 1}=6$

[step 3] 따라서 도 또는 개가 나오는 경우의 수는 $4+6=10$

유제 2-2

[step 1] 남자 대표 1명을 뽑는 경우의 수는 5
남자 부대표 1명을 뽑는 경우의 수는 4
여자 부대표 1명을 뽑는 경우의 수는 7
따라서 남자 대표 1명, 남녀 부대표를 각각 1명씩 뽑는 경우의 수는 $5 \times 4 \times 7=140$

[step 2] 여자 대표 1명을 뽑는 경우의 수는 7
남자 부대표 1명을 뽑는 경우의 수는 5
여자 부대표 1명을 뽑는 경우의 수는 6
따라서 여자 대표 1명, 남녀 부대표를 각각 1명씩 뽑는 경우의 수는 $7 \times 5 \times 6=210$

[step 3] 따라서 대표 1명, 남녀 부대표를 각각 1명씩 뽑는 경우의 수는 $140+210=350$

서술유형 실전대비   32~33쪽

1 [step 1] A에 칠할 수 있는 색은 5가지
B에 칠할 수 있는 색은 A에 칠한 색을 제외한 4가지
C에 칠할 수 있는 색은 B에 칠한 색을 제외한 4가지
D에 칠할 수 있는 색은 B, C에 칠한 색을 제외한 3가지

[step 2] 따라서 구하는 방법의 수는
$5 \times 4 \times 4 \times 3=240$(가지)

답 240가지

2 [step 1] 어른 3명을 한 줄로 앉히는 경우의 수는
$3 \times 2 \times 1=6$

[step 2] 어린이 4명을 한 줄로 앉히는 경우의 수는
$4 \times 3 \times 2 \times 1=24$

[step 3] 따라서 '어린이-어른-어린이-어른-어린이-어른-어린이'의 순서로 앉히는 경우의 수는
$6 \times 24=144$

답 144

3 [step 1] (1) 5명을 한 줄로 세우는 경우의 수는
$5 \times 4 \times 3 \times 2 \times 1=120$

[step 2] (2) $\boxed{A}\boxed{B}\boxed{C}\boxed{D}\boxed{E}$
A, B를 한 묶음으로 생각하여 4명을 한 줄로 세우는 경우의 수는 $4 \times 3 \times 2 \times 1=24$
이때 A와 B가 자리를 바꾸는 경우는 2가지이므로 구하는 경우의 수는 $24 \times 2=48$

[step 3] (3) A, B가 이웃하지 않게 서는 경우의 수는 모든 경우의 수에서 A, B가 이웃하게 서는 경우의 수를 빼면 되므로
$120-48=72$

답 (1) 120 (2) 48 (3) 72

4 [step 1] 7개의 점 중에서 순서를 생각하지 않고 3개를 뽑는 경우의 수는 $\dfrac{7 \times 6 \times 5}{3 \times 2 \times 1}=35$

[step 2] 지름 위에 있는 4개의 점 중에서 순서를 생각하지 않고 3개를 뽑는 경우의 수는 $\dfrac{4 \times 3 \times 2}{3 \times 2 \times 1}=4$

[step 3] 따라서 구하는 삼각형의 개수는 모든 경우의 수에서 지름 위에 있는 3개의 점을 뽑는 경우의 수를 뺀 것과 같으므로
$35-4=31$(개)

답 31개

5 집 → 공원 → 학교 → 집으로 가는 방법의 수는
$3 \times 2 \times 3=18$(가지) ——————❶
집 → 학교 → 공원 → 집으로 가는 방법의 수는
$3 \times 2 \times 3=18$(가지) ——————❷
따라서 구하는 방법의 수는
$18+18=36$(가지) ——————❸

답 36가지

단계	채점 기준	배점
❶	집 → 공원 → 학교 → 집으로 가는 방법의 수 구하기	3점
❷	집 → 학교 → 공원 → 집으로 가는 방법의 수 구하기	3점
❸	답 구하기	2점

6 $\square\square\square$의 꼴에서
백의 자리 숫자가 1인 정수의 개수는 $3 \times 2=6$(개) ——❶
백의 자리 숫자가 2인 정수의 개수는 $3 \times 2=6$(개) ——❷
백의 자리 숫자가 3인 정수의 개수는 $3 \times 2=6$(개) ——❸
$\underbrace{1\square\square, \cdots}_{6개}, \underbrace{2\square\square, \cdots}_{6개}, \underbrace{3\square\square, \cdots}_{6개}$
따라서 작은 것부터 크기 순으로 18번째인 수는 백의 자리 숫자가 3인 수 중 가장 큰 수이므로 342이다. ——❹

답 342

단계	채점 기준	배점
❶	백의 자리 숫자가 1인 정수의 개수 구하기	2점
❷	백의 자리 숫자가 2인 정수의 개수 구하기	2점
❸	백의 자리 숫자가 3인 정수의 개수 구하기	2점
❹	작은 것부터 크기 순으로 18번째인 수 구하기	2점

7 (1) 5명 중에서 순서를 생각하지 않고 2명을 뽑는 경우의 수와 같으므로 $\dfrac{5 \times 4}{2}=10$ ——————❶

(2) 5명 중에서 2명을 뽑아 한 줄로 세우는 경우의 수와 같으므로 $5 \times 4=20$ ——————❷

(3) 남자 회장 1명을 뽑는 경우의 수는 2
여자 회장 1명을 뽑는 경우의 수는 3
따라서 구하는 경우의 수는 $2 \times 3=6$ ——————❸

답 (1) 10 (2) 20 (3) 6

단계	채점 기준	배점
❶	(1)의 경우의 수 구하기	3점
❷	(2)의 경우의 수 구하기	3점
❸	(3)의 경우의 수 구하기	3점

8 세 자리의 정수가 9의 배수가 되려면 각 자리 숫자의 합이 9의 배수이어야 한다. ──────── **❶**

0, 1, 2, 7, 8, 9 중에서 세 수의 합이 9의 배수가 되는 수를 찾아 순서쌍으로 나타내면

$(0, 1, 8)$, $(0, 2, 7)$, $(1, 8, 9)$, $(2, 7, 9)$ ──── **❷**

이때 각 순서쌍마다 세 자리의 정수를 각각 4개, 4개, 6개, 6개 만들 수 있으므로 9의 배수의 개수는

$4+4+6+6=20$(개) ──────────────── **❸**

답 20개

단계	채점 기준	배점
❶	9의 배수가 되기 위한 조건 알기	2점
❷	9의 배수가 되는 순서쌍 구하기	3점
❸	9의 배수의 개수 구하기	3점

대표 서술유형　　　　　　　　　　34~35쪽

예제 1

[step 1] 6개의 알파벳을 한 줄로 배열하는 모든 경우의 수는

$6\times5\times4\times3\times2\times1=720$

[step 2] K가 맨 왼쪽에 오는 경우의 수는 K를 제외한 나머지 5개의 문자를 한 줄로 배열하는 경우의 수와 같으므로

$5\times4\times3\times2\times1=120$

[step 3] A가 맨 왼쪽에 오는 경우의 수는 A를 제외한 나머지 5개의 문자를 한 줄로 배열하는 경우의 수와 같으므로

$5\times4\times3\times2\times1=120$

[step 4] 따라서 구하는 확률은 $\dfrac{120}{720}+\dfrac{120}{720}=\dfrac{240}{720}=\dfrac{1}{3}$

유제 1-1

[step 1] 5명이 벤치에 앉는 모든 경우의 수는

$5\times4\times3\times2\times1=120$

[step 2] 할머니가 맨 왼쪽에 앉게 되는 경우의 수는 할머니를 제외한 나머지 4명을 한 줄로 배열하는 경우의 수와 같으므로

$4\times3\times2\times1=24$

[step 3] 마찬가지 방법으로 생각하면 어머니가 맨 왼쪽에 앉게 되는 경우의 수는 $4\times3\times2\times1=24$

[step 4] 따라서 구하는 확률은 $\dfrac{24}{120}+\dfrac{24}{120}=\dfrac{48}{120}=\dfrac{2}{5}$

유제 1-2

[step 1] 총을 한 발 쏘았을 때 명중시킬 확률은 $\dfrac{2}{5}$

[step 2] 두 발 모두 명중시키지 못할 확률은

$\left(1-\dfrac{2}{5}\right)\times\left(1-\dfrac{2}{5}\right)=\dfrac{3}{5}\times\dfrac{3}{5}=\dfrac{9}{25}$

[step 3] 적어도 한 발은 명중시킬 확률은 $1-\dfrac{9}{25}=\dfrac{16}{25}$

예제 2

[step 1] C만 당첨되려면 C는 당첨 제비를 뽑고 A와 B는 당첨 제비를 뽑지 않아야 한다.

[step 2] 처음 A가 뽑을 때 당첨되지 않을 확률은 $\dfrac{10}{15}=\dfrac{2}{3}$

A가 뽑고 난 후 B가 제비를 뽑을 때 당첨되지 않을 확률은 $\dfrac{9}{14}$

A, B가 뽑고 난 후 C가 제비를 뽑을 때 당첨될 확률은 $\dfrac{5}{13}$

[step 3] 따라서 C만 당첨될 확률은 $\dfrac{2}{3}\times\dfrac{9}{14}\times\dfrac{5}{13}=\dfrac{15}{91}$

유제 2-1

[step 1] 짝수의 눈이 나온 후, A 주머니에서 흰 공을 꺼낼 확률은

$\dfrac{3}{6}\times\dfrac{2}{5}=\dfrac{1}{5}$

[step 2] 홀수의 눈이 나온 후, B 주머니에서 흰 공을 꺼낼 확률은

$\dfrac{3}{6}\times\dfrac{1}{3}=\dfrac{1}{6}$

[step 3] 따라서 구하는 확률은 $\dfrac{1}{5}+\dfrac{1}{6}=\dfrac{11}{30}$

유제 2-2

[step 1] 처음 꺼낸 공을 다시 넣을 때 두 번 모두 흰 공을 꺼낼 확률 a는

$a=\dfrac{4}{10}\times\dfrac{4}{10}=\dfrac{4}{25}$

[step 2] 처음 꺼낸 공을 다시 넣지 않을 때 두 번 모두 흰 공을 꺼낼 확률 b는

$b=\dfrac{4}{10}\times\dfrac{3}{9}=\dfrac{2}{15}$

[step 3] $\therefore a+b=\dfrac{4}{25}+\dfrac{2}{15}=\dfrac{22}{75}$

서술유형 실전대비　　　　　　　　36~37쪽

1 [step 1] 아빠와 엄마가 마트를 선택하는 경우를 순서쌍 (아빠, 엄마)로 나타내면 모든 경우는

(A, A), (A, B), (A, C), (B, A), (B, B), (B, C), (C, A), (C, B), (C, C)의 9가지

[step 2] 이 중에서 아빠가 A 마트에 가거나 엄마가 B 마트에 가는 경우는

(A, A), (A, B), (A, C), (B, B), (C, B)의 5가지

[step 3] 따라서 구하는 확률은 $\dfrac{5}{9}$이다.　　　**답** $\dfrac{5}{9}$

2 [step 1] 모든 경우의 수는 $4\times4=16$

[step 2] 방정식 $ax=b$의 해 $x=\dfrac{b}{a}$가 정수가 되는 경우의 수는

(i) $a=1$일 때: $b=1, 2, 3, 4$의 4가지

(ii) $a=2$일 때: $b=2, 4$의 2가지

(iii) $a=3$일 때: $b=3$의 1가지

(iv) $a=4$일 때: $b=4$의 1가지

이므로 (i)~(iv)에서 정수가 되는 경우의 수는 $4+2+1+1=8$

[step 3] 따라서 구하는 확률은 $\dfrac{8}{16}=\dfrac{1}{2}$ 　　　📄 $\dfrac{1}{2}$

3 [step 1] 지각한 다음날 지각할 확률은 $\dfrac{1}{5}$이고, 지각한 다음날 지각하지 않을 확률이 $1-\dfrac{1}{5}=\dfrac{4}{5}$이므로 수요일에 지각하고 목요일에는 지각하지 않을 확률은 $\dfrac{1}{5}\times\dfrac{4}{5}=\dfrac{4}{25}$

[step 2] 지각한 다음날 지각하지 않을 확률은 $\dfrac{4}{5}$이고, 지각하지 않은 다음날 지각하지 않을 확률이 $1-\dfrac{2}{7}=\dfrac{5}{7}$이므로 수요일에 지각하지 않고 목요일에도 지각하지 않을 확률은 $\dfrac{4}{5}\times\dfrac{5}{7}=\dfrac{4}{7}$

[step 3] 따라서 화요일에 지각했을 때 목요일에는 지각하지 않을 확률은 $\dfrac{4}{25}+\dfrac{4}{7}=\dfrac{128}{175}$ 　　　📄 $\dfrac{128}{175}$

4 [step 1] (1) 1번 던져서 골을 넣을 확률은 $\dfrac{8}{10}=\dfrac{4}{5}$

[step 2] (2) 1번 던져서 골을 넣지 못할 확률이 $1-\dfrac{4}{5}=\dfrac{1}{5}$이므로 두 번 던져서 모두 넣지 못할 확률은 $\dfrac{1}{5}\times\dfrac{1}{5}=\dfrac{1}{25}$

[step 3] (3) 3번 던져서 모두 골을 넣지 못할 확률은

$\dfrac{1}{5}\times\dfrac{1}{5}\times\dfrac{1}{5}=\dfrac{1}{125}$

따라서 적어도 한 골 이상 넣을 확률은

$1-\dfrac{1}{125}=\dfrac{124}{125}$ 　　📄 (1) $\dfrac{4}{5}$　(2) $\dfrac{1}{25}$　(3) $\dfrac{124}{125}$

5 모든 경우의 수는 $6\times6=36$ ━━━━ ❶

바늘이 점 D를 가리키려면 나오는 눈의 수의 합이 3 또는 11이 되어야 한다.

(i) 눈의 수의 합이 3이 되는 경우는

$(1, 2), (2, 1)$의 2가지 ━━━━━━ ❷

(ii) 눈의 수의 합이 11이 되는 경우는

$(5, 6), (6, 5)$의 2가지 ━━━━━━ ❸

(i), (ii)에서 바늘이 점 D를 가리키는 경우의 수는 $2+2=4$

따라서 구하는 확률은 $\dfrac{4}{36}=\dfrac{1}{9}$ ━━━━ ❹

📄 $\dfrac{1}{9}$

단계	채점 기준	배점
❶	모든 경우의 수 구하기	1점
❷	눈의 수의 합이 3이 되는 경우의 수 구하기	3점
❸	눈의 수의 합이 11이 되는 경우의 수 구하기	3점
❹	바늘이 점 D를 가리킬 확률 구하기	2점

6 전체 넓이를 10이라 하면 짝수가 적힌 부분의 넓이는 4이므로 원판을 한 번 돌렸을 때 짝수가 나올 확률은

$\dfrac{4}{10}=\dfrac{2}{5}$ ━━━━━━━━━━━ ❶

홀수가 적힌 부분의 넓이는 6이므로 홀수가 나올 확률은

$\dfrac{6}{10}=\dfrac{3}{5}$ ━━━━━━━━━━━ ❷

따라서 A는 짝수가 적힌 부분이 나오고 B는 홀수가 적힌 부분이 나올 확률은 $\dfrac{2}{5}\times\dfrac{3}{5}=\dfrac{6}{25}$ ━━━━ ❸

📄 $\dfrac{6}{25}$

단계	채점 기준	배점
❶	원판을 한 번 돌렸을 때 홀수가 나올 확률 구하기	2점
❷	원판을 한 번 돌렸을 때 짝수가 나올 확률 구하기	2점
❸	답 구하기	2점

7 흰 공을 꺼낸 후 흰 공이라고 대답하는 경우는 거짓말을 하지 않는 경우이므로 그 확률은

(흰 공을 꺼낼 확률)×(거짓말을 하지 않을 확률)

$=\dfrac{3}{5}\times\dfrac{2}{3}=\dfrac{2}{5}$ ━━━━━━━━ ❶

검은 공을 꺼낸 후 흰 공이라고 대답하는 경우는 거짓말을 하는 경우이므로 그 확률은

(검은 공을 꺼낼 확률)×(거짓말을 할 확률)

$=\dfrac{2}{5}\times\dfrac{1}{3}=\dfrac{2}{15}$ ━━━━━━━ ❷

따라서 구하는 확률은 $\dfrac{2}{5}+\dfrac{2}{15}=\dfrac{8}{15}$ ━━━ ❸

📄 $\dfrac{8}{15}$

단계	채점 기준	배점
❶	흰 공을 꺼낸 후 흰 공이라고 대답할 확률 구하기	4점
❷	검은 공을 꺼낸 후 흰 공이라고 대답할 확률 구하기	4점
❸	답 구하기	2점

8 $a+b$가 홀수이려면 a, b 중 하나는 짝수, 하나는 홀수이어야 한다. ━━━━━━━━━━━━━━━━━━ ❶

a가 짝수이고 b가 홀수일 확률은

$\dfrac{2}{3}\times\left(1-\dfrac{1}{4}\right)=\dfrac{2}{3}\times\dfrac{3}{4}=\dfrac{1}{2}$ ━━━━ ❷

a가 홀수이고 b가 짝수일 확률은

$\left(1-\dfrac{2}{3}\right)\times\dfrac{1}{4}=\dfrac{1}{3}\times\dfrac{1}{4}=\dfrac{1}{12}$ ━━━ ❸

따라서 구하는 확률은 $\dfrac{1}{2}+\dfrac{1}{12}=\dfrac{7}{12}$ ━━━ ❹

📄 $\dfrac{7}{12}$

단계	채점 기준	배점
❶	$a+b$가 홀수가 되기 위한 조건 파악하기	2점
❷	a가 짝수, b가 홀수일 확률 구하기	2점
❸	a가 홀수, b가 짝수일 확률 구하기	2점
❹	$a+b$가 홀수일 확률 구하기	2점

③ 직사각형은 네 내각의 크기가 모두 90°이므로 ∠B=90°
④ △OAB≡△OCD(SSS 합동)이므로 ∠AOB=∠COD
⑤ △OAB와 △OCD는 합동인 이등변삼각형이므로
　　∠OAB=∠OBA=∠OCD=∠ODC

실전 TEST 1회 ───── 40~43쪽

01 ②	**02** ③	**03** ⑤	**04** ①	**05** ②
06 ⑤	**07** ⑤	**08** ③	**09** ②	**10** ③
11 ⑤	**12** ⑤	**13** ③	**14** ④	**15** ①
16 ①, ④	**17** ④	**18** ③	**19** ⑤	**20** ④
21 35°	**22** 2 cm	**23** 15 cm	**24** 14 cm	**25** 64°

01 △BCD에서 $\overline{BC}=\overline{BD}$이므로
∠C=∠BDC=70°
∴ ∠DBC=180°−2×70°=40°
△ABC에서 $\overline{AB}=\overline{AC}$이므로
∠ABC=∠C=70°
∴ ∠x=∠ABC−∠DBC=70°−40°=30°

02 △ABD와 △CAE에서
∠BDA=∠AEC=90°, $\overline{AB}=\overline{CA}$,
∠DAB=90°−∠EAC=∠ECA
따라서 △ABD≡△CAE(RHA 합동)이므로
$\overline{DA}=\overline{EC}$=4 cm, $\overline{AE}=\overline{BD}$=5 cm
∴ $\overline{DE}=\overline{DA}+\overline{AE}$=4+5=9(cm)

03 $113°=90°+\frac{1}{2}∠x$에서 $\frac{1}{2}∠x=23°$
∴ ∠x=46°

04 평행사변형 ABCD에서
$\overline{AD}=\overline{BC}$이므로 x+3=12　　∴ x=9
$\overline{BO}=\frac{1}{2}\overline{BD}$이므로 2$y$+1=9　　∴ y=4
△EFG에서 ∠F+50°+70°=180°이므로 ∠F=60°
그런데 ∠H=∠F이므로 z=60
∴ $x+y+z$=9+4+60=73

05 ∠ADC=∠B=58°이므로
∠ADF=$\frac{1}{2}$∠ADC=$\frac{1}{2}$×58°=29°
따라서 △AFD에서 ∠DAF=180°−(90°+29°)=61°
∠BAD+∠B=180°이므로
∠BAD=180°−58°=122°
∴ ∠x=∠BAD−∠DAF=122°−61°=61°

06 ① 직사각형의 두 대각선의 길이는 같으므로 $\overline{AC}=\overline{BD}$
② 직사각형의 대각선은 서로 다른 것은 이등분하므로
　$\overline{OA}=\overline{OB}=\overline{OC}=\overline{OD}$

07 ②, ④ △ABO≡△DCO(ASA 합동)이므로
$\overline{OA}=\overline{OD}$, ∠ABO=∠DCO

08 ㄱ. 닮음비는 6 : 12=1 : 2
ㄴ. $\overline{AC}:\overline{DF}$=1 : 2이므로 $\overline{AC}$: 9=1 : 2
　　2$\overline{AC}$=9　　∴ $\overline{AC}=\frac{9}{2}$(cm)
ㄷ. ∠A=∠D=70°
ㄹ. △DEF에서 ∠F=180°−(65°+70°)=45°이므로
　　∠C=∠F=45°
따라서 옳은 것은 ㄱ, ㄷ, ㄹ이다.

09 △ABC와 △CBD에서
∠A=∠BCD, ∠B는 공통
이므로 △ABC∽△CBD(AA 닮음)
따라서 $\overline{AB}:\overline{CB}=\overline{BC}:\overline{BD}$이므로
$\overline{AB}$: 8=8 : 4, 4$\overline{AB}$=64　　∴ $\overline{AB}$=16(cm)
∴ $\overline{AD}=\overline{AB}-\overline{BD}$=16−4=12(cm)

10 8 : 4=6 : x에서 8x=24　　∴ x=3
8 : (8+4)=y : 15에서 12y=120　　∴ y=10
∴ $x+y$=3+10=13

11 ∠BAC=∠DAC=50°(접은 각)
∠BCA=∠DAC=50°(엇각)
따라서 △ABC는 ∠BAC=∠BCA인 이등변삼각형이므로
∠x=180°−2×50°=80°
$\overline{BC}=\overline{BA}$=5 cm

12 오른쪽 그림과 같이
$\overline{OA}$를 그으면
∠x=35°+20°=55°
∠y=2∠x=2×55°=110°
∴ ∠x+∠y=55°+110°
　　　　　　=165°

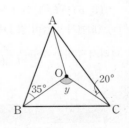

13 점 O는 직각삼각형 ABC의 외심이므로
$\overline{OA}=\overline{OB}=\overline{OC}$
즉, △ABO는 $\overline{OA}=\overline{OB}$인 이등변삼각형이므로
∠BAO=∠ABO=29°
∴ ∠x=∠ABO+∠BAO=29°+29°=58°

14 $\overline{BE}=\overline{BD}=5\,cm$, $\overline{AF}=\overline{AD}=3\,cm$이므로
$\overline{CE}=\overline{CF}=\overline{AC}-\overline{AF}=7-3=4(cm)$
$\therefore \overline{BC}=\overline{BE}+\overline{CE}=5+4=9(cm)$

15 $\triangle PAB+\triangle PCD=\triangle PAD+\triangle PBC$이므로
$\triangle PAB+20=16+14$
$\therefore \triangle PAB=10(cm^2)$

16 ① 평행사변형의 이웃하는 두 변의 길이가 같으면 마름모이다.
④ 평행사변형의 두 대각선이 직교하면 마름모이다

17 $\overline{AB}^2=\overline{BH}\times\overline{BC}$이므로
$15^2=9\times\overline{BC}$ $\therefore \overline{BC}=25(cm)$
$\therefore \overline{CH}=\overline{BC}-\overline{BH}=25-9=16(cm)$
$\overline{AC}^2=\overline{CH}\times\overline{CB}$이므로 $\overline{AC}^2=16\times25=400$
$\therefore \overline{AC}=20\,cm\,(\because \overline{AC}>0)$

18 $\overline{AB}:\overline{AC}=\overline{BD}:\overline{CD}$이므로
$8:6=(\overline{BC}+10):10$
$6\overline{BC}+60=80$, $6\overline{BC}=20$ $\therefore \overline{BC}=\dfrac{10}{3}(cm)$

19 $\angle BAI=\angle a$, $\angle ABI=\angle b$라 하면
$\triangle ABC$에서
$2\angle a+2\angle b+80°=180°$
$\therefore \angle a+\angle b=50°$
$\triangle ABE$에서
$2\angle a+\angle b+\angle y=180°$ …… ㉠
$\triangle ABD$에서
$\angle a+2\angle b+\angle x=180°$ …… ㉡
㉠+㉡을 하면
$3\angle a+3\angle b+\angle x+\angle y=360°$
$3(\angle a+\angle b)+\angle x+\angle y=360°$
$3\times50°+\angle x+\angle y=360°$
$\therefore \angle x+\angle y=360°-3\times50°=210°$
▶ 다른 풀이 $\triangle ABC$에서 $2\angle a+2\angle b+80°=180°$
$\therefore \angle a+\angle b=50°$
$\triangle ABI$에서 $\angle AIE=\angle BID=\angle a+\angle b=50°$
$\triangle AIE$에서 $50°+\angle a+\angle y=180°$ …… ㉠
$\triangle BDI$에서 $50°+\angle b+\angle x=180°$ …… ㉡
㉠+㉡을 하면
$100°+\angle a+\angle b+\angle x+\angle y=360°$
$100°+50°+\angle x+\angle y=360°$
$\therefore \angle x+\angle y=360°-(100°+50°)=210°$

20 $\triangle ABE\backsim\triangle CDE$(AA 닮음)이므로
$\overline{BE}:\overline{DE}=2:3$

따라서 $\overline{BE}:\overline{BD}=2:5$이므로 $\triangle BCD$에서
$\overline{BF}:5=2:5$ $\therefore \overline{BF}=2\,cm$

21 $\triangle DBM$과 $\triangle ECM$에서
$\angle BDM=\angle CEM=90°$, $\overline{BM}=\overline{CM}$, $\overline{DM}=\overline{EM}$
이므로 $\triangle DBM\equiv\triangle ECM$(RHS 합동) ——— ❶
$\therefore \angle B=\angle C$
$\triangle ABC$가 이등변삼각형이므로
$\angle B=\dfrac{1}{2}\times(180°-70°)=55°$ ——— ❷
따라서 $\triangle DBM$에서
$\angle x=180°-(90°+55°)=35°$ ——— ❸

단계	채점 기준	배점
❶	$\triangle DBM\equiv\triangle ECM$임을 알기	2점
❷	$\angle B$의 크기 구하기	2점
❸	$\angle x$의 크기 구하기	1점

22 $\angle DAE=\angle BEA$(엇각)이므로 $\angle BAE=\angle BEA$
즉, $\triangle ABE$는 $\overline{BA}=\overline{BE}$인 이등변삼각형이므로
$\overline{BE}=5\,cm$ ——— ❶
$\angle ADF=\angle CFD$(엇각)이므로 $\angle CDF=\angle CFD$
즉, $\triangle CDF$는 $\overline{CD}=\overline{CF}$인 이등변삼각형이므로
$\overline{CF}=5\,cm$ ——— ❷
이때 $\overline{BE}+\overline{CF}=\overline{BC}+\overline{EF}$이므로
$5+5=8+\overline{EF}$ $\therefore \overline{EF}=2(cm)$ ——— ❸

단계	채점 기준	배점
❶	$\overline{BE}$의 길이 구하기	2점
❷	$\overline{CF}$의 길이 구하기	2점
❸	$\overline{EF}$의 길이 구하기	1점

23 $\overline{BD}=\overline{BC}-\overline{DC}=20-8=12(cm)$ ——— ❶
$\triangle BEC$와 $\triangle BDA$에서
$\angle B$는 공통, $\angle BEC=\angle BDA=90°$
$\therefore \triangle BEC\backsim\triangle BDA$(AA 닮음) ——— ❷
$\overline{BE}:\overline{BD}=\overline{BC}:\overline{BA}$이므로
$\overline{BE}:12=20:16$
$16\overline{BE}=240$ $\therefore \overline{BE}=15(cm)$ ——— ❸

단계	채점 기준	배점
❶	$\overline{BD}$의 길이 구하기	1점
❷	$\triangle BEC\backsim\triangle BDA$임을 알기	2점
❸	$\overline{BE}$의 길이 구하기	2점

24 오른쪽 그림과 같이 $\overline{DC}$에
평행하도록 $\overline{AH}$를 그으면
$\triangle ABH$에서
$\overline{AE}:\overline{AB}=\overline{EG}:\overline{BH}$이므로
$8:(8+4)=\overline{EG}:6$

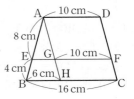

$12\overline{EG}=48$ $\quad\therefore \overline{EG}=4(cm)$ ————————— ❶

$\overline{GF}=\overline{AD}=10\ cm$ ———————————————— ❷

$\therefore \overline{EF}=\overline{EG}+\overline{GF}=4+10=14(cm)$ ——————— ❸

단계	채점 기준	배점
❶	$\overline{EG}$의 길이 구하기	2점
❷	$\overline{GF}$의 길이 구하기	2점
❸	$\overline{EF}$의 길이 구하기	2점

25 △ABC는 이등변삼각형이므로

$\angle ACB=\dfrac{1}{2}\times(180°-76°)=52°$ ————————— ❶

점 I는 △ABC의 세 내각의 이등분선의 교점이므로

$\angle DCI=\dfrac{1}{2}\angle ACB=\dfrac{1}{2}\times52°=26°$ ——————— ❷

점 O는 △ABC의 세 변의 수직이등분선의 교점이므로

$\angle ODC=90°$ ————————————————————— ❸

따라서 △DEC에서

$\angle CED=180°-(90°+26°)=64°$ ———————————— ❹

단계	채점 기준	배점
❶	$\angle ACB$의 크기 구하기	2점
❷	$\angle DCI$의 크기 구하기	2점
❸	$\angle ODC$의 크기 구하기	2점
❹	$\angle CED$의 크기 구하기	1점

실전 TEST 2회   44~47쪽

01 ②	**02** ④	**03** ④	**04** ②	**05** ①
06 ④	**07** ⑤	**08** ⑤	**09** ③	**10** ②
11 ③	**12** ②	**13** ②, ⑤	**14** ⑤	**15** ④
16 ④	**17** ④	**18** ①	**19** ③	**20** ①
21 18°	**22** 30 cm²		**23** 15°	**24** 20
25 4 cm				

01 $\angle A=\angle C$에서 △ABC는 이등변삼각형이므로

$\overline{BC}=\overline{BA}=15\ cm$

$\overline{AC}\perp\overline{BD}$에서 점 D는 $\overline{AC}$의 중점이므로 $\overline{CD}=8\ cm$

$\therefore \overline{BC}+\overline{CD}=15+8=23(cm)$

02 △ADE와 △ACE에서

$\angle ADE=\angle ACE=90°$, $\overline{AE}$는 공통, $\overline{AD}=\overline{AC}$

이므로 △ADE≡△ACE(RHS 합동)

$\therefore \overline{DE}=\overline{CE}=14-8=6(cm)$

03 직각삼각형의 외심은 빗변의 중점이므로 △ABC의 외접

원의 반지름의 길이는 $\dfrac{1}{2}\times12=6(cm)$

따라서 △ABC의 외접원의 넓이는 $\pi\times6^2=36\pi(cm^2)$

04 $\overline{AC}=\overline{BD}$이므로

$\overline{OC}=\dfrac{1}{2}\overline{AC}=\dfrac{1}{2}\overline{BD}=\dfrac{1}{2}\times10=5(cm)$

$\therefore x=5$

△ABC에서 $\angle B=90°$이므로

$y°=90°-29°=61°$ $\quad\therefore y=61$

$\therefore x+y=5+61=66$

05 △OAB=△OBC이므로

$\triangle ABC=2\triangle OBC=2\times7=14(cm^2)$

06 ① $\overline{AB}=\overline{CD}$, $\overline{BC}=\overline{DA}$

두 쌍의 대변의 길이가 각각 같으므로 평행사변형이다.

② 두 쌍의 대각의 크기가 각각 같으므로 평행사변형이다.

③ $\overline{OA}=\overline{OC}$, $\overline{OB}=\overline{OD}$

두 대각선이 서로 다른 것을 이등분하므로 평행사변형이다.

⑤ 한 쌍의 대변이 평행하고, 그 길이가 같으므로 평행사변형이다.

07 ⑤ 등변사다리꼴 - 마름모

08 ① 닮음비는 $5:10=1:2$

③ $\overline{CF}:\overline{IL}=1:2$이므로 $\overline{CF}:8=1:2$

$\therefore \overline{CF}=4\ cm$

④ $\overline{AB}:\overline{GH}=1:2$이므로 $4:\overline{GH}=1:2$

$\therefore \overline{GH}=8\ cm$

⑤ △GHI에서 $\angle GHI=180°-(90°+50°)=40°$

$\therefore \angle DEF=\angle ABC=\angle GHI=40°$

09 $9:6=3:\overline{CD}$에서 $9\overline{CD}=18$ $\quad\therefore \overline{CD}=2(cm)$

10 $\angle A=\angle x$라 하면

$\overline{AD}=\overline{BD}$이므로 $\angle ABD=\angle A=\angle x$

△ABD에서 $\angle BDC=\angle x+\angle x=2\angle x$

$\overline{BD}=\overline{BC}$이므로 $\angle C=\angle BDC=2\angle x$

$\overline{AB}=\overline{AC}$이므로 $\angle ABC=\angle C=2\angle x$

△ABC에서

$\angle x+2\angle x+2\angle x=180°$, $5\angle x=180°$ $\quad\therefore \angle x=36°$

$\therefore \angle A=36°$

11 △ABD와 △CAE에서

$\angle BDA=\angle AEC=90°$, $\overline{AB}=\overline{CA}$,

$\angle BAD=90°-\angle CAE=\angle ACE$

이므로 △ABD≡△CAE(RHA 합동)

$\therefore \overline{AD}=\overline{CE}=4\ cm$, $\overline{AE}=\overline{BD}=10\ cm$

$\therefore \overline{DE}=\overline{AE}-\overline{AD}=10-4=6(cm)$

12 △ADB와 △BEC에서

∠D=∠BEC=90°, $\overline{AB}=\overline{BC}$,

∠ABD=90°−∠CBE=∠BCE

이므로 △ADB≡△BEC(RHA 합동)

∴ $\overline{BE}=\overline{AD}=3$ cm

△ADB=12 cm²이므로

$\frac{1}{2}×3×\overline{DB}=12$ ∴ $\overline{DB}=8$(cm)

∴ $\overline{DE}=\overline{DB}+\overline{BE}=8+3=11$(cm)

13 ① 삼각형의 외심에서 세 꼭짓점에 이르는 거리는 같으므로 $\overline{OA}=\overline{OB}=\overline{OC}$

③ $\overline{OD}$는 $\overline{AB}$의 수직이등분선이므로 $\overline{AD}=\overline{BD}$

④ △OBE와 △OCE에서

$\overline{OB}=\overline{OC}$, ∠OEB=∠OEC=90°, ∠OBE=∠OCE

∴ △OBE≡△OCE(RHA 합동)

▶참고 ②, ⑤는 점 O가 △ABC의 내심일 때 성립하는 성질이다.

14 오른쪽 그림과 같이 $\overline{OC}$를 그으면

30°+20°+∠x=90°

∴ ∠x=40°

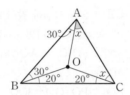

15 △ABC의 내접원의 반지름의 길이를 r cm라 하면

△ABC=$\frac{1}{2}×r×(15+14+13)=84$

$21r=84$ ∴ $r=4$

따라서 내접원의 반지름의 길이는 4 cm이다.

16 △ABC와 △DAC에서

∠C는 공통, ∠ABC=∠DAC이므로

△ABC∽△DAC(AA 닮음)

$\overline{AB}:\overline{DA}=\overline{BC}:\overline{AC}$에서 $10:8=15:\overline{AC}$

$10\overline{AC}=120$ ∴ $\overline{AC}=12$(cm)

17 $4:8=x:12$에서 $8x=48$ ∴ $x=6$

$(4+8):8=y:12$에서 $8y=144$ ∴ $y=18$

∴ $x+y=6+18=24$

18 $\overline{AB}/\!/\overline{EF}/\!/\overline{CD}$이므로 △EAB∽△ECD(AA 닮음)

$\overline{AB}:\overline{CD}=\overline{BE}:\overline{DE}=12:8=3:2$

△BCD에서 $\overline{BE}:\overline{BD}=\overline{EF}:\overline{DC}$이므로

$3:(3+2)=\overline{EF}:8$, $5\overline{EF}=24$ ∴ $\overline{EF}=\frac{24}{5}$

$\overline{BF}:\overline{BC}=\overline{BE}:\overline{BD}$이므로

$12:\overline{BC}=3:5$, $3\overline{BC}=60$ ∴ $\overline{BC}=20$

∴ △EBC=$\frac{1}{2}×20×\frac{24}{5}=48$

19 점 D는 직각삼각형 ABC의 빗변의 중점이므로 △ABC의 외심이다.

∴ $\overline{AD}=\overline{BD}=\overline{CD}=(18+6)×\frac{1}{2}=12$(cm)

∴ $\overline{DE}=12-6=6$(cm)

따라서 직각삼각형 BED에서 $\overline{DE}^2=\overline{DF}×\overline{DB}$이므로

$6^2=\overline{DF}×12$ ∴ $\overline{DF}=3$(cm)

20 △ADF∽△ABE(AA 닮음)이므로

$\overline{AD}:\overline{DB}=\overline{AF}:\overline{FE}$에서

$24:12=16:\overline{FE}$ ∴ $\overline{FE}=8$

△ADE∽△ABC(AA 닮음)이므로

$\overline{AD}:\overline{DB}=\overline{AE}:\overline{EC}$에서

$24:12=(16+8):\overline{EC}$ ∴ $\overline{EC}=12$

∴ $\overline{FC}=\overline{FE}+\overline{EC}=8+12=20$

21 점 O가 △ABC의 외심이므로

∠BOC=2∠A=2×84°=168°

△OBC가 이등변삼각형이므로

∠OBC=∠OCB=$\frac{1}{2}×(180°-168°)=6°$ ❶

△ABC가 이등변삼각형이므로

∠B=∠C=$\frac{1}{2}×(180°-84°)=48°$

점 I가 △ABC의 내심이므로

∠IBC=∠IBA=$\frac{1}{2}$∠B=$\frac{1}{2}×48°=24°$ ❷

∴ ∠x=∠IBC−∠OBC=24°-6°=18° ❸

단계	채점 기준	배점
❶	∠OBC의 크기 구하기	2점
❷	∠IBC의 크기 구하기	2점
❸	∠x의 크기 구하기	1점

22 점 I가 내심이므로

∠IBD=∠IBF

$\overline{DE}/\!/\overline{BC}$이므로

∠DIB=∠IBF(엇각)

∴ ∠IBD=∠DIB

∴ $\overline{DI}=\overline{DB}=4$ cm ❶

점 I가 내심이므로 ∠ICE=∠ICF

$\overline{DE}/\!/\overline{BC}$이므로 ∠EIC=∠ICF(엇각)

∴ ∠ICE=∠EIC

∴ $\overline{EI}=\overline{EC}=5$ cm ❷

$\overline{DE}=\overline{DI}+\overline{EI}=4+5=9$(cm)이므로

□DBCE=$\frac{1}{2}×(9+11)×3=30$(cm²) ❸

단계	채점 기준	배점
❶	$\overline{DI}$의 길이 구하기	2점
❷	$\overline{EI}$의 길이 구하기	2점
❸	□DBCE의 넓이 구하기	1점

23 $\angle ABE=45°$이므로 $\triangle ABE$의 외각에서

$\angle BAE+45°=60°$ $\therefore \angle BAE=15°$ ——————— ❶

$\triangle ABE$와 $\triangle CBE$에서

$\overline{AB}=\overline{CB}$, $\angle ABE=\angle CBE=45°$, $\overline{BE}$는 공통

따라서 $\triangle ABE \equiv \triangle CBE$(SAS 합동)이므로 ———— ❷

$\angle BCE=\angle BAE=15°$ ——————————— ❸

단계	채점 기준	배점
❶	$\angle BAE$의 크기 구하기	2점
❷	$\triangle ABE \equiv \triangle CBE$임을 알기	2점
❸	$\angle BCE$의 크기 구하기	1점

24 $\triangle ADF$와 $\triangle FCE$에서

$\angle DAF=90°-\angle DFA=\angle CFE$

$\angle D=\angle C=90°$이므로

$\triangle ADF \backsim \triangle FCE$(AA 닮음) ——————— ❶

$\overline{AF}:\overline{FE}=\overline{AD}:\overline{FC}=16:8=2:1$

이때 $\overline{FE}=\overline{BE}=16-6=10$이므로

$\overline{AF}:10=2:1$ ——————————————— ❷

$\therefore \overline{AF}=20$ ——————————————— ❸

단계	채점 기준	배점
❶	$\triangle ADF \backsim \triangle FCE$임을 알기	2점
❷	$\overline{AF}$에 대한 비례식 세우기	3점
❸	$\overline{AF}$의 길이 구하기	1점

25 $\triangle ABC$와 $\triangle EAC$에서

$\angle ABC=\angle EAC$, $\angle C$는 공통

$\therefore \triangle ABC \backsim \triangle EAC$(AA 닮음) ——————— ❶

$\overline{AB}:\overline{EA}=\overline{BC}:\overline{AC}$이므로

$15:\overline{AE}=18:6$ $\therefore \overline{AE}=5$(cm)

$\overline{AC}:\overline{EC}=\overline{BC}:\overline{AC}$이므로

$6:\overline{EC}=18:6$ $\therefore \overline{EC}=2$(cm) ———————— ❷

한편 $\triangle ABE$에서 $\overline{AD}$는 $\angle BAE$의 이등분선이므로

$\overline{AB}:\overline{AE}=\overline{BD}:\overline{DE}$, $15:5=(16-\overline{DE}):\overline{DE}$

$80-5\overline{DE}=15\overline{DE}$, $20\overline{DE}=80$

$\therefore \overline{DE}=4$(cm) ——————————————— ❸

단계	채점 기준	배점
❶	$\triangle ABC \backsim \triangle EAC$임을 알기	2점
❷	$\overline{EC}$의 길이 구하기	2점
❸	$\overline{DE}$의 길이 구하기	2점

01 ③	**02** ⑤	**03** ①	**04** ④	**05** ④
06 ①	**07** ④	**08** ④	**09** ②	**10** ⑤
11 ①	**12** ③	**13** ②	**14** ⑤	**15** ①
16 ②	**17** ③	**18** ⑤	**19** ①	**20** ⑤
21 7 cm²	**22** 9 cm²	**23** 18개	**24** $\frac{26}{81}$	**25** 3

01 $\overline{DE}=\frac{1}{2}\overline{AC}=\frac{1}{2}\times 8=4$(cm)

$\overline{EF}=\frac{1}{2}\overline{AB}=\frac{1}{2}\times 10=5$(cm)

$\overline{FD}=\frac{1}{2}\overline{BC}=\frac{1}{2}\times 14=7$(cm)

따라서 $\triangle DEF$의 둘레의 길이는

$\overline{DE}+\overline{EF}+\overline{FD}=4+5+7=16$(cm)

02 오른쪽 그림과 같이 $\overline{AC}$와 $\overline{BD}$의 교점을 O라 하면 두 점 P, Q는 각각 $\triangle ABC$, $\triangle ACD$의 무게중심이므로

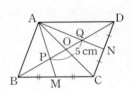

$\overline{BO}=3\overline{PO}$, $\overline{OD}=3\overline{OQ}$

$\therefore \overline{BD}=\overline{BO}+\overline{OD}$

$=3(\overline{PO}+\overline{OQ})=3\overline{PQ}$

$=3\times 5=15$(cm)

03 $\triangle ABC$는 $\angle C=90°$인 직각삼각형이므로

$\overline{AB}^2=12^2+5^2=169$

$\overline{AB}>0$이므로 $\overline{AB}=13$ cm

04 $\overline{AP}^2+\overline{CP}^2=\overline{BP}^2+\overline{DP}^2$이므로

$3^2+5^2=\overline{BP}^2+4^2$

$\therefore \overline{BP}^2=18$

05 눈의 수의 합이 5인 경우는

$(1, 4)$, $(2, 3)$, $(3, 2)$, $(4, 1)$

이므로 구하는 경우의 수는 4이다.

06 6명이 한 줄로 서는 모든 경우의 수는

$6\times 5\times 4\times 3\times 2\times 1=720$

A는 맨 앞에, B는 맨 뒤에 서는 경우의 수는 A, B를 제외한 나머지 4명이 한 줄로 서는 경우의 수와 같으므로

$4\times 3\times 2\times 1=24$

따라서 구하는 확률은

$\frac{24}{720}=\frac{1}{30}$

07 첫 번째에 4 이하의 눈이 나올 확률은 $\frac{4}{6}=\frac{2}{3}$

두 번째에 홀수의 눈이 나올 확률은 $\frac{3}{6}=\frac{1}{2}$

따라서 구하는 확률은 $\frac{2}{3}\times\frac{1}{2}=\frac{1}{3}$

08 $\overline{EG}=x$ cm라 하면

△AFD에서

$\overline{FD}=2\overline{EG}=2x$ cm

△BCE에서

$\overline{CE}=2\overline{FD}=4x$ cm

따라서 $\overline{CG}=\overline{CE}-\overline{EG}=4x-x=3x$(cm)이므로

$3x=15$ ∴ $x=5$

∴ $\overline{EG}=5$ cm

09 두 직육면체의 겉넓이의 비가 $16:25=4^2:5^2$이므로

닮음비는 $4:5$이다.

따라서 두 직육면체의 부피의 비는 $4^3:5^3=64:125$이므로

큰 직육면체의 부피를 V cm³라 하면

$256:V=64:125$ ∴ $V=500$

따라서 큰 직육면체의 부피는 500 cm³이다.

10 오른쪽 그림과 같이 꼭짓점 C에서 $\overline{AD}$에 내린 수선의 발을 H라 하면

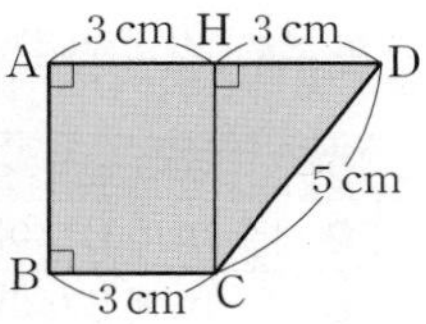

$\overline{DH}=6-3=3$(cm)

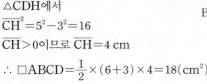

△CDH에서

$\overline{CH}^2=5^2-3^2=16$

$\overline{CH}>0$이므로 $\overline{CH}=4$ cm

∴ $\square ABCD=\frac{1}{2}\times(6+3)\times4=18$(cm²)

11 △AEH≡△BFE≡△CGF≡△DHG(RHS 합동)이므로

$\overline{EH}=\overline{FE}=\overline{GF}=\overline{HG}$

또 ∠AEH+∠BEF=90°이므로

∠HEF=90°

같은 방법으로

∠EFG=∠FGH=∠GHE=90°

따라서 □EFGH는 정사각형이다.

$\overline{CF}=14-6=8$, $\overline{CG}=6$이므로 △CGF에서

$\overline{FG}^2=6^2+8^2=100$

$\overline{FG}>0$이므로 $\overline{FG}=10$

∴ $\square EFGH=10^2=100$

12 $\overline{AB}^2+\overline{CD}^2=\overline{AD}^2+\overline{BC}^2$이므로

$\overline{AB}^2+12^2=10^2+8^2$ ∴ $\overline{AB}^2=20$

△ABO에서

$\overline{AO}^2=\overline{AB}^2-\overline{BO}^2=20-4^2=4$

13 1000원을 지불하는 방법을 표로 나타내면 다음과 같다.

500원 짜리(개)	100원 짜리(개)	50원 짜리(개)
2	0	0
1	5	0
1	4	2
1	3	4

따라서 구하는 방법의 수는 4가지이다.

14 A → B → C로 가는 방법의 수는 $3\times2=6$(가지)

A → D → C로 가는 방법의 수는 $3\times4=12$(가지)

따라서 구하는 방법의 수는 $6+12=18$(가지)

15 □□□의 꼴에서

(ⅰ) 백의 자리에 올 수 있는 숫자는 0을 제외한 5개

(ⅱ) 십의 자리에 올 수 있는 숫자는 백의 자리에 온 숫자를 제외한 5개

(ⅲ) 일의 자리에 올 수 있는 숫자는 백의 자리와 십의 자리에 온 숫자를 제외한 4개

따라서 구하는 정수의 개수는

$5\times5\times4=100$(개)

16 모든 경우의 수는 $6\times6=36$

$2x+y=8$을 만족시키는 순서쌍 (x, y)는

$(1, 6), (2, 4), (3, 2)$의 3가지이므로 구하는 확률은

$\frac{3}{36}=\frac{1}{12}$

17 A는 합격하고 B는 불합격할 확률은

$\frac{2}{3}\times\left(1-\frac{3}{4}\right)=\frac{2}{3}\times\frac{1}{4}=\frac{2}{12}$

A는 불합격하고 B는 합격할 확률은

$\left(1-\frac{2}{3}\right)\times\frac{3}{4}=\frac{1}{3}\times\frac{3}{4}=\frac{3}{12}$

따라서 구하는 확률은

$\frac{2}{12}+\frac{3}{12}=\frac{5}{12}$

18 두 번 모두 흰 공이 나올 확률은 $\frac{4}{6}\times\frac{3}{5}=\frac{12}{30}$

두 번 모두 검은 공이 나올 확률은 $\frac{2}{6}\times\frac{1}{5}=\frac{2}{30}$

따라서 구하는 확률은

$\frac{12}{30}+\frac{2}{30}=\frac{7}{15}$

19 오른쪽 그림과 같이 점 D를 지나고, $\overline{BC}$에 평행한 선분이 $\overline{AC}$와 만나는 점을 G라 하자.

△DEG≡△FEC(ASA 합동)

∴ $\overline{DG}=\overline{FC}$ ……㉠

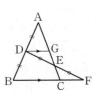

$\triangle ABC$에서 $\overline{AD}=\overline{BD}$이고 $\overline{DG} /\!/ \overline{BC}$이므로

$\overline{BC}=2\overline{DG}$ ...... ㉡

㉠, ㉡에 의하여 $\overline{BC} : \overline{CF}=2\overline{DG} : \overline{DG}=2 : 1$

20 토요일과 일요일에 모두 비가 오지 않을 확률은

$\left(1-\dfrac{4}{10}\right) \times \left(1-\dfrac{5}{10}\right)=\dfrac{3}{5} \times \dfrac{1}{2}=\dfrac{3}{10}$

∴ (토요일과 일요일 중에서 적어도 하루는 비가 올 확률)

= 1 - (토요일과 일요일에 모두 비가 오지 않을 확률)

$= 1-\dfrac{3}{10}=\dfrac{7}{10}$

21 $\overline{DF}=\dfrac{1}{2}\overline{BC}=\overline{BE}=\overline{EC}$

$\overline{DE}=\dfrac{1}{2}\overline{AC}=\overline{AF}=\overline{FC}$

$\overline{FE}=\dfrac{1}{2}\overline{AB}=\overline{AD}=\overline{DB}$

이므로

$\triangle ADF \equiv \triangle DBE \equiv \triangle FEC \equiv \triangle EFD$(SSS 합동) ── ❶

∴ $\triangle DEF=\dfrac{1}{4}\triangle ABC=7(\text{cm}^2)$ ── ❷

단계	채점 기준	배점
❶	$\triangle ADF \equiv \triangle DBE \equiv \triangle FEC \equiv \triangle EFD$임을 알기	2점
❷	$\triangle DEF$의 넓이 구하기	2점

22 점 G가 $\triangle ABC$의 무게중심이므로

$\overline{AG} : \overline{GD}=2 : 1$

∴ $\triangle AGF : \triangle GDF=2 : 1$

∴ $\triangle AGF=2\triangle GDF=2 \times 6=12(\text{cm}^2)$ ── ❶

$\triangle AGF \backsim \triangle ADC$(AA 닮음)이고 닮음비가

$\overline{AG} : \overline{AD}=2 : 3$이므로

$\triangle AGF : \triangle ADC=2^2 : 3^2=4 : 9$ ── ❷

이때 $\triangle FDC=x\ \text{cm}^2$라 하면

$12 : (12+6+x)=4 : 9$

$4(18+x)=108$, $4x=36$ ∴ $x=9$

∴ $\triangle FDC=9\ \text{cm}^2$ ── ❸

단계	채점 기준	배점
❶	$\triangle AGF$의 넓이 구하기	1점
❷	$\triangle AGF$와 $\triangle ADC$의 넓이의 비 구하기	2점
❸	$\triangle FDC$의 넓이 구하기	2점

23 홀수가 되려면 □□1의 꼴 또는 □□3의 꼴이어야 한다.

(i) □□1의 꼴

백의 자리에는 0과 1을 제외한 3개, 십의 자리에는 1과 백의 자리에 온 숫자를 제외한 3개가 올 수 있으므로

$3 \times 3=9(\text{개})$ ── ❶

(ii) □□3의 꼴

백의 자리에는 0과 3을 제외한 3개, 십의 자리에는 3과 백의 자리에 온 숫자를 제외한 3개가 올 수 있으므로

$3 \times 3=9(\text{개})$ ── ❷

따라서 구하는 홀수의 개수는

$9+9=18(\text{개})$ ── ❸

단계	채점 기준	배점
❶	□□1의 꼴의 개수 구하기	2점
❷	□□3의 꼴의 개수 구하기	2점
❸	답 구하기	1점

24 2의 약수의 눈이 나오면 ○, 나오지 않으면 ×라 할 때, 5회 이내에 B가 이기는 경우는 다음과 같다.

1회(A)	2회(B)	3회(A)	4회(B)	5회(A)
×	○			
×	×	×	○	

주사위 1개를 던질 때, 2의 약수의 눈이 나올 확률은 $\dfrac{2}{6}=\dfrac{1}{3}$이므로

(i) 2회에 B가 이길 확률은

$\dfrac{2}{3} \times \dfrac{1}{3}=\dfrac{2}{9}$ ── ❶

(ii) 4회에 B가 이길 확률은

$\dfrac{2}{3} \times \dfrac{2}{3} \times \dfrac{2}{3} \times \dfrac{1}{3}=\dfrac{8}{81}$ ── ❷

따라서 구하는 확률은

$\dfrac{2}{9}+\dfrac{8}{81}=\dfrac{26}{81}$ ── ❸

단계	채점 기준	배점
❶	2회에 B가 이길 확률 구하기	2점
❷	4회에 B가 이길 확률 구하기	2점
❸	5회 이내에 B가 이길 확률 구하기	1점

25 $\overline{OA}=x$라 하면

$\overline{OB}^2=\overline{OB'}^2=x^2+x^2=2x^2$

$\overline{OC}^2=\overline{OC'}^2=2x^2+x^2=3x^2$

$\overline{OD}^2=\overline{OD'}^2=3x^2+x^2=4x^2$ ── ❶

$\overline{OD}>0$이므로 $\overline{OD}=2x$

이때 $\overline{OD}=6$이므로 $2x=6$ ∴ $x=3$

∴ $\overline{OA}=3$ ── ❷

단계	채점 기준	배점
❶	$\overline{OA}=x$로 놓고 $\overline{OB}^2$, $\overline{OC}^2$, $\overline{OD}^2$의 값을 x로 나타내기	4점
❷	$\overline{OA}$의 길이 구하기	2점

실전 TEST 4회
52~55쪽

01 ⑤	**02** ④	**03** ⑤	**04** ③	**05** ③
06 ⑤	**07** ①	**08** ④	**09** ⑤	**10** ①
11 ②	**12** ⑤	**13** ⑤	**14** ①	**15** ③
16 ④, ⑤		**17** ⑤	**18** ①	**19** ③
20 ①	**21** 13 cm	**22** 18 cm	**23** 48	**24** $\frac{1}{25}$

25 $\frac{10}{3}$ cm

01 $\triangle ABC$에서 $\overline{PQ}=\frac{1}{2}\overline{AC}$

$\triangle BCD$에서 $\overline{QR}=\frac{1}{2}\overline{BD}$

$\triangle ACD$에서 $\overline{RS}=\frac{1}{2}\overline{AC}$

$\triangle ABD$에서 $\overline{SP}=\frac{1}{2}\overline{BD}$

따라서 $\square PQRS$의 둘레의 길이는
$$\overline{PQ}+\overline{QR}+\overline{RS}+\overline{SP}=(\overline{PQ}+\overline{RS})+(\overline{QR}+\overline{SP})$$
$$=\overline{AC}+\overline{BD}$$
$$=20+18=38\text{(cm)}$$

02 점 G가 $\triangle ABC$의 무게중심이므로
$$\triangle GDC=\triangle GCE=\triangle AGE=6\text{ cm}^2$$
$$\therefore \square DCEG=\triangle GDC+\triangle GCE=2\times6=12\text{(cm}^2)$$

03 $x^2=9^2+12^2=225$

$x>0$이므로 $x=15$

$y=10^2-6^2=64$

$y>0$이므로 $y=8$

$\therefore x+y=15+8=23$

04 ㄱ. $6^2\neq4^2+5^2$ ㄴ. $9^2\neq5^2+7^2$
ㄷ. $10^2=6^2+8^2$ ㄹ. $12^2\neq7^2+8^2$
따라서 직각삼각형이 되는 것은 ㄷ뿐이다.

05 $4\times3\times2\times1=24$

06 모든 경우의 수는 $2\times2=4$

모두 뒷면이 나오는 경우의 수는 1가지이므로 그 확률은 $\frac{1}{4}$

따라서 적어도 한 개는 앞면이 나올 확률은 $1-\frac{1}{4}=\frac{3}{4}$

07 화살을 한 번 쏠 때, 색칠한 부분에 맞힐 확률은 $\frac{3}{9}=\frac{1}{3}$

따라서 구하는 확률은 $\frac{1}{3}\times\frac{1}{3}=\frac{1}{9}$

08 $\triangle ABD$에서
$$\overline{MP}=\frac{1}{2}\overline{AD}=\frac{1}{2}\times6=3\text{(cm)}$$

$\triangle ABC$에서
$$\overline{MQ}=\frac{1}{2}\overline{BC}=\frac{1}{2}\times14=7\text{(cm)}$$
$$\therefore \overline{PQ}=\overline{MQ}-\overline{MP}=7-3=4\text{(cm)}$$

09 점 G가 $\triangle ABC$의 무게중심이므로
$$\overline{AG}=\frac{2}{3}\overline{AD}=\frac{2}{3}\times18=12\text{(cm)}$$
$$\overline{GD}=\frac{1}{3}\overline{AD}=\frac{1}{3}\times18=6\text{(cm)}$$

점 G'이 $\triangle GBC$의 무게중심이므로
$$\overline{GG'}=\frac{2}{3}\overline{GD}=\frac{2}{3}\times6=4\text{(cm)}$$
$$\therefore \overline{AG'}=\overline{AG}+\overline{GG'}=12+4=16\text{(cm)}$$

10 $\triangle ABC\backsim\triangle ADE$(AA 닮음)이므로
$\overline{AB}:\overline{AD}=\overline{BC}:\overline{DE}$에서
$\overline{AB}:(\overline{AB}+8)=20:30$
$30\overline{AB}=20\overline{AB}+160$ $\therefore \overline{AB}=16\text{(cm)}$
따라서 실제 강의 폭은
$16\text{ cm}\times25000=400000\text{(cm)}=4\text{(km)}$

11 $\triangle ABD$에서
$\overline{BD}^2=15^2-12^2=81$
$\overline{BD}>0$이므로 $\overline{BD}=9\text{ cm}$
$\therefore \overline{CD}=14-9=5\text{(cm)}$
$\triangle ADC$에서
$\overline{AC}^2=5^2+12^2=169$
$\overline{AC}>0$이므로 $\overline{AC}=13\text{(cm)}$

12 $\overline{AB}^2+\overline{CD}^2=\overline{AD}^2+\overline{BC}^2$이므로
$9^2+8^2=10^2+\overline{BC}^2$ $\therefore \overline{BC}^2=45$
$\triangle OBC$에서 $\overline{OB}^2+\overline{OC}^2=\overline{BC}^2$이므로
$x^2+4^2=45$ $\therefore x^2=29$

13 $\overline{BC}$를 지름으로 하는 반원의 반지름의 길이는
$\frac{1}{2}\overline{BC}=\frac{1}{2}\times16=8\text{(cm)}$
$$\therefore Q=\frac{1}{2}\times\pi\times8^2=32\pi\text{(cm}^2)$$
$P+R=Q$이므로
$P+Q+R=2Q=2\times32\pi=64\pi\text{(cm}^2)$

14 32보다 큰 수이므로 3□의 꼴 또는 4□의 꼴 또는 5□의 꼴이어야 한다.
(i) 3□의 꼴: 34, 35의 2개
(i) 4□의 꼴: 41, 42, 43, 45의 4개
(iii) 5□의 꼴: 51, 52, 53, 54의 4개
따라서 구하는 정수의 개수는 $2+4+4=10$(개)

15 9명 중 3명을 뽑아서 한 줄로 세우는 경우의 수와 같으므로 $9\times8\times7=504$

16 주어진 사건의 확률은 각각 다음과 같다.

① $\dfrac{1}{2}$ ② 0 ③ $\dfrac{1}{6}$ ④ 1 ⑤ 1

17 두 사람 모두 맞히지 못할 확률은

$$\left(1-\dfrac{3}{4}\right)\times\left(1-\dfrac{2}{3}\right)=\dfrac{1}{12}$$

따라서 구하는 확률은 $1-\dfrac{1}{12}=\dfrac{11}{12}$

18 A 주머니에서 흰 공, B 주머니에서 검은 공을 꺼낼 확률은

$$\dfrac{3}{6}\times\dfrac{2}{5}=\dfrac{6}{30}$$

A 주머니에서 검은 공, B 주머니에서 흰 공을 꺼낼 확률은

$$\dfrac{3}{6}\times\dfrac{3}{5}=\dfrac{9}{30}$$

따라서 구하는 확률은 $\dfrac{6}{30}+\dfrac{9}{30}=\dfrac{1}{2}$

19 밑면의 반지름의 길이를 r cm, 높이를 h cm라 하면 밑면의 둘레의 길이가 8π cm이므로

$2\pi r=8\pi$ ∴ $r=4$

$h^2=5^2-4^2=9$

$h>0$이므로 $h=3$

따라서 원뿔의 높이는 3 cm이다.

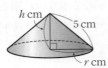

20 8개의 점 중에서 순서를 생각하지 않고 3개를 뽑는 경우의 수와 같으므로

$$\dfrac{8\times7\times6}{3\times2\times1}=56(개)$$

21 오른쪽 그림과 같이 $\overline{EG}\,/\!/\,\overline{BD}$가 되도록 점 G를 잡으면 △ABC에서

$\overline{EG}=\dfrac{1}{2}\overline{BC}$

$\quad=\dfrac{1}{2}\times26=13(\text{cm})$ ——❶

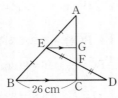

△EFG와 △DFC에서

∠FEG=∠FDC(엇각),

$\overline{EF}=\overline{DF}$, ∠EFG=∠DFC(맞꼭지각)

이므로 △EFG≡△DFC(ASA 합동)

∴ $\overline{CD}=\overline{EG}=13$ cm ——❷

단계	채점 기준	배점
❶	$\overline{EG}$의 길이 구하기	2점
❷	$\overline{CD}$의 길이 구하기	2점

22 △ACB에서

$\overline{AC}^2=30^2+40^2=2500$

$\overline{AC}>0$이므로 $\overline{AC}=50$ cm ——❶

$\overline{AB}^2=\overline{AD}\times\overline{AC}$이므로

$30^2=\overline{AD}\times50$ ∴ $\overline{AD}=18(\text{cm})$ ——❷

단계	채점 기준	배점
❶	$\overline{AC}$의 길이 구하기	2점
❷	$\overline{AD}$의 길이 구하기	3점

23 남 남 남 여여

여학생 2명을 한 묶음으로 생각하여 4명을 한 줄로 세우는 경우의 수는

$4\times3\times2\times1=24$ ——❶

이때 여학생 2명이 자리를 바꾸는 경우의 수는 2 ——❷

따라서 구하는 경우의 수는

$24\times2=48$ ——❸

단계	채점 기준	배점
❶	여학생 2명을 한 묶음으로 생각하여 4명을 한 줄로 세우는 경우의 수 구하기	2점
❷	여학생끼리 자리를 바꾸는 경우의 수 구하기	1점
❸	답 구하기	2점

24 첫 번째에 3의 약수가 적힌 공을 꺼낼 확률은

$\dfrac{2}{10}=\dfrac{1}{5}$ ——❶

두 번째에 5의 배수가 적힌 공을 꺼낼 확률은

$\dfrac{2}{10}=\dfrac{1}{5}$ ——❷

따라서 구하는 확률은 $\dfrac{1}{5}\times\dfrac{1}{5}=\dfrac{1}{25}$ ——❸

단계	채점 기준	배점
❶	첫 번째에 3의 약수가 적힌 공을 꺼낼 확률 구하기	2점
❷	두 번째에 5의 배수가 적힌 공을 꺼낼 확률 구하기	2점
❸	답 구하기	1점

25 △ABC에서

$\overline{AC}^2=6^2+8^2=100$

$\overline{AC}>0$이므로 $\overline{AC}=10$ cm ——❶

점 M은 직각삼각형 ABC의 빗변의 중점이므로 △ABC의 외심이다.

∴ $\overline{AM}=\overline{BM}=\overline{CM}=\dfrac{1}{2}\overline{AC}=\dfrac{1}{2}\times10=5(\text{cm})$ ——❷

삼각형의 무게중심은 중선을 꼭짓점으로부터 2 : 1로 나누므로

$\overline{BG}=\dfrac{2}{3}\overline{BM}=\dfrac{2}{3}\times5=\dfrac{10}{3}(\text{cm})$ ——❸

단계	채점 기준	배점
❶	$\overline{AC}$의 길이 구하기	2점
❷	$\overline{BM}$의 길이 구하기	2점
❸	$\overline{BG}$의 길이 구하기	2점